数据分析人才培养系列丛书

Data Processing and Analysis Using Excel

Excel数据处理与分析

数据思维+分析方法+场景应用

姚梦珂 / 编著

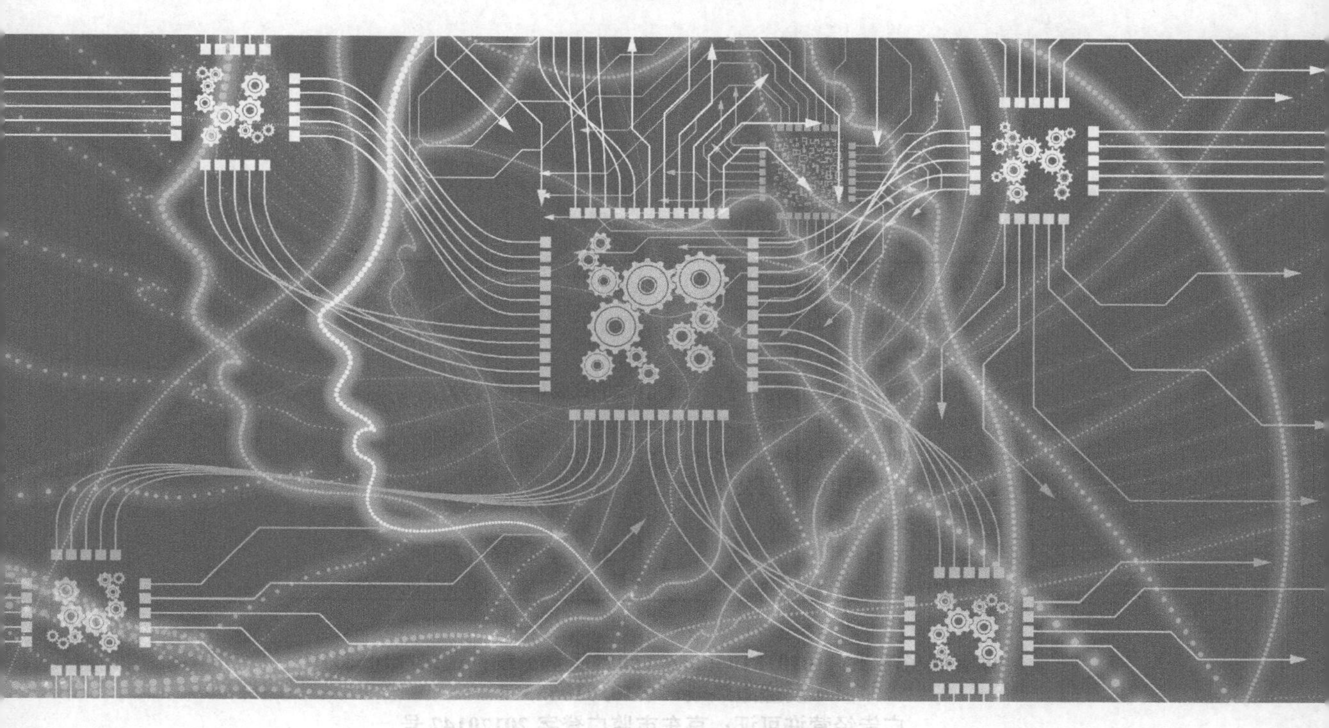

人 民 邮 电 出 版 社

北 京

图书在版编目（CIP）数据

Excel数据处理与分析 ： 数据思维+分析方法+场景应用 / 姚梦珂编著. -- 北京 ： 人民邮电出版社, 2021.8
（数据分析人才培养系列丛书）
ISBN 978-7-115-55119-1

Ⅰ. ①E… Ⅱ. ①姚… Ⅲ. ①表处理软件 Ⅳ. ①TP391.13

中国版本图书馆CIP数据核字(2020)第203776号

内 容 提 要

本书围绕数据分析的流程，全面介绍了使用 Excel 进行数据的获取、数据预处理、数据分析、数据展示，以及制作数据分析报告的方法与技巧。全书共 7 章，主要内容包括数据分析概述、数据的获取、数据预处理、数据分析、数据展示、数据分析报告和综合案例。

本书可作为普通高校数据分析相关课程的教材，也可作为初级数据分析师和想要学习 Excel 技能的职场人士的参考书。

◆ 编　　著　姚梦珂
责任编辑　许金霞
责任印制　王　郁　马振武

◆ 人民邮电出版社出版发行　　北京市丰台区成寿寺路 11 号
邮编　100164　　电子邮件　315@ptpress.com.cn
网址　https://www.ptpress.com.cn
固安县铭成印刷有限公司印刷

◆ 开本：787×1092　1/16
印张：16.25　　2021 年 8 月第 1 版
字数：548 千字　　2025 年 1 月河北第 5 次印刷

定价：59.80 元

读者服务热线：(010)81055256　印装质量热线：(010)81055316
反盗版热线：(010)81055315
广告经营许可证：京东市监广登字 20170147 号

前言
PREFACE

Excel 是一个强大的工具，各行各业的人员都会用到它，如果想要对 Excel 进行系统的学习，需要从不同行业的角度切入。但是数据分析师在进行数据分析时所用 Excel 的功能、函数与财务人员所用的不尽相同，因此读者对 Excel 的技术也不必全部掌握。本书正是从数据分析的视角，为零基础并想要从事数据分析工作的人员提供了一条初级的学习路线。通过一套完整的数据分析流程，读者能够学会理解数据、分析数据和展示数据。

还未进入数据分析行业的人总是很惊讶:“用 Excel 也可以进行数据分析吗? 数据分析不是要用 Python 吗? ”诚然，Python 功能强大，不仅可以用于数据分析，还可用于软件开发、人工智能等领域。从这个角度来看，Python 和 Excel 很像——都可以用在不同的领域，数据分析只是其中一个领域。经常有读者向我咨询:“我没有编程基础，又想用 Python 进行数据分析，该从哪儿学起? ”当我建议他先好好学习 Excel 的时候，就没有任何回应了。大家似乎对 Excel 有什么误解，又或者说不太了解 Excel 的用途。其实，对于初级数据分析师来说，几乎 80%的时间都是在和 Excel 打交道，就像刚进入职场的新人都是从最基本的活儿干起的，掌握了基本能力以后才能慢慢地接触到核心业务。通过 Excel 学习数据分析基础是最快、也是最容易入门数据分析行业的方法。

本书详细介绍了 Excel 的基本操作、Excel 数据分析的流程和必要的统计学基础等内容，让读者熟练掌握使用 Excel 获取、处理、分析和展示数据，深入理解统计学理论和使用 Excel 实现的方法，同时掌握数据分析的思维框架和模型，并应用到实际的业务中。

◆ 本书特色

- 由表及里，夯实基础。本书从数据分析的常规流程出发，细致地讲解每个流程涉及的知识点，以及使用 Excel 实现的方法，同时将数据分析中 Excel 基础功能到高级功能的应用讲解得深刻细腻，有助于读者全面掌握 Excel 数据分析的能力。

- 言简意赅，图文并茂。本书在 Excel 功能的介绍、数据分析思维模型的训练，以及统计学的应用中都配有大量的图文讲解，尤其对于 Excel 的操作技巧，更是进行了图文并茂、步骤详细的讲解，旨在帮助读者快速掌握使用 Excel 进行数据分析的方法与技巧。

- 配套练习，加强巩固。第 1 章～第 6 章均配有实训“练一练”，便于读者复习相关知识点，巩固所学知识。
- 活学活用，即刻上手。最后一章的案例分析也是基于数据分析的流程，从实际业务出发，带领读者逐步分析并得出结论，以达到学以致用的目的。

◆ 读者互动

在阅读过程中若有疑问，读者可与作者沟通交流。

微信公众号：可乐的数据分析之路

微信号：data_cola

本书案例均来自企业真实案例，相关数据和练习的答案可登录人邮教育社区（www.ryjiaoyu.com）免费下载。限于编者水平，书中难免有不足与疏漏之处，敬请读者批评指正。

编　者

2021 年 3 月

CONTENTS 目录

第1章 数据分析概述

1.1 什么是数据分析 ………… 2

1.1.1 数据分析的前世今生 ………… 2

1.1.2 数据分析的流程 ………… 3

1.1.3 Excel 也可以进行数据分析 ………… 5

练一练 ………… 5

1.2 数据分析的思维模式 ………… 5

1.2.1 结构化思维 ………… 5

1.2.2 漏斗思维 ………… 6

1.2.3 矩阵思维 ………… 7

1.2.4 相关性思维 ………… 7

1.2.5 降维思维 ………… 7

练一练 ………… 8

1.3 经典的数据分析模型 ………… 8

1.3.1 PEST 模型 ………… 8

1.3.2 SWOT 模型 ………… 9

1.3.3 5W2H 模型 ………… 9

1.3.4 4P&4C 模型 ………… 10

1.3.5 逻辑树模型 ………… 11

练一练 ………… 12

1.4 Excel 基础知识 ………… 12

1.4.1 Excel 界面及基本操作 ………… 12

1.4.2 初识数据表 ………… 13

1.4.3 表格规范化 ………… 14

小结 ………… 20

第 2 章　数据的获取

2.1　数据类型 ······ **22**
2.1.1　数值型数据 ······ 22
2.1.2　字符型数据 ······ 23
2.1.3　数据类型的转换 ······ 23
练一练 ······ 25
2.2　数据获取 ······ **26**
2.2.1　内部数据的读入 ······ 26
2.2.2　外部数据的获取 ······ 27
练一练 ······ 32
小结 ······ **32**

第 3 章　数据预处理

3.1　了解函数 ······ **34**
练一练 ······ 35
3.2　数据清洗 ······ **35**
3.2.1　缺失值的判断和处理 ······ 36
3.2.2　重复值的判断和处理 ······ 39
3.2.3　异常值的判断和处理 ······ 41
3.2.4　不规范数据的处理 ······ 41
练一练 ······ 44
3.3　数据抽取 ······ **44**
3.3.1　查找引用 ······ 44
3.3.2　字段拆分 ······ 47
练一练 ······ 53
3.4　数据合并 ······ **54**
3.4.1　数据表合并 ······ 54
3.4.2　字段合并 ······ 57
练一练 ······ 59
3.5　数据计算 ······ **59**
3.5.1　字段计算 ······ 59
3.5.2　数据标准化 ······ 70
3.5.3　Excel 中常见的函数错误值及其原因 ······ 72
练一练 ······ 73
小结 ······ **74**

第 4 章　数据分析

4.1　数据分析的工具 ······ **76**
4.1.1　排序和筛选 ······ 76
4.1.2　数据透视表 ······ 83

4.1.3 数据分析工具库 ······ 93
练一练 ······ 94
4.2 数据分析方法入门 ······ 94
4.2.1 对比分析 ······ 94
4.2.2 分组分析 ······ 98
4.2.3 平均分析 ······ 100
4.2.4 交叉分析 ······ 101
4.2.5 综合指标分析 ······ 101
4.2.6 RFM 分析 ······ 104
练一练 ······ 109
4.3 数据分析方法进阶 ······ 109
4.3.1 描述性统计分析 ······ 109
4.3.2 相关分析 ······ 116
4.3.3 回归分析 ······ 118
4.3.4 时间序列分析 ······ 124
4.3.5 假设检验 ······ 127
4.3.6 方差分析 ······ 133
练一练 ······ 136
小结 ······ 136

第 5 章 数据展示

5.1 数据展示的“利器” ······ 139
5.1.1 条件格式 ······ 139
5.1.2 迷你图 ······ 147
练一练 ······ 148
5.2 静态图表 ······ 148
5.2.1 基本图表 ······ 148
5.2.2 进阶图表 ······ 151
5.3 动态交互式图表入门 ······ 194
5.3.1 制作选择器 ······ 194
5.3.2 取数 ······ 201
5.3.3 将静态图表变成动态图表 ······ 204
练一练 ······ 205
小结 ······ 206

第 6 章 数据分析报告

6.1 正确认识数据分析报告 ······ 208
6.1.1 写数据分析报告的步骤 ······ 208
6.1.2 报告中常见的专业术语 ······ 210
练一练 ······ 211
6.2 用 Excel 写分析报告 ······ 211
6.2.1 日报案例 ······ 211

6.2.2 月报案例 ······ 216
练一练 ······ 225
小结 ······ 225

第 7 章 综合案例

7.1 明确目的 ······ 227
7.1.1 构建 5W2H 模型 ······ 227
7.1.2 提出问题 ······ 227
7.2 获取数据 ······ 227
7.3 数据预处理 ······ 228
7.3.1 缺失值处理 ······ 228
7.3.2 重复值处理 ······ 229
7.3.3 异常值处理 ······ 231
7.3.4 字段拆分 ······ 233
7.3.5 字段计算 ······ 235
7.3.6 薪资缺失值处理 ······ 238
7.4 数据分析 ······ 239
7.4.1 企业画像 ······ 239
7.4.2 求职者画像 ······ 242
7.4.3 整体薪资情况 ······ 243
7.5 数据展示 ······ 246
7.5.1 企业画像 ······ 246
7.5.2 求职者画像 ······ 248
7.5.3 整体薪资情况 ······ 248
7.6 分析报告 ······ 251

第1章

数据分析概述

“想学数据分析，应该从哪儿入手？”

“‘小白’要如何入门？”

“面对一份陌生的数据，要从哪儿开始分析？”

这是大家问得最多的3个问题，相信刚入行的你也有这样的困惑。数据和我们形影不离，不管你在什么行业，不管你做什么工作，一定都会接触到数据。很多刚入行的小伙伴最大的问题是：“我现在所在的行业或所从事的工作没有数据可供我分析。”通常这是不可能的，数据分析是一项技能，它并非一个特定的行业。就像信息技术（Information Technology，IT），互联网行业有IT，金融行业也有IT，IT是一项技能。数据分析也是，它与行业、业务息息相关。你与其转行专门做数据分析，倒不如先在你的行业里分析数据，这样试错成本更小。在很多企业里，数据分析甚至不是一个单独划分出来的岗位，而是需要其他岗位兼任，例如社群运营人员难道就只管拉新、促活，不用负责统计群活跃人数、群发言次数等指标吗？肯定不是。

所以本章专门解答关于数据分析入门的疑问：什么是数据分析、如何学习数据分析、怎样进行数据分析？

1.1 什么是数据分析

数据分析是如何应用到企业中的？数据分析师是做什么的？一套完整的数据分析流程是怎样的？下面带着这 3 个问题来学习这一节。

1.1.1 数据分析的前世今生

1. 数据分析是什么

“数据分析”这个词从字面意思上理解，就是运用数据进行业务分析，那么运用什么数据、进行何种分析呢？这才是理解数据分析的关键。

大数据时代，企业产生了大量的、不同类型的数据，将这些数据收集起来，进行汇总、整理和加工，通过构建数据分析的方法论模型，运用数理统计的方法发现问题、解决问题，并预测可能出现的问题，给企业提供科学有效的决策依据，这就是数据分析。下面介绍几个企业数据分析的案例。

（1）通信行业通过大数据分析挽留用户

波兰电信公司通过分析用户的通话记录，如该用户给谁打过电话、打电话的频率等指标构建社交网络图谱，将用户划分为“联网型”“桥梁型”“领导型”和“跟随型”4 个大类，针对不同类型的用户采取不同的营销策略，这种分析将用户流失预警模型的准确率提升了 47%。

（2）沃尔玛“啤酒与尿布”的购物篮分析

20 世纪 90 年代，美国沃尔玛超市发现年轻的父亲在购买尿布时通常也会买啤酒，于是超市将啤酒和尿布两个看起来毫不相关的商品放在一起促销，结果提升了销售额。这就是购物篮分析：通过分析顾客购物篮中商品之间的关联程度，挖掘顾客的消费习惯，从而为卖方的营销做出决策支撑。

（3）购物网站的推荐功能

相信大家都有过这样的经历：在某电商购物 App 或网站上购买过奶粉以后，就会接连收到奶嘴、尿布等相关婴儿用品的推荐。买过 X 商品后，购物网站会相应地推荐与之相关的 Y 商品，这个功能看似简单，实际上实现起来却相当复杂。简单地说，网站会对获取到的用户行为数据，如浏览的商品、停留时长、搜索的关键词等进行分析，从而得到用户可能感兴趣的商品，并向其推送，这是基于数据分析的新的运营模式。

相信通过以上 3 个案例，大家已经感受到了数据分析的重要性。在企业运营中，数据无处不在，数据分析也时时刻刻都在发生，及时进行现状分析、原因分析和预测分析，对企业的生产和决策都是有很大帮助的。

2. 数据分析师是做什么的

随着移动互联网、云计算和大数据等高新技术迅速发展，企业获得了越来越多且种类繁复的数据，管理和运用这些数据并使其为企业发展助力成为企业发展不可或缺的手段。于是，越来越多的企业开始设置数据分析师这个岗位，而大数据分析师更是被媒体称为“未来最具发展潜力的职业之一”。“让数据创造价值”，是对这个岗位最好的阐述。

总的来说，数据分析师这个岗位可以分为归属开发类的和归属业务类的。这两条线要求的技能前期有交集，后期就完全不同了，因此也需要进行不同的职业规划。

归属开发类的数据分析师需要用 Python、R 等编程语言搭建算法模型，进行预测、分类、聚类等分析，类似的岗位有算法工程师、数据挖掘师、数据科学家等。企业里往往也会有数据仓库、数据提取、数据中台、数据运营等一整套的流程作支撑。

归属业务类的数据分析师大多偏向业务分析、行业研究，能够运用恰当的思维和工具来分析数据、原因和现状等，并进行可视化展现、撰写数据报告。这类岗位对开发类技能要求较少，主要是对业务的理解，类似的岗位有数据产品经理、数据运营、商务分析等，有些小公司会让产品运营人员兼任。

不管数据分析师是归属开发类还是归属业务类，用 Excel 进行数据分析都是基础，只有打好基础，后续才能顺利开展工作。一个初级的数据分析师的日常工作包括但不限于数据监测、数据排除、报表维护、为市场的拓展提供决策、对产品的上线进行影响评估、建立用户画像进行全面分析、搭建客户流失预警模型等。20年前，编程是只有程序员才能做的专业性很强的工作；现在，编程已经成为一种通用的技能。而数据分析未来也可能会成为一项人人必备的技能。

1.1.2 数据分析的流程

数据分析的流程可以大致分为明确目的和思路、获取数据、处理数据、分析数据、展示数据5个阶段，如图1.1.1所示。我们学习数据分析也是按照这5个阶段来进行的。

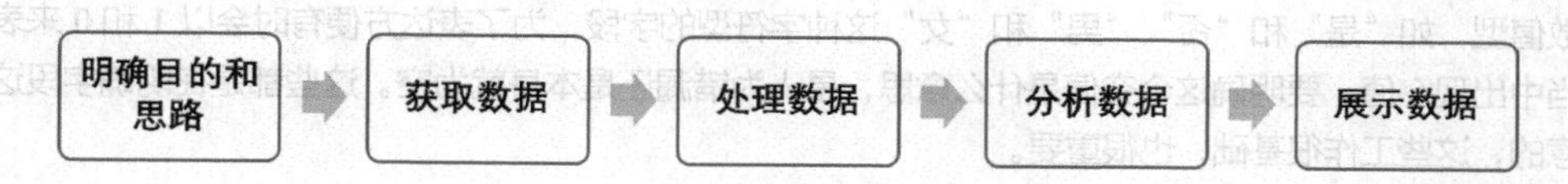

图1.1.1　数据分析的流程

1. 明确目的和思路

乙方拿到一个项目，要以甲方的需求为导向；同样地，数据分析师拿到一堆数据，要以目的为导向。数据分析是为了提出问题、发现问题、解决问题，为营销决策提供数据依据，为业务提供市场情报。例如我们运营一个微信公众号，不能盲目地发文，需要先统计一下阅读量、增长人数、净增长人数、阅读渠道分布等，然后分析一下订阅数为什么会增长、用户为什么会取消关注、什么时候发文阅读量高、用户都是从哪些渠道过来的等问题，还可以构建一个用户画像，这样才能更好地运营微信公众号。

通常，知道分析的目的还不够，还要知道怎么分析、从哪入手。1.2节和1.3节会详细介绍数据分析的思维模式和模型。培养分析的思维能帮助我们养成分析数据的习惯，用数据分析的思维去思考问题，将数据分析的思维运用到一些现有的模型当中，能够让我们快速地找到问题的关键。月入3000元和月入30000元的数据分析师的差距不是技术，而是思维。刻意练习用数据分析的思维看待生活中的问题，相信你的数据分析思维会有很大的提升。

2. 获取数据

"巧妇难为无米之炊"。要进行数据分析，首先得有数据才行，那么数据一般从哪里获取呢？对于公司员工，数据的来源自然是企业内部；对于没有从事数据分析但又想要学习的爱好者来说，可以从网上获取数据，其方式多种多样。总的来说，数据源有两种，分别是内部数据和外部数据，如图1.1.2所示。

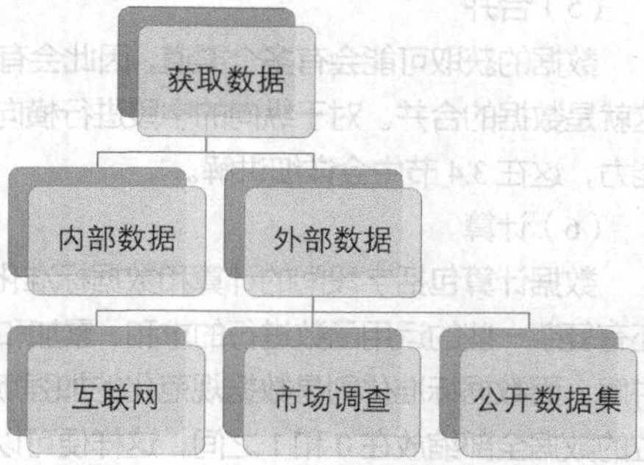

获取数据
内部数据　外部数据
互联网　市场调查　公开数据集

图1.1.2　获取数据的途径

（1）内部数据

如果你是为了公司运营而进行数据分析，那么自然就会有公司提供的内部数据，比如各种产品、订单、用户的数据。这类数据一般存储在数据库中，由从数据库中取数的专业人员取数（也有可能是分析师自己取）。取好的数会被存储为一张表，数据分析师可以用Excel打开，直接进行分析。

（2）外部数据

对于爱好者来说，想要获得企业的内部数据来做练习是不太容易的，这时可以从外部数据入手。外部数据包括互联网上搜索到的政府、行业、企业公开的数据集和通过市场调查获得的数据，如通过搜索引擎找到国家统计局网站上的国民经济统计数据、旅游行业的出行数据、阿里巴巴网购价格指数数据等。像kaggle、天池等大数据类的比赛也会发放一些脱敏的企业数据，还可以去一些专业的论坛下载公开的数据。

大部分情况下，获取到的数据都是.xlsx、.xls、.csv格式。对于获取到的数据如何用Excel读写，数据导入、导出后如何存储，以什么格式、编码存储数据等问题，都是在这一步骤中需要学习和解决的。

3. 处理数据

处理数据是整个数据分析流程中花费时间最长的一步，同时也是最重要的一步。如果前期数据都处理不好，后期又如何分析呢？数据处理的一般步骤如下。

（1）明确字段

拿到数据后，首先要明确数据中各个字段的含义，思考这个字段是如何得到的。如果是企业内部数据库中的数据，则要明确负责维护这个字段的人是谁，最好能和他/她沟通一下取数逻辑和字段的含义。要注意观察每个字段的数据类型，有的是小数、整数，还有的是字符、日期，要注意区分开来。如果是数值型字段，要观察它是如何表示的，有无单位，如流量的单位是 MB/s，利润的单位是元（有些还可能是万元）。还有些字符型的字段被表示成了数值型，如“是”和“否”、“男”和“女”这种字符型的字段，为了表达方便有时会以 1 和 0 来表示。如果字段当中出现空值，要明确这个空值是什么意思，是人为错漏还是本身就为空。这些都是在明确字段这一步骤需要注意的，这些工作很基础，也很重要。

（2）规范化

要对数据进行规范化处理。什么是规范化处理呢？就是让数据规范，例如数值型的数据就不要以字符型显示，日期类型的数据要统一格式，让数据变成我们希望看到的样子。这一部分内容会在 1.4 节和 2.1 节中详细讲解。此外，这两节还包括对表格规范化的要求，如避免合并单元格、避免插入空行等，以及数据类型间的转换，如文本转数字和数字转文本等。

（3）清洗

数据清洗，顾名思义，就是要清洗掉“脏”数据，保留有价值的数据。这一步骤包括对重复值、缺失值、异常值及不规范数据的识别和处理。要能够找到重复值、缺失值、异常值和不规范的数据值，并知道这些值该如何处理，是直接删除还是寻找替代值，这里面大有玄机。用 Excel 里的很多功能都可以定位重复/缺失/异常值，如函数、条件格式、数据透视表和高级筛选等，不同的功能有不同的效果，适用于不同的场合。数据清洗将在 3.2 节重点讲解。

（4）抽取

抽取数据主要是指对个别值的查找引用和对字段的拆分。我们知道，合并字段是简单的，拆分却困难得多，因此，在数据处理环节就将字段处理为最简单的状态是最好的。在 3.3 节中，我们会讲解字段拆分所用到的函数、方法和技巧。

（5）合并

数据的获取可能会有多个渠道，因此会有多个数据源表。当数据清洗过后，就需要对两张或多张表进行关联，这就是数据的合并。对于纵向的字段进行横向连接，对于横向的字段进行纵向连接，考察的是 Excel 函数运用的能力，这在 3.4 节中会详细讲解。

（6）计算

数据计算包括字段间的计算和数据标准化的操作。字段计算包括简单的对数据进行加、减、乘、除的计算，还有复杂一些的运用函数进行的求和、累加和逻辑运算等，这里面涉及很多 Excel 函数的操作，在 3.5 节中会详细讲解。而数据标准化则是数据规范化的加强版，为了分析方便，我们会对字段做一些标准化的操作，如将不同单位的数据全部缩放在 0 和 1 之间，这样便可以进行比较了。

4. 分析数据

如何分析数据，这个话题太大了。先要明确怎么分析，接着才是用什么工具来分析。怎么分析呢？有很多分析的模型、思路和方法可供参考。其实这一步和流程当中的第一步“明确目的和思路”有些相似，只不过此处就要确定从哪几个方面来分析，并具体到每一步应如何分析。

从大的框架来说，可以多阅读企业（例如极光、艾瑞等）公开的数据分析报告，学习别人是如何分析一个问题的。细说开来，常用的数据分析模型，如 SWOT、PEST、5W2H、逻辑树等模型，在做宏观分析、背景调查时很管用；思路方面，如对比、平均、交叉、分组、综合指标、RFM 分析等数据分析的思路是运用较多的。我们每时每刻都会用到思路，重点在于分析问题的时候能不能想到这个思路。

至于分析的工具，在 Excel 中首推数据透视表。数据透视表是对量大、规范、需要汇总且需随时变更的数据进行操作的“利器”。数据透视表入门很简单，但要对其进行编辑和计算就是另一回事了，如切片器的功能、透视表函数的功能等；更进一步地，还可以将 SQL 语句写入数据透视表中，从而避免了做辅助列，并能更快速地筛选、查询、透视数据。这一部分内容将会在 4.1.2 节中详细讲解。数据透视表的意义不仅体现在本身功能强大上，若对透视表理解透彻了，还能方便我们学习 SQL、Python 等其他数据分析工具。

除了数据透视表，还有哪些分析工具呢？分类汇总、排序筛选及后面要重点讲解的分析工具库都是 Excel 中用来分析数据的工具，能够帮助我们把数据分析透彻、理解到位。

5. 展示数据

分析过后，还需要将分析的结果展示出来。分析是数据分析师自己理解的过程，而展示是告诉别人你分析了什么。分析结果可视化同分析一样重要，甚至比分析还重要。

用 Excel 进行可视化，无非就是对几个基本的图表和一堆以基本图表为基础的变体图表的使用，了解什么样的数据需要哪种类型的图表，并在会用的基础上，学习图表美化的技巧，如怎么搭配颜色可使图表更美观、怎么做出“别人家”报告中那样高大上的图表。在 5.3 节中还会介绍 Excel 动态交互图表是如何实现的。数据分析切忌重分析、轻展示，否则会茶壶里煮饺子——肚里有货倒不出。

1.1.3 Excel 也可以进行数据分析

Microsoft Excel 是微软公司推出的一款电子表格软件。从 1989 年到现在，其版本经历了多次变更，功能也在不断更新。截至目前，Excel 的版本已经更新到 2020 版，其在数据处理领域领先的地位始终如一。

对于初学者而言，Excel 是最方便、快捷、有效的数据分析入门工具。对于量大的数据来说，可能会用到 Python、SQL 等分析工具，但对于量少的数据来说，Excel 完全能满足基本的分析功能需求。不要对 Excel 有偏见，基本上所有的数据分析师都是从学习使用 Excel 开始的。Excel 是基础，基础打好了，数据分析的高楼才不会塌。

本书从 Excel 的角度来讲解数据分析，所有内容适用于 Excel 2016 及以上版本。

练一练

从招聘网站上寻找数据分析师的岗位职责和任职要求，做一个简单的职业规划。

提示 1： 数据分析师包括哪些岗位，不同岗位的具体要求又是什么？

提示 2： 不同行业对数据分析岗位的要求是否也不同？

1.2 数据分析的思维模式

运用数据分析的方法去思考问题、解决问题对数据分析师来说是十分重要的，毕竟工具的运用大同小异，思维的不同才决定个体的差异。初级数据分析师如何进阶成为高级、资深的数据分析师呢？就是学习思维模式。思维决定发展，思维的不同导致结果的不同。这一节我们来探索数据分析的思维模式。思维模式有很多，这里列出 5 个数据分析中常见的思维模式供读者学习参考。

1.2.1 结构化思维

结构化思维是很重要且应用极为广泛的一种思维模式，该思维不仅会被应用于数据分析，几乎所有的行业都会用到。结构化思维其实是一种分类汇总的思想，如图 1.2.1 所示，就是将看起来复杂凌乱的内容以某种结构呈现出来。你可能每时每刻都在用这种思维，只是没有刻意去关注。例如生活中的收纳方法：收纳鞋子有鞋柜，收纳厨具有橱柜，将杂乱无章的东西分门别类地归纳在一起，在需要用的时候可以很方便地找出来。又如写作的时候先列出大纲和目录，再填充内容。这些都是结构化思维在生活中的运用。在数据分析中也是这个道理，我们给数据表起名、给列赋予字段，这些都是简单的结构化思维的应用；更深入一些，可以给指标分层，如用户的姓名、性别、年龄是用户基本数据信息，用户的关注率、点击率、浏览率是拉新阶段的数据信息。例如一个微信公众号，它每时每刻可以产生大量的数据，我们可以从拉新、促活、转化 3 个阶段来将这些数据分类，使之条理化、结构化，便于分析。

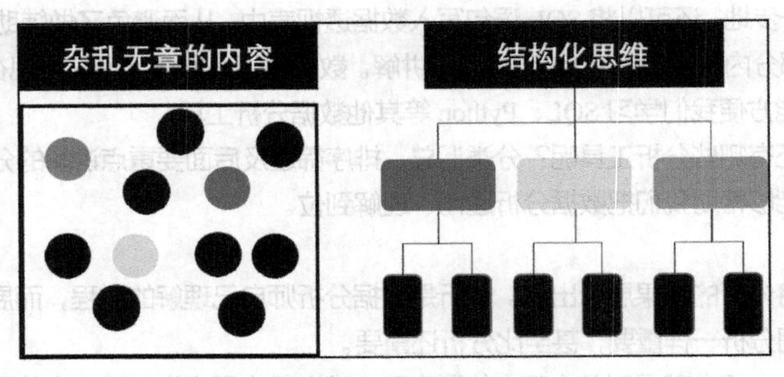

图 1.2.1　结构化思维

常见的运用结构化思维的例子有麦肯锡 7S 模型，如图 1.2.2 所示。该模型是用来描述企业在发展过程中要考虑的各方面的情况，从而有理有据地制定战略规划的手段。“7S”主要包括结构（Structure）、制度（System）、风格（Style）、员工（Staff）、技能（Skill）、战略（Strategy）和共同价值观（Shared Values）。将所有要考虑的想法先按“7S”分类，再进行汇总，从不同的层次出发分析问题，最后得出结论，这就是典型的结构化思维。

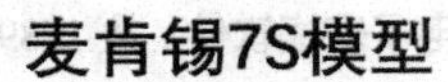

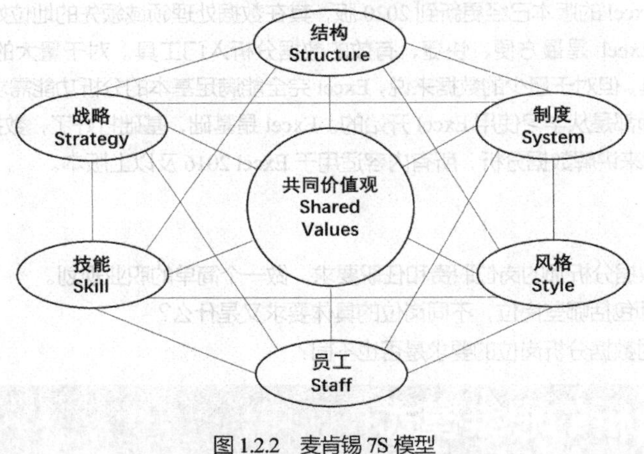

图 1.2.2　麦肯锡 7S 模型

1.2.2　漏斗思维

漏斗思维是通过确定关键环节，进而完成一套流程式分析的思路。该思维在各行各业都有应用，如注册转化率分析、用户浏览路径的分析、流量监控等。以图 1.2.3 所示的用户转化率分析为例，从网页展示到下单的全过程运用漏斗思维，实际分为 5 个关键步骤：曝光、点击、浏览、咨询、下单。假设该网站在曝光阶段拉取到了 100 个用户，其中有 80 个用户点击了该网站，那么从曝光到点击这一步骤的转化率就为 80%；又有 50 个用户浏览了整个页面，点击到浏览的转化率为 62.5%；有 30 个用户咨询了网页客服，那么浏览到咨询的转化率为 60%；有 10 个用户最终完成了订单交易，那么咨询到下单的转化率为 33.3%。这样统计每一步的用户数，得到相应的转化率，按照用户数来画图，步骤越往下，用户数越少，形状像是

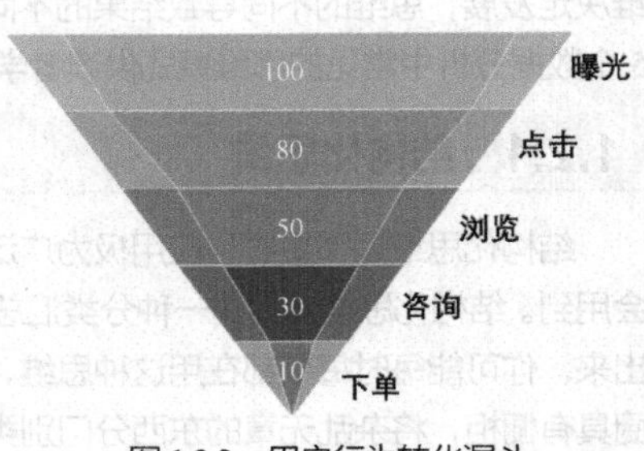

图 1.2.3　用户行为转化漏斗

一个漏斗，因此这个图又称为“漏斗图”，这种分析方式称为“漏斗分析”。运用漏斗分析时要注意确定关键的环节，并得到相应的数据。

1.2.3 矩阵思维

矩阵思维是通过两组指标的交叉结合来分析问题的思维方法，比较典型的矩阵思维应用是波士顿矩阵，如图 1.2.4 所示。波士顿矩阵又叫“市场增长率—相对市场份额矩阵”或“四象限分析法”。波士顿矩阵广泛应用于商业营销对产品的组合分析中，它由横纵两坐标构成，纵坐标为增长率，横坐标为市场份额；这两个指标在平面中交叉，可以划分出公司所有产品的 4 种业务组合。

① 问题型业务：高增长率，低市场份额。这种业务带来的利润高，市场份额却少，前途可以说是一片光明，对公司来讲有较大的风险，同时也有很大的利润。

② 明星型业务：高增长率，高市场份额。这种业务增长率高，市场份额也高，是成长起来的明星，公司对这种业务要加大资金投入。

③ 金牛型业务：低增长率，高市场份额。这种业务增长率低，市场份额高，在公司所有业务中属于已经很成熟的，趋于稳定，能够为企业带来大量的现金流。

④ 瘦狗型业务：低增长率，低市场份额。这种业务没有足够的增长率，也没有足够的市场份额，应趁早放弃，及时止损。

矩阵思维还可应用到平时工作和生活中，如将事情按重要和紧急程度划分为四象限的任务分析矩阵，如图 1.2.5 所示。应优先处理重要且紧急的事情，其次处理紧急不重要的事情，通常情况下重要不紧急的事情可能才是真正能提高技能的工作，而不紧急又不重要的事情可以暂缓。我们按照这个象限法则可以平衡地处理工作和生活中的琐事。

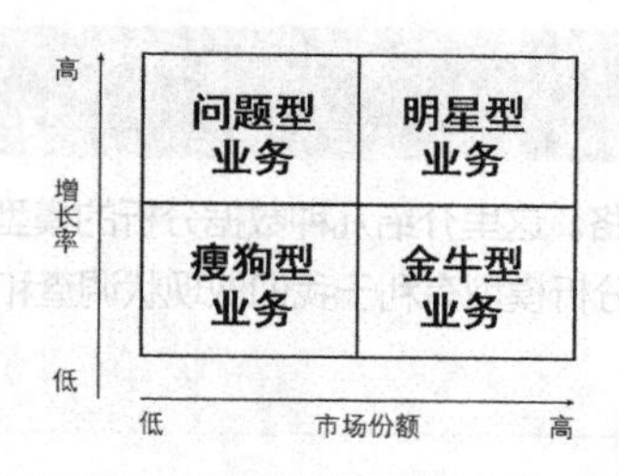

图 1.2.4 波士顿矩阵

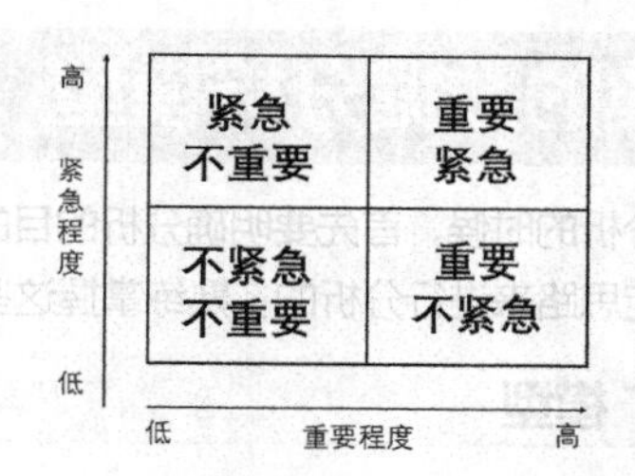

图 1.2.5 任务分析矩阵

1.2.4 相关性思维

相关性思维是通过分析几个指标之间的相互关系，得到相应的规律，以为企业的决策提供支撑。运用相关性思维分析问题时，不仅要看单个指标的变化，还应关注两个甚至多个指标之间的相互关系，从而发现一些内在的规律。体现相关性关系的指标是相关系数，在第 4 章中会对相关系数进行详细讲解。

需要注意的是，相关性并非因果性。相关性是指两个变量有着相同（或相反）的变化趋势，因果性是指一个变量的变化导致另一个变量也跟着变化，所以有相关关系的两个变量不一定存在因果关系。例如，科学家经过统计发现，人的睡眠时间同收入呈反比，那我们可以由此得出睡眠时间越短，收入就越高的结论吗？显然不行，因为这两个变量只是在统计学上存在相关关系，而非因果关系。蝴蝶效应可以说是一种因果关系，即因为蝴蝶扇动了翅膀，导致身边的空气系统发生变化，进而引发了龙卷风。但是蝴蝶效应更趋向于一种混沌现象。现实生活中，很难找到 100%的因果关系。

1.2.5 降维思维

数据量大是大数据时代一个典型的特征，如何通过分析大量繁杂的数据得到一个问题的答案？这就要用到降维的思维，如图1.2.6所示。降维首先要有维度，用结构化思维将大量的数据拆解成各个维度，再给每个维度赋予相应的权重，最后得到一个综合评价指标。将多个数据变成一个指标，这就是降维。灵活运用降维思维有助于对数据的理解和分析。

举一个简单的例子：如何评价学生的综合能力，从而确定优秀学生呢？我们可以从语文成绩、数学成绩、英语成绩、体育成绩、思想政治成绩5个相互独立的指标来衡量。对每个指标进行标准化，将所有的成绩指标都转换为0～100的数值，并确定每个指标的权重（权重根据历史数据和经验划定，或根据特定算法计算，权重累加为1），最后得到学生综合能力分数=语文成绩×0.3+数学成绩×0.3+英语成绩×0.2+体育成绩×0.1+思想政治成绩×0.1，这就是降维思维的应用。

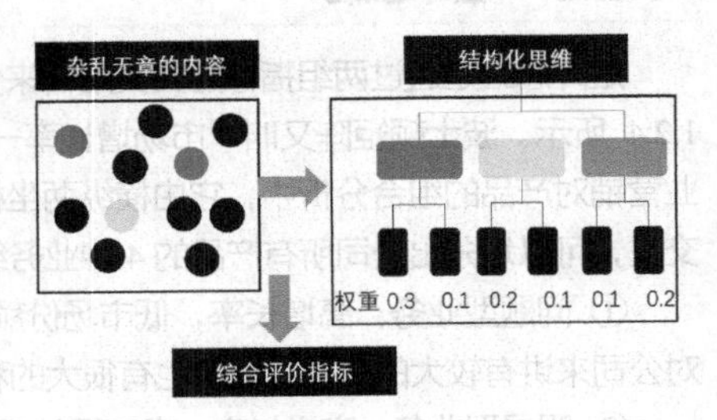

图1.2.6　降维思维

降维思维经常能在各个数据分析报告中体现，如高德地图发布的《2019年Q1中国主要城市交通分析报告》中提到了一个“地面公交出行幸福指数”。该指数融合了地面公交运行的多项指标，综合地描述地面公交的运行水平，该指数越高，说明公交运行水平越好。类似的降维思维在实际生活中运用得十分广泛。

练一练

如何分析一款游戏？

提示1：用漏斗思维思考游戏的生命周期，包括成长期、成熟期、衰退期。

提示2：用结构化思维思考游戏在生命周期各阶段有哪些指标值得关注。

1.3 经典的数据分析模型

我们在做数据分析的时候，首先要明确分析的目的和思路。这里介绍几种数据分析的模型，数据分析模型是套用一些现有的固定思路来进行分析的，熟练掌握这些数据分析模型有利于我们做现状调查和背景分析。

1.3.1 PEST模型

PEST模型常用来分析宏观环境，即从政治（Political）环境、经济（Economic）环境、社会（Social）环境、技术（Technological）环境这4个部分出发，分析影响企业决策、课题选择、背景调查等的宏观因素，在各行各业均有应用。具体如下。

① 政治（Political）：国家政策、国家法律法规、当地政府的方针、国内外局势、国际关系等。

② 经济（Economic）：经济发展水平、经济政策、国家经济形势、国民生产总值、居民消费水平、居民消费结构、通货膨胀率等。

③ 社会（Social）：国家或地区的历史文化、风俗习惯、宗教信仰、语言文字、教育水平、审美观念、生活方式等。

P：政治环境	E：经济环境
• 国内政策：我国从2015年开始提出要全面突破第五代移动通信技术，到2019年6月6日我国正式发放5G牌照，政策上我国政府始终大力支持和推动5G技术的发展。 • 国际形势：2018年开始加速国内5G部署。	• 2018年运营商收入：三大运营商全年营运收入近14000亿元，中国移动营运收入为7368亿元，同比增长1.8%；中国电信全年营运收入3771.2亿元，同比增长13.9%；中国联通实现总收入2908.77亿元，同比增长5.84%。 • 用于5G的投资：三大运营商2019年开始启动5G基础建设，预计7年内总支出金额达1.2万亿元。
S：社会环境	**T：技术环境**
• 4G的建设历程：2010年到2017年，我国4G网络大规模部署建设，实现了移动通信基站数量的大规模增长。 • 全球5G布局：全世界56个国家开始布局5G网络建设。	• 2016年3GPP会议上华为的短码方案入选5G标准。 • 我国主推的Polar code编码技术拿下eMBB场景的编码方案。 • 我国在5G专利上的占比达到32%，居全球首位。

图1.3.1　5G产业发展PEST模型

④ 技术（Technological）：国家对该技术的支持程度、申请授权专利、技术的研究程度等。

以目前我国5G产业为例，用PEST模型进行分析，如图1.3.1所示。从各方面来看，5G发展都处于一个利好阶段。

1.3.2 SWOT 模型

SWOT 模型从优势（Strength）、劣势（Weakness）、机会（Opportunity）、威胁（Threats）4 个方面对企业的现状进行分析，同时对未来加以预测。SWOT 是应用矩阵思维的一个模型，通过 4 个维度之间的有机组合，进行全面、系统的研究分析。

① 优势与劣势（SW）：优势与劣势是对企业或某个产品内部环境的分析，从中得知与竞争对手相比存在哪些优势和劣势。正确认识优势与劣势，才能够扬长避短。

② 机会与威胁（OT）：机会与威胁是对宏观大环境的分析，可参考 PEST 模型。对机会要积极争取，对威胁要进行规避，同时也要意识到，威胁本身既是机遇也是挑战。

将这 4 个维度下的条件逐一列出，运用矩阵思维对这 4 个方面进行交叉组合，还可以得到 SO（优势+机会）、WO（劣势+机会）、ST（优势+威胁）和 WT（劣势+威胁）的维度，对组合而成的 4 个方面也列出相应的内容。对于自身的优势同时也是机会的部分要放大并加以利用；对于自身的劣势却是机会的部分要改进以迎合机会；对于自身的优势却是威胁的部分不能冒进、要持续监控和跟进；对于自身的劣势同时也是威胁的部分要尽可能地消除。

SWOT 模型不仅可用于企业，还可用于对自身的分析，例如竞争一个岗位，就可从优势与劣势、机会与威胁来分析评估。图 1.3.2 所示是一位求职者在面试某金融企业数据分析师时，面对广大的竞争者，将自身情况套入 SWOT 模型进行分析得到的结果，由此可以全方位地审时度势，认清自己能力的同时从容地应对外部的挑战。

内部环境 / 外部环境		优势（Strength）	劣势（Weakness）
		• 学历：统计学硕士，与数据分析专业高度对口。 • 工具运用：熟练掌握Excel、SPSS等统计分析软件，能够运用Python编写小代码提高工作效率，精通SQL等查询语言。 • 有3年医疗行业工作经验，善于将理论与实践相结合。 • 逻辑思维强，对数据敏感。	• 跨行，虽有3年工作经验，但与金融行业不相关。 • 没有相关的金融背景。 • 不熟悉机器学习算法和主流框架。 • 不善于沟通，比较喜欢偏技术的岗位。 • 年龄偏大。
机会（Opportunity）	• 大公司效益好，待遇高，福利不错。 • 去大公司积累经验。	SO • 大公司可能会比较喜欢专业对口的人。 • 大公司拥有大量数据，可以很好地锻炼。	WO • 虽然是大公司，但却属于跨行，刚开始可能会花很长时间去熟悉数据和业务。
风险（Threats）	• 大公司有模式固定化的通病。 • 有多位竞争对手。	ST • 大公司的大量数据可能也是一种挑战。	WT • 大公司可能会存在“一个萝卜一个坑”的情况，太专业反而无法全方位发展。 • 个人不善于沟通，在众多竞争对手中不太好胜出。

图 1.3.2　求职金融分析师 SWOT 模型

1.3.3 5W2H 模型

5W2H 模型又叫“七问分析法”，即以 5 个以 W 开头的英文单词和 2 个以 H 开头的英文单词为引子进行提问，从提问中发现答案的分析方法。其在企业管理中用得较多，此外，还可以进行用户行为分析、营销方案制订等。这 7 个英文单词如下。

① What：以“什么”为结尾的提问，如要做什么？目的是什么？

② Why：以“为什么”开始的提问，如为什么要做？为什么是这个方案？

③ Who：以人为关键词的提问，如谁来负责？目标受众是谁？

④ When：以时间为关键词的提问，如什么时候开展活动？什么时候活动结束？每一步分别何时开展？

⑤ Where：以地点为关键词的提问，如在哪里（实地/线上）开展活动？渠道有哪些？

⑥ How：具体的实施步骤，越详细越好，如怎么做？如何优化？

⑦ How much：涉及程度的提问，如成本几何？预算多少？配备多少人员？做到什么程度？

会问问题也是一种能力，问问题能帮我们理清思路，查漏补缺。例如，准备做一个微信公众号送书活动，就可以用 5W2H 模型从各方面搭建框架，再进行细化分解，最终得到一个整体的活动方案，如图 1.3.3 所示。

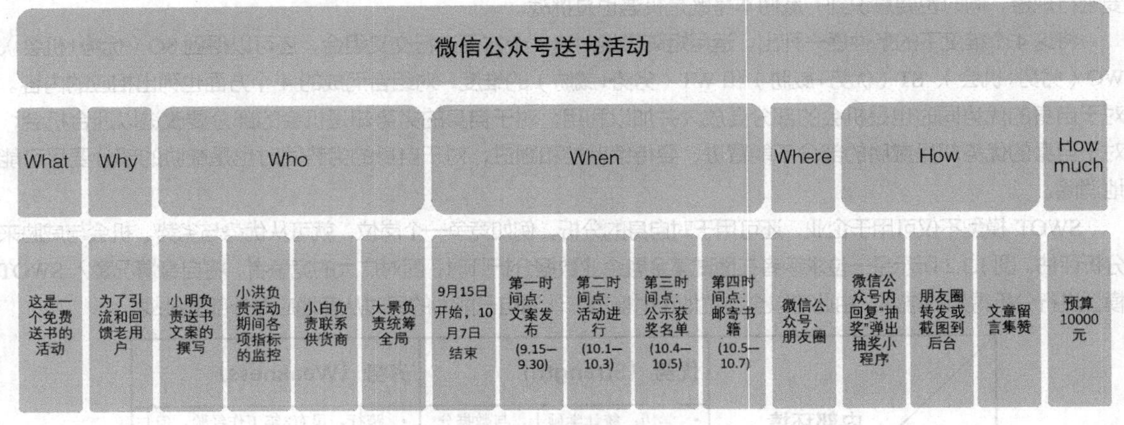

图 1.3.3　微信送书 5W2H 模型

1.3.4　4P&4C 模型

4P 模型是经典的营销分析理论模型，最早于 20 世纪 60 年代提出。4P 指的是 4 个“P”开头的英文单词，即 Product（产品）、Price（价格）、Place（渠道）、Promotion（促销），如图 1.3.4 所示。企业可以从这 4 个因素出发进行营销组合，分析产品的现状，调整推广手段。这种分析模型围绕着产品展开，是站在公司层面来说的，因此也是典型的“以产品为中心”的营销战略支撑模型。

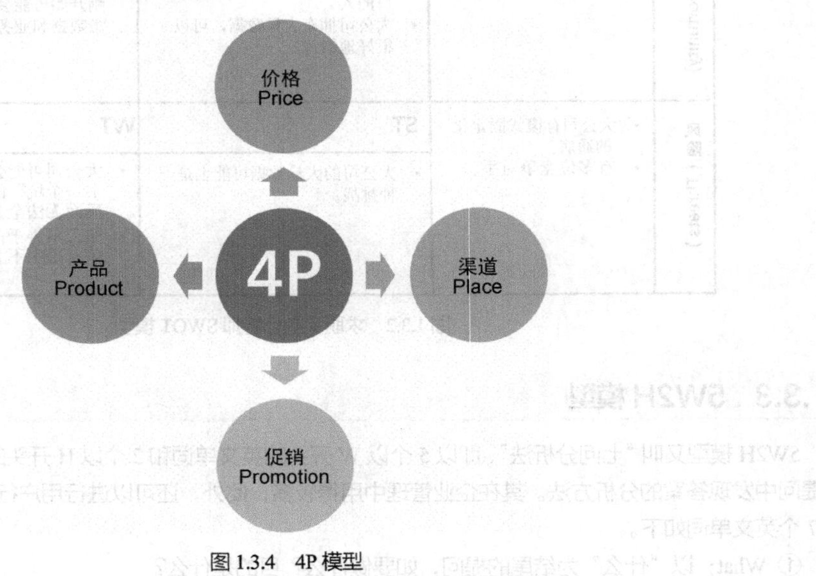

图 1.3.4　4P 模型

① 产品（Product）：公司主推何种产品（包括有形/无形的产品），分析时要考虑到产品的内容是什么、有什么特色、性能如何等。

② 价格（Price）：该产品的售价，分析时应该考虑该产品的生产成本、售价与竞争对手的价格相比如何及利润空间有多大等因素。

③ 渠道（Place）：该产品从生产到交付的流程，分析时要考虑产品的承包商、中间的制作环节、后期的流通方式等。

④ 促销（Promotion）：该产品的宣传和推广方式，包括线上如何宣传、线下如何销售等。

4C模型是1990年美国营销专家罗伯特·劳特朋（Robert F. Lauterborn）教授提出的与4P模型相对应的营销理论模型。4C指的是4个以“C”开头的英文单词，即Consumer（客户）、Cost（成本）、Convenience（便利）、Communication（沟通），如图1.3.5所示。与4P模型不同的是，4C模型从客户的角度出发，是典型的“以客户为中心”的思维。

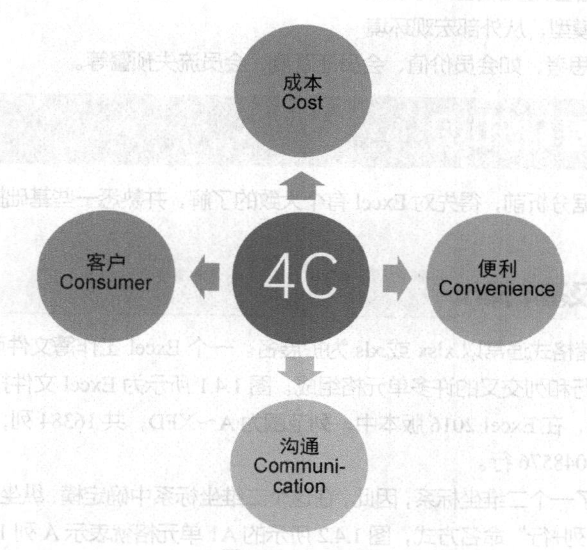

图1.3.5　4C模型

① 客户（Consumer）：要了解客户的需求，根据客户的需求定制产品。

② 成本（Cost）：包含4P模型中的价格（Price），同时还应包含客户的购买成本；从客户的角度出发，研究客户能否在金钱、时间和精力上接受该产品。

③ 便利（Convenience）：该产品应为客户提供最大程度的便利，如方便支付、方便维护等。

④ 沟通（Communication）：该产品应该做到能和客户随时随地进行有效沟通，及时听取客户建议和意见以更好地优化产品，如客服系统、收集并处理投诉等。

1.3.5 逻辑树模型

逻辑树模型运用逻辑树来分析问题。逻辑树又叫“树图”，常用来层层拆解某个问题，直至找到末端原因。在运用逻辑树模型时，要首先找到互相独立、不交叉的几个相关因素，再从这几个相关因素逐层推导出第二层相关因素，最后得出末端原因。第一层相关因素就是逻辑树的“大树枝”，第二层因素则是“小树枝”，这些树枝构成了整个树图。逻辑树模型可以提醒读者不要被眼前的表象所迷惑，要一层一层逐一剖析，找出真正的问题所在。

例如，小明上班总是迟到，他想找到自己早上起不来的根本原因。我们用逻辑树模型进行分析，如图1.3.6所示。从个人、闹钟、床、方法和环境5个方面进行分析，这就是第一层相关因素；再针对这5个因素分别展开，得到第二层因素；对第二层因素接着分析，可以得出第三层因素；最后得出了小明上班迟到的5个末端原因，通过日常判断和分析找到了 3 个最关键的原因，即熬夜、闹钟定时太晚和窗帘太遮光。所以小明只要针对这 3 个关键原因制定对策，以后上班就可以不迟到了。

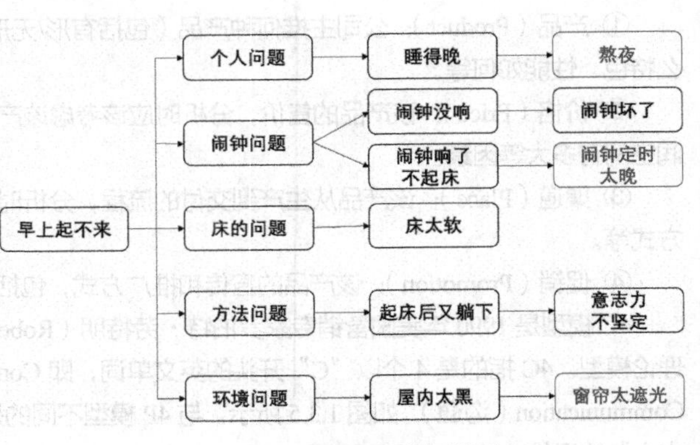

图 1.3.6　迟到原因逻辑树模型

练一练

如何搭建一个会员数据化运营分析模型？

提示 1：为什么要搭建会员运营分析模型？可以运用 SWOT 模型指出会员的运营分析模型存在的必要性。

提示 2：怎么搭建，从哪些角度搭建？可以运用逻辑树模型，结合 PEST 模型，从外部宏观环境和企业内部的储备方面分层思考，如会员价值、会员活跃度、会员流失预警等。

1.4　Excel 基础知识

在开始用 Excel 进行数据分析前，得先对 Excel 有个大致的了解，并熟悉一些基础操作。本节介绍 Excel 界面及基本操作。

1.4.1　Excel 界面及基本操作

Excel 工作簿文件的存储格式通常以.xlsx 或.xls 为扩展名。一个 Excel 工作簿文件可以由多个 Sheet 工作表组成，一个 Sheet 工作表又由行和列交叉的许多单元格组成。图 1.4.1 所示为 Excel 文件打开后的一个完整界面，其中列以英文大写字母为标记，在 Excel 2016 版本中，列范围为 A～XFD，共 16384 列；行以阿拉伯数字为标记，行范围为 1～1048576，共 1048576 行。

Excel 中的行和列构成了一个二维坐标系，因此，在这个二维坐标系中确定横、纵坐标便能定位到具体的位置。每个单元格都有其唯一的“列+行”命名方式，图 1.4.2 所示的 A1 单元格就表示 A 列 1 行，我们可以用“A1”这个名称指代第一行第一列单元格；同理，用 B2、C3、D4 都可以指定具体的某一个单元格。

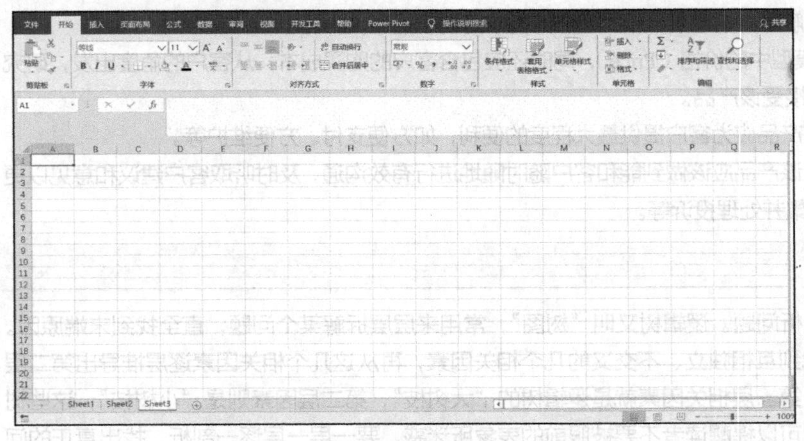

图 1.4.1　Excel 界面

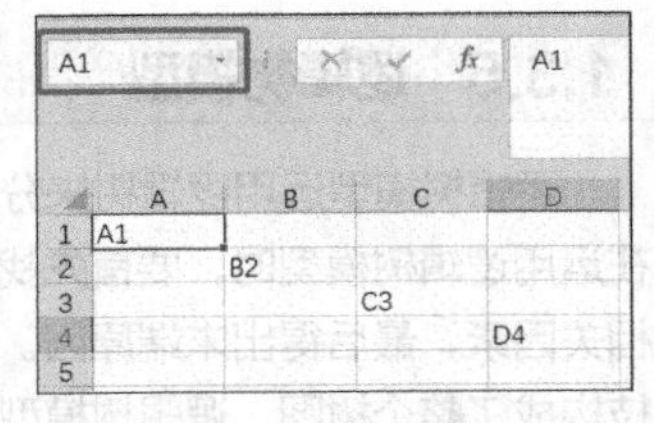

图 1.4.2　单元格命名

图 1.4.1 中 Excel 界面的最上方是功能区，该区域中包括【文件】、【插入】、【页面布局】等选项卡；选择任一选项卡标签，其下方会出现该选项卡所属的相应功能命令。在【开始】选项卡中，字体、对齐方式和数字是设置字体格式的；除此以外，我们还经常用到格式刷、条件格式、排序和筛选、查找和选择这些功能，如图 1.4.3 所示。

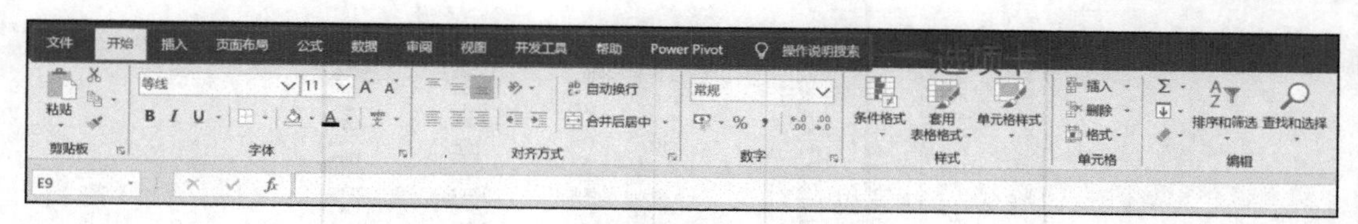

图 1.4.3 【开始】选项卡

在图 1.4.4 所示的【插入】选项卡中，可以插入表格、插图、加载项、图表、演示、迷你图、筛选器、链接和符号等。

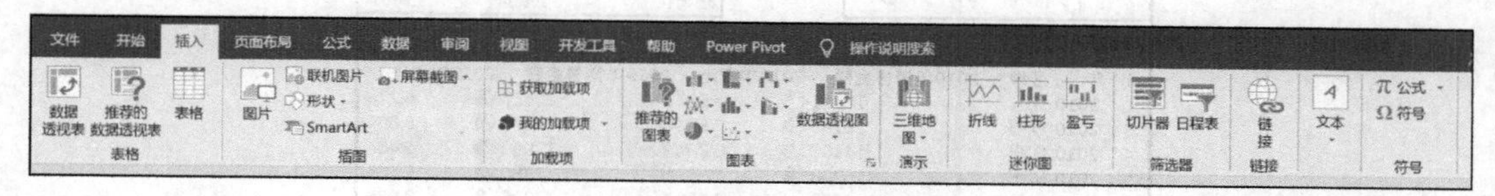

图 1.4.4 【插入】选项卡

在图 1.4.5 所示的【公式】选项卡中可以插入函数，在 5.3 节中还会用到这个选项卡下的定义名称功能来构造动态函数。

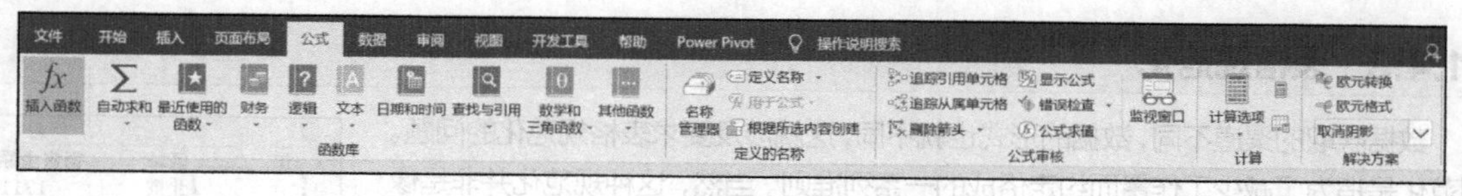

图 1.4.5 【公式】选项卡

在图 1.4.6 所示的【数据】选项卡中，获取外部数据、数据分析、模拟分析这 3 个功能是开展业务分析时用得最多的功能。

图 1.4.6 【数据】选项卡

其余的如【页面布局】、【视图】等选项卡对我们进行数据分析没有特别大的帮助，在这里不做介绍。

1.4.2 初识数据表

一个 Excel 文件就是一个工作簿，一个工作簿里包含至少一个 Sheet 工作表（以下简称表）。一个表里一行数据称为“行”，或称为“一条记录”；一列数据称为“列”，列又称为“字段”，如图 1.4.7 所示。

列 → 字段

序号	年	月	区域	销售金额
1	2009	1	广州	70
2	2009	1	南宁	25
3	2009	1	北京	17
4	2009	1	广州	99
5	2009	1	北京	43

行

图 1.4.7 认识数据表

Excel 文件一般存储为.xlsx 类型，还可以导出为.csv 类型，即以逗号等分隔存储的文件。不过，要注意保存成.csv 类型时，默认只保存第一个 Sheet 表中的内容，所以如果有多个 Sheet 表，不要将文件保存成.csv 类型。

我们要在最开始就树立一个观念：做数据分析的时候，至少有 3 张表，即原始数据表、数据分析表和数据展示表，如图 1.4.8 所示。原始数据表里只进行处理的工作，数据分析表里只进行分析的工作，数据展示表里只进行展示的工作。新手数据分析师的常见问题是想在一张表里做完所有的工作。殊不知，这样会让整个表很乱，数据分析工作等也会变得毫无逻辑。

原始数据表

				销售金额
1	2019	1	广州	100
2	2019	1	深圳	87
3	2019	1	北京	33
4	2019	1	广州	45
5	2019	1	北京	63
6	2019	1	广州	33
7	2019	1	上海	55
8	2019	1	深圳	77
9	2019	1	广州	96
10	2019	1	北京	183
11	2019	1	广州	345
12	2019	1	上海	33
13	2019	1	北京	56
14	2019	1	杭州	75
15	2019	1	杭州	67
16	2019	1	南昌	56
17	2019	1	广州	73
18	2019	1	杭州	97

数据分析表

		求和项:销售金额2
2010	116863	58.12%
北京	13111	6.52%
成都	15183	7.55%
广州	14482	7.20%
杭州	15203	7.56%
南昌	9755	4.85%
上海	7433	3.70%
深圳	15197	7.56%
武汉	26499	13.18%
2019	84213	41.88%
北京	12617	6.27%
成都	11379	5.66%
广州	12993	6.46%
杭州	11386	5.66%
南昌	7996	3.98%
上海	6168	3.07%
深圳	7537	3.75%
武汉	14137	7.03%
总计	201076	100.00%

数据展示表

年	区域	2010年销售金额	2010年占比	2019年销售金额	2019年占比
2010	北京	13111	6.52%	12617	6.27%
2010	成都	15183	7.55%	11379	5.66%
2010	广州	14482	7.20%	12993	6.46%
2010	杭州	15203	7.56%	11386	5.66%
2010	南昌	9755	4.85%	7996	3.98%
2010	上海	7433	3.70%	6168	3.07%
2010	深圳	15197	7.56%	7537	3.75%
2010	武汉	26499	13.18%	14137	7.03%

图 1.4.8　原始数据表、数据分析表和数据展示表

1.4.3　表格规范化

数据获取的渠道不同，数据的形式也就不同，这就涉及要求表格规范化的问题。规范化是指为了减少工作量而约定俗成的一系列准则。当然，这种规范化并非是像编程语言那样的语法要求。这里的表格规范化只是针对原始数据表的要求。

1．避免合并单元格

合并单元格的操作应该尽量在数据展示表中进行。如果在原始数据表中合并单元格，对后续的数据处理和分析都会造成不便，如图 1.4.9 所示。

年	区域	销售金额
2010	北京	13111
	成都	15183
	广州	14482
	杭州	15203
	南昌	9755
	上海	7433
	深圳	15197
	武汉	26499
2019	北京	12617
	成都	11379
	广州	12993
	杭州	11386
	南昌	7996
	上海	6168
	深圳	7537
	武汉	14137

图 1.4.9　避免合并单元格

2．避免分类汇总

分类汇总多用于数据分析环节。在原始数据表中如果进行分类汇总，会导致数据记录凌乱，并给后续的统计工作造成困扰，如图 1.4.10 所示。

3．避免多余的空格

一张原始数据表中如果有空格，会给统计分析造成很大的困扰。空格本身是没有任何意义的。在进行筛选、计数、透视等操作时，会因为这些空格而出错或得到不准确的数据，如图 1.4.11 所示。

姓名	语文	数学	英语	平均
张三	76	44	0	40
李四	69	52	71	64
王五	70	68	70	69
赵六	91	99	95	95
钱七	92	65	43	67
小计	397	328	279	335
孙八	45	48	68	54
周久	39	87	99	75
吴实	89	88	15	64

图 1.4.10　避免分类汇总

姓名	语文	数学	英语	平均
张三	76	44	0	40
李四	69	52	71	64
五	70	68	70	69
赵六	91	99	95	95
钱七	92	65	43	67
孙八	45	48	68	54

图 1.4.11　避免多余的空格

4．表格数据最简化

表格数据最简化的原则就是尽量将字段分割成最小的部分。在图 1.4.12 所示的表中，区域字段下的省和市应尽量分两列放，这样好分别统计。合并字段是很容易的，而拆分却要付出很大的精力，那些没有规律可循的字段还不一定能拆分出来，所以在录入数据时要尽可能让字段最简单地录入。

5. 录入数据时规范化

原始数据表一定要有规范、严谨的数据作为支撑。读者一定要知道，数据分析效率低下很有可能是由于一开始的原始数据表不规范导致的。

Excel 中的数据类型大致可以分为数值型和字符型（在 2.1 节会详细讲解）。在录入不同数据类型的数据时，数据录入人员是要遵守一定的操作规范的，否则，会给后续的数据处理带来极大的困扰，因此我们提倡在数据的源头就进行规范。

在录入字符型数据时，要避免文字前后或中间出现多余的空格。如姓名为"张三"，在录入时输入了"张 三"，中间的空格完全没有必要录入。

在录入日期和时间类的数据时，要将数据输入为标准的日期/时间格式。Excel 里提供了很多日期和时间格式，如图 1.4.13 所示，按照其中任意一种来输入都是正确的。切忌将日期输入为字符，如"20190501""2019.5.1"等，Excel 无法识别这种格式为日期，而是会将其转换为字符，这样后续处理就困难了。

	K	L	M	N
1	序号	日期	区域	销售金额
2	1	2019年1月	广东省广州市	100
3	2	2019年1月	广东省深圳市	87
4	4	2019年1月	广东省广州市	45
5	8	2019年1月	广东省深圳市	77
6	9	2019年1月	广东省广州市	96
7	11	2019年1月	广东省广州市	345
8	14	2019年1月	浙江省杭州市	75
9	15	2019年1月	浙江省杭州市	67
10	16	2019年1月	江西省南昌市	56
11	17	2019年1月	广东省广州市	73
12	18	2019年1月	浙江省杭州市	97
13	19	2019年1月	湖北省武汉市	58
14	21	2019年1月	浙江省杭州市	15
15	23	2019年1月	湖北省武汉市	23
16	24	2019年1月	广东省广州市	30
17	25	2019年1月	浙江省杭州市	39
18	26	2019年1月	广东省广州市	12

图 1.4.12　区域字段数据应尽量最简化

3月14日
星期三
周三
2012/3/14
2012/3/14 1:30 PM
2012/3/14 13:30
12/3/14

图 1.4.13　Excel 里的日期和时间格式

Tips：Excel 的小技巧

下面总结了一些使用 Excel 的小技巧。掌握这些小技巧，可以让你在处理原始数据表时事半功倍。

1. 快速填充

使用快速填充功能可以自动快速填充序号、编号、日期等。例如，为下表中的数据添加一列序号，只需在 A2、A3 单元格中分别输入 1、2，选中 1、2，将鼠标指针移动到右下角填充柄上，当鼠标指针变成黑色十字后双击鼠标左键，如图 1.4.14 所示。选择【快速填充】选项，Excel 就将自动填充从 1 开始递增的序号列，如图 1.4.15 所示。

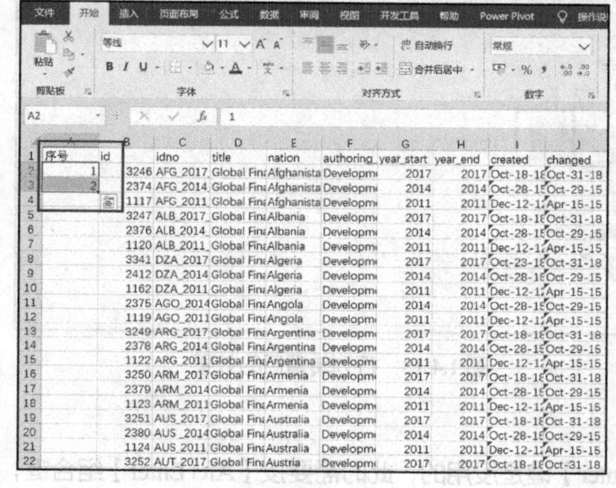

图 1.4.14　填充序列

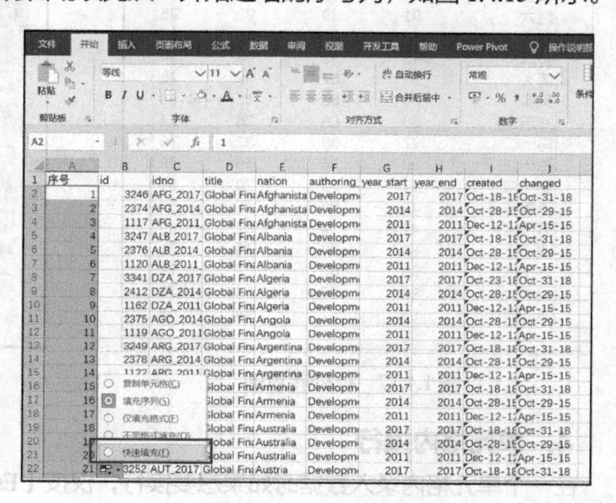

图 1.4.15　快速填充

2. 格式刷

单击【格式刷】按钮可以将前一个单元格的格式应用到当前单元格。例如，对 A3 单元格做了字体加粗、倾斜、颜色选择红色的操作，对 A6 单元格也想做同样的操作，此时只要单击 A3 单元格，再单击【格式刷】按钮，待鼠标指针右边出现刷子标记时，选中 A6 单元格，A6 单元格就变成了 A3 单元格的样式，如图 1.4.16 所示。

	A	B	C	D	E	F	G
1	序号	年	月	省	市	销售金额	
2	1	2019	1	广东	广州	100	省
3	2	2019	1	广东	深圳	87	省
4	3	2019	1	北京	北京	33	省
5	4	2019	1	广东	广州	45	省
6	5	2019	1	北京	北京	63	省
7	7	2019	1	上海	上海	55	省

图 1.4.16　应用格式刷后的效果

以上只是一次性地使用格式刷功能。如果想要格式刷功能永久有效，应怎么做呢？也很简单，双击【格式刷】按钮就好了。如果想要退出永久性格式刷状态，只要再单击一次【格式刷】按钮即可。

3. 行列转置

在录入数据时，如果发现行列数据录入反了，怎么办呢？需要将数据删除并重新录一次吗？当然不需要。此时，只需要将其复制，粘贴时进行转置即可。在图 1.4.17 所示的表中，行字段是【姓名】、【语文】、【数学】、【英语】、【平均】，列字段是每个人的姓名。下面把该表变成行字段为每个人的姓名、列字段为包含各科名称等的样式。

先复制这个表，然后在空白区域进行粘贴时，选择【转置】选项，整个表就转置成功了，如图 1.4.18 所示。

姓名	语文	数学	英语	平均
张三	76	44	0	40
李四	69	52	71	64
王五	70	68	70	69
赵六	91	99	95	95
钱七	92	65	43	67
孙八	45	48	68	54
周久	39	87	99	75
吴实	89	88	15	64
郑示意	60	88	76	74
冯十二	77	98	33	70
陈十三	89	96	49	78
楚十四	61	72	20	51
卫事务	45	86	45	59
蒋十六	42	74	62	59
沈十七	50	83	79	71
韩十八	93	65	77	78
杨十九	80	57	88	75
朱儿时	53	57	94	68

图 1.4.17　行列转置前

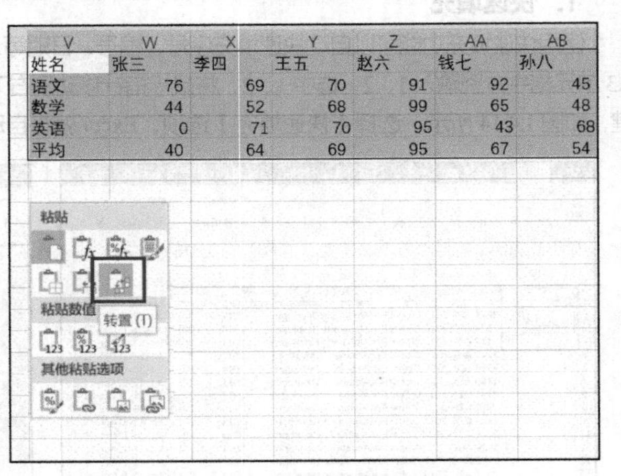

姓名	张三	李四	王五	赵六	钱七	孙八
语文	76	69	70	91	92	45
数学	44	52	68	99	65	48
英语	0	71	70	95	43	68
平均	40	64	69	95	67	54

图 1.4.18　行列转置后的效果

4. 单元格内换行

在一个单元格内录入数据时如果想要换行，仅按【Enter】键是没用的，此时需要按【Alt+Enter】组合键，如图 1.4.19 所示。

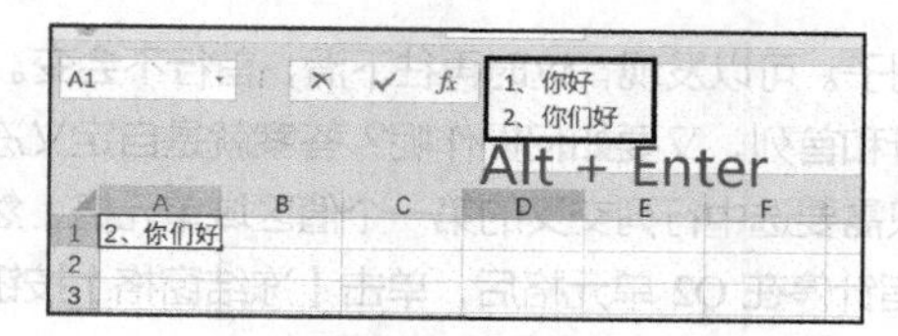

图 1.4.19　单元格内换行

5．快速选中区域

利用【Ctrl+箭头】组合键可以快速移动鼠标指针到整张表的最边缘，而不会选择中间的任何区域。在图 1.4.20 所示的表中，当鼠标指针停在 P2 单元格时，按【Ctrl+右箭头】组合键，鼠标指针会快速移动到该数据表最右边的 T2 单元格中。按【Ctrl+上箭头】和【Ctrl+下箭头】组合键同理。

	P	Q	R	S	T
1	姓名	语文	数学	英语	平均
2	张三	76	44	0	40
3	李四	69	52	71	64
4	王五	70	68	70	69
5	赵六	91	99	95	95
6	钱七	92	65	43	67
7	孙八	45	48	68	54
8	周久	39	87	99	75
9	吴实	89	88	15	64
10	郑示意	60	88	76	74
11	冯十二	77	98	33	70
12	陈十三	89	96	49	78

图 1.4.20　按【Ctrl+右箭头】组合键快速选中

按【Shift+箭头】组合键可以按单元格逐个选择连续的区域。在图 1.4.21 所示的表中按【Shift+右箭头】组合键，会选中 P2 和 Q2 两个单元格。按【Shift+箭头】组合键是可以选中单元格的，只是需要一个单元格一个单元格地选择。

一个一个单元格地选择数据也太麻烦了，有没有简单、快捷的方法呢？答案就是按【Ctrl+Shift+箭头】组合键，可以快速选中整行或整列数据。在图 1.4.22 所示的表中，鼠标指针原本在 P2 单元格上，这时按【Ctrl+Shift+右箭头】组合键，则会选中这个数据表中第二行一整行的数据，即 P2:T2。

	P	Q	R	S	T
1	姓名	语文	数学	英语	平均
2	张三	76	44	0	40
3	李四	69	52	71	64
4	王五	70	68	70	69
5	赵六	91	99	95	95

图 1.4.21　按【Shift+右箭头】组合键快速选中

	P	Q	R	S	T
1	姓名	语文	数学	英语	平均
2	张三	76	44	0	40
3	李四	69	52	71	64
4	王五	70	68	70	69
5	赵六	91	99	95	95

图 1.4.22　按【Ctrl+Shift+右箭头】组合键快速选中

6．冻结窗格

在数据量很大的表中，当我们往下滑动鼠标中键或滚动条去看数据的时候，可能就会忘了这一列数据对应的首行是什么字段，此时需要使用冻结首行这个功能，这样即使往下滑也可以一直看到对应的字段；冻结首列同理。在【视图】选项卡中有【冻结窗格】按钮（见图 1.4.23），单击其下拉按钮打开工具组，再单击【冻结首行】或【冻结首列】按钮即可。

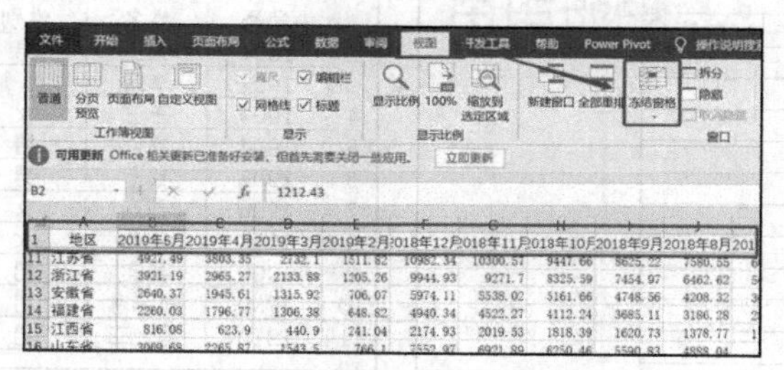

图 1.4.23　冻结窗格

图 1.4.24 所示是冻结首行的例子。可以发现，这时再往下滑，首行不会变。

更多的时候需要同时冻结首行和首列，又要如何操作呢？答案就是自定义冻结的范围并单击【冻结窗格】按钮。若要同时冻结首行和首列，只需要选中行列交叉的第一个值区域单元格，然后单击【冻结窗格】按钮即可。在图 1.4.25 所示的表中，将鼠标指针停在 Q2 单元格后，单击【冻结窗格】按钮，再上下或左右滑动时，会发现首行和首列就都固定住了。

	P	Q	R	S	T
1	姓名	语文	数学	英语	平均
8	周久	39	87	99	75
9	吴实	89	88	15	64
10	郑示意	60	88	76	74
11	冯十二	77	98	33	70
12	陈十三	89	96	49	78
13	楚十四	61	72	20	51
14	卫事务	45	86	45	59
15	蒋十六	42	74	62	59
16	沈十七	50	83	79	71
17	韩十八	93	65	77	78
18	杨十九	80	57	88	75
19	朱儿时	53	57	94	68

图 1.4.24　冻结首行

	P	S	T
1	姓名	英语	平均
8	周久	99	75
9	吴实	15	64
10	郑示意	76	74
11	冯十二	33	70
12	陈十三	49	78
13	楚十四	20	51
14	卫事务	45	59
15	蒋十六	62	59
16	沈十七	79	71
17	韩十八	77	78
18	杨十九	88	75
19	朱儿时	94	68

图 1.4.25　冻结首行和首列

7. 绝对引用、相对引用和混合引用

绝对引用和相对引用功能在公式中应用较多，下面先来了解这两种引用方法。

绝对引用会对行和列进行固定，表示固定的符号是$（可直接输入$符号，也可按【F4】键）。使用绝对引用符号$固定以后，该单元格地址值将不会改变。图 1.4.26 所示的$A$15:$L$16 表示方法即为绝对引用，该引用的目的在于下拉公式后得到正确的值。可以看到，填充公式后，D8 单元格中引用的区域仍为 A15:L16 区域。

TIME　=HLOOKUP(A2,$A$15:$L$16,2,0)

HLOOKUP(lookup_value, table_arr

绝对引用

	A	B	C	D
1	学号	姓名	性别	年龄
2	1901	张三	男	5:$L$16,2,0)
3	1902	李四	女	
4	1903	王五	女	
5	1904	赵六	男	
6	1905	钱七	男	
7	1906	孙八	女	
8	1907	周久	女	
9	1908	吴实	男	
10	1909	郑示意	男	
11	1910	冯十二	男	

D8　=HLOOKUP(A8,$A$15:$L$16,2,0)

	A	B	C	D	E	F
1	学号	姓名	性别	年龄		
2	1901	张三	男	20		
3	1902	李四	女	21		
4	1903	王五	女	17		
5	1904	赵六	男	13		
6	1905	钱七	男	13		
7	1906	孙八	女	15		
8	1907	周久	女	16		
9	1908	吴实	男	15		
10	1909	郑示意	男	15		
11	1910	冯十二	男	18		

图 1.4.26　绝对引用

相对引用不会对行和列进行固定，即不对行和列做任何固定操作。图 1.4.27 所示的 A15:L16 区域没有加$符号进行引用，下拉公式以后会出错。为什么会出错呢？可以看到，D3 单元格中被查找的区域变成了 A16:L17，这是因为不做绝对引用的操作，区域默认会下移一行和一列，而区域发生改变就会导致出现错误。

D2　=HLOOKUP(A2,A15:L16,2,0)

相对引用

	A	B	C	D
1	学号	姓名	性别	年龄
2	1901	张三	男	20
3	1902	李四	女	
4	1903	王五	女	
5	1904	赵六	男	
6	1905	钱七	男	
7	1906	孙八	女	
8	1907	周久	女	
9	1908	吴实	男	
10	1909	郑示意	男	
11	1910	冯十二	男	

D3　=HLOOKUP(A3,A16:L17,2,0)

	A	B	C	D	E	F
1	学号	姓名	性别	年龄		
2	1901	张三	男	20		
3	1902	李四	女	#N/A		
4	1903	王五	女	#N/A		
5	1904	赵六	男	#N/A		
6	1905	钱七	男	#N/A		
7	1906	孙八	女	#N/A		
8	1907	周久	女	#N/A		
9	1908	吴实	男	#N/A		
10	1909	郑示意	男	#N/A		
11	1910	冯十二	男	#N/A		

图 1.4.27　相对引用

使用混合引用会对行或列进行固定。有时候需要移动行但不移动列，或者反过来，就需要用到混合引用。还是上面绝对引用的例子，$A$15:$L$16 还可以表示成 A$15:L$16，后者的意思是对列不固定，对行进行固定。这样表示依然可以得到正确的公式结果，如图 1.4.28 所示。下拉的时候，行在变换，所以要对行进行固定；左右移动时列在变换，所以要对列进行固定。

D2 =HLOOKUP(A2,A$15:L$16,2,0)

	A	B	C	D	E	F
1	学号	姓名	性别	年龄		
2	1901	张三	男	20	#N/A	
3	1902	李四	女	21		
4	1903	王五	女	17		
5	1904	赵六	男	13		
6	1905	钱七	男	13		
7	1906	孙八	女	15		
8	1907	周久	女	16		
9	1908	吴实	男	15		
10	1909	郑示意	男	15		
11	1910	冯十二	男	18		
12						

E2 =HLOOKUP(B2,B$15:M$16,2,0)

	A	B	C	D	E	F
1	学号	姓名	性别	年龄		
2	1901	张三	男	2	#N/A	
3	1902	李四	女	21		
4	1903	王五	女	17		
5	1904	赵六	男	13		
6	1905	钱七	男	13		
7	1906	孙八	女	15		
8	1907	周久	女	16		
9	1908	吴实	男	15		
10	1909	郑示意	男	15		
11	1910	冯十二	男	18		

图 1.4.28　混合引用

8. 组合键

Excel 中有一些常用的组合键，数据分析师记住这些常用的组合键会让个人工作效率极大提高。表 1.4.1 所示为 Windows 系统下 Excel 常用的组合键。

表 1.4.1　Windows 系统下 Excel 常用的组合键

序号	组合键	说明
1	Ctrl+S	保存
2	Ctrl+P	打印
3	Ctrl+C	复制
4	Ctrl+X	剪切
5	Ctrl+V	粘贴
6	Ctrl+Alt+V	选择性粘贴
7	Ctrl+Z	撤销上一步操作
8	Ctrl+F	查找
9	Ctrl+H	替换
10	Ctrl+鼠标滚轮	放大/缩小界面
11	Ctrl+A	选中整张表
12	Ctrl+鼠标左键	选择多个不规则区域
13	Shift+鼠标左键	选择多个连续区域
14	Ctrl+Shift+鼠标左键	选中连续区域
15	Ctrl+1	打开【设置单元格格式】对话框
16	Ctrl+PageUp	切换到上一个工作表
17	Ctrl+PageDown	切换到下一个工作表
18	Alt+Tab	切换界面
19	Windows+D	快速隐藏所有界面

小结

本章首先介绍了什么是数据分析，数据分析师是做什么的，数据分析的流程（包括明确目的和思路、获取数据、处理数据、分析数据和展示数据），各个流程需要哪些知识、如何学习；其次讲解了 5 种常见的数据分析思维模式（包括结构化思维、漏斗思维、矩阵思维、相关性思维和降维思维），列举了每种思维在企业中应用的实际场景；还介绍了 5 种经典的数据分析模型（包括 PEST 模型、SWOT 分析模型、5W2H 模型、4P&4C 模型、逻辑树模型），以及每种模型都是如何应用的；最后简单介绍了 Excel 基础知识和基本操作，同时从数据分析的角度认识 Excel 数据表，学会表格规范化的操作，避免后续出现不必要的麻烦。本章知识点思维导图如下。

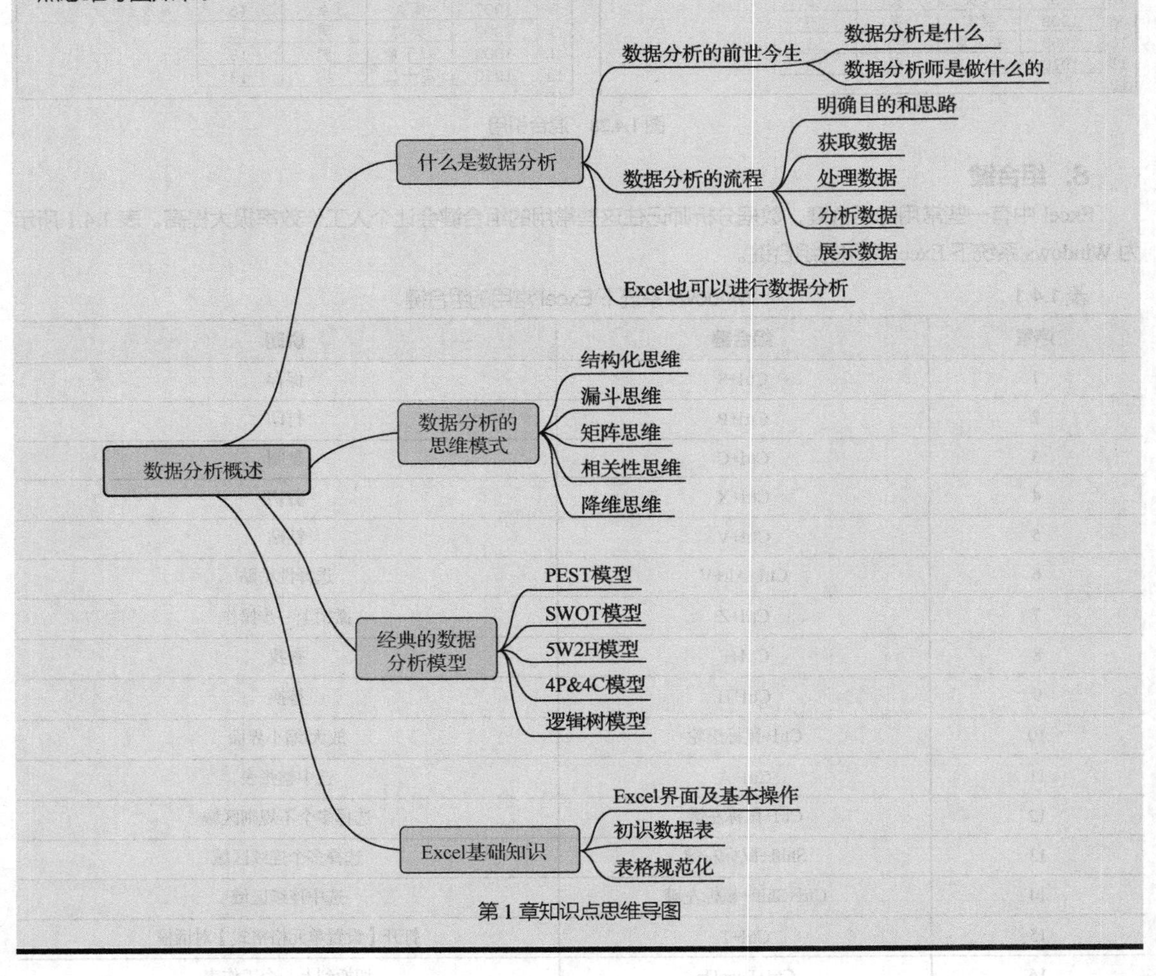

第 1 章知识点思维导图

第 2 章

数据的获取

下面要真正进入数据分析的实战了，还记得前面说过的数据分析流程吗？首先要从数据的准备开始，数据从哪里获取？怎么获取？数据间有着怎样的联系？拿到数据表以后还要熟悉数据，各个字段代表着什么含义？看似简单的内容却包含着最基础的原理，让我们从最基础的内容做起吧。

2.1 数据类型

在 Excel 中数据都有哪些类型呢？随便选择一个单元格，右击并选择【设置单元格格式】选项，在打开的对话框中可以看到有【常规】、【数值】、【货币】、【会计专用】等很多类型的单元格格式，如图 2.1.1 所示。这数据类型也太多了吧！不要怕，这只是单元格所显示出来的格式。实际上，在 Excel 中只有两种数据类型，即数值型和字符型，通俗来说就是数字和文本，其他所有的单元格格式都是这两种类型的变体。本节主要介绍 Excel 中数据的类型及其互相转换的方式。

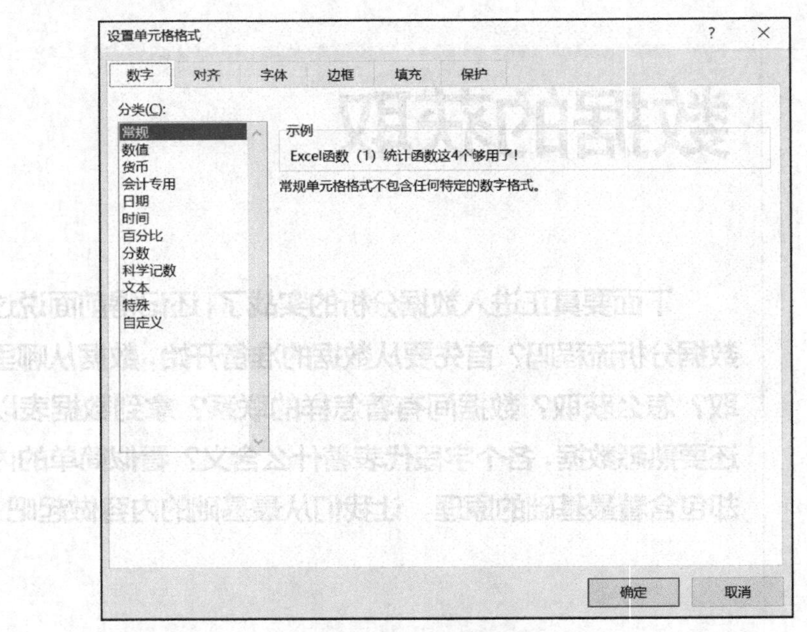

图 2.1.1　数据类型

2.1.1 数值型数据

数值型数据，即以数字格式存储的数据。该类数据可以进行计算，并且在 Excel 的单元格中默认为右对齐的显示方式，如图 2.1.2 所示。数字、百分数、分数、小数、货币、科学记数、日期和时间这些格式的数据都是数值型的数据，只是它们展示的形式不一样（有的在数字前加了货币符号，有的进行了科学记数）。我们不要被其外表迷惑，切记万变不离其宗，只要是可以进行计算的就是数值型数据。

	A	B	C
1	数字	20	
2	百分数	20%	
3	分数	1/5	
4	小数	0.2	
5	货币	¥20.00	
6	科学记数	2.00E+01	
7	日期	2019年7月19日	043665
8	时间	14:20:20	0.60

图 2.1.2　数值型数据

看到这里读者可能有些不解，日期和时间怎么能算数值型数据呢？“2019 年 7 月 19 日”这明显看上去不是数字。别急，下面会细细道来。首先，日期和时间是可以计算的，图 2.1.3 所示的 D7 单元格里有一个公式=B7+1，得到的结果是“2019 年 7 月 20 日”，19 日加 1 变成了 20 日，可见日期是可以进行计算的。其次，我们可能遇到过这样的情况：当输入日期的时候，单元格出现的不是日期，反而是一串如“43666”这样的数字。这是因为这个单元格被设置成了数值格式，所以当输入其他数值型数据的时候，它也只会显示成数值的格式。当把它转换为日期格式的时候，“43666”就又变成了“2019 年 7 月 20 日”这种日期格式的数据。那么数字“1”对应的是什么日期呢？转换一下格式，发现 1 对应的是“1990 年 1 月 1 日”，数字“2”对应的是“1990 年 1 月 2 日”，所以数字“43666”就是指从 1990 年 1 月 1 日过了 43666 天是哪一天。由此可知，在 Excel 中日期是以数值格式来存储的，只是将其显示成了我们习惯看到的日期格式。所以结论就是，在 Excel 中日期和时间是一种数值型数据。

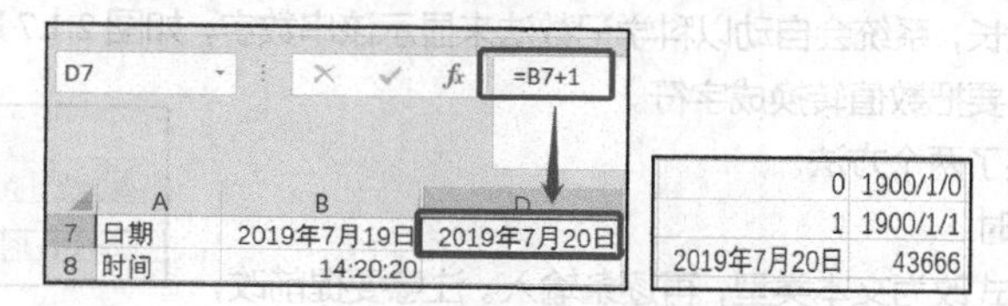

图 2.1.3　日期和时间格式

2.1.2　字符型数据

字符型数据，通俗地讲，就是文本格式的数据，如汉字、字母等。该类数据不可以进行计算，在 Excel 的单元格里默认为左对齐的显示方式，如图 2.1.4 所示。

如果要在公式中输入字符，需要对字符加英文输入法下的双引号，否则会报错。另外，应注意以下两种特殊情况。

	A	B
12	文本型数据	计算
13	文本	#VALUE!
14	一	
15	壹	

图 2.1.4　字符型数据

1. 长得像文本的数值

这种数据看着像文本，实际是数值。

本来是数值型的数据，却因为外观形似文本而被误认为是一个字符。在图 2.1.5 所示的表中，正常的字符（如“一”）应该如 A18 显示的那样在单元格中左对齐，但我们看 B18 单元格中同样的“一”，却是像数值型数据那样右对齐。那么问题来了，此时 B18 应该算是数值型数据还是字符型数据呢？别忘了，只要能计算就是数值。我们对 B18+2 得到 C18，其值为“三”，说明 B18 就是一个数值型的数据，只是长得像文本的数据。

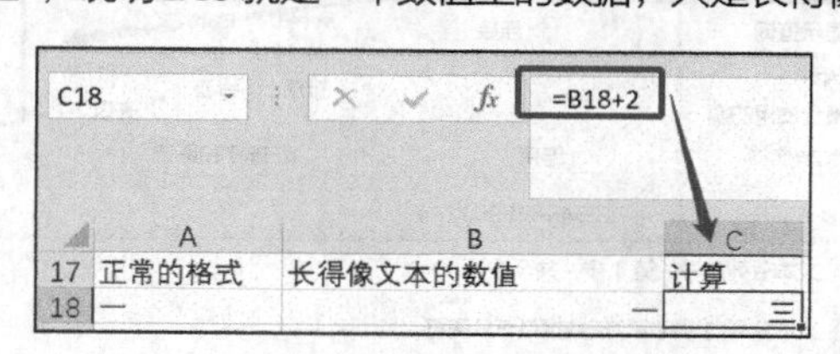

图 2.1.5　长得像文本的数值

2. 以文本格式存储的数值

这种数据实际是数值，只是根据实际需要被存成了文本。上一个情况是一个数值看着像文本而已。而这一个特殊情况是明明为数值，却被存储成了文本格式。先说结论，实际上它还是数值。

最常见的例子就是身份证号码录入后无法正常显示。当我们在一个单元格里录入 18 位的身份证号码时，默认情况下如图 2.1.6 的 A21 单元格所示，身份证号码被折叠成了科学记数法的格式。为了让身份证号码全部显示出来，我们可以先在单元格中加个单引号（‘），或者提前把单元格格式改成文本再输入数字，单元格 B21 就属于后一种情况。输入身份证号码后会在单元格左上角出现小绿标，点开小绿标旁边的感叹号则显示以文本形式存储的数字；这一串数字实际上是数值，却靠左显示，我们右击查看单元格格式便可知其是文本格式。

图 2.1.6　以文本格式存储的数值

2.1.3　数据类型的转换

1. 数值转字符

有时，我们希望将一个数值型的数据强制转换成字符型，常见的例子就是上面提到的身份证号码录入。除了身份证号码，平时我们还会遇到编码，也可以将其转为字符处理。这是因为编码本身是不需要参与计算的，而且我们重点关注的是编码的完整展示。

由于身份证号码位数太长，系统会自动以科学记数法来显示该串数字，如图 2.1.7 所示。但我们想在单元格里看到完整的号码，这时就需要把数值转换成字符。

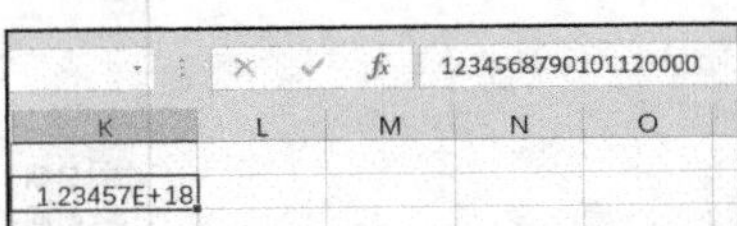

图 2.1.7　身份证号码不完整显示

这里针对两种情况提供了两个方法。

（1）情况 1：逐条录入时

方法：提前将单元格格式改为文本类型，再逐条输入。注意要提前改，如果先输入了数字再改成文本是没有用的。

（2）情况 2：已有数据时

方法：如果没有提前改成文本类型或者得到的就是以科学记数法记录的数据，此时可以使用【分列】按钮来转换，具体步骤如下。

Step1：选中要转换的数据列，单击【数据】→【数据工具】→【分列】按钮，如图 2.1.8 所示。

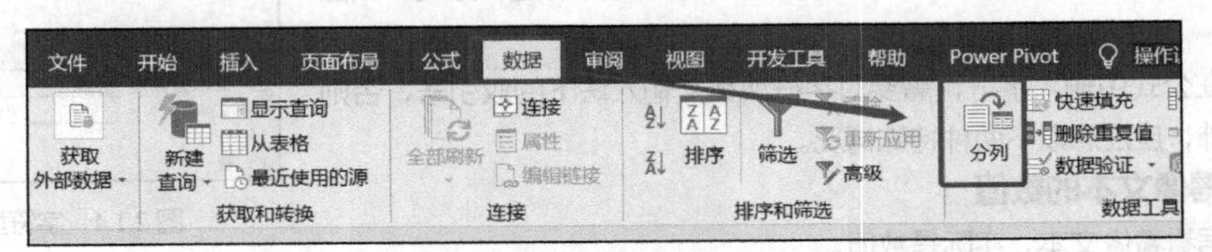

图 2.1.8　单击【数据】→【数据工具】→【分列】按钮

Step2：选择【分隔符号】进行分列，如图 2.1.9 所示。

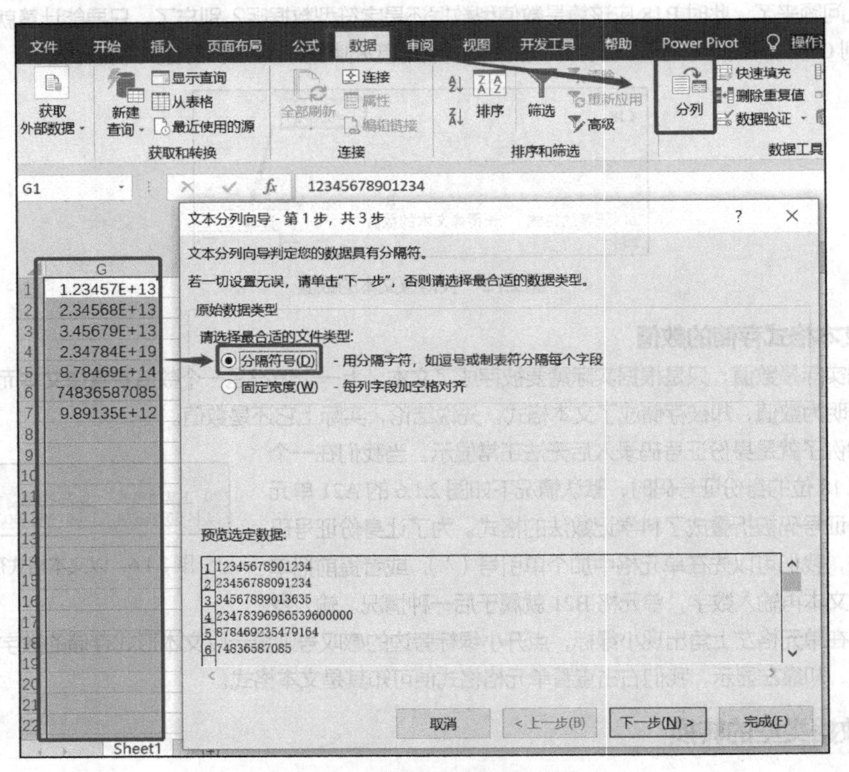

图 2.1.9　以分隔符号形式进行分列

Step3：具体的分隔符号保持勾选默认项，即【Tab 键】，如图 2.1.10 所示。

Step4：列数据格式要设置成【文本】，如图 2.1.11 所示。

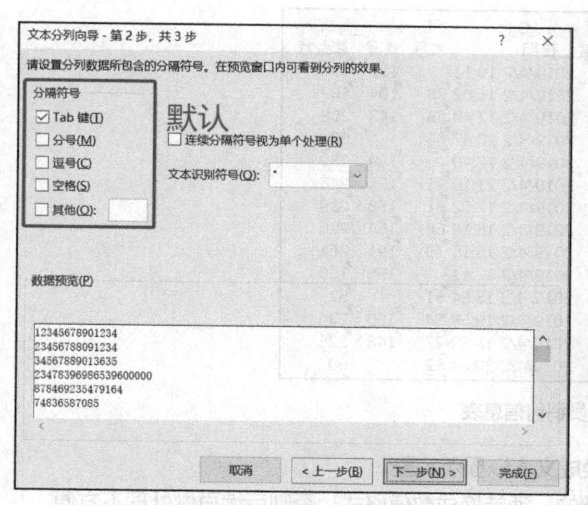

图 2.1.10　设置分隔符号

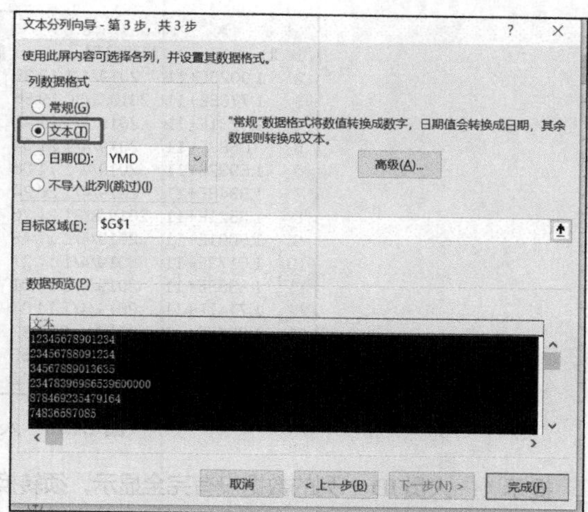

图 2.1.11　设置列数据格式

Step5：单击【完成】按钮后，即可发现原先被折叠的数据已经以文本格式存储，并全部展示了出来，如图 2.1.12 所示。

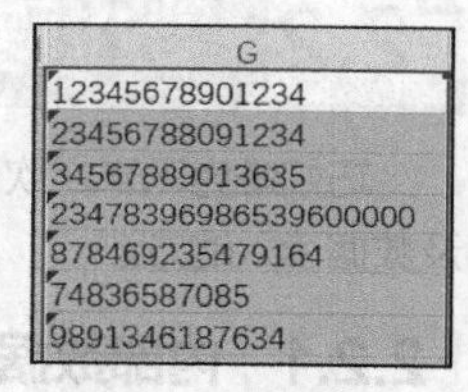

G
12345678901234
23456788091234
34567889013635
23478396986539600000
878469235479164
74836587085
9891346187634

图 2.1.12　分列完成

需要说明的是，这个方法并没有将数值转换成字符；数值只是被强制存储成了文本格式，这同 2.1.2 节中的“以文本格式存储的数值”是一个道理。

2. 字符转数值

最常见的方法是把带有小绿标以文本形式存储的数字转换为以数值形式存储的数字。下面也提供两种方法。

（1）方法 1

单击单元格左上角的小绿标，在弹出的菜单中执行【转换为数字】命令，如图 2.1.13 所示。

（2）方法 2

该方法同数值转字符一样，使用【分列】按钮，分隔符号、数据格式全部保持默认，即可完成身份证号码字符转数值的操作，结果如图 2.1.14 所示。

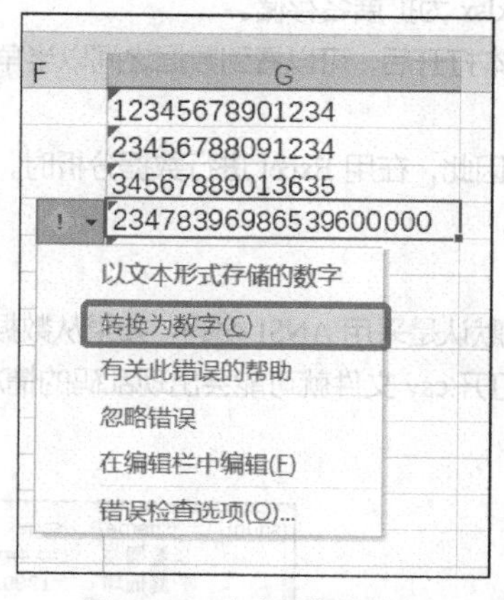

图 2.1.13　文本转换为数字

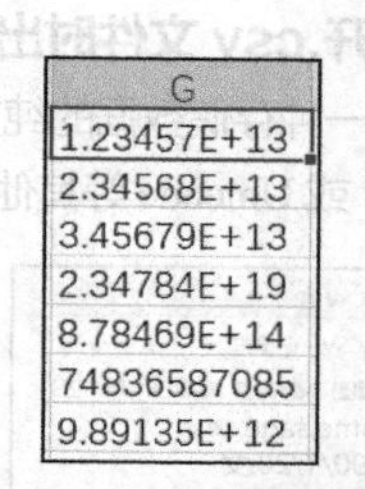

G
1.23457E+13
2.34568E+13
3.45679E+13
2.34784E+19
8.78469E+14
74836587085
9.89135E+12

图 2.1.14　使用【分列】按钮将字符转数值

练一练

观察图 2.1.15 所示的人员销售信息表，将其改为正确的格式。

	A	B	C	D	E	F
1	ID	起始日期	截止日期	衣服	裤子	总金额
2	1.9026E+11	2019/4/1 18:35	2019/4/2 19:11		123	123
3	1.7705E+11	2019/3/30 19:56	2019/4/2 15:02	78	104	182
4	1.5231E+11	2019/4/1 11:47	2019/4/2 17:49	65	143	208
5	1.583E+11	2019/4/1 21:04	2019/4/2 20:47	68		68
6	1.5932E+11	2019/4/1 11:06	2019/4/2 12:40		189	189
7	1.5348E+11	2019/4/1 20:24	2019/4/2 21:10	91	155	246
8	1.5521E+11	2019/3/31 21:26	2019/4/2 12:02	81	158	239
9	1.5091E+11	2019/4/1 17:45	2019/4/2 18:18	66	154	220
10	1.5173E+11	2019/4/1 17:27	2019/4/2 18:15	70	191	261
11	1.8883E+11	2019/4/1 18:01	2019/4/2 17:41		156	156
12	1.7747E+11	2019/4/1 14:07	2019/4/2 15:54	51		51
13	1.8965E+11	2019/4/1 19:32	2019/4/2 19:58	84	150	234
14	1.8965E+11	2019/4/1 18:55	2019/4/2 18:50	77	148	225
15	1.5321E+11	2019/4/1 20:42	2019/4/2 20:44	59		59

图 2.1.15　人员销售信息表

提示 1：人员 ID 一列的数据没有完全显示，须转换成文本以显示完整。

提示 2：D 列、E 列、F 列的数字是以文本格式存储的，须转换成数值格式，否则后续再做处理不方便。

2.2 数据获取

巧妇难为无米之炊，没有数据就没法进行数据分析，所以数据的获取很重要。本节主要介绍数据获取的渠道及数据读入的方法。

2.2.1 内部数据的读入

Excel 存储的格式有许多，不同版本的 Excel 能否打开这些格式存储的文件呢？这就要简单了解一下 Excel 文件的扩展名和兼容性了。由于 Excel 版本不断更新，每个版本存储文件的扩展名也有一定的区别，通常接触到的数据表是以.xls、.xlsx 和.csv 为扩展名存储的文件。.xls 扩展名是 Excel 2003 及以前版本默认的格式，.xlsx 扩展名是 Excel 2007 及以上版本默认的格式，.csv 扩展名是以逗号等分隔存储的格式。

一般情况下，Excel 都是向下兼容的，即 Excel 2007 版本可以正常打开且读入 Excel 2003 版本格式的数据，但 Excel 2003 版本不一定能正常读入 Excel 2007 版本格式的数据。这也很好理解，版本在不断更新的过程中，功能也在不断变化。本书使用 Excel 2016 版本，所以默认以.xlsx 为扩展名存储。

图 2.2.1 所示是一个以.csv 格式存储的文件。用记事本打开后，可以看到数据之间以半角逗号（即用英文状态下的逗号）进行分隔。

.csv 存储格式经常用在 Python 及数据库的读写中，因此，在用 Excel 进行数据分析时，常常会拿到.csv 格式的数据。在使用该格式的数据时，可能会遇到以下问题。

1. Excel 打开.csv 文件时出现乱码

.csv 文件格式是一种存储数据的纯文本格式。Excel 默认是采用 ANSI 编码，如果从数据库中导出的.csv 文件的编码方式为 UTF-8 或 Unicode 等其他编码，用 Excel 打开.csv 文件就可能会出现乱码的情况，如图 2.2.2 所示。

student.CSV
student.CSV - 记事本
文件(F) 编辑(E) 格式(O) 查看(V) 帮助(H)

```
snum,sname,sage,sex
8,王菊,1990/1/20,女
7,郑竹,1989/7/1,女
6,吴兰,1992/3/1,女
5,李云,1990/8/6,男
4,李云,1990/8/6,男
3,王五,2003/5/5,女
2,李四,2003/4/4,男
1,张三,2003/3/3,男
```

图 2.2.1　分列功能字符转数值

snum	sname	sage	sex
8	鐜嬭強	########	濂?
7	閮戠珷	1989/7/1	濂?
6	鍚村叞	1992/3/1	濂?
5	鏉庝簯	1990/8/6	鐢?
4	鏉庝簯	1990/8/6	鐢?
3	鐜嬩簲	2003/5/5	濂?
2	鏉庡洓	2003/4/4	鐢?
1	寮犱笁	2003/3/3	鐢?

图 2.2.2　用 Excel 打开.csv 文件出现乱码

用记事本打开这个.csv 文件，发现没有出现乱码，并且在记事本右下角可以看到编码方式是 UTF-8，这时只需要将文件另存，同时将编码方式改成 ANSI，再用 Excel 打开就不会出现乱码了，如图 2.2.3 所示。

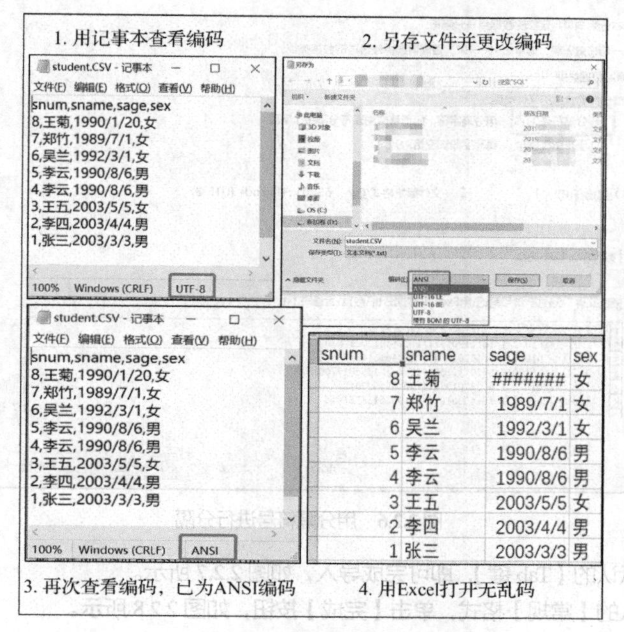

图 2.2.3　乱码调整方法

2. Excel 存储成.csv 格式后丢失 Sheet 工作表

.csv 格式只能保存当前工作表中的文本数值，也就是说，如果一个 Excel 工作簿有多个 Sheet 工作表，存储为.csv 格式后只能保存当前显示的工作表，其他工作表会因为无法被存储而丢失，如图 2.2.4 所示。所以在处理.csv 格式文件的时候，要注意避免新增 Sheet 工作表。

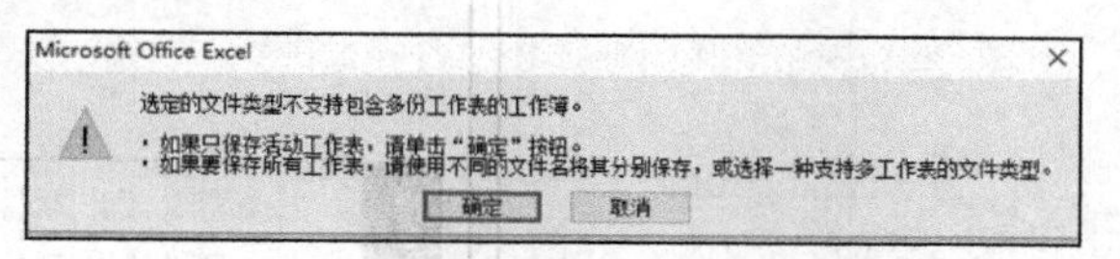

图 2.2.4　.csv 格式不支持保存多个工作表

2.2.2 外部数据的获取

1. 从文本获取外部数据

除了获取内部数据外，还有从外部获取数据的情况。有时候，数据是以文本形式（.txt）来存储的。如果我们想要将其导入 Excel 中，可以单击【数据】→【获取外部数据】→【自文本】按钮来获取，如图 2.2.5 所示。

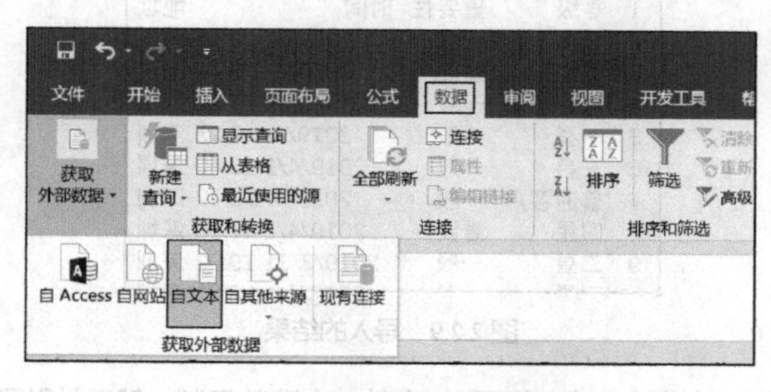

图 2.2.5　获取外部数据

文件类型选择默认的以分隔符号划分，如图 2.2.6 所示。

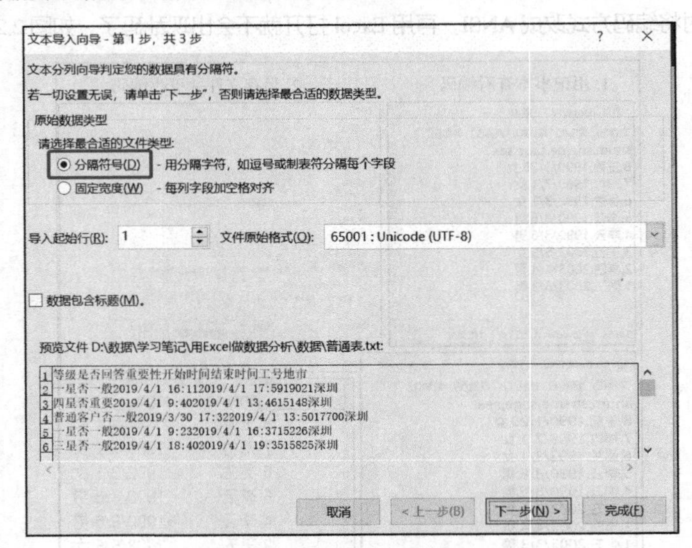

图 2.2.6　用分隔符号进行分隔

分隔符号保持勾选默认的【Tab 键】，即可完成导入，如图 2.2.7 所示。

列数据格式选择默认的【常规】格式，单击【完成】按钮，如图 2.2.8 所示。

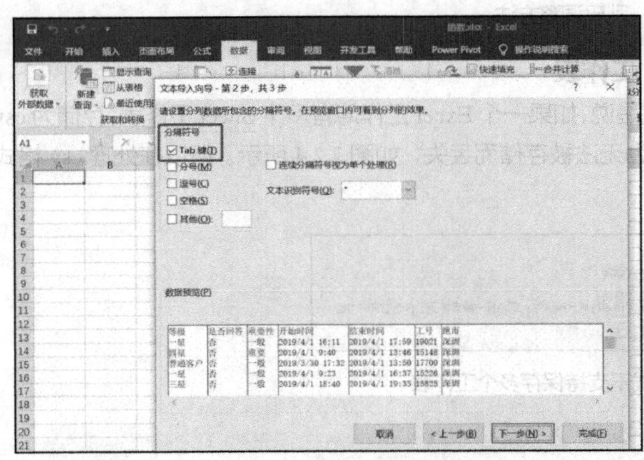

图 2.2.7　设置分隔符号

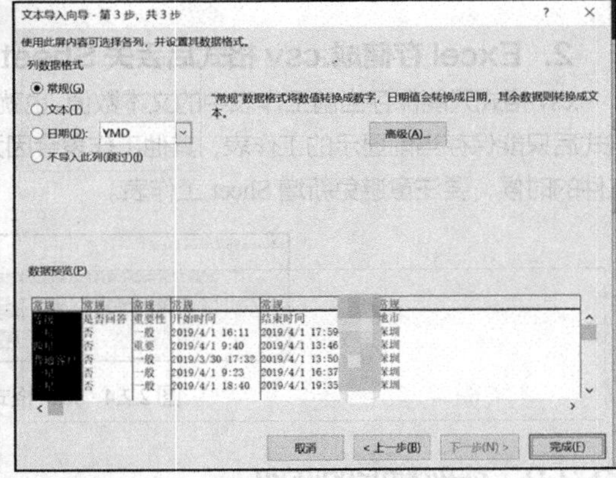

图 2.2.8　完成导入

自文本获取外部数据的结果就显示出来了，如图 2.2.9 所示。

	A	B	C	D
1	等级	重要性	时间	地址
2	一星	一般	2019/4/1 16:11	深圳
3	四星	重要	2019/4/1 9:40	深圳
4	普通客户	一般	2019/3/30 17:32	深圳
5	一星	一般	2019/4/1 9:23	深圳
6	三星	一般	2019/4/1 18:40	深圳
7	普通客户	一般	2019/4/1 8:42	深圳
8	四星	重要	2019/4/1 18:00	深圳
9	二星	一般	2019/3/31 19:02	深圳

图 2.2.9　导入的结果

我们也可以直接使用复制和粘贴的方式。打开.txt 文件，全选并复制，然后粘贴到 Excel 中，效果和外部文本导入是一样的，这种方式更加简单快捷。

2. 从网站获取外部数据

除了从文本获取数据外，还可以直接从网站获取数据。

Step1：单击【数据】→【获取外部数据】→【自网站】按钮，如图 2.2.10 所示。

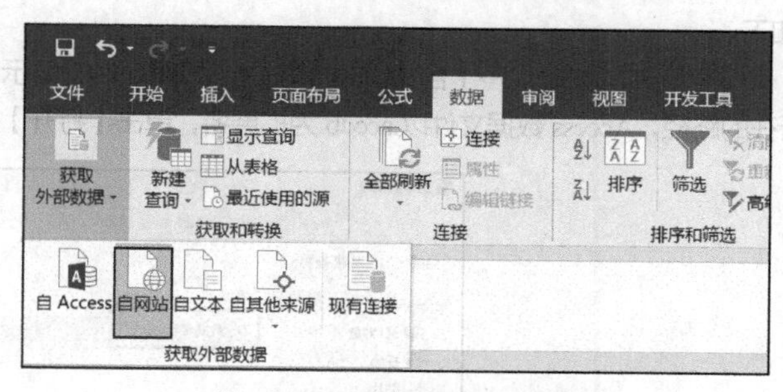

图 2.2.10　自网站获取外部数据

Step2：选择一个想要获取数据的网站，如图 2.2.11 所示，将网址输入 Excel 内置的链接中，单击【转到】按钮，按照黄色箭头图标的提示，Excel 会自动选取网页上的数据，选择想要的数据，单击【导入】按钮即可。

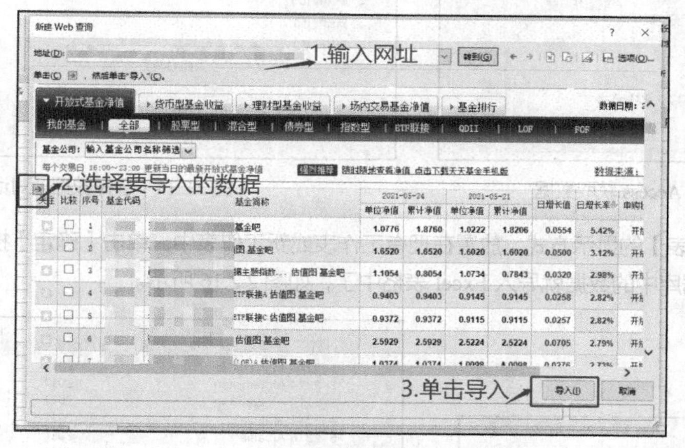

图 2.2.11　从网站获取数据

导出数据效果如图 2.2.12 所示。

序号	基金代码	基金简称	单位净值	累计净值	单位净值	累计净值	日增长值	日增长率	申购状态	赎回状态	手续费
1		值图基金吧	1.0776	1.876	1.0222	1.8206	0.0554	5.42%	开放	开放	0.15%
2		合估值图基金吧	1.652	1.652	1.602	1.602	0.05	3.12%	开放	开放	0.15%
3		大数据主题指数...估值图基金吧	1.1054	0.8054	1.0734	0.7843	0.032	2.98%	开放	开放	0.12%
4		产业ETF联接A估值图基金吧	0.9403	0.9403	0.9145	0.9145	0.0258	2.82%	开放	开放	0.10%
5		产业ETF联接C估值图基金吧	0.9372	0.9372	0.9115	0.9115	0.0257	2.82%	开放	开放	0.00%
6		混合估值图基金吧	2.5929	2.5929	2.5224	2.5224	0.0705	2.79%	开放	开放	0.15%
7		指数(LOF)A估值图基金吧	1.0374	1.0374	1.0098	1.0098	0.0276	2.73%	开放	开放	0.15%
8		指数(LOF)C估值图基金吧	1.0315	1.0315	1.0041	1.0041	0.0274	2.73%	开放	开放	0.00%
9		TF联接A估值图基金吧	0.9044	0.9044	0.8804	0.8804	0.024	2.73%	开放	开放	0.10%
10		指数(LOF)估值图基金吧	0.829	0.58	0.807	0.571	0.022	2.73%	开放	开放	0.10%
11		TF联接C估值图基金吧	0.8928	0.8928	0.8692	0.8692	0.0236	2.72%	开放	开放	0.00%
12		数(LOF)A估值图基金吧	1.5114	3.1425	1.4726	3.1037	0.0388	2.63%	开放	开放	0.10%
13		数(LOF)C估值图基金吧	1.5114	1.5114	1.4726	1.4726	0.0388	2.63%	开放	开放	0.00%
14		主题ETF联接A估值图基金吧	0.8629	0.8629	0.8409	0.8409	0.022	2.62%	开放	开放	0.12%
15		主题ETF联接C估值图基金吧	0.8605	0.8605	0.8385	0.8385	0.022	2.62%	开放	开放	0.00%
16		数(LOF)A估值图基金吧	1.4393	1.4393	1.4033	1.4033	0.036	2.57%	开放	开放	0.12%
17		数(LOF)C估值图基金吧	1.4331	1.4331	1.3973	1.3973	0.0358	2.56%	开放	开放	0.00%
18		图基金吧	2.339	2.591	2.285	2.537	0.054	2.36%	开放	开放	0.15%
19		估值图基金吧	2.362	2.362	2.309	2.309	0.053	2.30%	开放	开放	0.06%
20		估值图基金吧	1.929	1.929	1.886	1.886	0.043	2.28%	开放	开放	0.00%

图 2.2.12　导出数据

3. 从数据库获取外部数据

数据库，即用来存储和管理数据的库，常用的数据库有 Access、SQL Server、MySQL、Oracle 等。除了前面提到的自文本和网站获取外部数据的方法，还可以从数据库获取外部数据。

（1）从 Access 获取数据

Microsoft Office Access 是 Microsoft Office 办公软件系列中的关系型数据库管理系统，集开发和存储功能于一体，有良好的数据处理和分析能力，其可视化的图形界面也为初学者提供了便利。在 Excel 中可以直接从 Access 获取外部数据，具体操作如下。

Step1：单击【数据】→【获取外部数据】→【自 Access】按钮，如图 2.2.13 所示。

Step2：选择数据源所在的路径，Access 数据文件以.accdb 为扩展名，单击【打开】按钮，如图 2.2.14 所示。

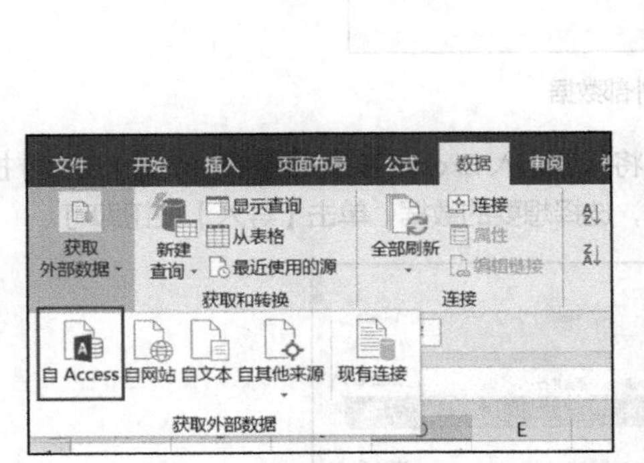

图 2.2.13　从 Access 获取数据

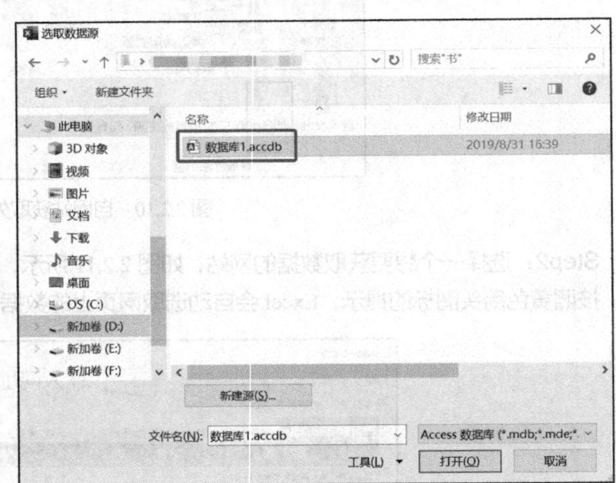

图 2.2.14　选择数据源对话框

Step3：选择以【表】的显示方式，放置在现有工作表或新工作表中，单击【确定】按钮，如图 2.2.15 所示。这样，Access 数据库中的数据就导入 Excel 表格中了，如图 2.2.16 所示。

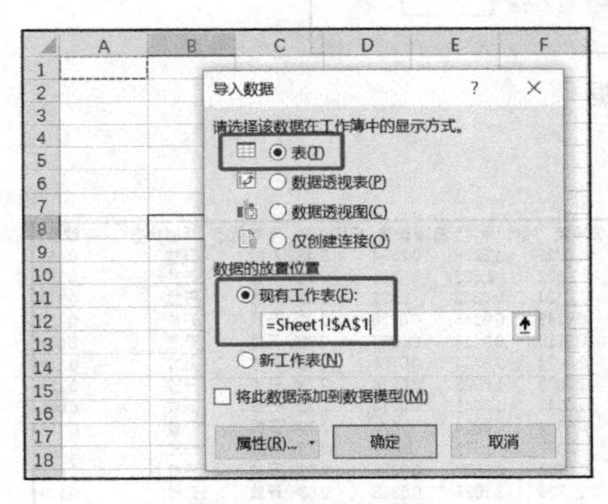

图 2.2.15　导入数据

	ID1	id	nation	year start	year end	created	changed
2	1	3246	Afghanistan	2017	2017	Oct-18-18	Oct-31-18
3	2	2374	Afghanistan	2014	2014	Oct-28-15	Oct-29-15
4	3	1117	Afghanistan	2011	2011	Dec-12-12	Apr-15-15
5	4	3247	Albania	2017	2017	Oct-18-18	Oct-31-18
6	5	2376	Albania	2014	2014	Oct-28-15	Oct-29-15
7	6	1120	Albania	2011	2011	Dec-12-12	Apr-15-15
8	7	3341	Algeria	2017	2017	Oct-23-18	Oct-31-18
9	8	2412	Algeria	2014	2014	Oct-28-15	Oct-29-15
10	9	1162	Algeria	2011	2011	Dec-12-12	Apr-15-15
11	10	2375	Angola	2014	2014	Oct-28-15	Oct-29-15
12	11	1119	Angola	2011	2011	Dec-12-12	Apr-15-15
13	12	3249	Argentina	2017	2017	Oct-18-18	Oct-31-18
14	13	2378	Argentina	2014	2014	Oct-28-15	Oct-29-15
15	14	1122	Argentina	2011	2011	Dec-12-12	Apr-15-15
16	15	3250	Armenia	2017	2017	Oct-18-18	Oct-31-18
17	16	2379	Armenia	2014	2014	Oct-28-15	Oct-29-15
18	17	1123	Armenia	2011	2011	Dec-12-12	Apr-15-15
19	18	3251	Australia	2017	2017	Oct-18-18	Oct-31-18
20	19	2380	Australia	2014	2014	Oct-28-15	Oct-29-15
21	20	1124	Australia	2011	2011	Dec-12-12	Apr-15-15
22	21	3252	Austria	2017	2017	Oct-18-18	Oct-31-18
23	22	2381	Austria	2014	2014	Oct-28-15	Oct-29-15

图 2.2.16　导入的完整数据显示

（2）从 SQL Server 获取数据

Microsoft SQL Server 也是微软公司推出的关系型数据库管理系统。相比 Access，SQL Server 更适合存储海量数据，其在数据处理的性能上也优于 Access。可以说，它是理想的大型数据库存储工具。向 Excel 中导入 SQL Server 数据的前提是计算机中安装了 Microsoft SQL Server 软件，导入 SQL Server 数据的具体操作如下。

Step1：单击【数据】→【获取外部数据】→【自其他来源】→【来自 SQL Server】按钮，如图 2.2.17 所示。

图 2.2.17　从 SQL Server 获取数据

Step2：在弹出的【数据连接向导】对话框中输入服务器名称（服务器名称即此台计算机名，右击【我的电脑】，单击【属性】选项，在打开的对话框中可以看到），登录凭据选择【使用 Windows 验证】选项，单击【下一步】按钮，如图 2.2.18 所示。

Step3：此时 Excel 已经和 SQL Server 连接上了，SQL Server 里的数据可以被 Excel 导入。在弹出的下一个【数据连接向导】对话框中，可以选择要导入的数据库。这里选择要导入数据源所在【test】数据库中的【student】表，单击【完成】按钮，如图 2.2.19 所示。

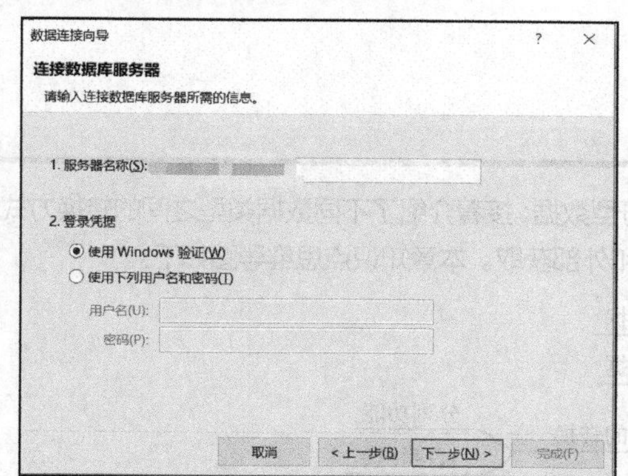

图 2.2.18　设置服务器名称和登录凭据

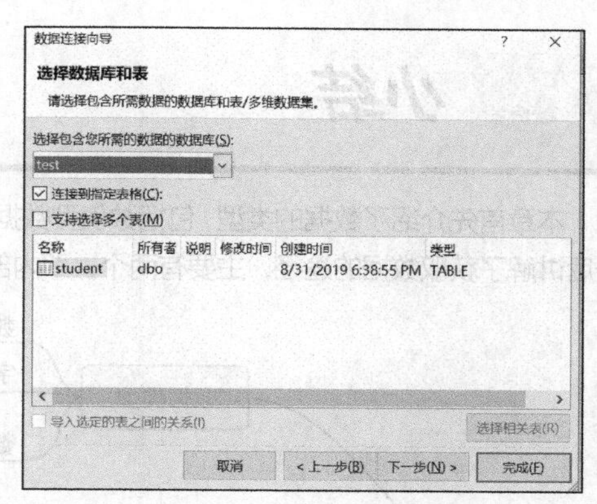

图 2.2.19　导入数据库

Step4：在弹出的【导入数据】对话框中选择以【表】的形式显示，单击【确定】按钮，如图 2.2.20 所示。SQL Server 中的数据就导入 Excel 里了，如图 2.2.21 所示。

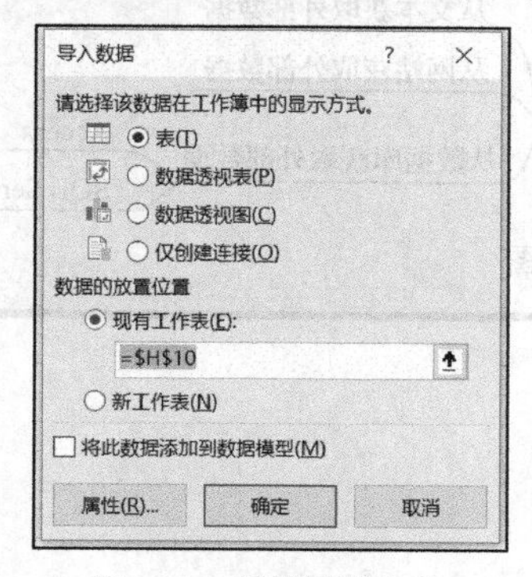

图 2.2.20　设置显示方式

	A	B	C	D
1	snum	sname	sage	sex
2	8	王菊	1990/1/20 0:00	女
3	7	郑竹	1989/7/1 0:00	女
4	6	吴兰	1992/3/1 0:00	女
5	5	李云	1990/8/6 0:00	男
6	4	李云	1990/8/6 0:00	男
7	3	王五	2003/5/5 0:00	女
8	2	李四	2003/4/4 0:00	男
9	1	张三	2003/3/3 0:00	男

图 2.2.21　导入的完整数据显示

练一练

将文件“股票数据.csv”以不同的形式导入 Excel 中，如图 2.2.22 所示。

	A	B	C	D	E	F	G	H	I	J	K	L
1	#######	鏃ユ湡	涓婅瘉		娣辫瘉		涓诲姏鍑€娴佸叆		瓒呭ぇ鍗曞噣娴佸叆		澶у崟鍑€娴佸叆	
2	#######		鏀剁洏浠?	鍑€棰?鍑€	鍑€棰?鍑€	鍑€棰?鍑€	鍑€棰?鍑€鍗犳瘮					
3	#######	#######	2886.24	-0.16%	9365.68	-0.35%	-245.96浜	-77.47浜?-	-168.49浜	-2.98浜?-(	248.94浜?4.62%	
4	#######	#######	2890.92	-0.10%	9398.47	-0.16%	-135.41浜	-20.09浜?-	-115.32浜	-15.27浜?	150.68浜?3.25%	
5	#######	#######	2893.76	-0.29%	9414	-0.31%	-159.47浜	-42.22浜?-	-117.25浜	-3.71浜?-(	163.19浜?3.40%	
6	#######	#######	2902.19	1.35%	9443.18	1.86%	21.58浜?0.	58.48浜?1.	-36.89浜?	-53.09浜?	31.51浜?0.59%	
7	#######	#######	2863.57	-1.17%	9270.39	-0.98%	-201.83浜	-73.32浜?-	-128.51浜	6.53浜?0.1	195.30浜?4.41%	
8	#######	#######	2897.43	0.49%	9362.55	0.13%	-105.29浜	5.02浜?0.1	-110.31浜	-43.61浜?	148.90浜?3.25%	

图 2.2.22　导入的完整.csv 数据

提示 1：直接用 Excel 打开文件有乱码，可以通过调整编码的方式打开。

提示 2：也可以通过自文本获取外部数据的方式，将.csv 文件写入 Excel 中。

提示 3：还可以用记事本打开，复制数据，粘贴到 Excel 里，再进行分列。

小结

本章首先介绍了数据的类型，包括数值型数据和字符型数据；接着介绍了不同数据类型之间的转换方式；最后讲解了获取数据的途径，主要有两个，即内部读入和外部获取。本章知识点思维导图如下。

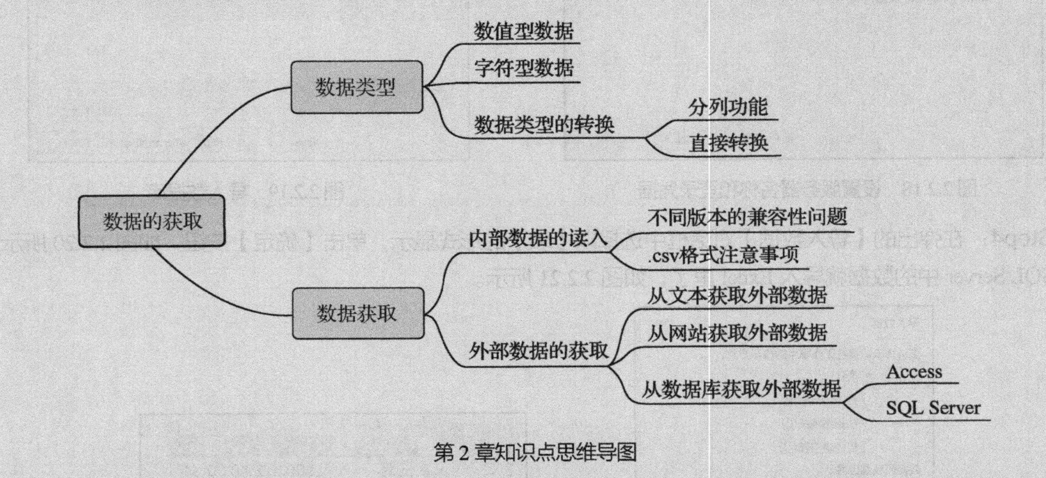

第 2 章知识点思维导图

第3章

数据预处理

数据预处理是指对获取到的原始数据进行合并、清洗和转换，从而让数据结构化、规范化、易于分析。数据预处理是整个数据分析阶段耗时最长的部分。俗话说“慢工出细活”，数据处理也是一个需要细细打磨的活儿，要花时间将杂乱无章的数据处理成条理清晰、逻辑清楚、规整有序的数据表。“蝴蝶效应”说的是微小的变化能给整个系统带来巨大的连锁反应，数据预处理就有这样的功效，其一个数字的错误可能造成巨大的损失。总之，数据预处理是数据分析中十分重要的一个环节。

本章将通过数据清洗、合并和转换 3 个部分介绍数据处理的原则、步骤和技巧。

3.1 了解函数

函数是用来完成计算的一种方便、快捷的工具。Excel 中的函数有很多，我们没必要全都掌握。要进行数据分析，只需熟练掌握数据分析常用的函数即可。

在 Excel 中函数由函数名 + 括号 + 参数组成，参数可无。函数公式表示方式如下。

=函数名(参数 1,参数 2,…)

例如下面这个求和函数公式中，SUM 是函数名，参数 A1:A5 代表 A1:A5 单元格区域内待求和的数值，SUM(A1:A5)表示对 A1 单元格到 A5 单元格求和。

=SUM(A1:A5)

在写函数时，需要注意以下几点。

① 函数名前必须有等号，否则不能成功运用该函数。

② 函数中的符号，如逗号、引号等都是英文状态下的半角字符，否则会报错。

③ 嵌套函数时要注意多个括号是否完整。

有些函数只有一个参数，有些函数却有很多参数，难道我们需要记住每个函数对应的参数吗？当然不需要。通常，我们需要借助【插入函数】按钮 fx 来辅助写参数。

下面对销售金额求平均值。

Step1：在 E2 单元格中输入=ave，Excel 会自动列出以“ave”开头的所有函数，如图 3.1.1 所示。

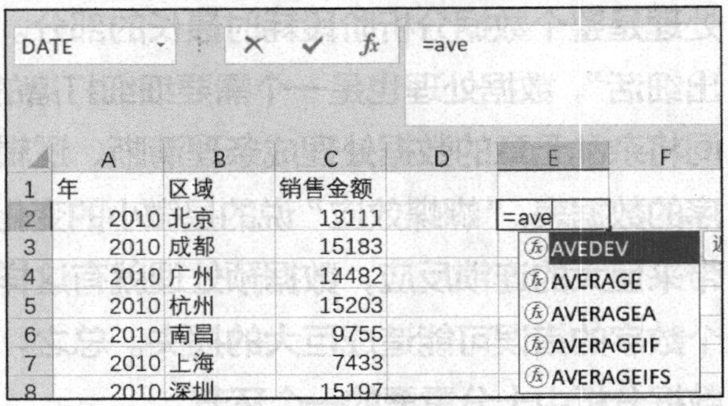

图 3.1.1　输入函数名

Step2：找到要计算平均值的 AVERAGE 函数，并按【Tab】键，即可补全函数，如图 3.1.2 所示。

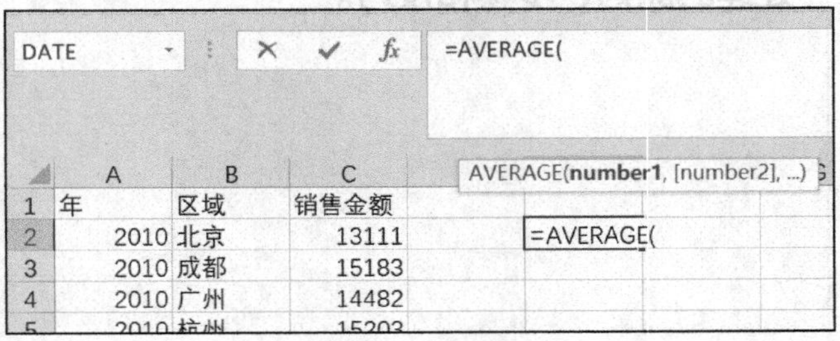

图 3.1.2　补全函数

Step3：函数补全后，单击函数输入框左边的【插入函数】按钮 fx ，就会弹出【函数参数】对话框，如图 3.1.3 所示。从该对话框中，我们就能知道这个函数都有哪些参数、各个参数的含义及要怎么输入。在这里，输入 AVERAGE()函数的参数“C2:C17”，单击【确定】按钮，即可得到 C 列销售金额的平均值。

其结果是 12567.25，如图 3.1.4 所示。

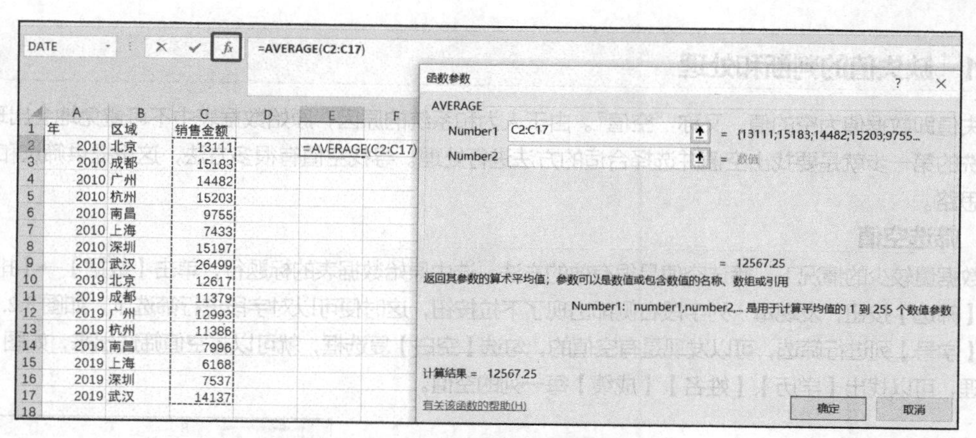

图 3.1.3 填写函数参数

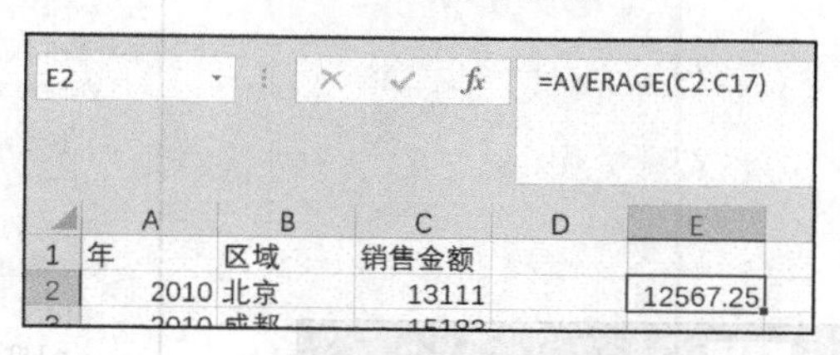

图 3.1.4 函数结果

如果读者对函数的参数特别熟悉，那就不用打开【函数参数】对话框了。建议读者还是把这个对话框用起来，它能为我们学习函数带来很大的方便。

练一练

根据表 1 中提供的数据，计算出表 2 中相应的销售金额平均值，如图 3.1.5 所示。

	A	B	C	D	E	F	G
1			表1				
2		年	区域	销售金额			
3		2010	北京	13111		表2	
4		2010	成都	15183			销售金额平均值
5		2010	广州	14482		2010年	
6		2010	杭州	15203		2019年	
7		2010	南昌	9755		成都	
8		2010	上海	7433		广州	
9		2010	深圳	15197	→	杭州	
10		2010	武汉	26499		南昌	
11		2019	北京	12617		上海	
12		2019	成都	11379		深圳	
13		2019	广州	12993		武汉	
14		2019	杭州	11386			
15		2019	南昌	7996			
16		2019	上海	6168			
17		2019	深圳	7537			
18		2019	武汉	14137			

图 3.1.5 计算销售金额平均值

提示

本练习考察对函数参数的掌握，尤其是对连续型数据参数的填写及对分段型数据参数的填写。

3.2 数据清洗

数据预处理的第一步就是数据清洗，其包括对缺失值、重复值、异常值和不规范数据的处理。最后保留下来的数据才是应该重点分析的、有价值的数据。

3.2.1 缺失值的判断和处理

缺失值即数据值为空的值，又称“空值”。由于人为和系统的原因，原始数据表中不可避免地会出现空值，数据清洗的第一步就是要找出空值并选择合适的方法进行处理。寻找空值有很多方法，这里提供筛选和定位空值两个思路。

1. 筛选空值

在数据量较少的情况下，筛选空值是很有效的方法。选中原始数据表的标题行，单击【数据】→【排序和筛选】→【筛选】按钮，发现每一列字段右侧都出现了下拉按钮，这时便可以对字段进行筛选了，如图 3.2.1 所示。

对【学号】列进行筛选，可以发现是有空值的，勾选【空白】复选框，就可以将空值筛选出来，如图 3.2.2 所示。同理，可以找出【学历】、【姓名】、【成绩】每一列的空值。

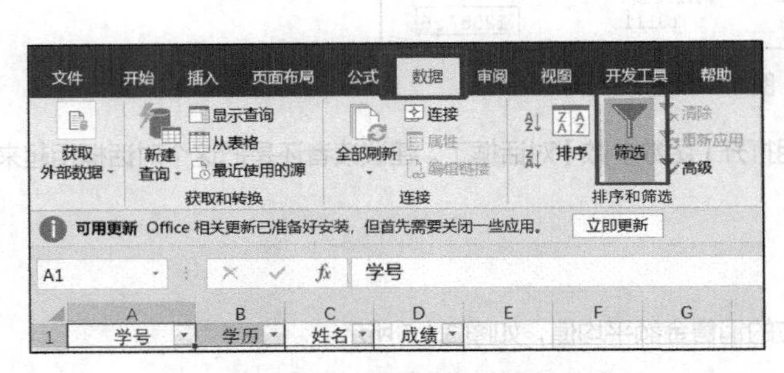

图 3.2.1 让字段出现可供筛选的下拉按钮

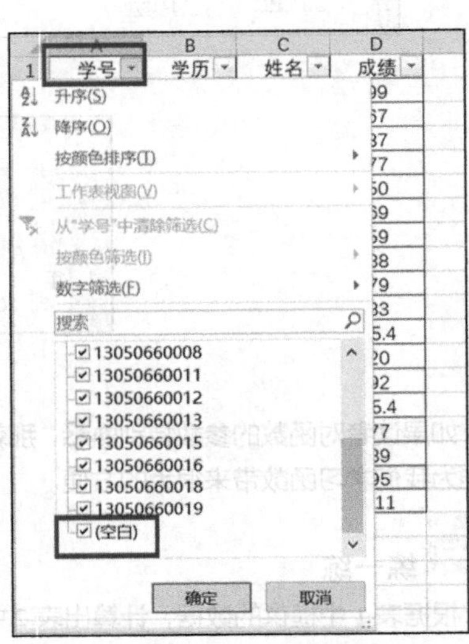

图 3.2.2 筛选【学号】发现有空值

2. 定位空值

定位空值要用到【定位条件】选项，具体操作如下。

Step1：选中整张表，选择【开始】→【编辑】→【查找和选择】→【定位条件】选项，如图 3.2.3 所示。

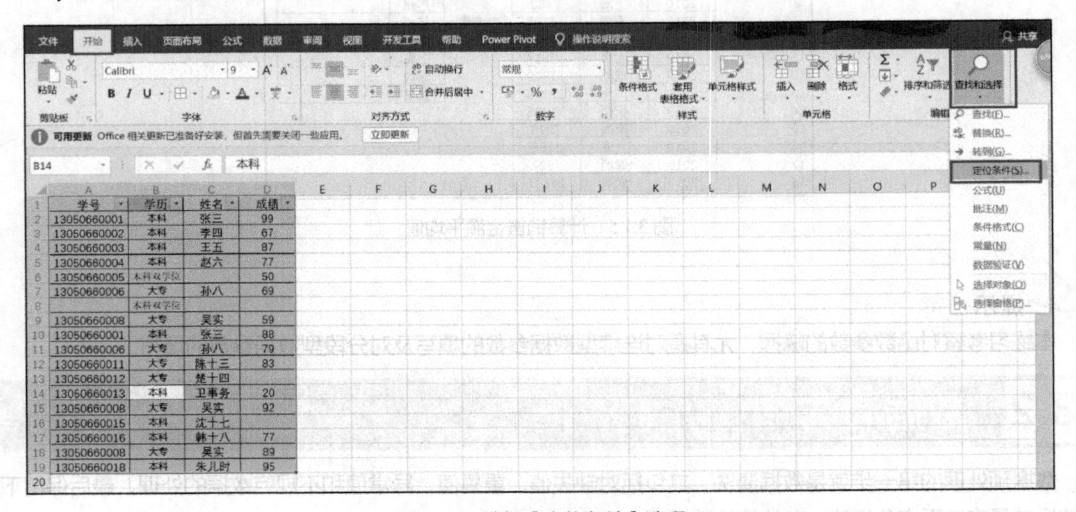

图 3.2.3 选择【定位条件】选项

Step2：在弹出的【定位条件】对话框中选择【空值】选项，如图 3.2.4 所示，单击【确定】按钮。最后的结果如图 3.2.5 所示。可以看到，整张表中所有的空值都被选中了。

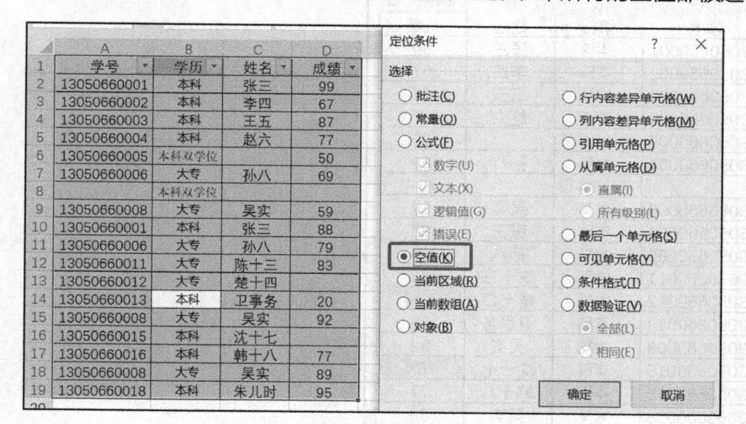

图 3.2.4　选择【空值】选项

	A	B	C	D
1	学号	学历	姓名	成绩
2	13050660001	本科	张三	99
3	13050660002	本科	李四	67
4	13050660003	本科	王五	87
5	13050660004	本科	赵六	77
6	13050660005	本科双学位		50
7	13050660006	大专	孙八	69
8		本科双学位		
9	13050660008	大专	吴实	59
10	13050660001	本科	张三	88
11	13050660006	大专	孙八	79
12	13050660011	大专	陈十三	83
13	13050660012	大专	楚十四	
14	13050660013	本科	卫事务	20
15	13050660008	大专	吴实	92
16	13050660015	本科	沈十七	
17	13050660016	本科	韩十八	77
18	13050660008	大专	吴实	89
19	13050660018	本科	朱儿时	95

图 3.2.5　被选中的空值

3. 处理空值

对于空值的处理，需结合实际的数据和业务需求，一般来说有以下 3 种处理方式。

（1）删除

删除，顾名思义就是将含有空值的整条记录都删除。删除的优点是删除以后整个数据集都是有完整记录的数据，且操作简单、直接；缺点是缺少的这部分样本可能会导致整体结果出现偏差。

（2）保留

保留空值，优点是保证了样本的完整性；缺点是需要知道为什么要保留、保留的意义是什么、是什么原因导致了空值（是系统的原因还是人为的原因）。这种保留建立在只缺失单个数据且空值是有明确意义的基础上。

（3）使用替代值

使用替代值是指用均值、众数、中位数等数据代替空值。使用替代值的优点是有理有据；缺点是可能会使空值失去其本身的含义。对于替代值，除了使用统计学中常用的描述数据的值，还可以人为地赋予空值一个具体的值。

使用替代值时，可用 Excel 中批量输入和查找替换的方法。

① 批量输入。批量输入的具体操作如下。

Step1：对【成绩】一列做定位空值的操作，使空值处于被选中的状态，如图 3.2.6 所示。

Step2：提前计算出成绩的平均值为 75.4，在空值被选中的状态下，输入“75.4”，如图 3.2.7 所示。

	A	B	C	D
1	学号	学历	姓名	成绩
2	13050660001	本科	张三	99
3	13050660002	本科	李四	67
4	13050660003	本科	王五	87
5	13050660004	本科	赵六	77
6	13050660005	本科双学位		50
7	13050660006	大专	孙八	69
8		本科双学位		
9	13050660008	大专	吴实	59
10	13050660001	本科	张三	88
11	13050660006	大专	孙八	79
12	13050660011	大专	陈十三	83
13	13050660012	大专	楚十四	
14	13050660013	本科	卫事务	20
15	13050660008	大专	吴实	92
16	13050660015	本科	沈十七	
17	13050660016	本科	韩十八	77
18	13050660008	大专	吴实	89
19	13050660018	本科	朱儿时	95

图 3.2.6　被选中的空值

	A	B	C	D
1	学号	学历	姓名	成绩
2	13050660001	本科	张三	99
3	13050660002	本科	李四	67
4	13050660003	本科	王五	87
5	13050660004	本科	赵六	77
6	13050660005	本科双学位		50
7	13050660006	大专	孙八	69
8		本科双学位		75.4
9	13050660008	大专	吴实	59
10	13050660001	本科	张三	88
11	13050660006	大专	孙八	79
12	13050660011	大专	陈十三	83
13	13050660012	大专	楚十四	
14	13050660013	本科	卫事务	20
15	13050660008	大专	吴实	92
16	13050660015	本科	沈十七	
17	13050660016	本科	韩十八	77
18	13050660008	大专	吴实	89
19	13050660018	本科	朱儿时	95

图 3.2.7　输入平均值

Step3：按【Ctrl+Enter】组合键，所有被选中的空值都被赋予了75.4的值，如图3.2.8所示。

	A	B	C	D
1	学号	学历	姓名	成绩
2	13050660001	本科	张三	99
3	13050660002	本科	李四	67
4	13050660003	本科	王五	87
5	13050660004	本科	赵六	77
6	13050660005	本科双学位		50
7	13050660006	大专	孙八	69
8		本科双学位		75.4
9	13050660008	大专	吴实	59
10	13050660001	本科	张三	88
11	13050660006	大专	孙八	79
12	13050660011	大专	陈十三	83
13	13050660012	大专	楚十四	75.4
14	13050660013	本科	卫事务	20
15	13050660008	大专	吴实	92
16	13050660015	本科	沈十七	75.4
17	13050660016	本科	韩十八	77
18	13050660008	大专	吴实	89
19	13050660018	本科	朱儿时	95

图3.2.8 批量输入的结果

② 查找替换。查找替换的具体操作如下。

Step1：选中【成绩】列，选择【开始】→【编辑】→【查找和选择】→【替换】选项，如图3.2.9所示，也可直接按【Ctrl+H】组合键。

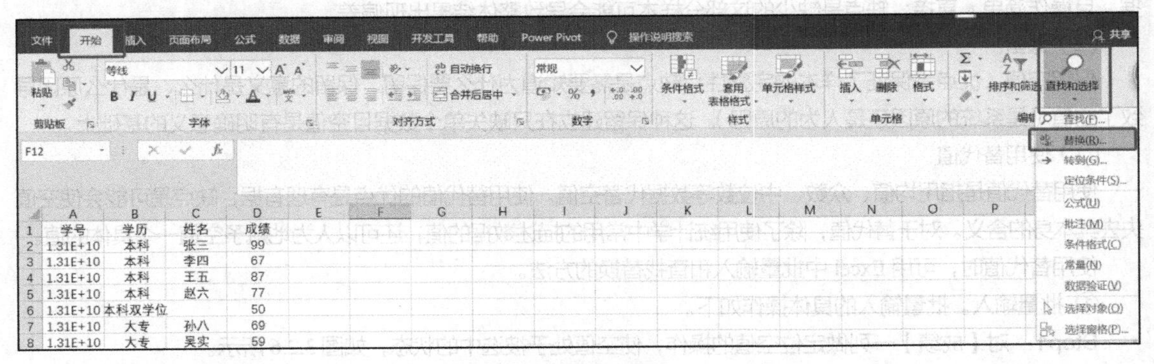

图3.2.9 查找替换

Step2：在弹出的【查找和替换】对话框中，【查找内容】不填写，【替换为】填写“75.4”，如图3.2.10所示，单击【全部替换】按钮。

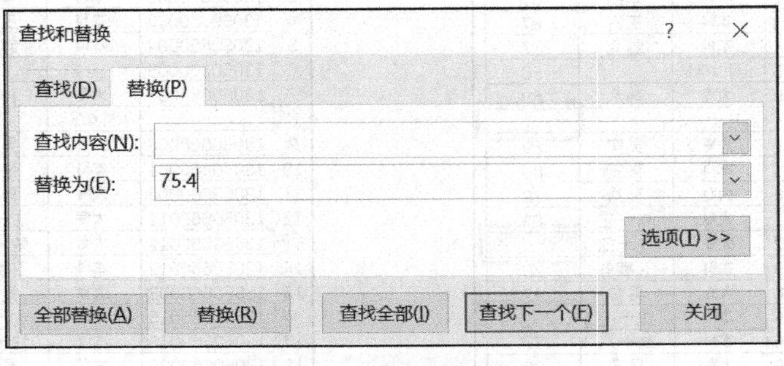

查找和替换
查找(D) 替换(P)
查找内容(N):
替换为(E): 75.4
选项(T) >>
全部替换(A) 替换(R) 查找全部(I) 查找下一个(F) 关闭

图3.2.10 将空值替换为均值

替换后的效果和定位空值以后批量输入是一样的，如图3.2.11所示。

	A	B	C	D
1	学号	学历	姓名	成绩
2	13050660001	本科	张三	99
3	13050660002	本科	李四	67
4	13050660003	本科	王五	87
5	13050660004	本科	赵六	77
6	13050660005	本科双学位		50
7	13050660006	大专	孙八	69
8		本科双学位		75.4
9	13050660008	大专	吴实	59
10	13050660001	本科	张三	88
11	13050660006	大专	孙八	79
12	13050660011	大专	陈十三	83
13	13050660012	大专	楚十四	75.4
14	13050660013	本科	卫事务	20
15	13050660008	大专	吴实	92
16	13050660015	本科	沈十七	75.4
17	13050660016	本科	韩十八	77
18	13050660008	大专	吴实	89
19	13050660018	本科	朱儿时	95

图 3.2.11　替换后的结果

3.2.2　重复值的判断和处理

获取数据的时候可能由于各种原因出现数据重复的情况。对于这样的数据，我们没必要重复统计，因此需要找出重复值并删除。这里提供两种寻找重复值的思路：COUNTIF()函数和条件格式。

1. COUNTIF()函数

函数：COUNTIF(Range,Criteria)。

作用：计算特定区域中满足条件单元格的数量。

模板：COUNTIF(统计区域,条件)。

参数解释：Range 为要统计的区域，Criteria 为统计条件。

实例：统计学号重复出现的次数。

在 E2 单元格中输入公式=COUNTIF(A$2:A$18,A2)，如图 3.2.12 所示，即可在 A2:A18 区域中统计 A2 单元格的值所出现的次数。E2 单元格的结果为 2，说明 A2 单元格中的值出现了两次，这样就可以统计出有哪些学号是重复的。

E2　=COUNTIF(A$2:A$18,A2)

	A	B	C	D	E
1	学号	学历	姓名	成绩	
2	13050660001	本科	张三	99	2
3	13050660002	本科	李四	67	1
4	13050660003	本科	王五	87	1
5	13050660004	本科	赵六	77	1
6	13050660005	本科双学位		50	1
7	13050660006	大专	孙八	69	2
8	13050660008	大专	吴实	59	3
9	13050660001	本科	张三	88	2
10	13050660006	大专	孙八	79	2
11	13050660011	大专	陈十三	83	1

	A	B	C	D	E	F
1	学号	学历	姓名	成绩	countif统计	结果
2	13050660001	本科	张三	99	2	重复
3	13050660002	本科	李四	67	1	不重复
4	13050660003	本科	王五	87	1	不重复
5	13050660004	本科	赵六	77	1	不重复
6	13050660005	本科双学位		50	1	不重复
7	13050660006	大专	孙八	69	2	重复
8	13050660008	大专	吴实	59	3	重复
9	13050660001	本科	张三	88	2	重复
10	13050660006	大专	孙八	79	2	重复
11	13050660011	大专	陈十三	83	1	不重复
12	13050660012	大专	楚十四	75.4	1	不重复
13	13050660013	本科	卫事务	20	1	不重复
14	13050660008	大专	吴实	92	3	重复
15	13050660015	本科	沈十七	75.4	1	不重复
16	13050660016	本科	韩十八	77	1	不重复
17	13050660008	大专	吴实	89	3	重复
18	13050660018	本科	朱儿时	95	1	不重复

图 3.2.12　用 COUNTIF()函数判断重复值

2. 条件格式

Excel 还有一个条件格式的功能，该功能可以将重复的值突出显示，使数据一目了然。选中【学号】列，选择【开始】→【样式】→【条件格式】→【突出显示单元格规则】→【重复值】选项，重复值就显示出来了，如图 3.2.13 所示。

	A	B	C	D	E	F
1	学号	学历	姓名	成绩	countif统	结果
2	13050660001	本科	张三	99	2	重复
3	13050660002	本科	李四	67	1	不重复
4	13050660003	本科	王五	87	1	不重复
5	13050660004	本科	赵六	77	1	不重复
6	13050660005	本科双学位		50	1	不重复
7	13050660006	大专	孙八	69	2	重复
8	13050660008	大专	吴实	59	3	重复
9	13050660001	本科	张三	88	2	重复
10	13050660006	大专	孙八	79	2	重复
11	13050660011	大专	陈十三	83	1	不重复
12	13050660012	大专	楚十四	75.4	1	不重复
13	13050660013	本科	卫事务	20	1	不重复
14	13050660008	大专	吴实	92	3	重复
15	13050660015	本科	沈十七	75.4	1	不重复
16	13050660016	本科	韩十八	77	1	不重复
17	13050660008	大专	吴实	89	3	重复
18	13050660018	本科	朱儿时	95	1	不重复

图 3.2.13 用条件格式显示重复值

对于重复值，一般应删除。Excel 中有【删除重复值】功能，删除重复值的具体操作如下。

Step1：将鼠标指针移动到表格内，或如图 3.2.14 所示选中 A1:F18 区域，单击【数据】→【数据工具】→【删除重复值】按钮，勾选要删除的列，这里是勾选【学号】列。

	A	B	C	D	E	F
1	学号	学历	姓名	成绩	countif统	结果
2	13050660001	本科	张三	99	2	重复
3	13050660002	本科	李四	67	1	不重复
4	13050660003	本科	王五	87	1	不重复
5	13050660004	本科	赵六	77	1	不重复
6	13050660005	本科双学位		50	1	不重复
7	13050660006	大专	孙八	69	2	重复
8	13050660008	大专	吴实	59	3	重复
9	13050660001	本科	张三	88	2	重复
10	13050660006	大专	孙八	79	2	重复
11	13050660011	大专	陈十三	83	1	不重复
12	13050660012	大专	楚十四	75.4	1	不重复
13	13050660013	本科	卫事务	20	1	不重复
14	13050660008	大专	吴实	92	3	重复
15	13050660015	本科	沈十七	75.4	1	不重复
16	13050660016	本科	韩十八	77	1	不重复
17	13050660008	大专	吴实	89	3	重复
18	13050660018	本科	朱儿时	95	1	不重复

图 3.2.14 删除重复值操作

Step2：单击【确定】按钮，会弹出对话框，提示“发现了 4 个重复值，已将其删除……”，最后保留下来的都是唯一值，如图 3.2.15 所示。

	A	B	C	D	E	F
1	学号	学历	姓名	成绩	countif统	结果
2	13050660001	本科	张三	99	2	重复
3	13050660002	本科	李四	67	1	不重复
4	13050660003	本科	王五	87	1	不重复
5	13050660004	本科	赵六	77	1	不重
6	13050660005	本科双学位		50	1	不重
7	13050660006	大专	孙八	69	2	重复
8	13050660008	大专	吴实	59	3	重复
9	13050660011	大专	陈十三	83	1	不重
10	13050660012	大专	楚十四	75.4	1	不重
11	13050660013	本科	卫事务	20	1	不重
12	13050660015	本科	沈十七	75.4	1	不重复
13	13050660016	本科	韩十八	77	1	不重复
14	13050660018	本科	朱儿时	95	1	不重复

图 3.2.15 删除重复值的结果

3.2.3 异常值的判断和处理

异常值即数据中出现的个别偏离其余观测值范围较多的值。异常值的判断标准又是什么呢？统计学上的异常值是指一组数据中与平均值的偏差超过两倍标准差的值，而在业务层面上，如果某个类别变量出现的频率非常少，也可以判断其为异常值。对异常值的判断除了依靠统计学常识外，更多依靠的是对业务的理解。

图 3.2.16 所示的表中，第 19 行数据中姓名为赵四的学生在满分为 100 分的考试中居然考出了 111 分的成绩，这一条记录就被判定为异常值。这是基于常识判断异常值最简单的例子。

	A	B	C	D
1	学号	学历	姓名	成绩
19	13050660019	本科	赵四	111

图 3.2.16 判断异常值

从技巧上来说，对异常值的判断还需要多种函数相互结合。在后面的实例中也会详细地讲解对异常值的处理方法，如直接删除或者在认为合理的情况下更改异常值。

直接删除的情况是异常值对数据分析没有特别大的帮助且会形成误导，因此删除就好；而可更改异常值的情况是通过经验判断，我们有把握将异常值改为正常值。更改异常值的好处是不必删除数据，保存了数据的完整性；坏处是不确定更改的异常值是否正确。这两种处理方式在实际情况中可酌情使用。

3.2.4 不规范数据的处理

在第 1 章中我们介绍了表格规范化的内容，并了解到最好在一开始录入数据时就按照规范录入，以给后续清洗数据减轻负担。但实际工作中，总是不可避免地会遇到不规范的数据。下面就来讲解如何将这些不规范的数据处理成规范的数据。

1. 处理合并单元格

在第 1 章中曾提到，合并单元格操作不应该出现在原始数据表中，但可以出现在数据展示表中，当图 3.2.17 所示的原始数据表中出现了合并单元格的情况时，我们需要对合并单元格的数据进行处理。常用的方法是取消合并单元格，并做相应的填充。

Step1：选中 A 列数据，单击【开始】→【对齐方式】→【合并后居中】按钮，取消 A 列单元格中合并的单元格，如图 3.2.18 所示。

	A	B	C
1	年	区域	销售金额
2		北京	13111
3		成都	15183
4		广州	14482
5	2010	杭州	15203
6		南昌	9755
7		上海	7433
8		深圳	15197
9		武汉	26499
10		北京	12617
11		成都	11379
12		广州	12993
13		杭州	11386
14		南昌	7996
15		上海	6168
16		深圳	7537
17	2019	武汉	14137
18			

图 3.2.17 原始数据表中的合并单元格数据

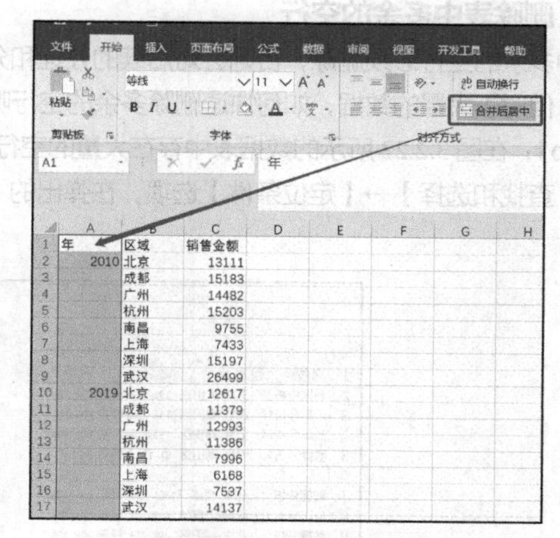

图 3.2.18 取消合并单元格

Step2：选择【开始】→【编辑】→【查找和选择】→【定位条件】选项，在弹出的【定位条件】对话框中选择【空值】选项，单击【确定】按钮，如图 3.2.19 所示。

Step3：输入公式=A2，同时按【Ctrl+Enter】组合键，如图 3.2.20 所示。

如此便完成了对合并单元格数据的填充，如图 3.2.21 所示。

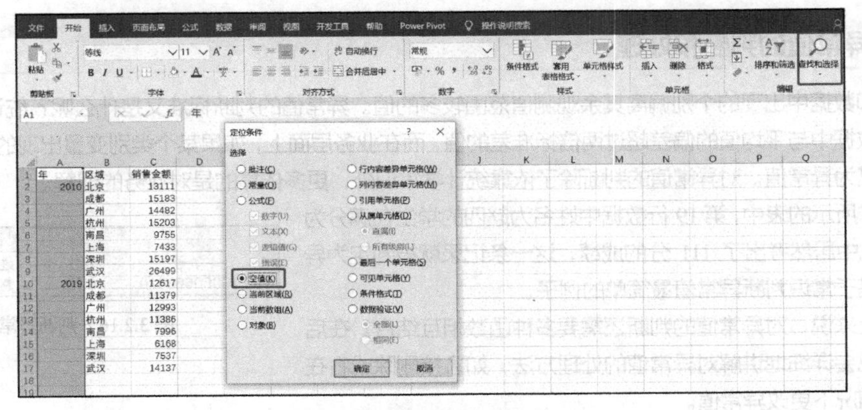

图 3.2.19 定位空值

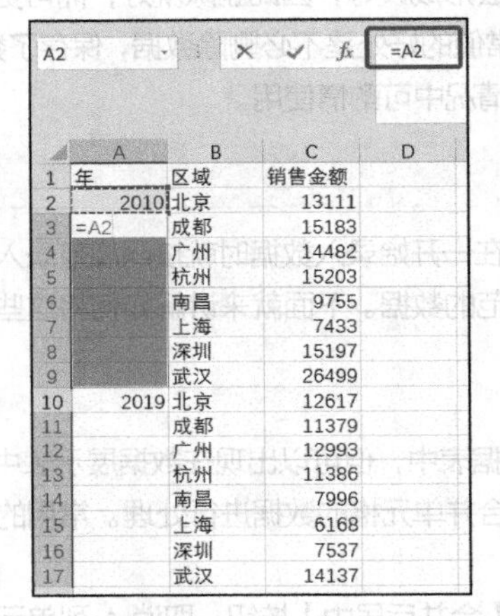

图 3.2.20 批量填充

年	区域	销售金额
2010	北京	13111
2010	成都	15183
2010	广州	14482
2010	杭州	15203
2010	南昌	9755
2010	上海	7433
2010	深圳	15197
2010	武汉	26499
2019	北京	12617
2019	成都	11379
2019	广州	12993
2019	杭州	11386
2019	南昌	7996
2019	上海	6168
2019	深圳	7537
2019	武汉	14137

图 3.2.21 处理合并单元格的结果

2. 删除表中多余的空行

表中多余的空行必须删除，否则会对后续的处理和分析造成误导。对于少量的数据，我们可以直接看到空行并删掉。但对于大量的数据，如何快速删除多余的空行呢？

Step1：在图 3.2.22 所示的数据表中存在大量的空行，选中 A 列或者其他任意一列数据，选择【开始】→【编辑】→【查找和选择】→【定位条件】选项，在弹出的【定位条件】对话框中选择【空值】选项，单击【确定】按钮。

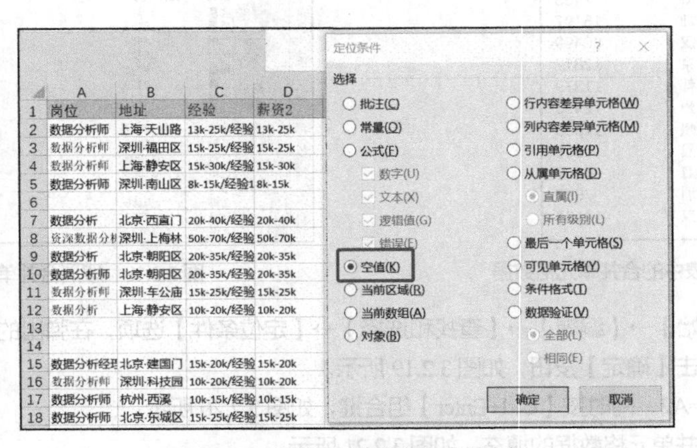

图 3.2.22 原始数据表中存在大量空行

Step2：这时可以看到 A 列中所有的空值都被选中了，选择【开始】→【单元格】→【删除】→【删除工作表行】选项，如图 3.2.23 所示。

这时数据表中就没有多余的空行了，如图 3.2.24 所示。

图 3.2.23　定位空值后删除工作表行

	A	B	C	D	E	F	G
1	岗位	地址	经验	薪资2	行业	融资	人数
2	数据分析师	上海·天山路	13k-25k/经验	13k-25k	移动互联网	A轮	50-150人
3	数据分析师	深圳·福田区	15k-25k/经验	15k-25k	电商,硬件	A轮	150-500人
4	数据分析师	上海·静安区	15k-30k/经验	15k-30k	数据服务	C轮	150-500人
5	数据分析师	深圳·南山区	8k-15k/经验1	8k-15k	企业服务	上市公司	500-2000人
6	数据分析	北京·西直门	20k-40k/经验	20k-40k	企业服务	C轮	150-500人
7	资深数据分析	深圳·上梅林	50k-70k/经验	50k-70k	移动互联网,;	C轮	2000人以上
8	数据分析	北京·朝阳区	20k-35k/经验	20k-35k	信息安全	上市公司	2000人以上
9	数据分析师	北京·朝阳区	20k-35k/经验	20k-35k	移动互联网,ɛ	B轮	150-500人
10	数据分析师	深圳·车公庙	15k-25k/经验	15k-25k	金融,数据服务	不需要融资	150-500人
11	数据分析	上海·静安区	10k-20k/经验	10k-20k	电商	B轮	500-2000人
12	数据分析经理	北京·建国门	15k-20k/经验	15k-20k	数据服务	B轮	150-500人
13	数据分析师	深圳·科技园	10k-20k/经验	10k-20k	数据服务	不需要融资	50-150人
14	数据分析师	杭州·西溪	10k-15k/经验	10k-15k	消费生活	D轮及以上	500-2000人
15	数据分析师	北京·东城区	15k-25k/经验	15k-25k	社交	B轮	150-500人
16	数据分析师	上海·北新泾	15k-30k/经验	15k-30k	旅游	上市公司	2000人以上
17	数据分析师	北京·朝阳区	12k-24k/经验	12k-24k	信息安全	上市公司	2000人以上
18	数据分析师	深圳·人民南	8k-16k/经验1	8k-16k	金融	上市公司	2000人以上

图 3.2.24　删除表中多余空行后的效果

3. 删除分类汇总数据行

如果想要快速删除数据表中包含分类汇总的数据行，方法和删除多余的空行是一样的。分类汇总的数据行中会存在空值，选中空值所在的列，定位空值，删除工作表行即可。

Step1：观察图 3.2.25 所示的数据表，发现第 9 行出现了按周汇总的行，除了 A 列有数据【第一周】外，其他列均无数据，因此可以选中 C 列数据，选择【开始】→【编辑】→【查找和选择】→【定位条件】选项，在弹出的【定位条件】对话框中，选择【空值】选项，单击【确定】按钮。

Step2：选择【开始】→【单元格】→【删除】→【删除工作表行】选项，可以看到包含分类汇总的数据行就被删除掉了，如图 3.2.26 所示。

从上面 3 个例子可以看出，对于不规范数据的处理，运用最广泛的功能就是定位空值。只要能定位出空值，不管是批量填充还是删除行，就都很好处理了。这个功能在后面经常用到，希望读者好好练习。

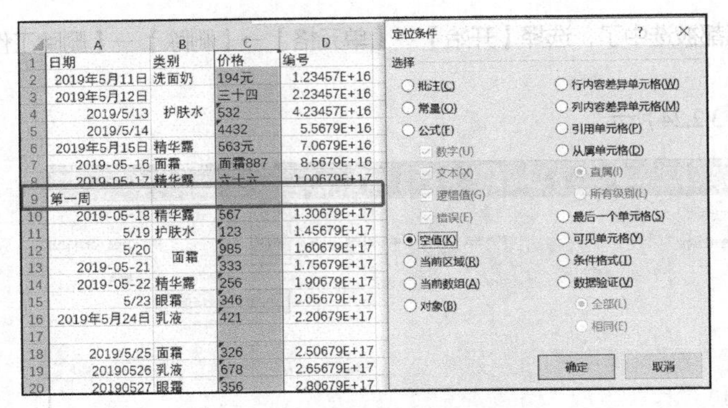

	A	B	C	D
1	日期	类别	价格	编号
2	2019年5月11日	洗面奶	194元	1.23457E+16
3	2019年5月12日	护肤水	三十四	2.23457E+16
4	2019/5/13		532	4.23457E+16
5	2019/5/14		4432	5.5679E+16
6	2019年5月15日	精华露	563元	7.0679E+16
7	2019-05-16	面霜	面霜887	8.5679E+16
8	2019-05-17	精华露	六十六	1.00679E+17
9	第一周			
10	2019-05-18	精华露	567	1.30679E+17
11	5/19	护肤水	123	1.45679E+17
12	5/20	面霜	985	1.60679E+17
13	2019-05-21		333	1.75679E+17
14	2019-05-22	精华露	256	1.90679E+17
15	5/23	眼霜	346	2.05679E+17
16	2019年5月24日	乳液	421	2.20679E+17
17				
18	2019/5/25	面霜	326	2.50679E+17
19	20190526	乳液	678	2.65679E+17
20	20190527	眼霜	356	2.80679E+17

图 3.2.25 定位空值

	A	B	C	D
1	日期	类别	价格	编号
2	2019年5月11日	洗面奶	194元	1.23457E+16
3	2019年5月12日	护肤水	三十四	2.23457E+16
4	2019/5/13		532	4.23457E+16
5	2019/5/14		4432	5.5679E+16
6	2019年5月15日	精华露	563元	7.0679E+16
7	2019-05-16	面霜	面霜887	8.5679E+16
8	2019-05-17	精华露	六十六	1.00679E+17
9	2019-05-18	精华露	567	1.30679E+17
10	5/19	护肤水	123	1.45679E+17
11	5/20	面霜	985	1.60679E+17
12	2019-05-21		333	1.75679E+17
13	2019-05-22	精华露	256	1.90679E+17
14	5/23	眼霜	346	2.05679E+17
15	2019年5月24日	乳液	421	2.20679E+17
16	2019/5/25	面霜	326	2.50679E+17
17	20190526	乳液	678	2.65679E+17
18	20190527	眼霜	356	2.80679E+17

图 3.2.26 删除分类汇总数据行后的效果

练一练

对图 3.2.27 所示的数据进行清洗。

	A	B	C	D	E	F	G	H	I
1	招聘ID	岗位	地址	薪资	工作经验	学历	行业	融资	人数
2	1	数据分析岗	上海·浦东新	1k-1k	经验3-5年	硕士	移动互联网	不需要融资	500-2000人
3	2	数据分析岗	上海·陆家嘴	10k-20k	经验1-3年	本科	金融	上市公司	2000人以上
4	3	数据分析师	深圳·福田区		经验1-3年	本科	金融	上市公司	2000人以上
5	4		深圳·福田区	11k-20k	经验1-3年	本科	金融	上市公司	2000人以上
6	5	032303-数据分	深圳·陆家嘴	11k-22k	经验3-5年	硕士	金融	上市公司	2000人以上
7	6	25210V-数据分	上海·福田区	13k-26k	经验3-5年	本科	金融	B轮	2000人以上
8									
9	7	25212E-数据分	深圳·福田区	10k-15k	经验3-5年	本科	金融	B轮	2000人以上
10	8	PTBU-数据分析	广州·东圃	15k-25k	经验不限	本科	文娱丨内容	上市公司	500-2000人
11	9	SPBU-数据分析	广州·棠下	20k-35k	经验3-5年	本科	文娱丨内容	上市公司	500-2000人
12	10	ZBBU-数据分析	广州·棠下	10k-20k	经验1-3年	本科	文娱丨内容	上市公司	500-2000人
13	11	产品运营-数据分	广州·天河城	8k-16k	经验3-5年	本科	移动互联网	不需要融资	50-150人
14	12	大数据分析师	北京·朝阳区	20k-35k	经验3-5年	本科	移动互联网	A轮	50-150人
15	13								
16	14	大数据分析师	郑州·高新区	15k-25k	经验3-5年	本科	移动互联网	不需要融资	2000人以上
17	15	电力数据分析师	广州·珠江新	15k-22k	经验1-3年	本科	移动互联网	A轮	50-150人
18									
19	16	高级数据分析	广州·瑞宝	15k-25k	经验5-10年	本科	移动互联网	C轮	150-500人
20	17	高级数据分析（	上海·北新泾	20k-35k	经验3-5年	本科	旅游	上市公司	2000人以上

图 3.2.27 清洗数据

提示 1：招聘 ID 是唯一值，可以用来判断是否重复。

提示 2：对于整行均缺失的数据可直接删除整行，对于个别字段缺失的数据可依据其他字段的情况填充。

提示 3：根据【薪资】列、【地址】列可判断异常值。如【薪资】列是“薪资下限-薪资上限”的格式，那么下限和上限之间就必然有一个差值，没有差值的就可判断为异常值；【地址】列是“城市·区域”的格式，如果 A 城市匹配到了 B 城市的区域，那么这条数据就为异常值。

3.3 数据抽取

数据抽取是指从原表中抽取某些值、字段、记录，以形成一个新数据表的过程。抽取值的操作称为“查找引用”，抽取字段的操作称为“字段拆分”。

3.3.1 查找引用

查找引用是指从一组数据中将指定元素的位置查找出来。

1. MATCH()函数

函数：MATCH(Lookup_value,Lookup_array,Match_type)。

作用：查找某个值在指定区域内的相对位置。

模板：MATCH(查找值,区域,匹配模式)。

参数解释：Lookup_value 为要查找的值；Lookup_array 为要查找的区域范围；Match_type 为匹配模式，一般情况下被设置为 0，即默认值。

实例：查找姓名为“张三”的同学在图 3.3.1 左表 A 列中的具体位置。

在 J3 单元格中输入公式=MATCH(G26,A26:A43,0)，如图 3.3.1 所示，这里要查找的元素是 G26 单元格“张三”，“张三”在 A 列中属于【姓名】列，所以查找的范围是 A 列，匹配模式就选择 0（代表精确匹配）。

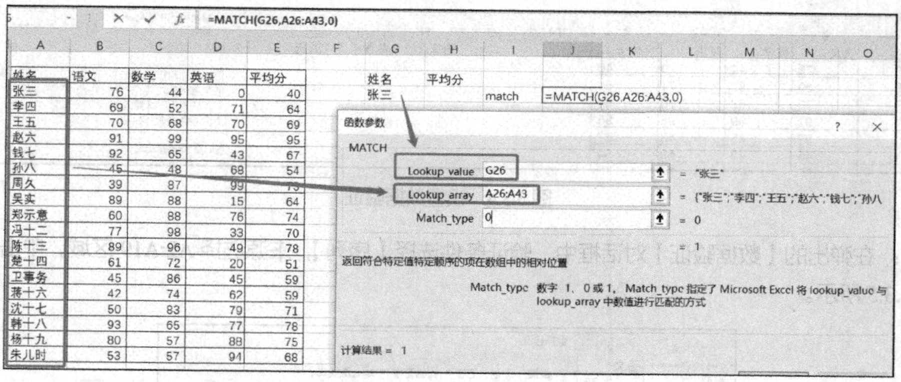

图 3.3.1 MATCH()函数操作

最后的结果返回值是 1，说明“张三”是在查找区域的第一行。

同样地，我们查找到平均分这个单元格在 B25:E25 区域的第 4 个位置，结果如图 3.3.2 所示。

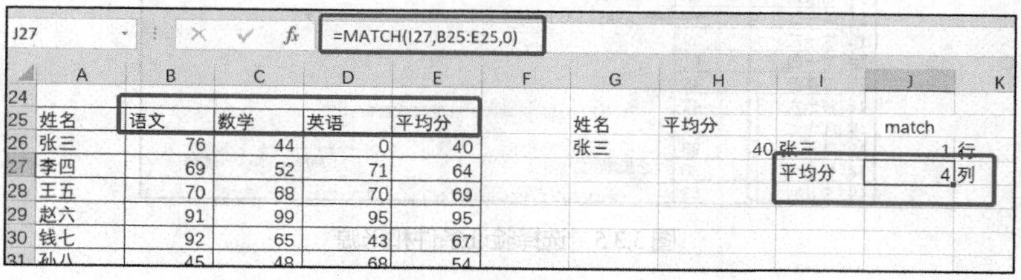

图 3.3.2 MATCH()函数结果

2. INDEX()函数

函数：INDEX(Array,Row_num,Column_num)。

作用：根据行列位置的坐标抽取对应的元素。

模板：INDEX(区域,行坐标,列坐标)。

参数解释：Array 为查找区域；Row_num 为第几行，可用 MATCH()函数算出；Column_num 为第几列，用 MATCH()函数算出。

实例：抽取实际数据区域中第二行第三列的值。

在单元格中输入公式=INDEX(B21:E38,2,3)，表示从 B21:E38 区域中取第二行第三列的值，结果是 71，如图 3.3.3 所示。

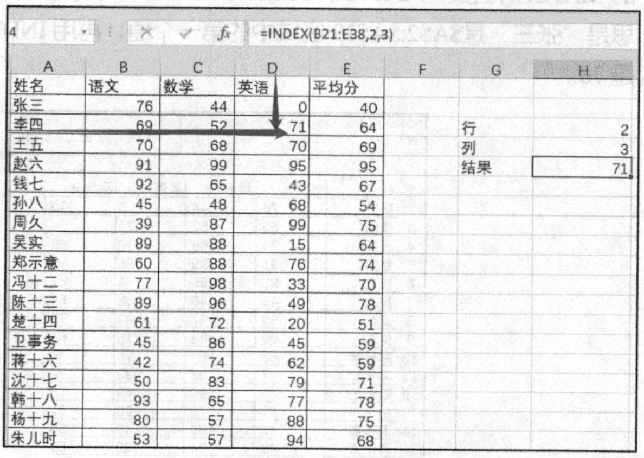

图 3.3.3 INDEX()函数结果

3. INDEX()函数+ MATCH()函数

现在我们已经知道MATCH()函数是将一个元素的绝对位置取出，而 INDEX()函数是对已知元素的绝对位置取值，它们刚好是相反且互补的关系，因此我们经常将 INDEX()函数与 MATCH()函数结合。若将它们与数据验证功能同时使用，能够更加灵活地查找数据。

Step1：先在 G2 单元格中做一个数据验证。单击【数据】→【数据工具】→【数据验证】按钮，如图 3.3.4 所示，在 G2 单元格中形成了一个数据验证框，下拉选择不同的姓名，在 H2:K2 区域中得到相应的分数。

图 3.3.4　设置数据验证

Step2：在弹出的【数据验证】对话框中，验证条件选择【序列】，来源选择 A2:A19 区域，单击【确定】按钮，如图 3.3.5 所示。

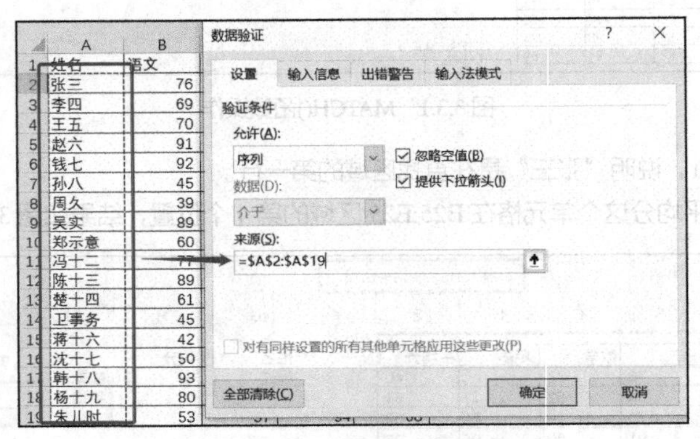

图 3.3.5　选择验证条件和来源

Step3：在 H2 单元格中输入公式=INDEX(B2:B19,MATCH($G$2,$A$2:$A$19,0))，如图 3.3.6 所示。先看嵌套的 MATCH()函数，MATCH($G$2,$A$2:$A$19,0)表示在$A$2:$A$19 区域查找$G$2 的位置，得到的结果是 1，意思是“张三”是$A$2:$A$19 区域中的第一个值；再用 INDEX()函数抽取 B2:B19 区域中第一个值，得到的结果就是 76。

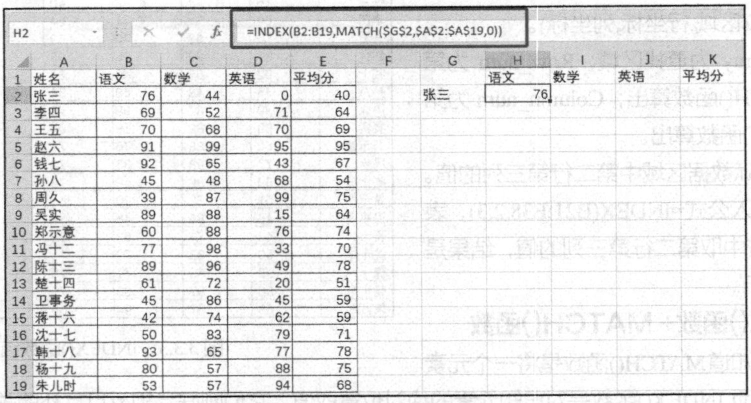

H2 =INDEX(B2:B19,MATCH($G$2,$A$2:$A$19,0))

姓名	语文	数学	英语	平均分
张三	76	44	0	40
李四	69	52	71	64
王五	70	68	70	69
赵六	91	99	95	95
钱七	92	65	43	67
孙八	45	48	68	54
周久	39	87	99	75
吴实	89	88	15	64
郑示意	60	88	76	74
冯十二	77	98	33	70
陈十三	89	96	49	78
楚十四	61	72	20	51
卫事务	45	86	45	59
蒋十六	42	74	62	59
沈十七	50	83	79	71
韩十八	93	65	77	78
杨十九	80	57	88	75
朱儿时	53	57	94	68

姓名	语文	数学	英语	平均分
张三	76			

图 3.3.6　INDEX()函数+MATCH()函数操作

Step4：横向拖动公式，得到各个值，如图 3.3.7 所示。

H2 =INDEX(B2:B19,MATCH($G$2,$A$2:$A$19,0))

	A	B	C	D	E	F	G	H	I	J	K
1	姓名	语文	数学	英语	平均分			语文	数学	英语	平均分
2	张三	76	44	0	40		张三	76	44	0	40
3	李四	69	52	71	64						
4	王五	70	68	70	69						
5	赵六	91	99	95	95						
6	钱七	92	65	43	67						
7	孙八	45	48	68	54						
8	周久	39	87	99	75						
9	吴实	89	88	15	64						
10	郑示意	60	88	76	74						
11	冯十二	77	98	33	70						
12	陈十三	89	96	49	78						
13	楚十四	61	72	20	51						
14	卫事务	45	86	45	59						
15	蒋十六	42	74	62	59						
16	沈十七	50	83	79	71						
17	韩十八	93	65	77	78						
18	杨十九	80	57	88	75						
19	朱儿时	53	57	94	68						

图 3.3.7　INDEX()函数+MATCH()函数结果 1

Step5：在 G2 单元格中选择不同的姓名，H2:K2 区域会抽取出对应的值，如图 3.3.8 所示。

G	H	I	J	K
	语文	数学	英语	平均分
张三	76	44	0	40

张三
李四
王五
赵六
钱七
孙八
周久
吴实

图 3.3.8　INDEX()函数+MATCH()函数结果 2

INDEX()函数与 MATCH()函数还经常被用在动态交互图表中，用于抽取数值。关于动态交互图表，在第 5 章中会做简单介绍。

3.3.2　字段拆分

字段拆分是指从一长字符串或数值中分割出特定部分的操作。

1．LEFT()函数

函数：LEFT(Text,Num_charts)。

作用：从字符串的左侧开始拆分字符串，从文本字符串的第一个字符开始，返回指定个数的字符。

模板：LEFT(文本,个数)。

参数解释：Text 为要提取的字符串，Num_charts 为要提取的字符个数。

实例：提取一串详细地址中的“广东省”，可以用公式=LEFT(E8,3)，意思是取 E8 单元格中前 3 个字符，就得到值“广东省”了，如图 3.3.9 所示。

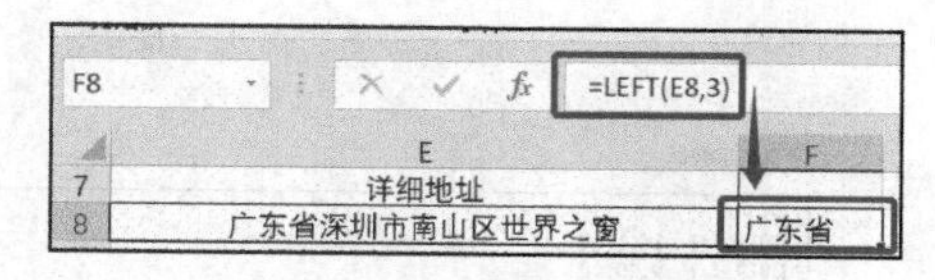

图 3.3.9　LEFT()函数操作

2．RIGHT()函数

函数：RIGHT(Text,Num_charts)。

作用：从字符串的右侧开始拆分字符串，从文本字符串的最后一个字符开始返回指定个数的字符。

模板：RIGHT(文本,个数)。

参数解释：Text 为要提取的字符串，Num_charts 为要提取的字符个数。

实例：在 F9 单元格内输入公式=RIGHT(F9,4)可以提取 F9 单元格内后 4 个字符，即“福田口岸”，如图 3.3.10 所示。

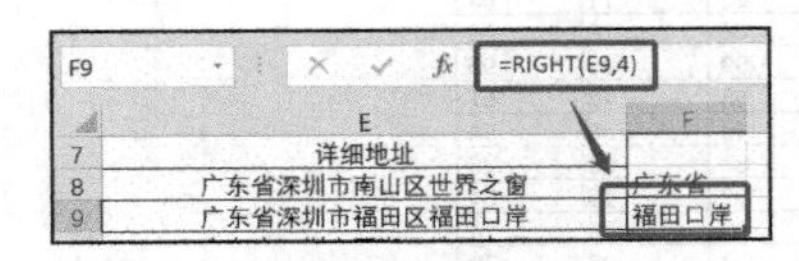

图 3.3.10　RIGHT()函数操作

3. MID()函数

函数：MID(Text,Start_Num,Num_charts)。

作用：从字符串的中间位置截取字符，从文本字符串的指定位置开始返回指定个数的字符。

模板：MID(文本,从第几个字符开始,返回几个字符)。

参数解释：Text 为要提取的字符串，Start_num 为准备提取的第一个字符的位置，Num_charts 为要提取的字符个数。

实例：从身份证号码中提取出生日期，可以用 MID()函数。在 B23 单元格内输入公式=MID(A22,7,8)，从 A22 单元格中的第 7 个字符开始（包括第 7 个）往后取 8 个字符，就得到了出生日期的值，如图 3.3.11 所示。

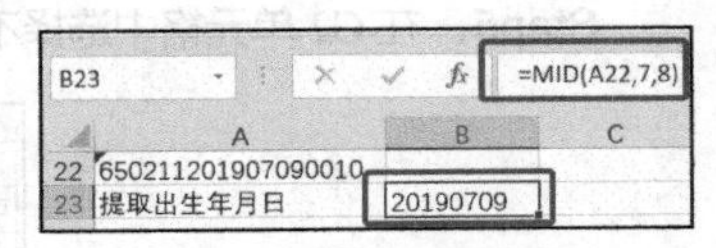

图 3.3.11　MID()函数操作

4. 分列

如果想不用函数进行字段拆分，分列是一个非常好用且功能强大的工具。

（1）根据分隔符号分列

当要拆分的字段中有明显的分隔符号，如空格、逗号、顿号等，那么可以使用按照分隔符号进行分列的方法。下表中的 A 列数据是日期和时间记录在一个单元格内的数据，现在需要把日期和时间分开。

Step1：选中 A 列数据，单击【数据】→【数据工具】→【分列】按钮，选择【分隔符号】选项，单击【下一步】按钮，如图 3.3.12 所示。

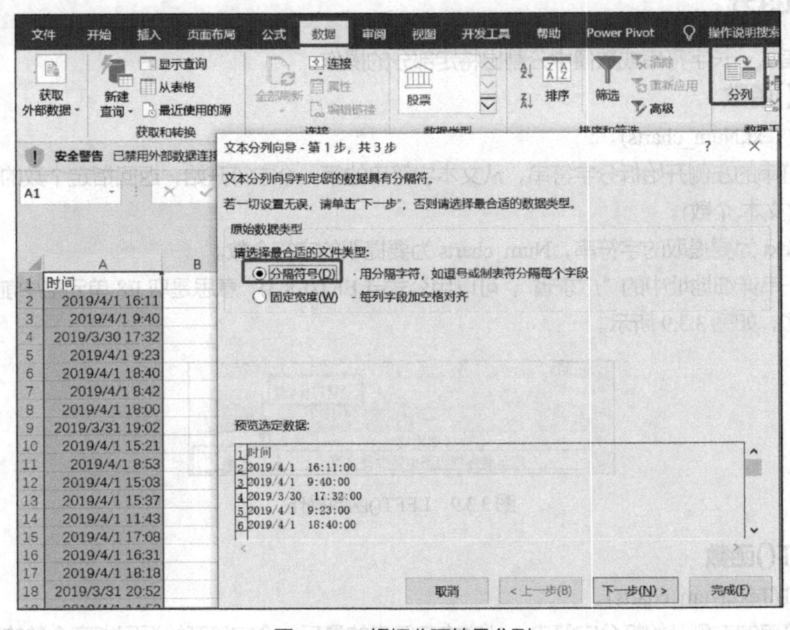

图 3.3.12　根据分隔符号分列

Step2：观察发现日期和时间中间刚好有个空格，可以通过空格符号将它们分开，因此分隔符号选择【空格】，单击【下一步】按钮，如图 3.3.13 所示。

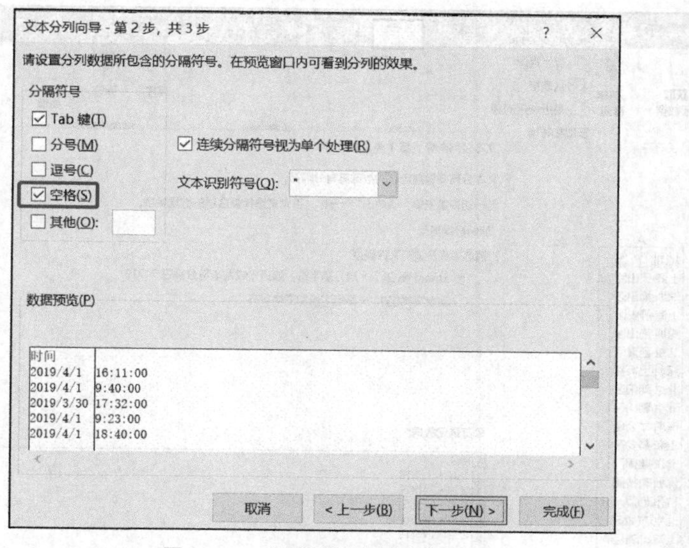

图 3.3.13　分隔符号选择【空格】

Step3：因为我们要进行分列的数据是日期和时间的格式，所以在【列数据格式】中对日期列数据选择【日期】格式，如图 3.3.14 所示。

Step4：单击【完成】按钮，就可以得到分列后的数据，如图 3.3.15 所示。可以看到，日期和时间被分成了两列。

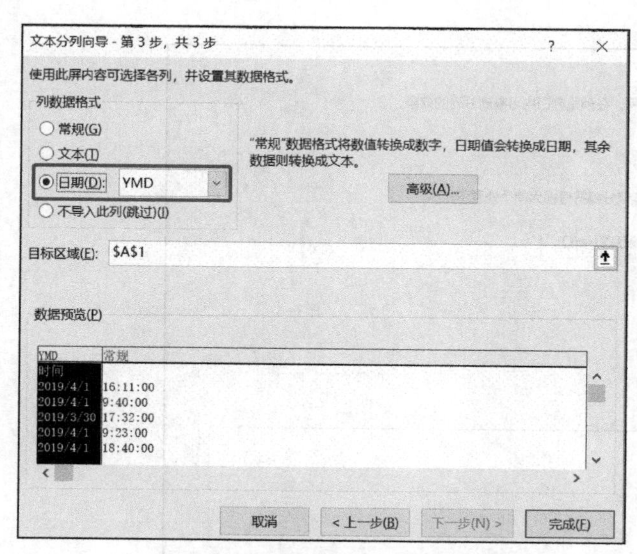

图 3.3.14　列数据格式设置为【日期】

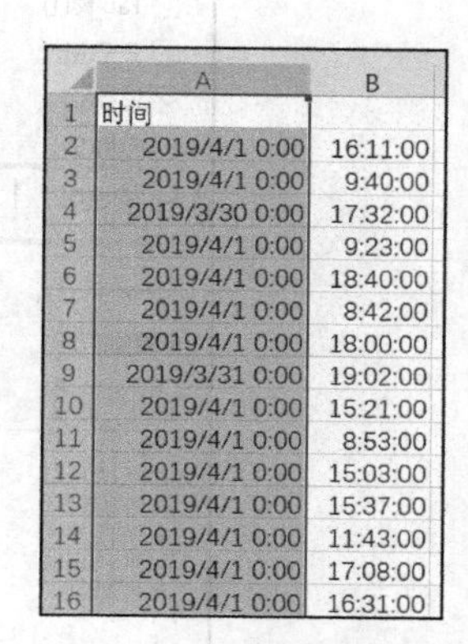

	A	B
1	时间	
2	2019/4/1 0:00	16:11:00
3	2019/4/1 0:00	9:40:00
4	2019/3/30 0:00	17:32:00
5	2019/4/1 0:00	9:23:00
6	2019/4/1 0:00	18:40:00
7	2019/4/1 0:00	8:42:00
8	2019/4/1 0:00	18:00:00
9	2019/3/31 0:00	19:02:00
10	2019/4/1 0:00	15:21:00
11	2019/4/1 0:00	8:53:00
12	2019/4/1 0:00	15:03:00
13	2019/4/1 0:00	15:37:00
14	2019/4/1 0:00	11:43:00
15	2019/4/1 0:00	17:08:00
16	2019/4/1 0:00	16:31:00

图 3.3.15　分列后的结果

相应地，只需要观察要拆分的数据之间有什么统一规律的分隔符，就可以使用分列工具了。下面这个例子是需要自定义符号分列的。

A 列数据里是“城市名·地区”的格式，现在需要把城市名和地区分成两列。观察发现，城市名和地区中间都有“·”符号，因此可用分列工具进行分隔。

Step1：选中 A 列数据，单击【数据】→【数据工具】→【分列】按钮，选择【分隔符号】选项，单击【下一步】按钮，如图 3.3.16 所示。

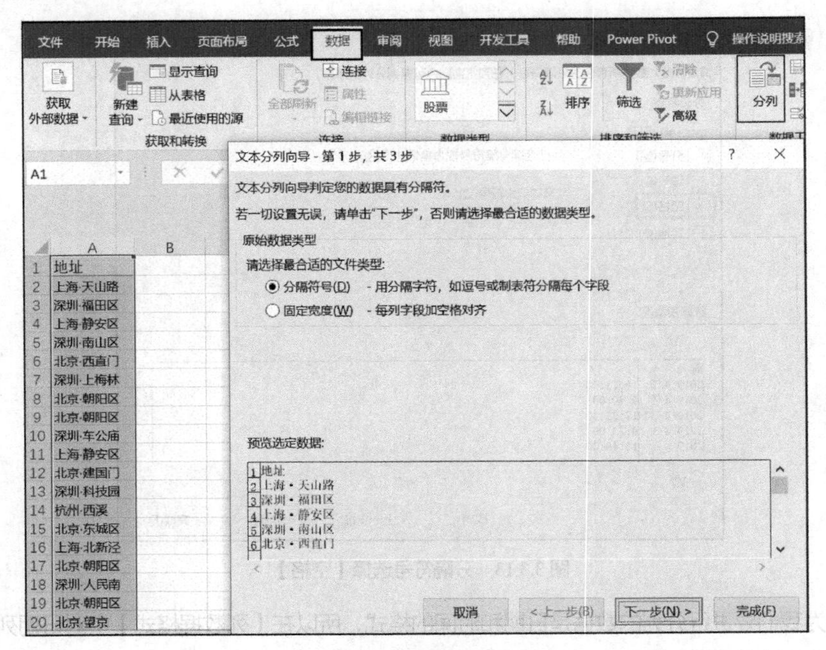

图 3.3.16 按分隔符号分列

Step2：在【分隔符号】中勾选【其他】复选框，并输入“・”符号，在数据预览中看到数据被成功分隔，单击【下一步】按钮，如图 3.3.17 所示。

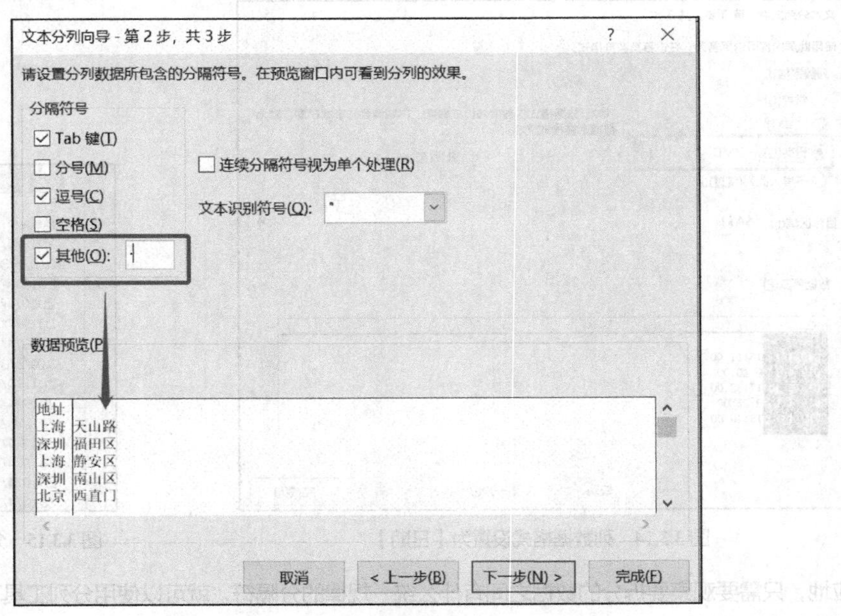

图 3.3.17 自定义分隔符号分列

Step3：列数据格式选择【常规】选项即可，单击【下一步】按钮，如图 3.3.18 所示。

可以看到，城市名和地区被分成了 A、B 两列，如图 3.3.19 所示。

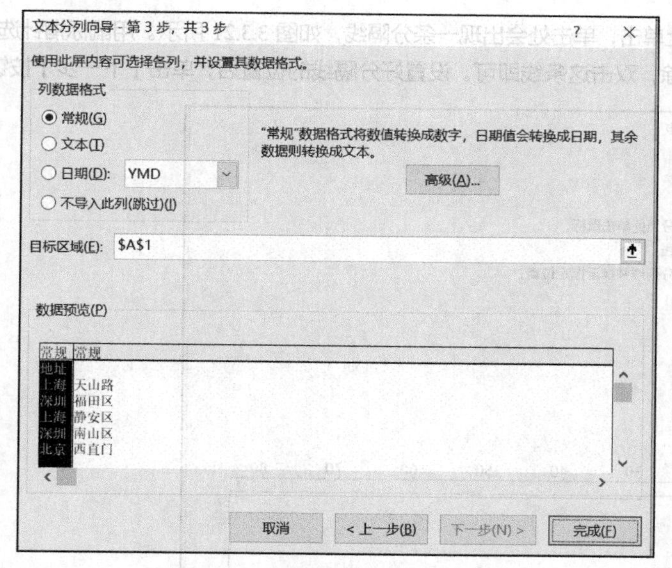

图 3.3.18　列数据格式设置为常规

	A	B
1	地址	
2	上海	天山路
3	深圳	福田区
4	上海	静安区
5	深圳	南山区
6	北京	西直门
7	深圳	上梅林
8	北京	朝阳区
9	北京	朝阳区
10	深圳	车公庙
11	上海	静安区
12	北京	建国门
13	深圳	科技园

图 3.3.19　分列后结果

（2）固定宽度分列

在实际工作中，还会遇到没有分隔符号但也需要分列的情况，这时可以使用固定宽度分列。图 3.3.20 中，A 列学号数据开头 7 位都是相同的“1305066”，其表示这是同一个班级的学生；后面的 4 位才是每个人的唯一编号。现在需要把班级编号和个人唯一编号分隔开来。观察发现它们中间没有分隔符号，但宽度是固定的，将前 7 位和后 4 位分开即可。

Step1：选中 A 列数据，单击【数据】→【数据工具】→【分列】按钮，选择【固定宽度】选项，单击【下一步】按钮，如图 3.3.20 所示。

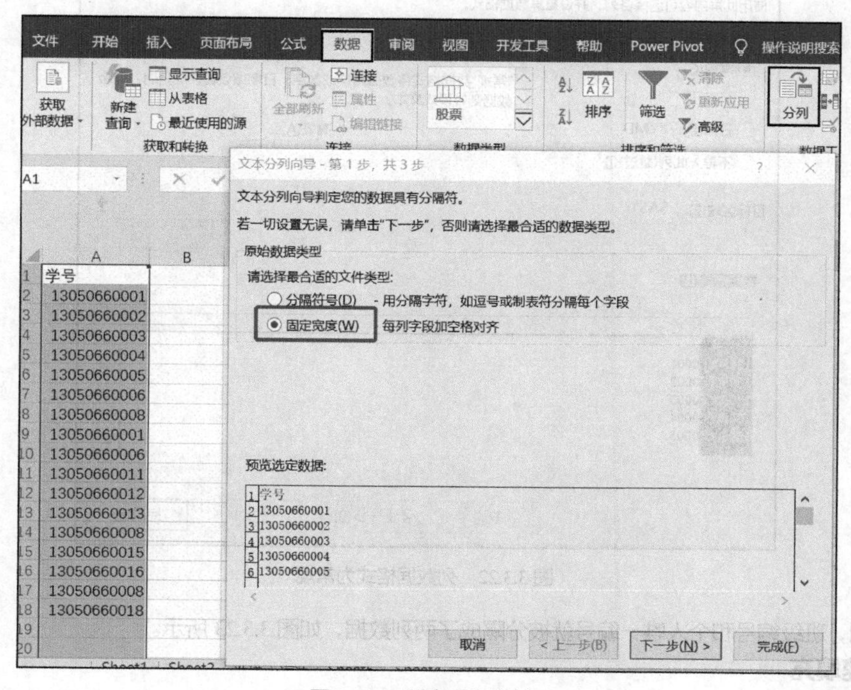

图 3.3.20　固定宽度分列 1

Step2：在数据预览中前 7 位的位置上单击，单击处会出现一条分隔线，如图 3.3.21 所示。用鼠标指针选中这条分隔线可以将其左右移动；若想要清除，双击这条线即可。设置好分隔线的位置后，单击【下一步】按钮。

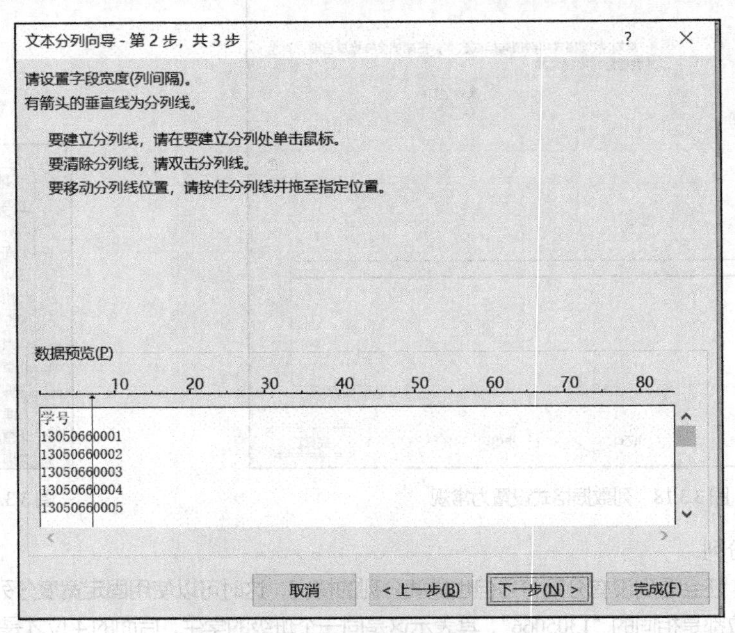

图 3.3.21　固定宽度分列 2

Step3：设置列数据格式，保持选择【常规】选项即可，如图 3.3.22 所示，单击【完成】按钮。

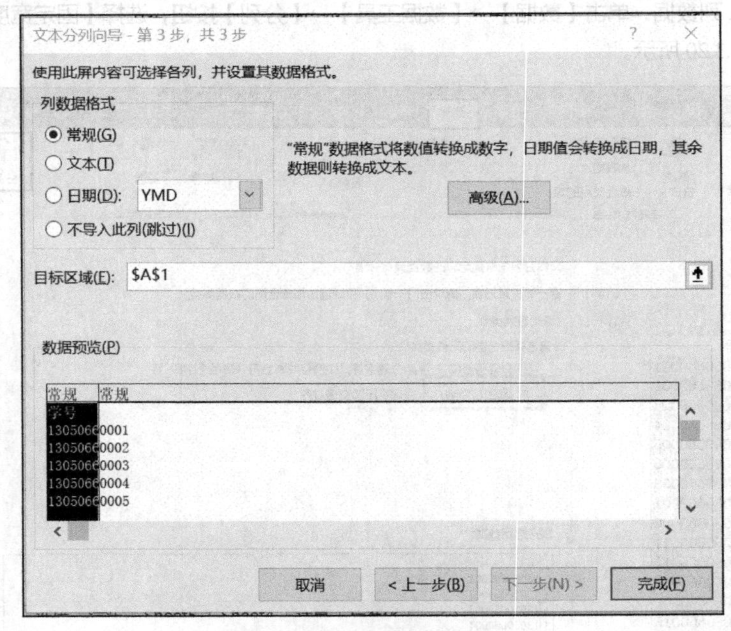

图 3.3.22　列数据格式为常规

可以看到，班级编号和个人唯一编号就被分隔成了两列数据，如图 3.3.23 所示。

5. 快速填充

还记得第 1 章中的快速填充功能吗？没错，它还可以进行分列、合并的操作。这个功能解放了文本函数，让

LEFT()、RIGHT()等函数都没有了用武之地。例如从含有省市的地址中只提取到市的操作，如图 3.3.24 所示。M 列是含有省市的地址，现在只需要市的地址即可。

Step1：在 O2 单元格中输入“广州市”。

	A	B
1	学号	
2	1305066	1
3	1305066	2
4	1305066	3
5	1305066	4
6	1305066	5
7	1305066	6
8	1305066	8
9	1305066	1
10	1305066	6
11	1305066	11
12	1305066	12
13	1305066	13
14	1305066	8
15	1305066	15
16	1305066	16
17	1305066	8
18	1305066	18

图 3.3.23　分列后结果

fx 广州市

K	L	M	N	O
序号	日期	区域	销售金额	
1	2019年1月	广东省广州市	100	广州市
2	2019年1月	广东省深圳市	87	
4	2019年1月	广东省广州市	45	
8	2019年1月	广东省深圳市	77	
9	2019年1月	广东省广州市	96	
11	2019年1月	广东省广州市	345	
14	2019年1月	浙江省杭州市	75	
15	2019年1月	浙江省杭州市	67	
16	2019年1月	江西省南昌市	56	
17	2019年1月	广东省广州市	73	
18	2019年1月	浙江省杭州市	97	
19	2019年1月	湖北省武汉市	58	
21	2019年1月	浙江省杭州市	15	
23	2019年1月	湖北省武汉市	23	
24	2019年1月	广东省广州市	30	
25	2019年1月	浙江省杭州市	39	
26	2019年1月	广东省广州市	12	

图 3.3.24　快速填充

Step2：将鼠标指针移动到单元格右下方，待其变为黑色十字时双击，选择【快速填充】选项，Excel 就可以智能地进行填充了，如图 3.3.25 所示。

序号	日期	区域	销售金额	
1	2019年1月	广东省广州市	100	广州市
2	2019年1月	广东省深圳市	87	深圳市
4	2019年1月	广东省广州市	45	广州市
8	2019年1月	广东省深圳市	77	深圳市
9	2019年1月	广东省广州市	96	广州市
11	2019年1月	广东省广州市	345	广州市
14	2019年1月	浙江省杭州市	75	杭州市
15	2019年1月	浙江省杭州市	67	杭州市
16	2019年1月	江西省南昌市	56	南昌市
17	2019年1月	广东省广州市	73	广州市
18	2019年1月	浙江省杭州市	97	杭州市
19	2019年1月	湖北省武汉市	58	武汉市
21	2019年1月	浙江省杭州市	15	杭州市
23	2019年1月	湖北省武汉市	23	武汉市
24	2019年1月	广东省广州市	30	广州市
25	2019年1月	浙江省杭州市	39	杭州市
26	2019年1月	广东省广州市	12	广州市

图 3.3.25　快速填充结果

练一练

在图 3.3.26 所示的表中，如何由表 1 中细分数据得到表 3 中选择不同学历和经验得到相应薪资均值的结果？（表 3 的【学历】和【经验】字段均为数据验证）

提示 1：表 1 只有 1 列数据，需要分列成【薪资】、【经验】、【学历】3 个字段列。

提示 2：对表 1 去掉缺失值后制作数据透视表（数据透视表还没讲到，但可以尝试去做）。

提示 3：为【学历】和【经验】栏制作数据验证，如表 2 所示。用 INDEX()+MATCH()组合函数，使得在下拉选框中选择不同项目时得到相应的薪资。

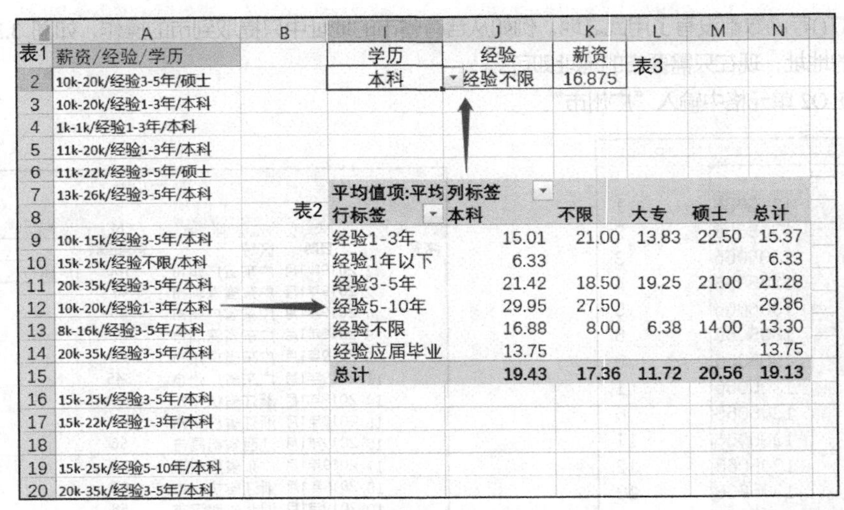

表1

	A
1	薪资/经验/学历
2	10k-20k/经验3-5年/硕士
3	10k-20k/经验1-3年/本科
4	1k-1k/经验1-3年/本科
5	11k-20k/经验1-3年/本科
6	11k-22k/经验3-5年/硕士
7	13k-26k/经验3-5年/本科
8	
9	10k-15k/经验3-5年/本科
10	15k-25k/经验不限/本科
11	20k-35k/经验3-5年/本科
12	10k-20k/经验1-3年/本科
13	8k-16k/经验3-5年/本科
14	20k-35k/经验3-5年/本科
15	
16	15k-25k/经验3-5年/本科
17	15k-22k/经验1-3年/本科
18	
19	15k-25k/经验5-10年/本科
20	20k-35k/经验3-5年/本科

表3

学历	经验	薪资
本科	经验不限	16.875

表2

平均值项:平均	列标签				
行标签	本科	不限	大专	硕士	总计
经验1-3年	15.01	21.00	13.83	22.50	15.37
经验1年以下	6.33				6.33
经验3-5年	21.42	18.50	19.25	21.00	21.28
经验5-10年	29.95	27.50			29.86
经验不限	16.88	8.00	6.38	14.00	13.30
经验应届毕业	13.75				13.75
总计	19.43	17.36	11.72	20.56	19.13

图 3.3.26　练一练数据

3.4 数据合并

数据合并是指数据表的合并及字段的合并。数据表的合并主要是依靠两个表相同字段的匹配来完成，而字段的合并则与 3.3 节的字段拆分是相对应的。

3.4.1 数据表合并

数据表合并是在已知两个表有相同字段的前提下，将其合并在一起的操作，主要有横向连接和纵向连接。

1. 横向连接

在进行数据处理的时候，我们可能会遇到图 3.4.1 所示的情况，表 1 缺失的【年龄】列数据在表 2 中。我们需要对表 2 中每一行的数据进行匹配查找，这种对行的合并操作即为横向连接。

需要进行横向连接的表格需符合以下 3 个条件，其示意图如图 3.4.2 所示。

表1

	A	B	C	D
1	学号	姓名	性别	年龄
2	1901	张三	男	
3	1902	李四	女	
4	1903	王五	女	
5	1904	赵六	男	
6	1905	钱七	男	
7	1906	孙八	女	
8	1907	周久	女	
9	1908	吴实	男	
10	1909	郑示意	男	
11	1910	冯十二	男	

表2

	F	G
1	学号	年龄
2	1908	15
3	1901	20
4	1901	12
5	1905	13
6	1910	18
7	1902	21
8	1906	15
9	1904	13
10	1903	17

图 3.4.1　需要横向连接的两个表

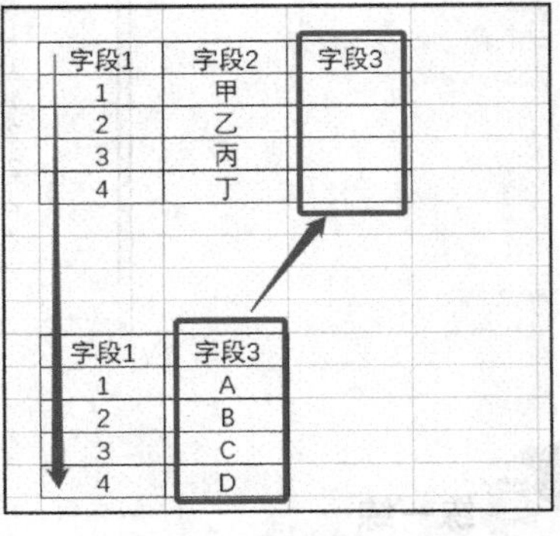

图 3.4.2　横向连接示意图

① 有两张表。

② 两张表中有相同的字段。

③ 其中一张表中缺少另一张表里的其他字段。

我们用到 VLOOKUP()函数来解决表格里横向连接的问题。

函数：VLOOKUP（Lookup_value,Table_array,Col_index_num,Range_lookup）。

作用：按照首列满足的条件进行查找匹配。

模板：VLOOKUP（找什么单元格,在哪个区域找,找目标区域哪一列的值,模糊/精确）。

参数解释：Lookup_value 为要查找的单元格；Table_array 为从哪个区域/表找；Col_index_num 为选择区域/表的第几列，默认序号是从 1 开始；Range_lookup 为 0 代表精确查找，为 1 代表模糊查找。

实例：把图 3.4.3 所示的表 2 中“年龄”字段匹配到表 1 中。

用 VLOOKUP()函数进行横向连接的操作如下。

Step1：选中 D2 单元格，插入 VLOOKUP()函数。

Step2：输入各参数，函数公式为=VLOOKUP(A2,F:G,2,0)。注意到两个表中【学号】列是共同的字段，因此要查找的单元格就是 A2，要查找的表格为表 2 所在的区域，要查找的是表 2 中第二列【年龄】的值，因此 Col_index_num 参数填“2”，最后默认填“0”，即精确查找。

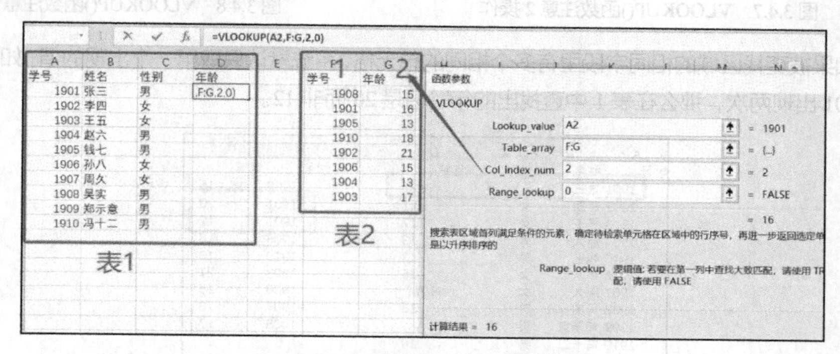

图 3.4.3　VLOOKUP()函数操作

Step3：将公式拖动到 D3:D11 区域的单元格中，结果如图 3.4.4 所示。我们注意到【1907】行没有找到，这是因为表 2 里没有 1907 这个学号。

=VLOOKUP(A8,F:G,2,0)

学号	姓名	性别	年龄		学号	年龄
1901	张三	男	16		1908	15
1902	李四	女	21		1901	16
1903	王五	女	17		1905	13
1904	赵六	男	13		1910	18
1905	钱七	男	13		1902	21
1906	孙八	女	15		1906	15
1907	周久	女	#N/A		1904	13
1908	吴实	男	15		1903	17
1909	郑示意	男	#N/A			
1910	冯十二	男	18			

图 3.4.4　VLOOKUP()函数操作结果

横向连接容易出错的几个情况如下。

注意 1：两个表相同的字段必须位于首列，否则会出错。我们把图 3.4.5 所示的表 2 区域选择成 F:H，已知学号是共同的字段，但【学号】列不在所选区域的首列，这时 Excel 会因找不到该值而出错，结果如图 3.4.6 所示。

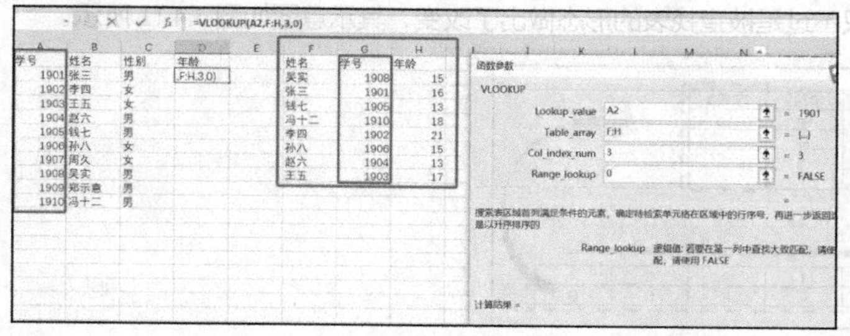

图 3.4.5　VLOOKUP()函数注意 1 操作

=VLOOKUP(A2,F:H,3,0)

学号	姓名	性别	年龄		姓名	学号	年龄
1901	张三	男	#N/A		吴实	1908	15
1902	李四	女	#N/A		张三	1901	16
1903	王五	女	#N/A		钱七	1905	13
1904	赵六	男	#N/A		冯十二	1910	18
1905	钱七	男	#N/A		李四	1902	21
1906	孙八	女	#N/A		孙八	1906	15
1907	周久	女	#N/A		赵六	1904	13
1908	吴实	男	#N/A		王五	1903	17
1909	郑示意	男	#N/A				
1910	冯十二	男	#N/A				

图 3.4.6　VLOOKUP()函数注意 1 操作结果

注意 2：相同字段格式要相同。若查找区域格式为数字，而被查找区域格式为文本，如图 3.4.7 所示，则会因查不出来而出错，结果如图 3.4.8 所示。此时可以对被查找区域的文本格式字段进行分列处理。

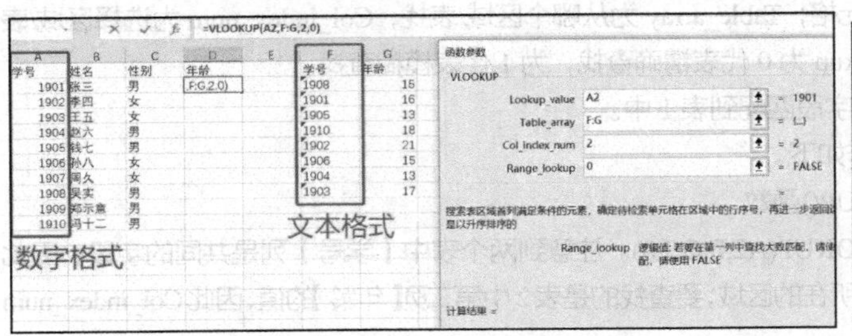

图 3.4.7 VLOOKUP()函数注意 2 操作

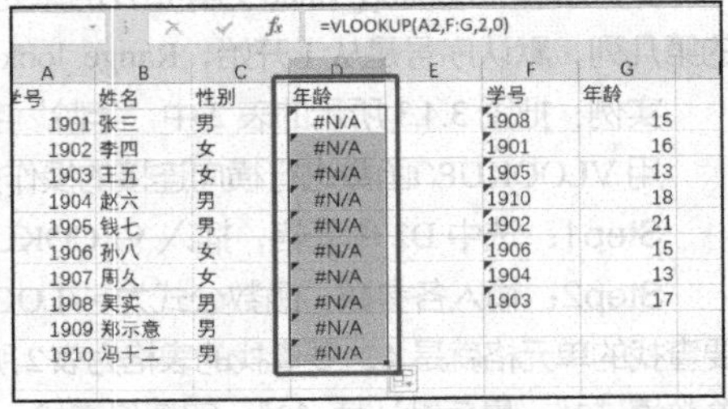

图 3.4.8 VLOOKUP()函数注意 2 操作结果

注意 3：如果被查找区域的相同字段里有多个相同的单元格，系统默认只取第一个出现的值，如图 3.4.9 所示，表 2 中学号 1901 出现两次，那么在表 1 中查找出的年龄值是 20 而非 12。

A	B	C	D	E	F	G
学号	姓名	性别	年龄		学号	年龄
1901	张三	男	20		1908	15
1902	李四	女	21		1901	20
1903	王五	女	17		1901	12
1904	赵六	男	13		1905	13
1905	钱七	男	13		1910	18
1906	孙八	女	15		1902	21
1907	周久	女	#N/A		1906	15
1908	吴实	男	15		1904	13
1909	郑示意	男	#N/A		1903	17
1910	冯十二	男	18			

图 3.4.9 VLOOKUP()函数注意 3

2. 纵向连接

在数据合并的过程中，除了横向连接外，还可能遇到图 3.4.10 所示的情况，要查找的表 1 中【年龄】列数据需要在表 2 中一列一列地对应查找。这种对列合并操作的方式称为纵向连接。

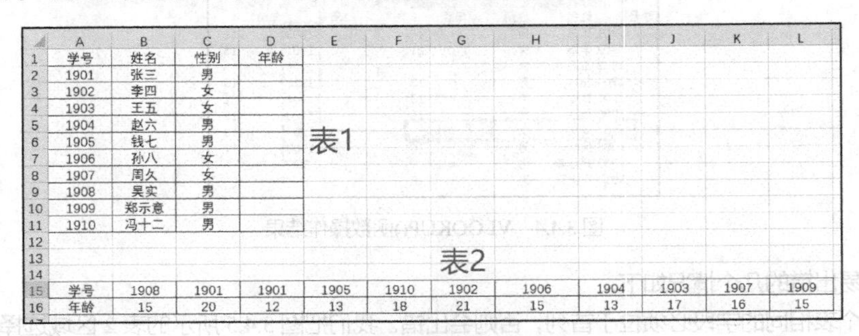

	A	B	C	D
1	学号	姓名	性别	年龄
2	1901	张三	男	
3	1902	李四	女	
4	1903	王五	女	
5	1904	赵六	男	
6	1905	钱七	男	
7	1906	孙八	女	
8	1907	周久	女	
9	1908	吴实	男	
10	1909	郑示意	男	
11	1910	冯十二	男	

	A	B	C	D	E	F	G	H	I	J	K	L
15	学号	1908	1901	1901	1905	1910	1902	1906	1904	1903	1907	1909
16	年龄	15	20	12	13	18	21	15	13	17	16	15

图 3.4.10 需要纵向连接的两个表

同横向连接的 3 个条件一样，纵向连接只不过是被查找表的形态做出了改变，其示意图如图 3.4.11 所示。

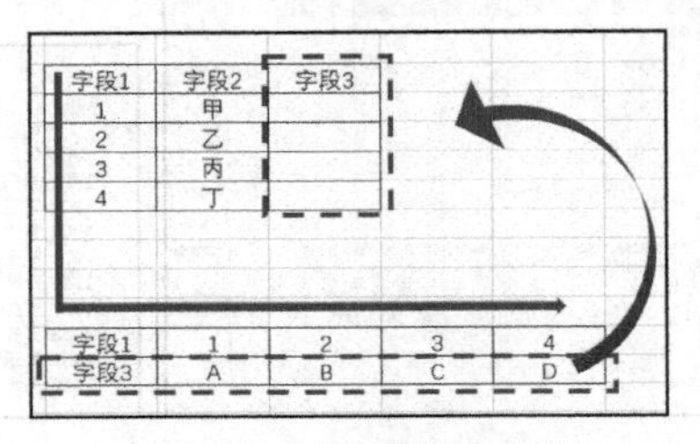

图 3.4.11 纵向连接示意图

下面用 HLOOKUP()函数来解决表格中纵向连接的问题。

函数：HLOOKUP(Lookup_value,Table_array,Row_index_num,Range_lookup)。

作用：按照首行满足的条件进行查找匹配。

模板：HLOOKUP(找什么单元格,在哪个区域找,找目标区域哪一行的值,模糊/精确)。

参数解释：Lookup_value 为要查找的单元格；Table_array 为从哪个区域/表找；Row_index_num 为选择区域/表的第几行，默认序号从 1 开始；Range_lookup 为 0 代表精确查找，为 1 代表模糊查找。

实例：用 HLOOKUP()函数进行纵向连接的操作如下。

Step1：选中 D2 单元格，插入 HLOOKUP()函数。

Step2：输入各参数，函数公式为=HLOOKUP(A2,$A$15:$L$16,2,0)，如图 3.4.12 所示。要查找的单元格为 A2，要查找的表格为表 2 所在的区域，要查找的是表 2 中第二行年龄的值，默认进行精确查找。

D2　=HLOOKUP(A2,$A$15:$L$16,2,0)

	A	B	C	D
1	学号	姓名	性别	年龄
2	1901	张三	男	$16,2,0)
3	1902	李四	女	
4	1903	王五	女	
5	1904	赵六	男	
6	1905	钱七	男	
7	1906	孙八	女	
8	1907	周久	女	
9	1908	吴实	男	
10	1909	郑示意	男	
11	1910	冯十二	男	
12				
13				
14				
15	学号	1908	1901	1901
16	年龄	15	20	12
17				
18				
19				

函数参数

HLOOKUP

Lookup_value　A2　= 1901

Table_array　$A$15:$L$16　= {"学号",1908,1901,19

Row_index_num　2　= 2

Range_lookup　0　= FALSE

= 20

搜索数组区域首行满足条件的元素，确定待检索单元格在区域中的列序号，再进一步返回选定单元格的值

Lookup_value　需要在数据表首行进行搜索的值，可以是数值、引用或字符串

计算结果 =　20

有关该函数的帮助(H)　确定　取消

选择

图 3.4.12　HLOOKUP()函数操作

Step3：将公式拖动到 D3:D11 区域的单元格中，结果如图 3.4.13 所示。

	A	B	C	D	E	F	G	H	I	J	K	L
1	学号	姓名	性别	年龄								
2	1901	张三	男	20								
3	1902	李四	女	21								
4	1903	王五	女	17								
5	1904	赵六	男	13								
6	1905	钱七	男	13								
7	1906	孙八	女	15								
8	1907	周久	女	16								
9	1908	吴实	男	15								
10	1909	郑示意	男	15								
11	1910	冯十二	男	18								
12												
13												
14												
15	学号	1908	1901	1901	1905	1910	1902	1906	1904	1903	1907	1909
16	年龄	15	20	12	13	18	21	15	13	17	16	15

图 3.4.13　HLOOKUP()函数操作结果

3.4.2 字段合并

将多列数据合并为一列数据，称为字段合并。例如将省、市、区 3 列数据合并为一列完整的地址数据。字段合并的方法有很多，这里介绍 3 种。

1. 连接符“&”

使用连接符“&”将多个单元格合并在一起。例如图 3.4.14 所示，在 D8 单元格内输入=A8&B8&C8，就将 A8、B8 和 C8 单元格合并在一起了。使用时按组合键【Shift+7】得到连接符&。

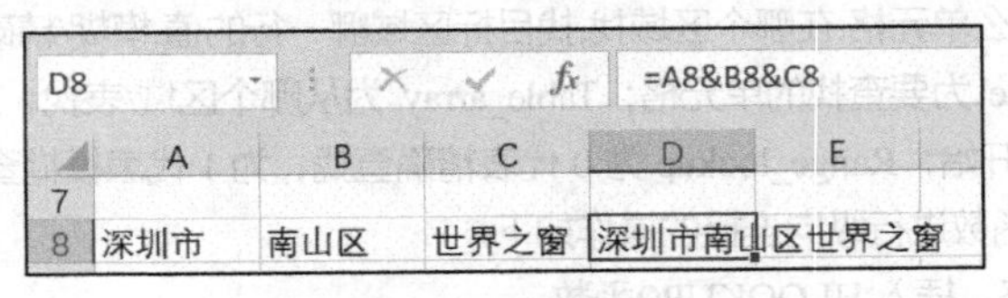

图 3.4.14　连接符合并字段

2. CONCATENATE()函数

函数：CONCATENATE(Text1,Text2,…)。

作用：将多个字符合并成一个，效果同连接符&是一样的。

模板：CONCATENATE (文本 1,文本 2,…,文本 *n*)。

实例：将 A8、B8、C8 这 3 个单元格中的字符合并为一个字符串，在 D9 单元格中输入公式=CONCATENATE (A8,B8,C8)，如图 3.4.15 所示。

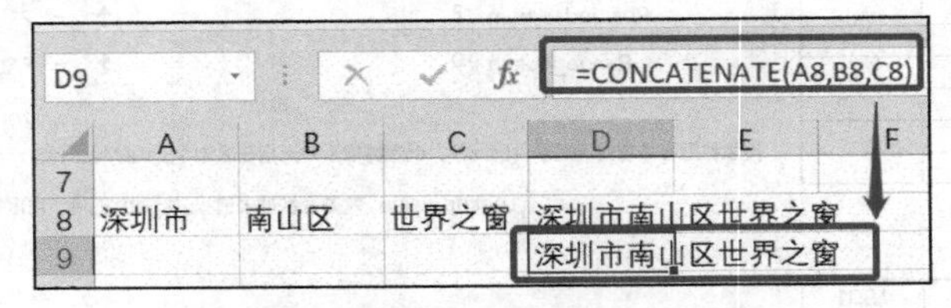

图 3.4.15　CONCATENATE()函数合并字段

3. 快速填充

在 E8 单元格内输入“广东省深圳市南山区世界之窗”，然后下拉选框进行复制。选择下拉列表框里的最后一个【快速填充】选项（见图 3.4.16），Excel 会自动识别出上一步操作进行复制。将各省、市、区和地址合并为相应的详细地址后，结果如图 3.4.17 所示。

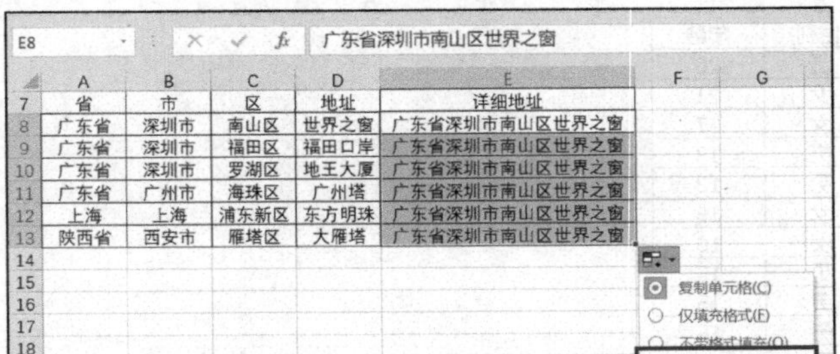

E8　广东省深圳市南山区世界之窗

	A	B	C	D	E
7	省	市	区	地址	详细地址
8	广东省	深圳市	南山区	世界之窗	广东省深圳市南山区世界之窗
9	广东省	深圳市	福田区	福田口岸	广东省深圳市南山区世界之窗
10	广东省	深圳市	罗湖区	地王大厦	广东省深圳市南山区世界之窗
11	广东省	广州市	海珠区	广州塔	广东省深圳市南山区世界之窗
12	上海	上海	浦东新区	东方明珠	广东省深圳市南山区世界之窗
13	陕西省	西安市	雁塔区	大雁塔	广东省深圳市南山区世界之窗

复制单元格(C)
仅填充格式(F)
不带格式填充(O)
快速填充(F)

图 3.4.16　快速填充合并字段 1

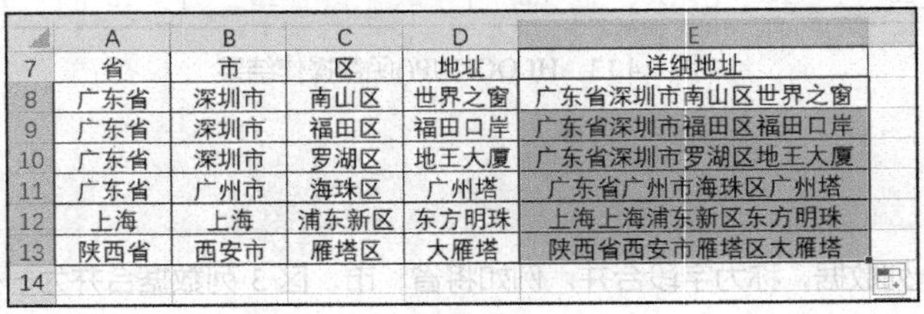

	A	B	C	D	E
7	省	市	区	地址	详细地址
8	广东省	深圳市	南山区	世界之窗	广东省深圳市南山区世界之窗
9	广东省	深圳市	福田区	福田口岸	广东省深圳市福田区福田口岸
10	广东省	深圳市	罗湖区	地王大厦	广东省深圳市罗湖区地王大厦
11	广东省	广州市	海珠区	广州塔	广东省广州市海珠区广州塔
12	上海	上海	浦东新区	东方明珠	上海上海浦东新区东方明珠
13	陕西省	西安市	雁塔区	大雁塔	陕西省西安市雁塔区大雁塔
14					

图 3.4.17　快速填充合并字段 2

练一练

如何由图 3.4.18 所示的表 1、表 2、表 3 得到总表？

序号	日期	销售区域
1	2009/1/1	广州
2	2009/1/1	南宁
3	2009/1/1	北京
7	2009/1/1	上海
14	2009/1/1	杭州
16	2009/1/1	南昌
19	2009/1/1	沈阳
27	2009/1/1	成都
76	2009/1/1	西宁
77	2009/1/1	合肥
78	2009/1/1	深圳
79	2009/1/1	苏州
80	2009/1/1	济南
81	2009/1/1	黑龙江
82	2009/1/1	兰州
83	2009/1/1	西安
84	2009/1/1	贵州
85	2009/1/1	昆明

表1

销售区域	销售数量
广州	27
南宁	67
北京	60
上海	66
杭州	16
南昌	55
沈阳	74
成都	32
西宁	58
合肥	45
深圳	54
苏州	29
济南	77
黑龙江	32
兰州	46
西安	76
贵州	77
昆明	79

表2

序号	售价
1	808.44
2	480.71
3	301.37
7	415.85
14	331.62
16	863.28
19	667.53
27	831.68
76	494.53
77	770.67
78	481.86
79	862.61
80	928.20
81	305.55
82	508.50
83	772.12
84	981.31
85	851.98

表3

序号	日期	销售区域	销售数量	售价

总表

图 3.4.18　合并 3 个表得到总表

提示

用 VLOOKUP()函数完成。

3.5 数据计算

数据计算主要是指字段间的计算。根据数据类型的不同，会有不同的计算方式，如算术运算、比较运算。本节会对这两种运算方式进行介绍，同时也会讲到很多 Excel 里常用的函数，还会讲到数据标准化的计算方法（在后续的实战中会发挥很大的作用）。

3.5.1 字段计算

我们知道，在 Excel 里数据类型有两种，即数值型和字符型。针对数值型数据可以进行算术运算和比较运算，针对字符型数据可以进行比较运算。只要运用得当，它们都可以进行函数运算。接下来就分别展开讲解。

1. 算术运算

算术运算指的是对单元格中的数值做简单的运算，其公式通常以“=单元格/数值 运算符 单元格/数值”的形式表示。如=A2+2，意思是 A3 单元格的值等于 A2 单元格的值加 2。Excel 里一些算术运算的符号、用法和结果如表 3.5.1 所示。

表 3.5.1　　算术运算的符号、用法和结果

运算符	解释	Excel 中的示例	结果
+	加法运算	=5+10	15
-	减法运算	=5-10	-5
*	乘法运算	=5*10	50
/	除法运算	=5/10	0.5
^	幂运算	=5^10	9765625

当然也可以进行组合运算。在图 3.5.1 所示的例子中，想要求每名学生 3 门课成绩的平均分，平均分=(语文+数学+英语)÷3，对应到每个单元格可以写成这样一个公式=(C2+D2+E2)/3，得到张三的平均分，再下拉选框复制公式，就可以得到每名学生的平均分，如图 3.5.2 所示。

F2 =(C2+D2+E2)/3

	A	B	C	D	E	F
1	学号	姓名	语文	数学	英语	平均分
2	1901	张三	88	99	72	86.33333
3	1902	李四	76	95	85	
4	1903	王五	85	77	92	

图 3.5.1　求张三的平均分

F2 =(C2+D2+E2)/3

	A	B	C	D	E	F
1	学号	姓名	语文	数学	英语	平均分
2	1901	张三	88	99	72	86.33333
3	1902	李四	76	95	85	85.33333
4	1903	王五	85	77	92	84.66667
5						

图 3.5.2　求平均分的结果

当然，这样做只适合数据量小的情况。本例只是求 3 门课的平均分，那如果是 30 门、300 门课呢？手动一个个输入也太麻烦了，所以需要用到函数的计算。

2. 比较运算

用来进行大于、小于、等于等比较的计算，称为比较运算。比较运算的结果是 TRUE/FALSE。Excel 里用来进行比较运算的符号、用法和结果如表 3.5.2 所示。

表 3.5.2　　比较运算的符号、用法、结果

运算符	解释	Excel 中的示例	结果
＞	大于	=5＞10	FALSE
＜	小于	=5＜10	TRUE
=	等于	=5=10	FALSE
＞=	大于或等于	=5＞=10	FALSE
＜=	小于或等于	=5＜=10	TRUE
＜＞	不等于	=5＜＞10	TRUE

已知各类商品 2018 年和 2019 年的售价，想要在 D 列判断 2019 年的售价是否较 2018 年有所增长，可以在 D2 单元格中输入公式=C2＞B2，结果为 TRUE，意思是 2019 年的售价比 2018 年的增长了，如图 3.5.3 所示。

D2 =C2>B2

	A	B	C	D
1	商品	2018年售价	2019年售价	2019年售价有无增长
2	猪肉脯	14.10	15.39	TRUE
3	牛肉脯	19.08	15.67	
4	鱿鱼丝	13.84	16.89	
5	鸡蛋干	17.07	12.42	
6	火腿肠	8.97	10.60	
7	薯片	16.61	17.80	
8	墨鱼丸	10.73	17.83	
9	凤爪	10.74	19.85	
10	方便面	15.60	17.25	
11	牛板筋	9.14	14.47	
12	肉松饼	15.00	19.30	

图 3.5.3　比较运算的应用

下拉公式得到图 3.5.4 所示的结果。其中，为 TRUE 的结果是 2019 年售价增长的；为 FALSE 的结果是无增反降的。

	A	B	C	D
1	商品	2018年售价	2019年售价	2019年售价有无增长
2	猪肉脯	14.10	15.39	TRUE
3	牛肉脯	19.08	15.67	FALSE
4	鱿鱼丝	13.84	16.89	TRUE
5	鸡蛋干	17.07	12.42	FALSE
6	火腿肠	8.97	10.60	TRUE
7	薯片	16.61	17.80	TRUE
8	墨鱼丸	10.73	17.83	TRUE
9	凤爪	10.74	19.85	TRUE
10	方便面	15.60	17.25	TRUE
11	牛板筋	9.14	14.47	TRUE
12	肉松饼	15.00	19.30	TRUE

图 3.5.4　比较运算应用的结果

3. 函数运算

我们将从统计函数、日期函数和其他函数这 3 个部分来讲解。

（1）统计函数

顾名思义，统计函数是对数据进行统计的函数。这里介绍几个常用的统计函数。

① 求和：SUM()函数。

函数：SUM(Number1,Number2,…)

作用：计算单元格区域中所有数值的和。

模板：SUM(数值 1,数值 2,…数值 n)。

参数解释：这里的 Number 参数可以为数字、单元格或连续的区域。

实例：计算图 3.5.5 中 A 列 100 个数据的和，用公式=SUM(A:A)。

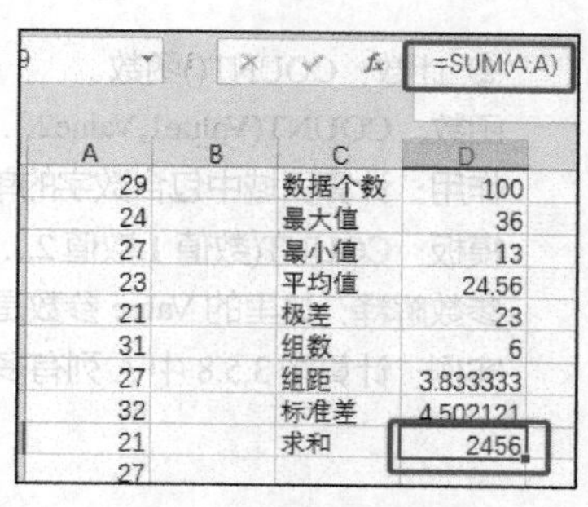

A	B	C	D
29		数据个数	100
24		最大值	36
27		最小值	13
23		平均值	24.56
21		极差	23
31		组数	6
27		组距	3.833333
32		标准差	4.502121
21		求和	2456
27			

图 3.5.5　SUM()函数应用

除了可以用公式求和外，还可以选中要求和的数据，并查看窗口右下角来得知求和结果。如图 3.5.6 所示，这里会显示选中数据的平均值、计数和求和。当然这只是看一下，求和的值并没有在表格中显示出来。

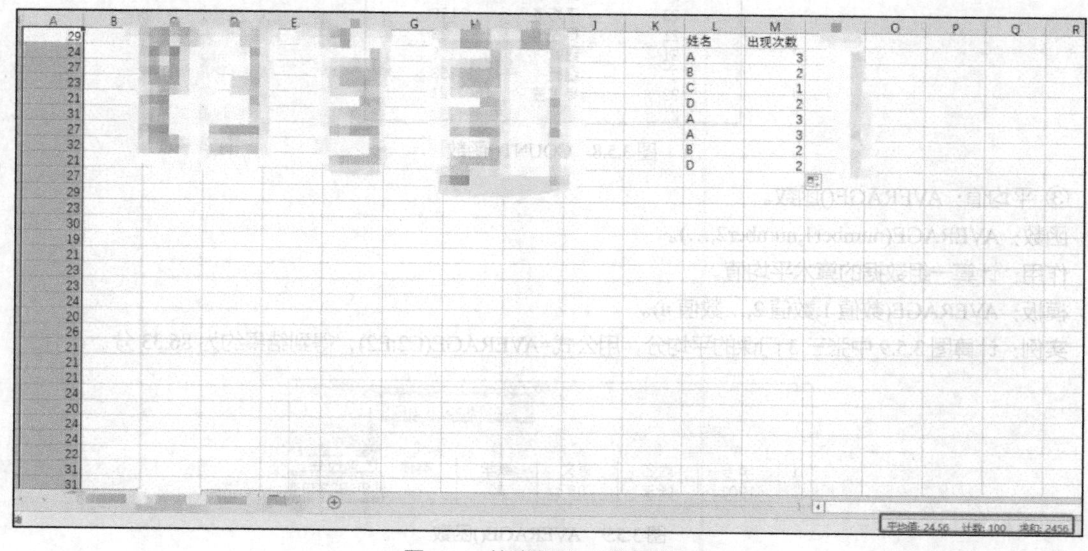

图 3.5.6　快速查看一列数据的和

这里再提供另外一种自动求和的方法，单击【公式】→【函数库】→【自动求和】按钮，然后选择要求和的数据，这里选 A 列，值就显示出来了，如图 3.5.7 所示。

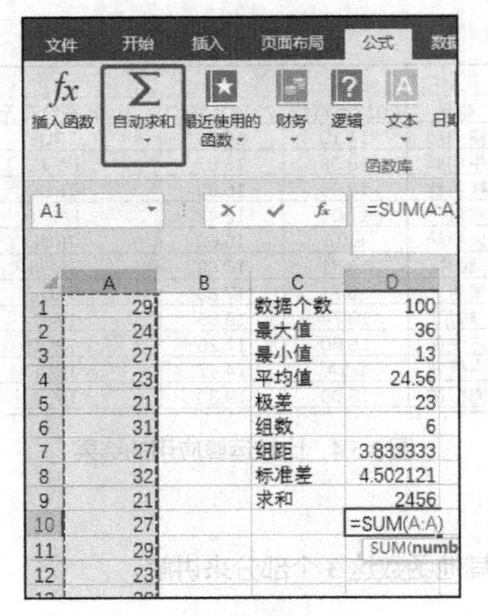

图 3.5.7　自动求和方法

② 计数：COUNT()函数。

函数：COUNT(Value1,Value2,…)。

作用：计算区域中包含数字的单元格数量。

模板：COUNT(数值 1,数值 2,…数值 *n*)。

参数解释：这里的 Value 参数是要计数的单元格或连续的区域。

实例：计算图 3.5.8 中 A 列有多少个数，用公式=COUNT(A:A)，得到结果为 100 个数。

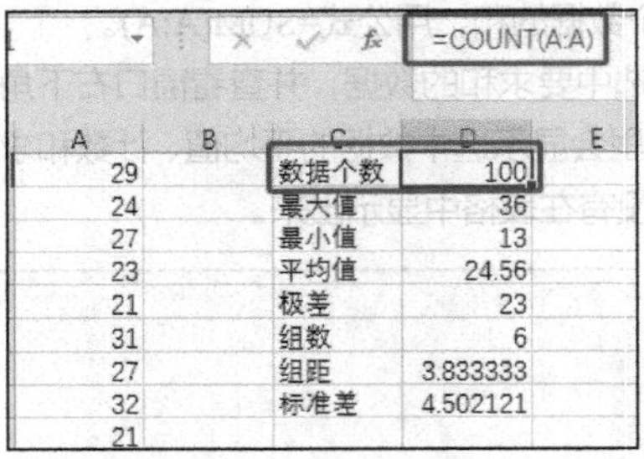

=COUNT(A:A)

A	B	C	D	E
29		数据个数	100	
24		最大值	36	
27		最小值	13	
23		平均值	24.56	
21		极差	23	
31		组数	6	
27		组距	3.833333	
32		标准差	4.502121	
21				

图 3.5.8　COUNT()函数

③ 平均值：AVERAGE()函数。

函数：AVERAGE(number1,number2,…)。

作用：计算一组数据的算术平均值。

模板：AVERAGE(数值 1,数值 2,…数值 *n*)。

实例：计算图 3.5.9 中张三 3 门课的平均分，用公式=AVERAGE(C2:E2)，得到结果约为 86.33 分。

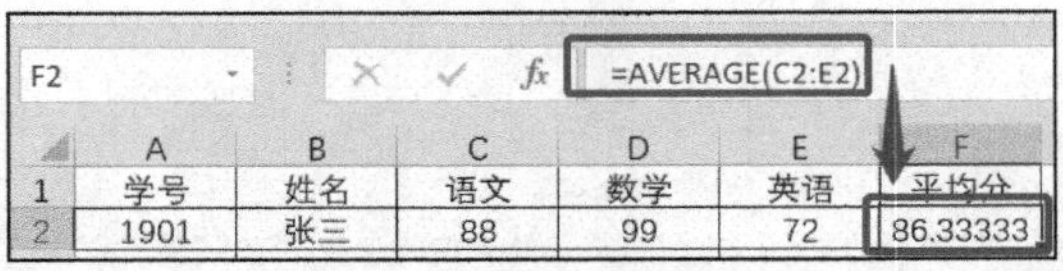

F2　=AVERAGE(C2:E2)

	A	B	C	D	E	F
1	学号	姓名	语文	数学	英语	平均分
2	1901	张三	88	99	72	86.33333

图 3.5.9　AVERAGE()函数

④ 最大值：MAX()函数。

函数：MAX(Number1,Number2,…)。

作用：返回一组数据中的最大值。

模板：MAX(数值 1,数值 2,…数值 *n*)。

实例：计算图 3.5.10 中张三 3 门课中的最大值，用公式=MAX(C2:E2)，得到结果为 99 分。

最小值同理。这 5 个基本的统计函数在【公式】→【函数库】→【自动求和】下拉菜单中都可以快速找到，如图 3.5.11 所示。

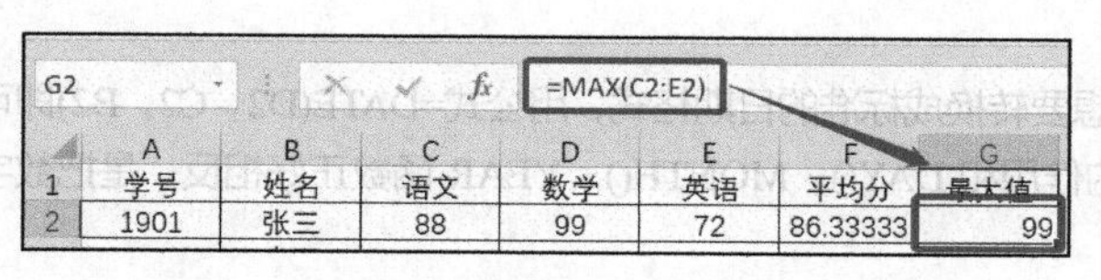

	A	B	C	D	E	F	G
1	学号	姓名	语文	数学	英语	平均分	最大值
2	1901	张三	88	99	72	86.33333	99

图 3.5.10　MAX()函数

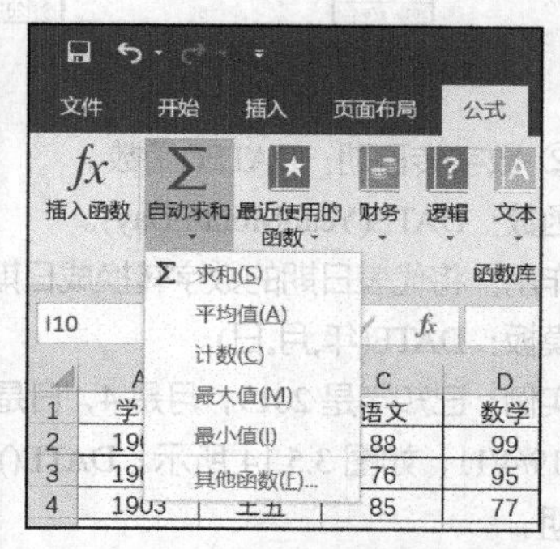

图 3.5.11　统计函数快速找到的方式

⑤ 条件求和：SUMIF()函数。

函数：SUMIF(Range,Criteria,Sum_range)。

作用：对满足条件的单元格求和。

模板：SUMIF(统计区域,条件,求和区域)。

参数解释：Range 为要求和的区域，Criteria 为条件，Sum_range 为实际要求和的区域。

实例：求北京市 2010 年和 2019 年的累计销售金额。在 F2 单元格中输入公式=SUMIF(B:B,B2,C:C)，表示对 B 列里数据与 B2 单元格相同的行求和，求和的区域是 C 列，如图 3.5.12 所示。

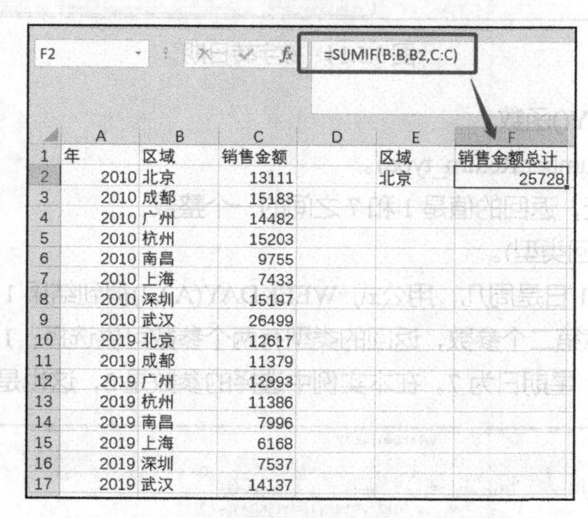

	A	B	C	D	E	F
1	年	区域	销售金额		区域	销售金额总计
2	2010	北京	13111		北京	25728
3	2010	成都	15183			
4	2010	广州	14482			
5	2010	杭州	15203			
6	2010	南昌	9755			
7	2010	上海	7433			
8	2010	深圳	15197			
9	2010	武汉	26499			
10	2019	北京	12617			
11	2019	成都	11379			
12	2019	广州	12993			
13	2019	杭州	11386			
14	2019	南昌	7996			
15	2019	上海	6168			
16	2019	深圳	7537			
17	2019	武汉	14137			

图 3.5.12　SUMIF()函数

条件计数 COUNTIF()函数在 3.2 节已经详细说明过，这里不再赘述。

（2）日期函数

① 提取天数：DAY()函数。

函数：DAY(Serial_number)。

作用：提取天数，返回一个月中的第几天，也就是返回日期中的日。

模板：DAY(含有日期的单元格)。

实例：2019/4/11 在 Excel 里以日期的格式存在，用公式=DAY(A2)取出了 11 日这一天，如图 3.5.13 所示。相应地，用 MONTH()、YEAR()函数可以分别取出月和年。

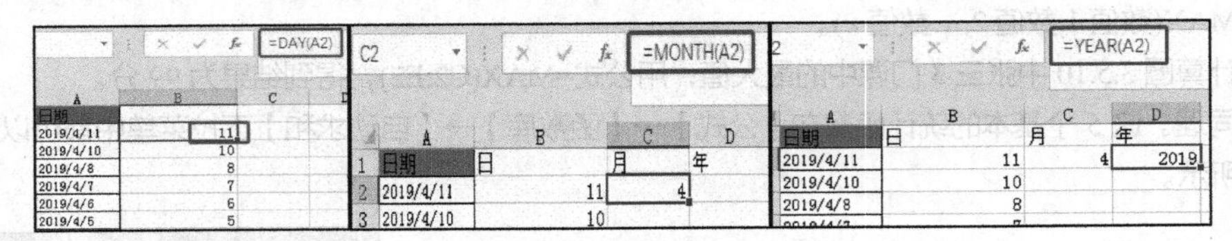

图 3.5.13　提取年、月、日

② 数字转日期：DATE()函数。

函数：DATE(Year,Month,Day)。

作用：将代表日期的数字转换成日期格式。

模板：DATE(年,月,日)。

实例：已知年是 2019，月是 4，日是 11，想要转换成标准的日期格式，用公式=DATE(D2，C2，B2)即可得到值 2019/4/11，如图 3.5.14 所示。DATE()函数的作用和 DAY()、MONTH()、YEAR 函数正好相反，是把数字转换为日期。

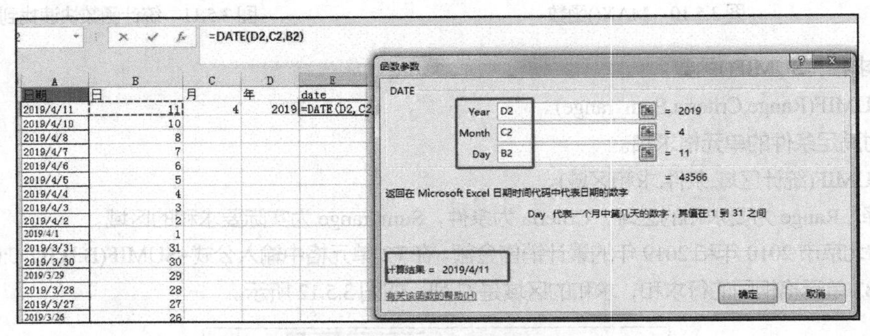

图 3.5.14　数字转日期

③ 日期转数字：WEEKDAY()函数。

函数：WEEKDAY(Serial_number,Return_type)。

作用：返回一周中的第几天，返回的值是 1 和 7 之间的一个整数。

模板：WEEKDAY(日期,返回类型)。

实例：要得到 2019 年 4 月 1 日是周几，用公式=WEEKDAY(A2,2)得到结果 1，即这一天是一周中的第一天，如图 3.5.15 所示。这里需要注意第二个参数，返回的类型有两个参数可供选择：1 和 2。1 是默认星期日为 1，星期六为 7；2 是默认星期一为 1，星期日为 7。在本实例中选择的参数是 2，这也是现在普遍使用的方法。

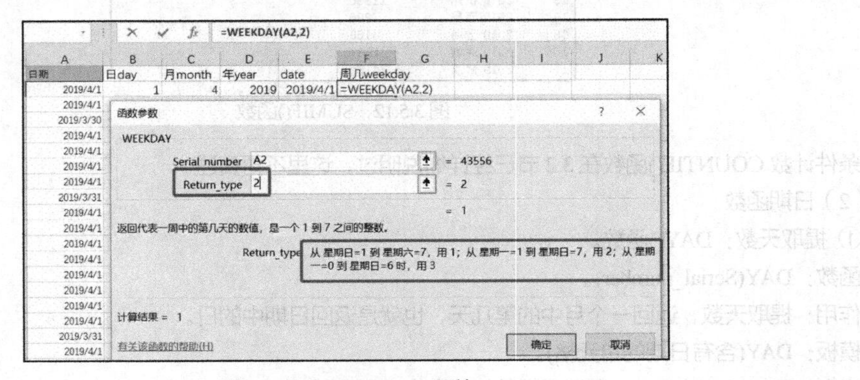

图 3.5.15　WEEKDAY()函数

下拉公式，得到图 3.5.16 所示的结果。

=WEEKDAY(A2,2)

A	F	G	H
日期	周几weekday		
2019/4/1	1		
2019/3/30	6		
2019/3/31	7		
2019/3/29	5		
2019/3/28	4		
2019/4/2	2		
2019/4/3	3		
2019/4/4	4		

图 3.5.16 WEEKDAY()函数结果

（3）其他函数

① IF()函数。

函数：IF(Logical_test, Value_if_true, Value_if_false)。

作用：逻辑判断和函数嵌套，函数嵌套用得比较多。嵌套的意思是一个 IF()函数里再套一个或多个 IF()函数。

参数解释：Logical_test 是用来表示判断的表达式或值，其值为真时返回 Value_if_true 参数的值，为假时返回 Value_if_false 参数的值。这些返回的值可以是数字，也可以是字符串。

模板 1：IF(逻辑判断为真,值 1,值 2)。

实例 1：对 A 列中大于 7 的值显示为优秀，小于或等于 7 的值显示为合格。用公式=IF(A1＞7,"优秀","合格")进行判断，如图 3.5.17 所示。

模板 2：IF(逻辑值为真,值 1,否则就开始 IF 嵌套)。

实例 2：如图 3.5.18 所示，A 列是学生成绩的分数，我们想要通过分数来划分【优秀】、【良好】、【及格】、【不及格】4 个档次，如图 3.5.18 所示。

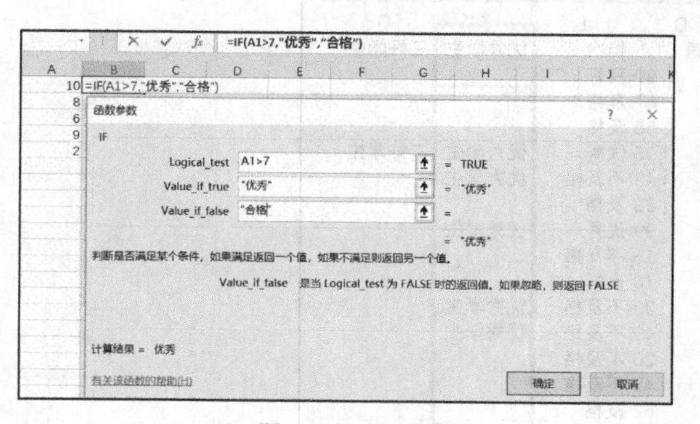

图 3.5.17 IF()函数

A	B
分数	档次
90	
67	
66	
88	
43	
68	
98	
15	
76	
33	
49	
20	
45	
62	
79	
77	
88	
94	
98	
100	
90	

F	G
>90	优秀
70~90	良好
60~70	及格
<60	不及格

图 3.5.18 IF()函数嵌套

可以用嵌套函数来完成。如图 3.5.19 所示，输入公式=IF(A2＞90,"优秀",IF(A2＞=70,"良好",IF(A2＞=60,"及格","不及格")))，注意双引号为英文状态下的双引号。

IF()函数通常会和逻辑运算搭配，效果更佳。AND 表示与逻辑运算，必须几个条件同时满足时，运算结果才为真，OR 表示或逻辑运算，几个条件中有一个为真则结果就为真。将 AND/OR 用在 IF()函数里可以很好地辅助 IF()函数。

=IF(A2>90,"优秀",IF(A2>=70,"良好",IF(A2>=60,"及格","不及格")))

分数	档次					
90	良好				>90	优秀
67	及格				70~90	良好
66	及格				60~70	及格
88	良好				<60	不及格
43	不及格					
68	及格					

图 3.5.19 IF()函数嵌套结果

实例：根据学生成绩判断优秀学生和三好学生，如图 3.5.20 所示。判断标准为语文、数学、英语中有一门科目的成绩高于 90 分则判断该生为优秀学生，3 门科目成绩全部高于 90 分为三好学生。

姓名	语文	数学	英语	档次	优秀学生	三好学生
张三	76	44	90	良好		
李四	69	52	67	及格		
王五	70	68	66	及格		
赵六	91	99	95	优秀		
钱七	92	65	43	不及格		
孙八	45	48	68	及格		
周久	39	87	99	优秀		
吴实	89	88	15	不及格		
郑示意	60	88	76	良好		
冯十二	77	98	33	不及格		
陈十三	89	96	49	不及格		
楚十四	61	72	20	不及格		
卫事务	45	86	45	不及格		
蒋十六	42	74	62	及格		
沈十七	50	83	79	良好		
韩十八	93	65	77	良好		
杨十九	80	57	88	良好		
朱儿时	53	57	94	优秀		

优秀学生	有一门>90
三好学生	三门都>90

>90	优秀
70~90	良好
60~70	及格
<60	不及格

图 3.5.20 IF()函数搭配逻辑运算

在单元格中输入公式=IF(OR(B2＞90,C2＞90,D2＞90),"优秀学生")，下拉公式，得到图 3.5.21 所示的【优秀学生】的结果。

=IF(OR(B2>90,C2>90,D2>90),"优秀学生"," ")

姓名	语文	数学	英语	档次	优秀学生	三好学生
张三	76	44	90	良好		
李四	69	52	67	及格		
王五	70	68	66	及格		
赵六	91	99	95	优秀	优秀学生	三好学生
钱七	92	65	43	不及格	优秀学生	
孙八	45	48	68	及格		
周久	39	87	99	优秀	优秀学生	
吴实	89	88	15	不及格		
郑示意	60	88	76	良好		
冯十二	77	98	33	不及格	优秀学生	
陈十三	89	96	49	不及格	优秀学生	
楚十四	61	72	20	不及格		
卫事务	45	86	45	不及格		
蒋十六	42	74	62	及格		
沈十七	50	83	79	良好		
韩十八	93	65	77	良好	优秀学生	
杨十九	80	57	88	良好		
朱儿时	53	57	94	优秀	优秀学生	

图 3.5.21 IF()函数搭配逻辑运算求得优秀学生结果

在单元格中输入公式=IF(AND(C2＞90,D2＞90,E2＞90),"三好学生")，下拉公式，得到图 3.5.22 所示的【三好学生】的结果。

=IF(AND(C2>90,D2>90,E2>90),"三好学生","")

姓名	语文	数学	英语	档次	优秀学生	三好学生
张三	76	44	90	良好		
李四	69	52	67	及格		
王五	70	68	66	及格		
赵六	91	99	95	优秀	优秀学生	三好学生
钱七	92	65	43	不及格	优秀学生	
孙八	45	48	68	及格		
周久	39	87	99	优秀	优秀学生	
吴实	89	88	15	不及格		
郑示意	60	88	76	良好		
冯十二	77	98	33	不及格	优秀学生	
陈十三	89	96	49	不及格	优秀学生	
楚十四	61	72	20	不及格		
卫事务	45	86	45	不及格		
蒋十六	42	74	62	及格		
沈十七	50	83	79	良好		
韩十八	93	65	77	良好	优秀学生	
杨十九	80	57	88	良好		
朱儿时	53	57	94	优秀	优秀学生	

图 3.5.22　IF()函数搭配逻辑运算得到三好学生结果

② IFERROR()函数。

函数：IFERROR(Value,Value_if_error)。

作用：如果表达式错误能返回一个值，可以用来规避公式中出现的错误值。

模板：IFERROR(值,如果值错误则要返回的值)。

参数解释：Value 为任意值，Value_if_error 为如果这个任意值错误要返回的值。

实例：图 3.5.23 所示的例子中，H2 显示的#DIV/0！这个错误值出现的原因是分母为 0 了。在数学上分母为 0 是没有意义的，所以这里会出现这个错误值。

这时输入公式=IFERROR(C2/0,0)，表示如果这个公式出现了错误值，则显示为 0，就将错误值规避了，如图 3.5.24 所示。

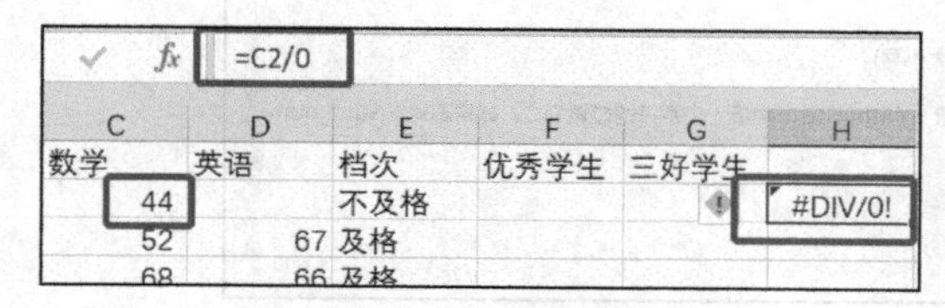

图 3.5.23　IFERROR()函数

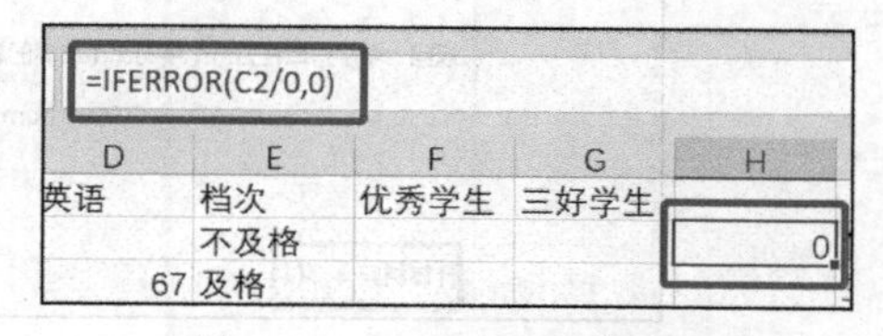

图 3.5.24　IFERROR()函数结果

③ TEXT()函数。

公式：TEXT(Value, Format_text)。

作用：按照指定的格式将数字转换为文本。

模板：TEXT(值,格式)。

实例：H8 单元格中公式=TEXT(G8,"0.00%")的意思是将 G8 单元格中的值转换成文本格式，并且显示成带有两位小数的百分数，如图 3.5.25 所示。

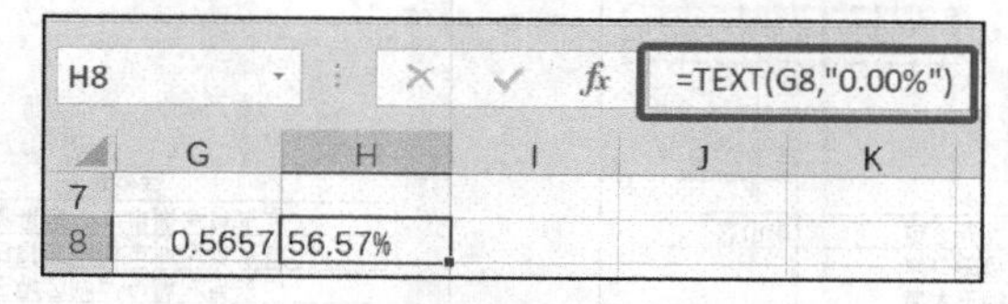

图 3.5.25　TEXT()函数

在实际应用过程中，我们需要将多个数字、字符合并为一句通顺的话，这需要将合并函数和 TEXT()函数综合运用。在图 3.5.26 所示的实例中，根据日期、用户数和增长率做月报，在 E17 单元格中输入公式=CONCATENATE

(A17,"累计用户数",B17,"户，环比 4 月增长了",TEXT(D17,"0.0%"))，得到以下结果。

E17 =CONCATENATE(A17,"累计用户数",B17,"户，环比4月增长了",TEXT(D17,"0.0%"))

	A	B	C	D	E
16	日期	累计用户数	新增用户数	增长率	合并
17	5月	500	29	0.061571	5月累计用户数500户，环比4月增长了6.2%
18	6月	587	87	0.174	6月累计用户数587户，环比5月增长了17.4%

图 3.5.26 TEXT()函数结果

④ FIND()函数。

函数：FIND(Find_text,Within_text,Start_num)。

作用：返回一个字符在一串字符中出现的位置。

模板：FIND(找什么,从哪找,从第几个位置开始算)。

参数解释：Find_text 参数为要寻找的字符；Within_text 为从哪个字符串里开始找，也就是指定的单元格；Start_num 为搜索的起始位置，默认值为 1。

实例：要找“区”这个字在“深圳市大鹏新区葵涌街道葵鹏路”这一字符串中出现的位置，用公式=FIND("区",C1)，如图 3.5.27 所示得到值 7，就表示“区”是这串字符中的第 7 个字。

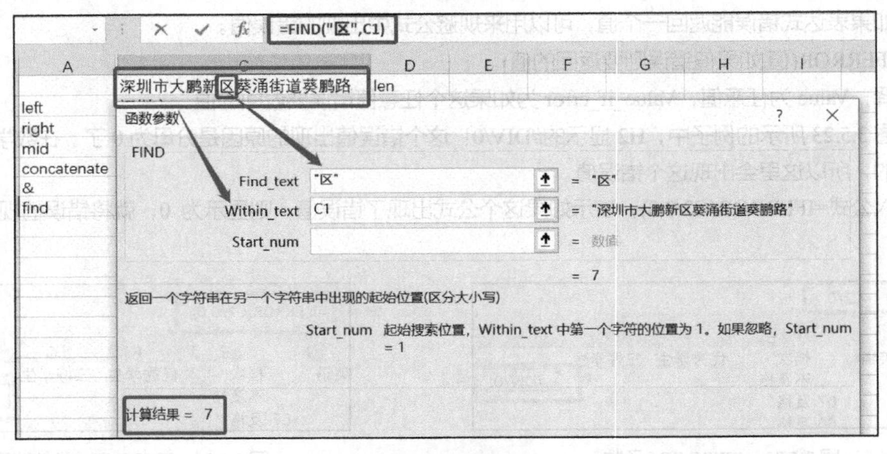

图 3.5.27 FIND()函数

FIND()函数通常和字段拆分函数 LEFT()、RIGHT()、MID()一同使用，实现个性化的拆分需求，如图 3.5.28 所示。在 E 列的详细地址中要提取区域字段，在 F8 单元格中输入公式=MID(E8,FIND("区",E8)-2,3)，用 FIND()函数先找到“区”字符所在的位置，对 E8 单元格来说，结果为 9，再用 MID()函数从 E8 单元格的第 7（即 9−2=7）个字符开始往后取 3 个字符，就得到了“南山区”。

下拉公式，得到图 3.5.29 所示的结果。

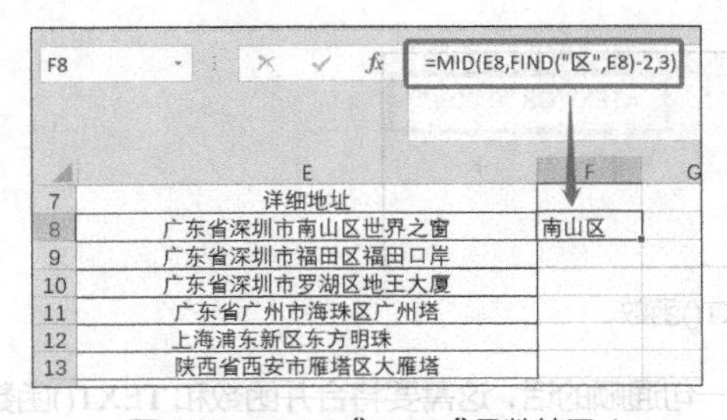

F8 =MID(E8,FIND("区",E8)-2,3)

	E	F
7	详细地址	
8	广东省深圳市南山区世界之窗	南山区
9	广东省深圳市福田区福田口岸	
10	广东省深圳市罗湖区地王大厦	
11	广东省广州市海珠区广州塔	
12	上海浦东新区东方明珠	
13	陕西省西安市雁塔区大雁塔	

图 3.5.28 FIND()+MID()函数结果 1

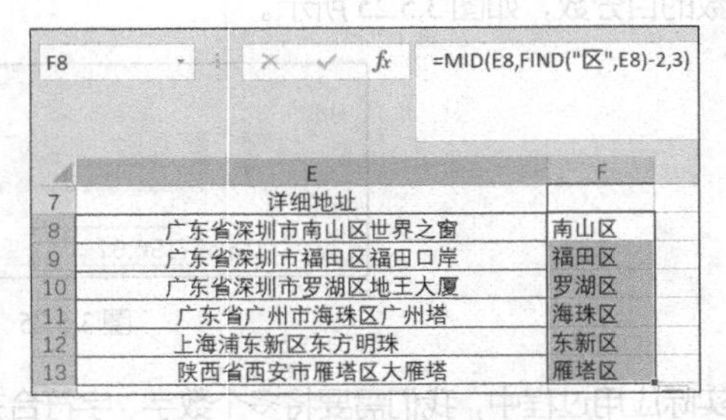

F8 =MID(E8,FIND("区",E8)-2,3)

	E	F
7	详细地址	
8	广东省深圳市南山区世界之窗	南山区
9	广东省深圳市福田区福田口岸	福田区
10	广东省深圳市罗湖区地王大厦	罗湖区
11	广东省广州市海珠区广州塔	海珠区
12	上海浦东新区东方明珠	东新区
13	陕西省西安市雁塔区大雁塔	雁塔区

图 3.5.29 FIND()+MID()函数结果 2

⑤ RAND()函数。

函数：RAND()。

作用：返回 0～1 范围内的任意一个值。

模板：RAND()。

参数解释：这个函数没有参数，在实际运用过程中如果不粘贴为数值，其结果将处于不断变化中。

实例：在 A2 单元格中输入公式=RAND()，下拉公式，将生成 0～1 的任意值，如图 3.5.30 所示。如果想要随机生成 0～10 的数，输入公式=RAND()*10 就可以，如图 3.5.31 所示。

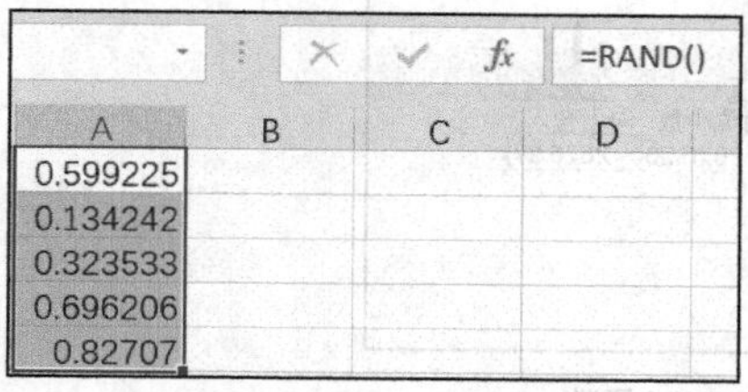

=RAND()
A
B
C
D
0.599225
0.134242
0.323533
0.696206
0.82707

图 3.5.30　RAND()函数结果 1

=RAND()*10
C
D
E
5.347018
4.087937
8.884932
8.62982
9.9829

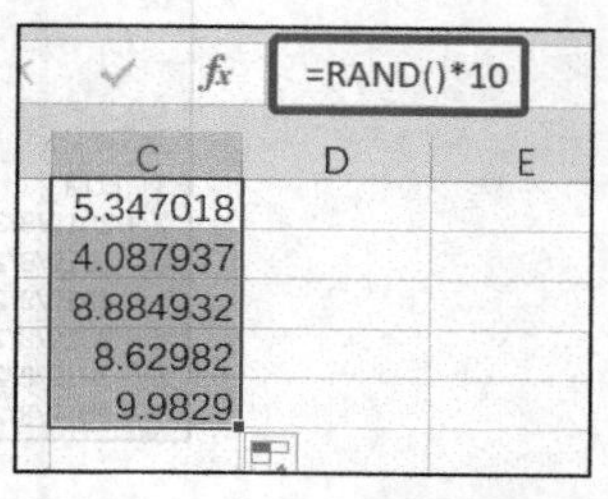

图 3.5.31　RAND()函数结果 2

⑥ RANDBETWEEN()函数。

函数：RANDBETWEEN(Bottom,Top)。

作用：返回一个介于指定数值之间的随机数。RAND()函数在生成随机数这方面还是有局限性的；RANDBETWEEN()函数就不同，它可以自由指定上、下限。

模板：RANDBETWEEN(下限,上限)。

实例：生成 0～10 的随机数。如图 3.5.32 所示，在 E2 单元格中输入公式=RANDBETWEEN(0,10)即可。与 RAND()函数不同的是，RANDBETWEEN()函数返回的是一个整数。

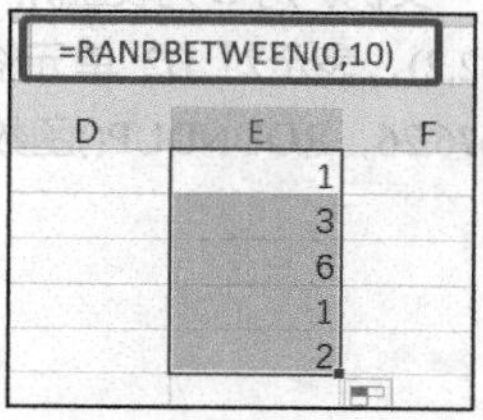

=RANDBETWEEN(0,10)
D
E
F
1
3
6
1
2

图 3.5.32　RANDBETWEEN()函数

⑦ ROUND()函数。

函数：ROUND(Number,Num_digits)。

作用：按指定的位数对数值进行四舍五入。

模板：ROUND(数值,位数)。

参数解释：Number 是要进行四舍五入的单元格。

实例：对 B 列收盘价取小数点后两位。在 C2 单元格中输入公式=ROUND(B2,2)，表示对 B2 单元格的数值取小数点后两位，如图 3.5.33 所示。

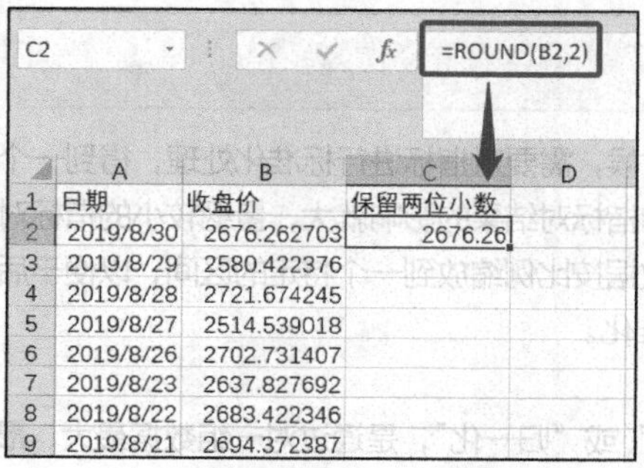

C2
=ROUND(B2,2)

	A	B	C	D
1	日期	收盘价	保留两位小数	
2	2019/8/30	2676.262703	2676.26	
3	2019/8/29	2580.422376		
4	2019/8/28	2721.674245		
5	2019/8/27	2514.539018		
6	2019/8/26	2702.731407		
7	2019/8/23	2637.827692		
8	2019/8/22	2683.422346		
9	2019/8/21	2694.372387		

图 3.5.33　ROUND()函数

⑧ ROUNDUP()函数。

函数：ROUNDUP(Number,Num_digits)。

作用：向上舍入数字。正常的四舍五入是对于大于 5 的数要向前进 1；向上舍入则对任何数都要向前进 1，而不管大于或小于 5。

模板：ROUNDUP(数值,位数)。

实例：对 B 列收盘价向上舍入，并取小数点后两位，如图 3.5.34 所示。在 D2 单元格中输入公式=ROUNDUP(B2,2)，表示对 B2 单元格的数值向上舍入，并取小数点后两位。与 ROUND()函数对比，四舍五入下保留两位小数的结果是 2676.26，ROUNDUP()函数作用后的结果是 2676.27。

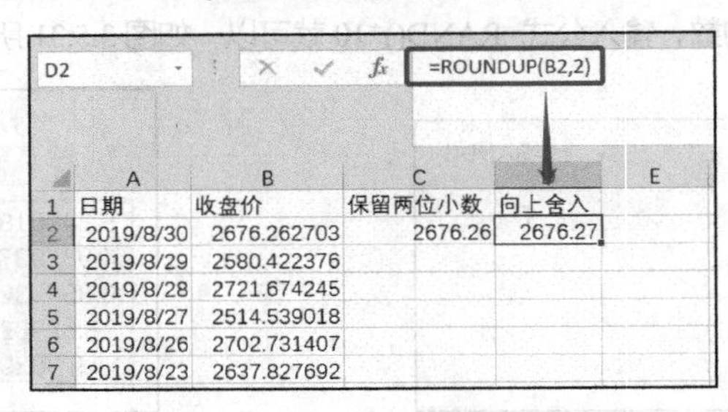
D2 | =ROUNDUP(B2,2)

	A	B	C	D	E
1	日期	收盘价	保留两位小数	向上舍入	
2	2019/8/30	2676.262703	2676.26	2676.27	
3	2019/8/29	2580.422376			
4	2019/8/28	2721.674245			
5	2019/8/27	2514.539018			
6	2019/8/26	2702.731407			
7	2019/8/23	2637.827692			

图 3.5.34　ROUNDUP()函数

⑨ ROUNDDOWN()函数。

公式：ROUNDDOWN(Number,Num_digits)。

作用：向下舍入数字。与 ROUNDUP()函数相反，ROUNDDOWN()函数是向下舍入。正常的四舍五入是对于小于 5 的数保留；向下舍入则对任何数都保留，而不管大于或小于 5。

模板：ROUNDDOWN(数值,位数)。

实例：对 B 列收盘价向下舍入，并取小数点后两位，如图 3.5.35 所示。在 D2 单元格中输入公式=ROUNDDOWN(B2,2)，表示对 B2 单元格的数值向下舍入取小数点后两位。ROUND()函数四舍五入下保留两位小数的结果是 2676.26，ROUNDUP()函数向上舍入后的结果是 2676.27，而 ROUNDDOWN()函数向下舍入后的结果是 2676.26。

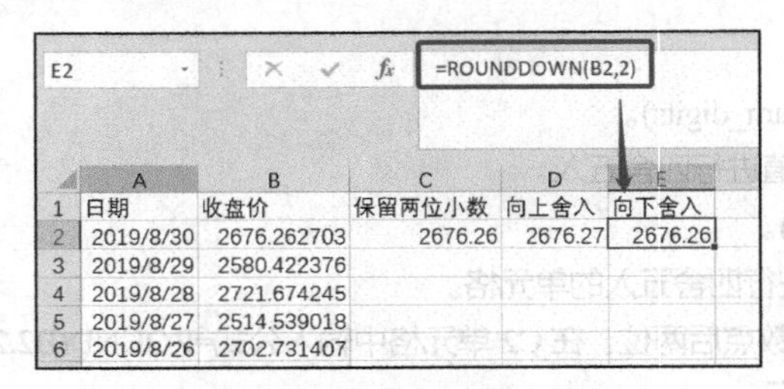
E2 | =ROUNDDOWN(B2,2)

	A	B	C	D	E
1	日期	收盘价	保留两位小数	向上舍入	向下舍入
2	2019/8/30	2676.262703	2676.26	2676.27	2676.26
3	2019/8/29	2580.422376			
4	2019/8/28	2721.674245			
5	2019/8/27	2514.539018			
6	2019/8/26	2702.731407			

图 3.5.35　ROUNDDOWN()函数

3.5.2 数据标准化

在进行多项指标综合评价的时候，需要对指标进行标准化处理，得到一个综合的指标，再进行分析。如果不进行数据标准化，那么量纲较大的指标对结果的影响就大，量纲较小的指标对结果的影响就小。这类影响是应该消除的。所以数据标准化，即将数据按比例缩放到一个特定的区间，以便于后续比较和分析。常用的数据标准化的方法有 0-1 标准化和 z-score 标准化。

1. 0−1 标准化

0-1 标准化也叫“离差标准化”或“归一化”，是通过对一组数据最大、最小值的线性变换处理，使数据落在[0,1]区间内。对于一组数据$\{x_1, x_2, \cdots, x_n\}$，其 0-1 标准化后得到的新值公式如下。

$$y_i = \frac{x_i - \min}{\max - \min}$$

其中，min 为该组数据的最小值，max 为该组数据的最大值，y_i为标准化后的新值。

在 Excel 中将身高数据进行 0-1 标准化的具体操作步骤如下。

Step1：将 A 列身高数据进行 0-1 标准化，如图 3.5.36 所示，在 B2 单元格中输入公式=(A2−MIN(A:A))/(MAX(A:A)-MIN(A:A))。

B2 =(A2-MIN(A:A))/(MAX(A:A)-MIN(A:A))

	A	B	C	F	G	H	I
1	身高	0-1标准化					
2	170	0.6666667					
3	150						
4	150						

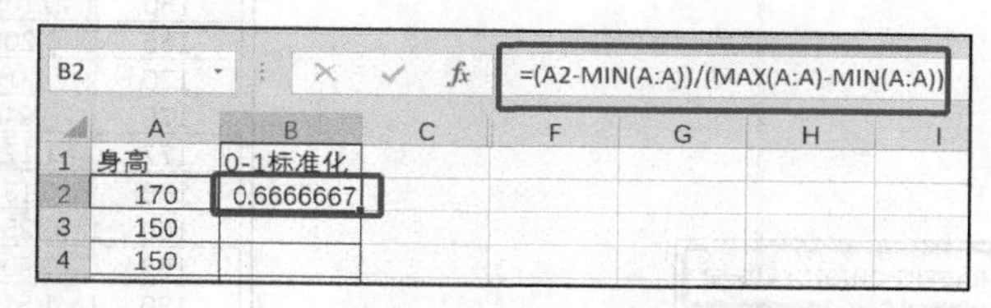

图 3.5.36　0-1 标准化

Step2：下拉公式，得到所有原始身高 0-1 标准化后的值，如图 3.5.37 所示。

需要说明的是，0-1 标准化不仅可以将数据缩放到[0,1]区间，还可以进行十分制、百分制，或根据实际情况来换算。如上述身高的例子，想要将其缩放到[0,10]区间，只需乘 10 即可。在 E2 单元格中输入公式=(A2−MIN(A:A))*10/(MAX(A:A)−MIN(A:A))，如图 3.5.38 所示。

	A	B
1	身高	0-1标准化
2	170	0.6666667
3	150	0
4	150	0
5	160	0.3333333
6	165	0.5
7	170	0.6666667
8	175	0.8333333
9	177	0.9
10	168	0.6
11	169	0.6333333
12	159	0.3
13	180	1
14	175	0.8333333
15	174	0.8
16	169	0.6333333
17	163	0.4333333
18	162	0.4

图 3.5.37　0-1 标准化结果

=(A2-MIN(A:A))*10/(MAX(A:A)-MIN(A:A))

D	E	F	G
身高	[0,10]缩放		
170	6.666667		
150	0		
150	0		
160	3.333333		
165	5		
170	6.666667		
175	8.333333		
177	9		
168	6		
169	6.333333		
159	3		
180	10		
175	8.333333		
174	8		
169	6.333333		
163	4.333333		
162	4		

图 3.5.38　0-1 标准化进阶结果

2. z-score 标准化

z-score 标准化也叫“标准差标准化”。经过 z-score 标准化后的数据均符合标准的正态分布，即均值为 0、标准差为 1。对于一组数据，其 z-score 标准化的计算公式如下。

$$x^* = \frac{x-\mu}{\sigma}$$

其中，μ 为这组数据的均值，σ 为标准差。

z-score 标准化适用于数据中最大值和最小值未知的情况。与 0-1 标准化的最大区别在于，z-score 标准化没有改变原始数据的分布。

在 Excel 中将身高数据进行 z-score 标准化的具体操作步骤如下。

Step1：将 G 列身高数据进行 z-score 标准化，在 H2 单元格输入公式=(G2−AVERAGE (G:G))/STDEV(G:G)，如图 3.5.39 所示。

Step2：下拉公式，得到所有原始身高 z-score 标准化后的值，如图 3.5.40 所示。

数据标准化的意义在于去量纲以优化数据，在机器学习中使用尤为普遍。大数据时代，数据多且繁复，对数据进行标准化的处理可以让数据分布更理想，便于后续分析。

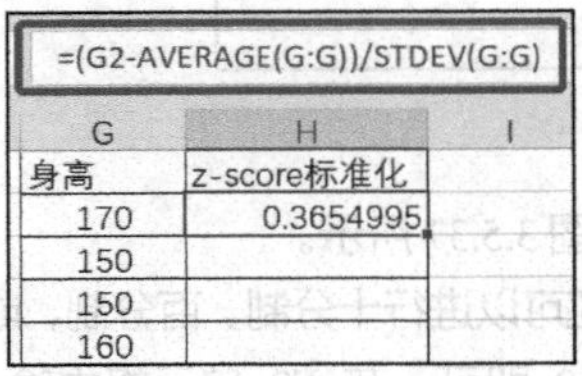

=(G2-AVERAGE(G:G))/STDEV(G:G)

G	H	I
身高	z-score标准化	
170	0.3654995	
150		
150		
160		

图 3.5.39　z-score 标准化

G	H
身高	z-score标准化
170	0.3654995
150	-1.935793649
150	-1.935793649
160	-0.785147074
165	-0.209823787
170	0.3654995
175	0.940822787
177	1.170952102
168	0.135370185
169	0.250434843
159	-0.900211732
180	1.516146074
175	0.940822787
174	0.82575813
169	0.250434843
163	-0.439953102
162	-0.555017759

图 3.5.40　z-score 标准化结果

3.5.3 Excel 中常见的函数错误值及其原因

在用 Excel 进行数据处理的时候，尤其是在使用函数的过程中，经常会遇到报错的情况。下面就来介绍较常出现的函数错误和解决方法。

1. #DIV/0!

被零除错误：公式中的除数为 0 时会出现此错误。例如在单元格中输入公式=5/0 会出现#DIV/0!，如图 3.5.41 所示。同理，如果除数为空白单元格也会出现该错误，这是因为在 Excel 中空白单元格会被当作“0”来处理。

解决方法：避免除数为 0 或空白单元格。

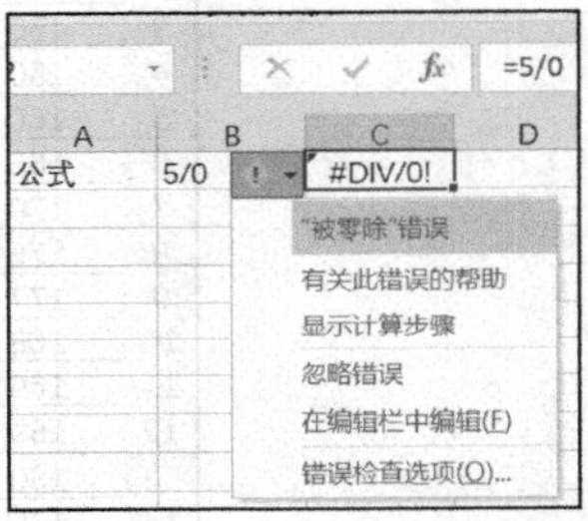

A	B	C	D
公式	5/0	#DIV/0!	

"被零除"错误
有关此错误的帮助
显示计算步骤
忽略错误
在编辑栏中编辑(F)
错误检查选项(O)...

图 3.5.41　#DIV/0!错误

2. #N/A

值不可用错误：公式中没有可用的数值或字符串时会出现此错误。例如在单元格中输入公式=VLOOKUP("乐乐",A1:A19,1,0)，如图3.5.42 所示，要查找的“乐乐”字符串不在 A1:A19 区域中，因此出现#N/A。

解决方法：查找对的数值或字符串。

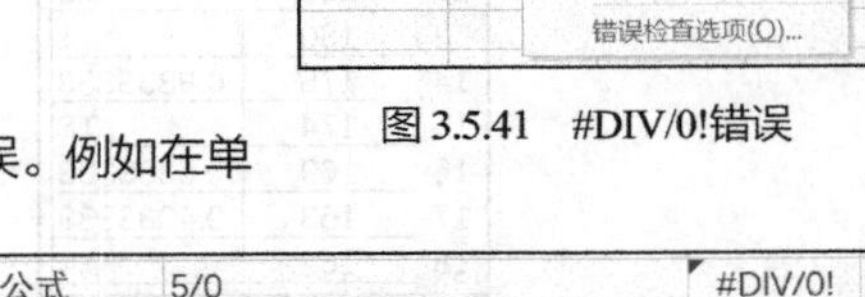

公式	5/0	#DIV/0!
	VLOOKUP("乐乐",A1:A19,1,0)	#N/A

图 3.5.42　#N/A 错误

3. #VALUE!

值中的错误：使用了错误的参数时会出现该错误。例如在图 3.5.43 所示的表中，A24 单元格中是字符，B24 单元格中是数值，在 C24 单元格中输入公式=A24+B24，就会出现#VALUE!的错误。这是因为只有数值才能相加，字符是不能做加、减、乘、除等科学计算的。

解决方法：输入正确的参数类型。

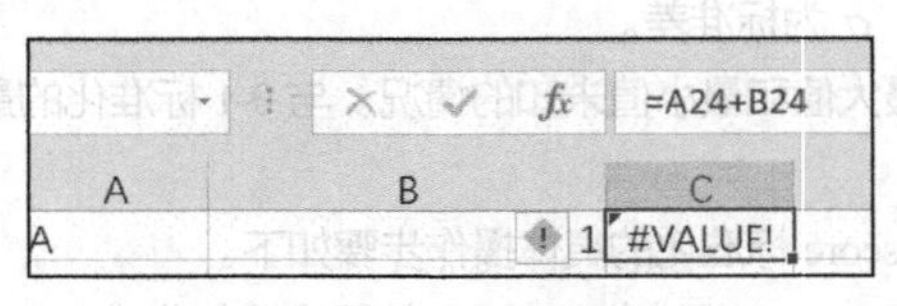

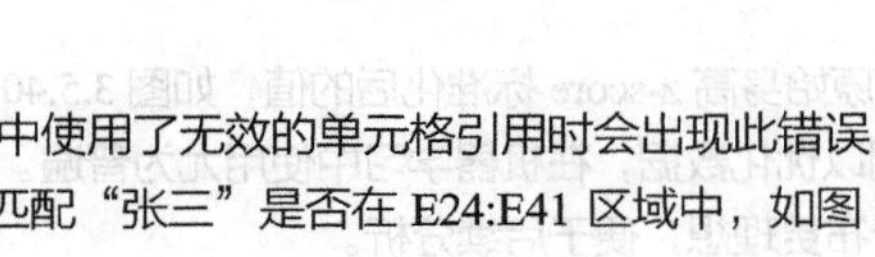

图 3.5.43　#VALUE!错误

4. #REF!

无效的单元格引用错误：公式中使用了无效的单元格引用时会出现此错误，而且经常发生在引用的单元格被删除时。例如用 VLOOKUP()函数匹配“张三”是否在 E24:E41 区域中，如图 3.5.44 所示，当 E24:E41 区域被删除时，就会出现#REF!错误。

解决方法：养成输入完公式以后立刻粘贴的好习惯，避免引用的单元格因误删除而出现错误。

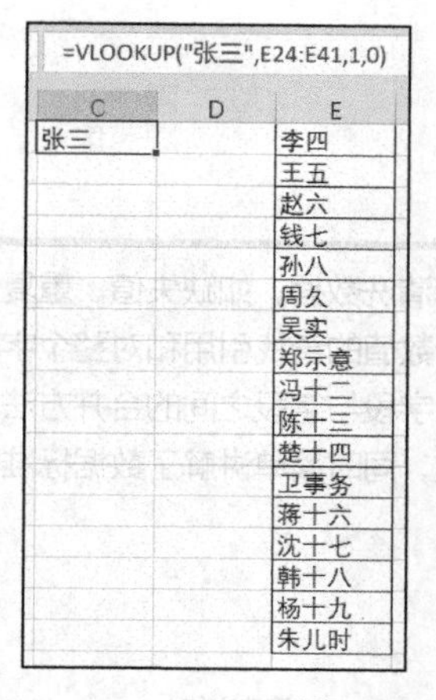

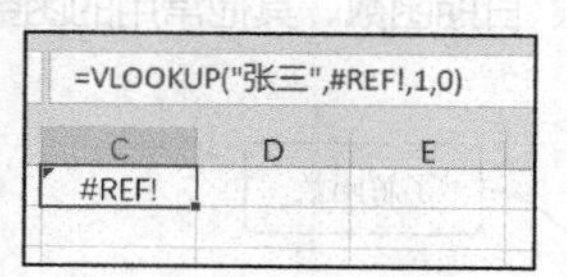

图 3.5.44　#REF!错误

5. #NAME?

无效名称错误：公式中使用了未定义的名称或函数名拼写错误时会出现此错误。例如输入公式=coun 会出现#NAME?错误，因为没有 coun()这个函数，如图 3.5.45 所示。

解决方法：输入正确的函数名。

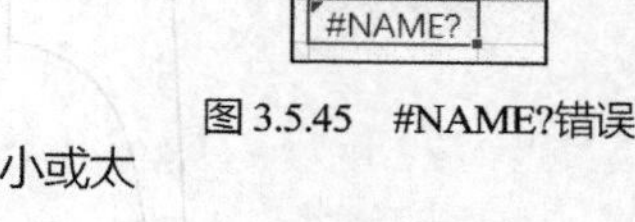

图 3.5.45　#NAME?错误

6. #NUM!

数字错误：公式中的参数无效时会出现此错误；或者由公式所产生的数字太小或太大，该数字超出了 Excel 的显示范围也会出现该错误。例如输入公式=SQRT(-4)，如图 3.5.46 所示，会出现#NUM!错误。这是因为 SQRT()函数为开平方根，负数没有实数平方根。

解决方法：输入正确有效的数字参数，检查 Excel 的返回值是否超出限制。

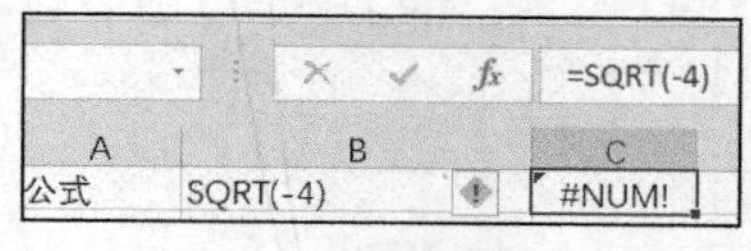

图 3.5.46　#NUM!错误

7. NULL!

空值错误：使用了不正确的运算符。用 SUM()函数求 B28 和 B29 单元格的和，如图 3.5.47 所示，正确的操作符是逗号“,”，如果用空格连接在一起，就会出现 NULL!错误。

解决方法：使用正确的运算符。

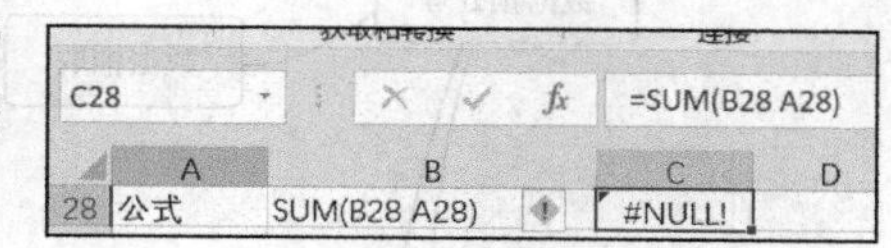

图 3.5.47　NULL!错误

需要说明的是，错误值的存在可能导致这列数据不能被计算，因此所有的这些错误值都可以用 IFERROR()函数来替换成空值，再对空值进行处理就简单多了。

练一练

图 3.5.48 所示的数据表统计了 2017 年和 2018 年 4 个季度市场部和销售部的销售额。应如何处理这个数据，使其更直观地表现出季度性，并判断出每个季度的销售冠军归属哪个部门？

提示 1：将年份和季度分成两列展示，并加上年度总计列和平均列。

提示 2：用 IF()函数比较两个部门每个季度的销售额，判断销售冠军。

	A	B	C
1	日期	市场部销售额	销售部销售额
2	2017/1/1	192257.23	83728.71
3	2017/4/1	114389.12	35445.04
4	2017/7/1	118807.81	25239.42
5	2017/10/1	102631.69	43023.08
6	2018/1/1	100313.78	44006.43
7	2018/4/1	130593.87	44574.68
8	2018/7/1	46081.3	17903.86
9	2018/10/1	89921.69	39409.69

图 3.5.48　练一练数据

小结

本章首先介绍了函数的基本要义；然后介绍了如何清洗数据，如缺失值、重复值、异常值和不规范数据的判断和处理；接着介绍了数据抽取的方法，如对单个数值的查找引用和对整个字段的拆分技巧；紧接着讲解了如何合并数据，涉及数据表之间相同字段的合并、字段与字段之间的合并方法；最后介绍了数据计算的一些函数，包括统计函数、日期函数、其他常用的函数，同时简单讲解了数据标准化的概念。本章知识点思维导图如下。

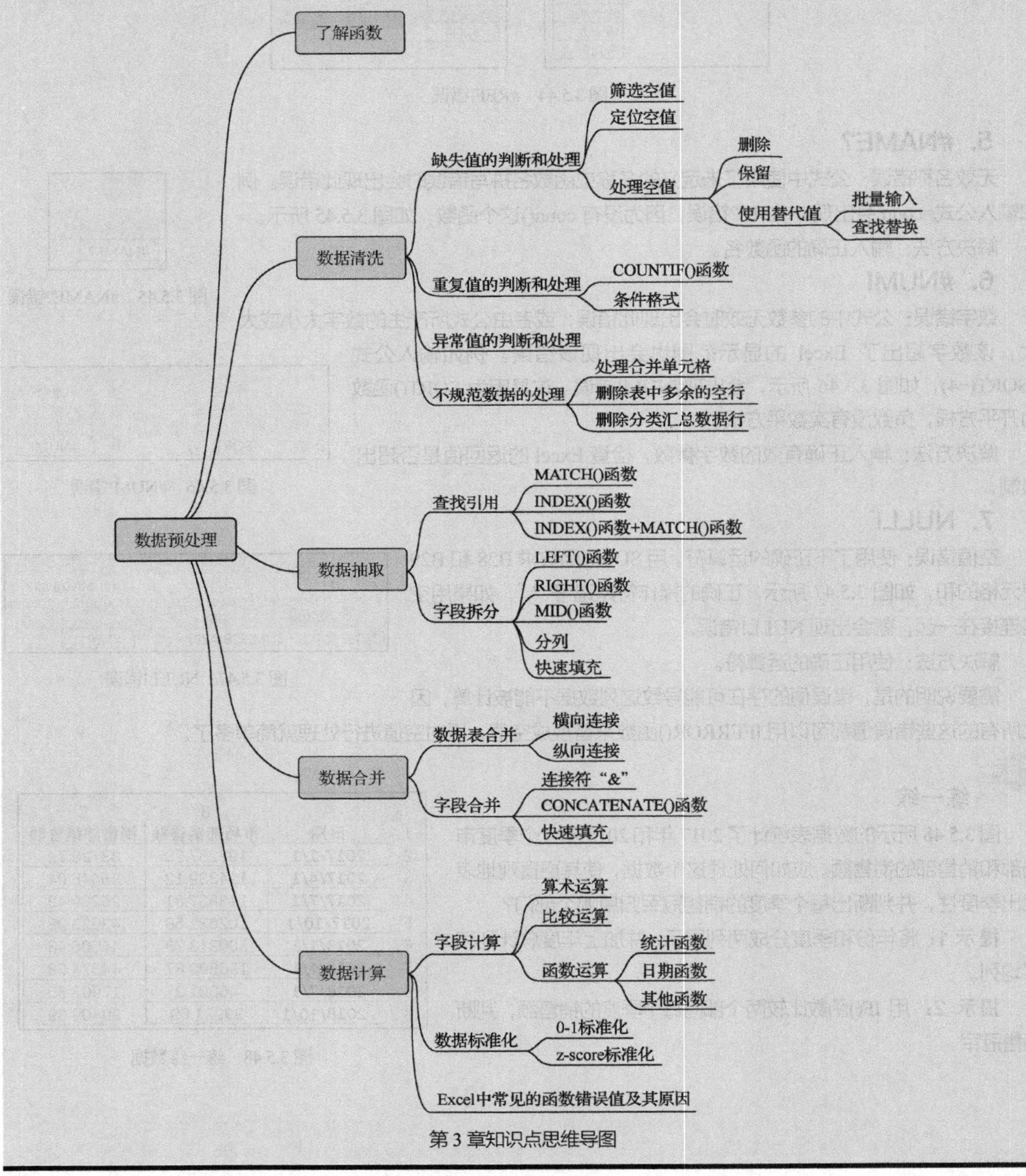

第 3 章知识点思维导图

第 4 章

数据分析

前面所做的一切准备都是为了分析数据。尽管目前出现了很多替代 Excel 的分析软件，但不可否认，Excel 仍然是进行数据分析最易上手的工具之一。在 Excel 中，数据透视表是分析数据的“法宝”。对于数据分析师来说，工具的运用是次要的——任何人通过后天训练都可以学会使用工具，但思维不是。对于同一个数据，数据分析师的经验、经历不同，就会有不同的解读。

本章将结合工具的使用，介绍一些常用的分析方法。读者在学会入门的方法后，还可以尝试进阶的方法。

4.1 数据分析的工具

本节介绍 Excel 数据分析过程中常用的工具，如筛选、排序、数据透视表等，然后进一步分析工具库的使用技巧。学会使用这些工具，才能更好地为数据分析做准备。

4.1.1 排序和筛选

用 Excel 来排序和筛选是数据分析过程中最为常见的操作之一。可不要小看这两个功能，运用好了会有事半功倍的效果，例如排序中的对多列数据的排序和筛选中的高级筛选功能。

1. 排序

排序是最基本的分析工具之一，数据分析师掌握好其基本应用技能才能解决更多的问题。排序功能可以进一步分为对单列数据排序、对多列数据排序、按颜色排序、按图标排序、按笔画排序等多种方式。

（1）对单列数据排序

对某一列的数据进行升序或降序的排序操作是较为简单且常用的方法。选中要进行排序的列中的某一单元格，单击【数据】→【排序和筛选】→【升序】/【降序】按钮即可。

图 4.1.1 所示的商品类别【销量】列数据是按年份升序排列的，现对【销量】列进行降序排列。选中 E1 单元格，单击【降序】按钮，即可完成对【销量】列的降序排列操作。对其他列的排序操作同样如此。

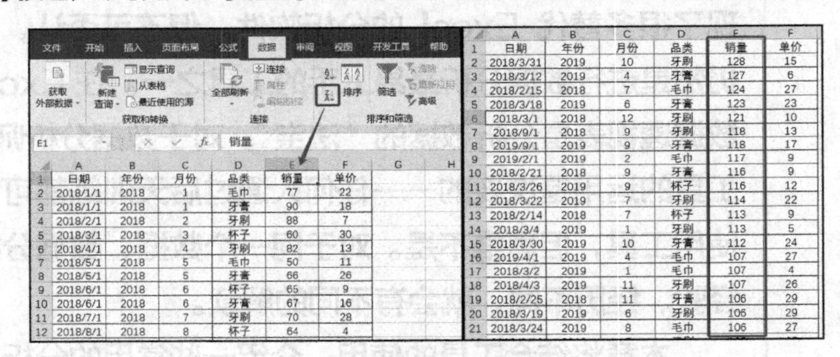

图 4.1.1　单列数据排序

（2）对多列数据排序

对两个及两个以上的列进行排序即为多列排序，如先按销量降序排序，如果销量相同，则按单价升序排序。这种多列、多条件的排序可使用【排序】按钮实现。

单击【数据】→【排序和筛选】→【排序】按钮，在弹出的【排序】对话框中，主要关键字选择【销量】选项，排序依据选择【单元格值】选项，次序选择【降序】选项；接着单击【添加条件】按钮，次要关键字选择【单价】选项，排序依据选择【单元格值】选项，次序选择【升序】选项，如图 4.1.2 所示。设置完后，单击【确定】按钮。

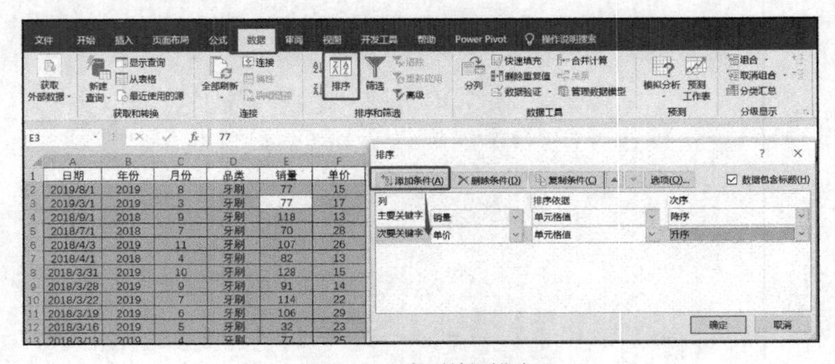

图 4.1.2　多列数据排序

这样就实现了按销量降序，在销量相同的情况下，按单价升序的多列、多条件排序，如图 4.1.3 所示。

	A	B	C	D	E	F
1	日期	年份	月份	品类	销量	单价
8	2019/9/1	2019	9	牙膏	118	17
9	2019/2/1	2019	2	毛巾	117	9
10	2018/2/21	2018	9	牙膏	116	9
11	2018/3/26	2019	9	杯子	116	12
12	2018/3/22	2019	7	牙刷	114	22
13	2018/3/4	2019	1	牙刷	113	5
14	2018/2/14	2018	7	杯子	113	9
15	2018/3/30	2019	10	牙膏	112	24
16	2018/3/2	2019	1	毛巾	107	4
17	2018/4/3	2019	11	牙刷	107	26
18	2019/4/1	2019	4	毛巾	107	27
19	2018/3/24	2019	8	毛巾	106	27

图 4.1.3　多列数据排序结果

（3）按颜色排序

当单元格填充了颜色或字体设置了颜色时，可以按照颜色进行排序。

E9、E11、E15 这 3 个单元格填充了黄色底色，这 3 个被标记的单元格是需要重点关注的品类，应放在最前方，这时只需将鼠标指针移动到某一个黄色单元格中右击，选择【排序】→【将所选单元格颜色放在最前面】选项，如图 4.1.4 所示，即可完成按颜色排序的操作。如果不是单元格被填充了颜色，而是字体被设置了颜色，也可以按照字体颜色进行排序。

	A	B	C	D	E
1	日期	年份	月份	品类	销量
2	2018/3/31	2019	10	牙刷	128
3	2018/3/12	2019	4	牙膏	127
4	2018/2/15	2018	7	毛巾	124
5	2018/3/18	2019	6	牙膏	123
6	2018/3/1	2018	12	牙刷	121
7	2018/9/1	2018	9	牙刷	118
8	2019/9/1	2019	9	牙膏	118
9	2019/2/1	2019	2	毛巾	117
10	2018/2/21	2018	9	牙膏	116
11	2018/3/26	2019	9	杯子	116
12	2018/3/22	2019	7	牙刷	114
13	2018/3/4	2019	1	牙刷	113
14	2018/2/14	2018	7	杯子	113
15	2018/3/30	2019	10	牙膏	112
16	2018/3/2	2019	1	毛巾	107
17	2018/4/3	2019	11	牙刷	107
18	2019/4/1	2019	4	毛巾	107
19	2018/3/24	2019	8	毛巾	106
20	2018/3/19	2019	6	牙刷	106
21	2018/2/25	2018	11	牙膏	106
22	2018/2/16	2018	7	牙刷	105
23	2018/2/12	2018	6	毛巾	103
24	2019/5/1	2019	5	牙膏	102

	A	B	C	D	E	F
1	日期	年份	月份	品类	销量	单价
2	2019/2/1	2019	2	毛巾	117	9
3	2018/3/22	2019	7	牙刷	114	22
4	2018/3/30	2019	10	牙膏	112	24
5	2018/3/31	2019	10	牙刷	128	15
6	2018/3/12	2019	4	牙膏	127	6
7	2018/2/15	2018	7	毛巾	124	27
8	2018/3/18	2019	6	牙膏	123	23
9	2018/3/1	2018	12	牙刷	121	10
10	2018/9/1	2018	9	牙刷	118	13
11	2019/9/1	2019	9	牙膏	118	17
12	2018/2/21	2018	9	牙膏	116	9
13	2018/3/26	2019	9	杯子	116	12
14	2018/3/4	2019	1	牙刷	113	5
15	2018/2/14	2018	7	杯子	113	9
16	2018/3/2	2019	1	毛巾	107	4
17	2018/4/3	2019	11	牙刷	107	26
18	2019/4/1	2019	4	毛巾	107	27
19	2018/3/24	2019	8	毛巾	106	27
20	2018/3/19	2019	6	牙刷	106	29
21	2018/2/25	2018	11	牙膏	106	29
22	2018/2/16	2018	7	牙刷	105	15

图 4.1.4　颜色排序

（4）按图标排序

当为条件格式设置了图标时，可以按照图标进行排序。

在图 4.1.5 中，对【销量】列设置了条件格式，即大于 100 的数值显示向上绿色箭头、小于 100 的显示向下红色箭头、等于 100 的显示向右黄色箭头。现在想要按照箭头这个图标进行排序，将绿色箭头的数值放在顶端，红色箭头的数值放在底部。单击【数据】→【排序和筛选】→【排序】按钮，在弹出的【排序】对话框中，设置主要关键字为【销量】，排序依据为【条件格式图标】，次序选择向上的绿色箭头在顶端；添加条件，设置次要关键字为【销量】，排序依据为【条件格式图标】，次序选择向下的红色箭头在底端。

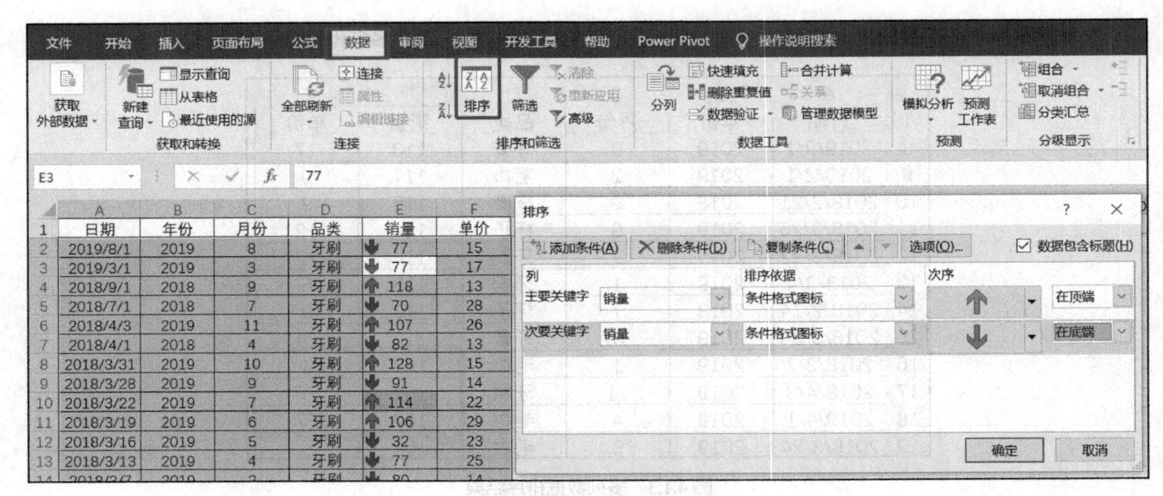

图 4.1.5　图标排序

单击【确定】按钮，即可完成对图标的排序，如图 4.1.6 所示。

	A	B	C	D	E	F
1	日期	年份	月份	品类	销量	单价
2	2018/9/1	2018	9	牙刷	118	13
3	2018/4/3	2019	11	牙刷	107	26
4	2018/3/31	2019	10	牙刷	128	15
5	2018/3/22	2019	7	牙刷	114	22
91	2018/2/10	2018	5	杯子	55	6
92	2018/2/7	2018	4	杯子	20	15
93	2018/2/1	2018	2	杯子	90	24
94	2018/1/31	2018	1	杯子	78	16

图 4.1.6　图标排序结果

（5）按笔画排序

对于非数值类型数据的排序，可以采用笔画排序的方法。单击【数据】→【排序和筛选】→【排序】按钮，在弹出的【排序】对话框中，设置主要关键字为【品类】、排序依据为【单元格值】、次序为【降序】。单击【选项】按钮，在弹出的【排序选项】对话框中，设置方法为【笔画排序】，如图 4.1.7 所示。

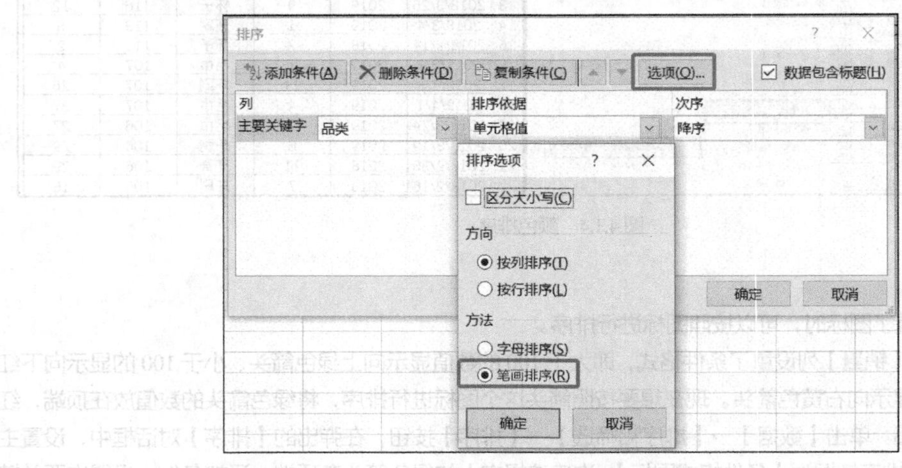

图 4.1.7　笔画排序

单击【确定】按钮，完成对【品类】列笔画降序排列的操作，如图 4.1.8 所示。

	A	B	C	D	E	F
1	日期	年份	月份	品类	销量	单价
2	2018/3/26	2019	9	杯子	↑ 116	12
3	2018/2/14	2018	7	杯子	↑ 113	9
4	2019/10/1	2019	10	杯子	↓ 92	12
5	2019/7/1	2019	7	杯子	↓ 53	19
91	2018/2/9	2018	4	牙刷	↓ 10	9
92	2018/2/6	2018	3	牙刷	↓ 90	21
93	2018/2/1	2018	2	牙刷	↓ 88	7
94	2018/1/30	2018	1	牙刷	↓ 55	14

图 4.1.8　笔画排序结果

（6）按行排序

通常我们的表格是规范的以列为字段的数据表。当表格被转置成以行为字段的数据表后，就需要用到按行排序的功能。

图 4.1.9 所示就是一个被转置过的以行为字段的数据表。下面对【单价】行进行降序排列。

	A	B	C	D	E	F	G	H	I	J
1	日期	2018/3/26	2018/2/14	2019/10/1	2019/7/1	2019/6/1	2019/1/1	2018/10/1	2018/8/1	2018/8/1
2	年份	2019	2018	2019	2019	2019	2019	2018	2018	2018
3	月份	9	7	10	7	6	1	10	8	8
4	品类	杯子	杯子	杯子	杯子	杯子	杯子	杯子	杯子	杯子
5	销量	116	113	92	53	96	83	73	64	65
6	单价	12	9	12	19	19	23	14	4	21

图 4.1.9　按行排序

单击【数据】→【排序和筛选】→【排序】按钮，在弹出的【排序】对话框中，单击【选项】按钮，设置方向为【按行排序】，单击【确定】按钮，如图 4.1.10 所示。

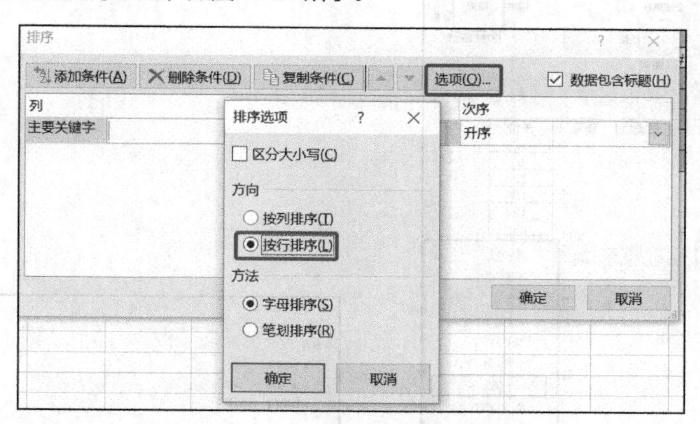

图 4.1.10　按行排序条件 1

设置主要关键字为【行 6】（即【单价】行），排序依据为【单元格值】，次序为【降序】，如图 4.1.11 所示。

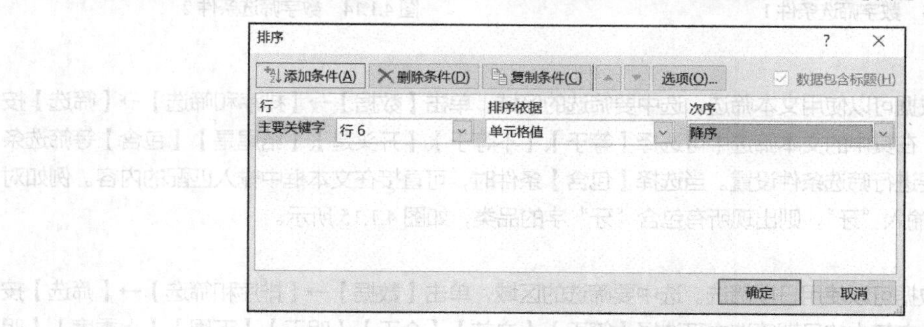

图 4.1.11　按行排序条件 2

单击【确定】按钮，即可对【单价】行进行降序排序，结果如图 4.1.12 所示。

	A	B	C	D	E	F	G	H	I	J
1	日期	2018/3/1	2018/2/24	2018/2/22	2018/2/25	2018/3/19	2018/2/4	2018/7/1	2019/4/1	2018/3/24
2	年份	2018	2018	2018	2018	2019	2018	2018	2019	2019
3	月份	3	11	10	11	6	3	7	4	8
4	品类	杯子	杯子	毛巾	牙膏	牙刷	毛巾	牙刷	毛巾	毛巾
5	销量	60	91	79	106	106	66	70	107	106
6	单价	30	29	29	29	29	28	28	27	27

图 4.1.12　按行排序结果

2. 筛选

筛选也是在做基础数据分析时经常用到的一种操作。针对不同的数据类型有不同的筛选方式，当普通筛选无法达成筛选目标时，还可以使用高级筛选功能来实现。筛选也是一种用好就能事半功倍的功能。

（1）数字筛选

对于数值类型的数据可以进行数字筛选。选中要筛选的区域，单击【数据】→【排序和筛选】→【筛选】按钮，在所选区域的第一个单元格右侧会出现三角形按钮，单击可打开筛选对话框，在其中的数字筛选中可选择【等于】、【大于】、【小于】、【介于】、【前 10 项】等筛选条件，用户可以根据需要进行筛选条件设置。例如想要筛选出销量为 50～100 件的数据，应选择【介于】选项，如图 4.1.13 所示。在弹出的【自定义自动筛选方式】对话框中，设置销量大于或等于为 50、小于或等于为 100，如图 4.1.14 所示，单击【确定】按钮，即可筛选出 56 条符合条件的数据。

图 4.1.13　数字筛选条件 1

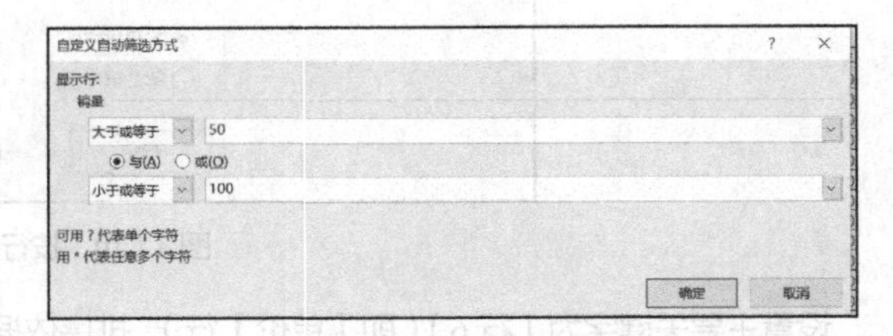

图 4.1.14　数字筛选条件 2

（2）文本筛选

对于文本类型的数据可以使用文本筛选。选中要筛选的区域，单击【数据】→【排序和筛选】→【筛选】按钮，打开筛选对话框，在其中的文本筛选中可选择【等于】、【不等于】、【开头是】、【结尾是】、【包含】等筛选条件，用户可以根据需要进行筛选条件设置。当选择【包含】条件时，可直接在文本框中输入匹配的内容。例如对【品类】列进行筛选，输入“牙”，则出现所有包含“牙”字的品类，如图 4.1.15 所示。

（3）日期筛选

对于日期类型的数据可以使用日期筛选。选中要筛选的区域，单击【数据】→【排序和筛选】→【筛选】按钮，打开筛选对话框，在其中的日期筛选中可选择【等于】、【之前】、【介于】、【明天】、【下周】、【上季度】、【明年】等筛选条件，用户也可以根据需要进行筛选条件设置。例如要筛选【本年度截止到现在】的所有数据，则可得到今年以来的所有数据，如图 4.1.16 所示。

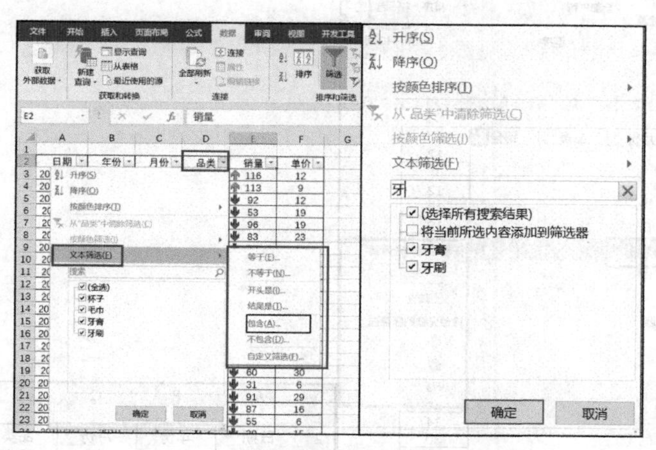

图 4.1.15　文本筛选

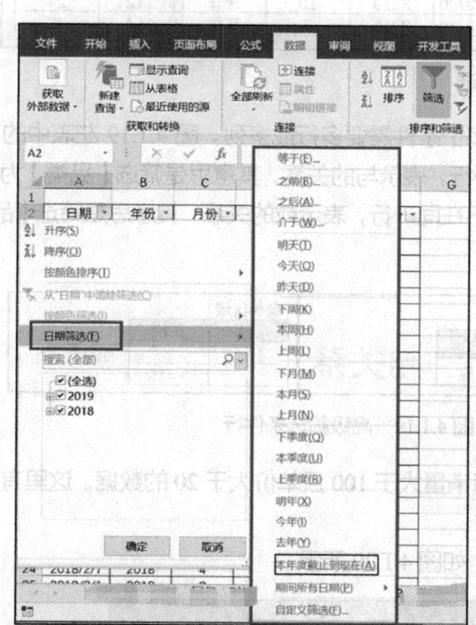

	A	B	C	D	E	F
1						
2	日期	年份	月份	品类	销量	单价
5	2019/10/1	2019	10	杯子	92	12
6	2019/7/1	2019	7	杯子	53	19
7	2019/6/1	2019	6	杯子	96	19
8	2019/1/1	2019	1	杯子	83	23
27	2019/4/1	2019	4	毛巾	107	27
28	2019/2/1	2019	2	毛巾	117	9
50	2019/9/1	2019	9	牙膏	118	17
51	2019/5/1	2019	5	牙膏	102	22
80	2019/8/1	2019	8	牙刷	77	15
81	2019/3/1	2019	3	牙刷	77	17

图 4.1.16　日期筛选

（4）颜色/图标筛选

对于有颜色的单元格或因设置条件格式有图标的列字段，还可以进行颜色/图标的筛选。例如要筛选出【销量】列有黄色底色的数据，只需在筛选对话框中选择【按颜色筛选】→【按单元格颜色筛选】选项，再选择黄色即可，如图 4.1.17 所示。按单元格图标的筛选同理。

（5）高级筛选

如果使用普通筛选无法得到理想的结果，还可以应用高级筛选。高级筛选需要事先设置条件区域，条件区域分为两部分，标题行和条件行。标题行是要筛选的列字段，条件行是要筛选的条件，如图 4.1.18 所示。

条件行可以有两种写法：一种是常量条件；另一种是变量条件。常量条件是指筛选条件为常量，如筛选品类中为“杯子”的值，这里的“杯子”就是一个常量；变量条件是指筛选条件为变量，如筛选单价为“>=15”，这就是一个变量。

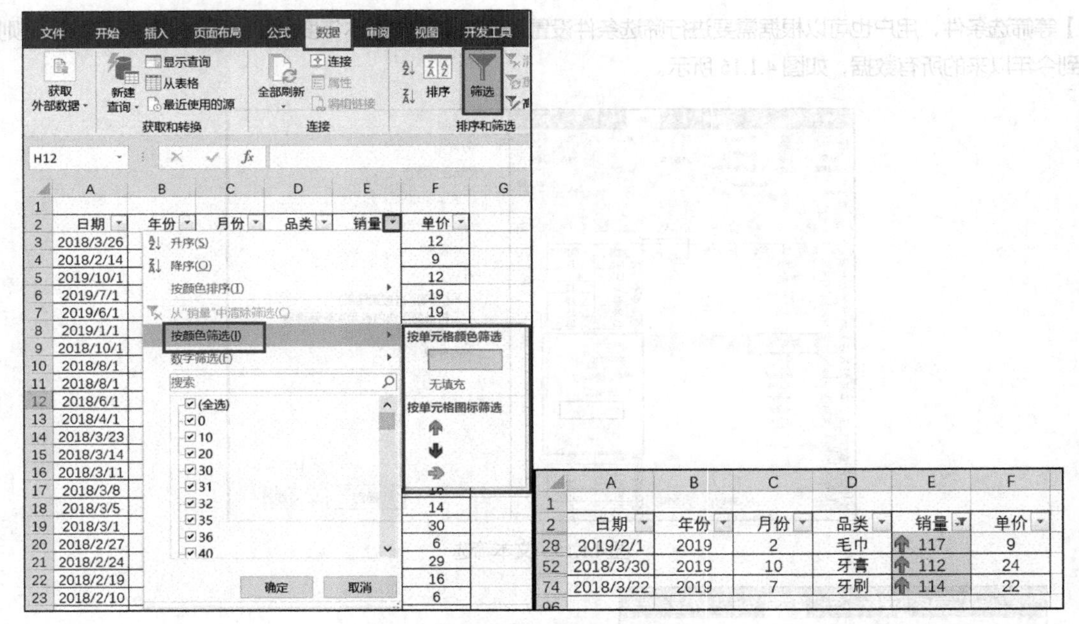

图 4.1.17 颜色筛选

一个标题行对应一个条件行，就表示一个条件；若要表示多个条件需要多行或多列。图 4.1.19 左表中的【品类】、【单价】两个标题行对应了两个条件，这两个条件行在同一行，表示与的关系，其意思是筛选【品类】为【杯子】且【单价】大于或等于 15 的值。图 4.1.19 右表中的条件行不在同一行，表示或的关系，其意思是筛选【品类】为【杯子】或者【单价】大于或等于 15 的值。

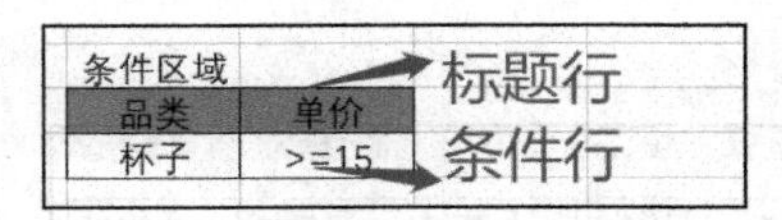

图 4.1.18 高级筛选

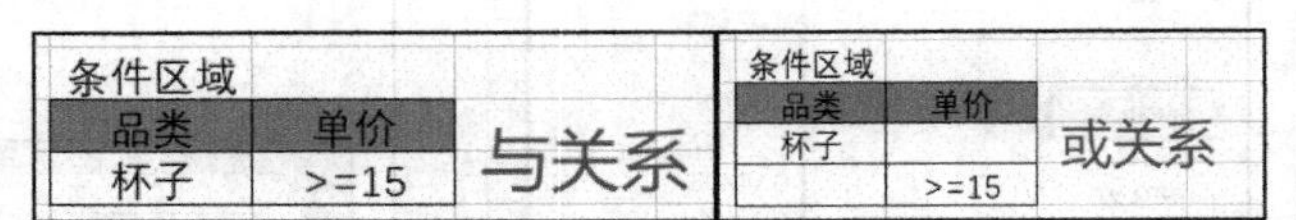

图 4.1.19 高级筛选条件行

实例：筛选出包含“牙”字且销量大于 100 件的数据，或者销量大于 100 且单价大于 20 的数据。这里有两个与关系，一个或关系，需注意条件的写法。

Step1：单击【数据】→【排序和筛选】→【高级】按钮，如图 4.1.20 所示。

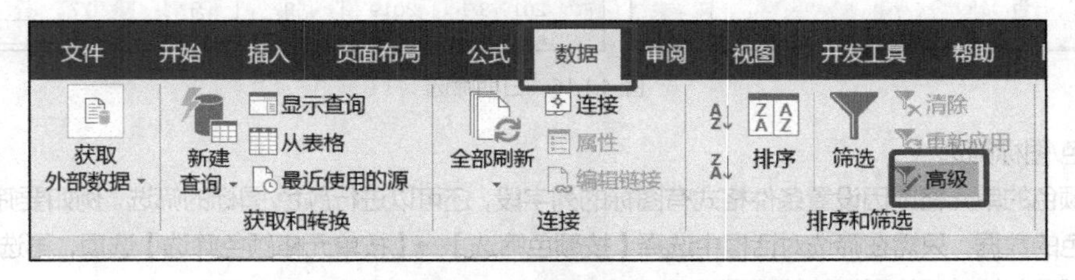

图 4.1.20 单击【数据】→【排序和筛选】→【高级】按钮

Step2：在弹出的【高级筛选】对话框中，方式选择【将筛选结果复制到其他位置】选项，将结果复制到 L2 单元格；列表区域选择$A$2:$F$95，即整个数据源；条件区域是最重要的部分，选择事先写好的条件所在的区域$H$2:$J$4，如图 4.1.21 所示。这个条件是说，选择品类包含“牙”字且销量大于 100 的数据，或者销量大于 100 且单价大于 20 的数据。

Step3：单击【确定】按钮，得到筛选后的数据如图 4.1.22 所示。

日期	年份	月份	品类	销量	单价
2018/3/26	2019	9	杯子	116	12
2018/2/14	2018	7	杯子	113	9
2019/10/1	2019	10	杯子	92	12
2019/7/1	2019	7	杯子	53	19
2019/6/1	2019	6	杯子	96	19
2019/1/1	2019	1	杯子	83	23
2018/10/1	2018	10	杯子	73	14
2018/8/1	2018	8	杯子	64	4
2018/8/1	2018	8	杯子	65	21
2018/6/1	2018	6	杯子	65	9
2018/4/1	2019	11	杯子	57	20
2018/3/23	2019	8	杯子	61	20
2018/3/14	2019	5	杯子	41	24
2018/3/11	2019	4	杯子	35	15
2018/3/8	2019	3	杯子	75	16
2018/3/5	2019	2	杯子	90	14
2018/3/1	2018	3	杯子	60	30
2018/2/27	2018	12	杯子	31	6

条件区域

品类	销量	单价
牙*	>100	
	>100	>20

高级筛选

方式

在原有区域显示筛选结果(F)

将筛选结果复制到其他位置(O)

列表区域(L): $A$2:$F$95

条件区域(C): 排序!Criteria

复制到(T): 排序!$L$2

选择不重复的记录(R)

确定 取消

图 4.1.21 【高级筛选】对话框

日期	年份	月份	品类	销量	单价
2019/4/1	2019	4	毛巾	107	27
2018/3/24	2019	8	毛巾	106	27
2018/2/15	2018	7	毛巾	124	27
2019/9/1	2019	9	牙膏	118	17
2019/5/1	2019	5	牙膏	102	22
2018/3/30	2019	10	牙膏	112	24
2018/3/18	2019	6	牙膏	123	23
2018/3/12	2019	4	牙膏	127	6
2018/2/25	2018	11	牙膏	106	29
2018/2/21	2018	9	牙膏	116	9
2018/9/1	2018	9	牙刷	118	13
2018/4/3	2019	11	牙刷	107	26
2018/3/31	2019	10	牙刷	128	15
2018/3/22	2019	7	牙刷	114	22
2018/3/19	2019	6	牙刷	106	29
2018/3/4	2019	1	牙刷	113	5
2018/3/1	2018	12	牙刷	121	10
2018/2/16	2018	7	牙刷	105	15

图 4.1.22 高级筛选结果

4.1.2 数据透视表

数据透视表是数据分析中实现海量数据汇总与分析的“利器”。掌握数据透视表能够提高数据分析的效率，因此，使用数据透视表分析数据是数据分析师需掌握的 Excel 重要技能之一。当然也不是随便一个表格都能应用数据透视表的，应用数据透视表必须满足的前提是数据规范和需要汇总。

数据规范可参考 1.4.3 节的要求进行处理，同时需要进行透视的原始数据表应当是一维表而非二维表。一维表，顾名思义是只有一个维度的表，如图 4.1.23 左表所示。其每一列是可以独立拿出来作为字段的数据：日期是日期类型的数据，品类是文本型数据，销量是数值型数据。二维表是有横向和纵向两个维度的表，如图 4.1.23 右表所示。其每一列字段是同类型的，9 月 1 日和 9 月 2 日的数据表示的含义是一样的，只不过是同一个商品不同时间的数值而已。这里尤其要注意原始数据表中不要有合并单元格、数据中不要出现空值等，因为原始数据表的不规范经常会使数据透视表无法成功建立。

一维表

日期	品类	销量
9月1日	毛巾	77
9月1日	牙膏	90
9月1日	牙刷	88
9月1日	杯子	60
9月2日	牙刷	82
9月2日	毛巾	50
9月2日	牙膏	66
9月2日	杯子	65
9月3日	牙膏	67
9月3日	牙刷	70
9月3日	杯子	64
9月3日	毛巾	51

二维表

	9月1日	9月2日	9月3日
毛巾	77	50	51
牙刷	88	82	70
牙膏	90	66	67
杯子	60	65	64

图 4.1.23 一维表与二维表

原始数据是需要进行汇总的数据，这样数据透视表才有使用的价值。若原始数据本身是无须汇总的数据，应用数据透视表也就没有太大的意义。

1. 创建数据透视表

创建一个数据透视表需要注意两点，即数据源的选择和数据透视表位置的选择。

选择数据源时，将要分析数据的区域全部选中，或只选中该区域中的一个单元格，单击【插入】→【表格】→【数据透视表】按钮即可。

选择放置数据透视表的位置时，默认是将数据透视表放到一个新的工作表里，也可以手动选择现有工作表的某个位置，如图 4.1.24 所示，这是创建数据透视表的最初阶段。

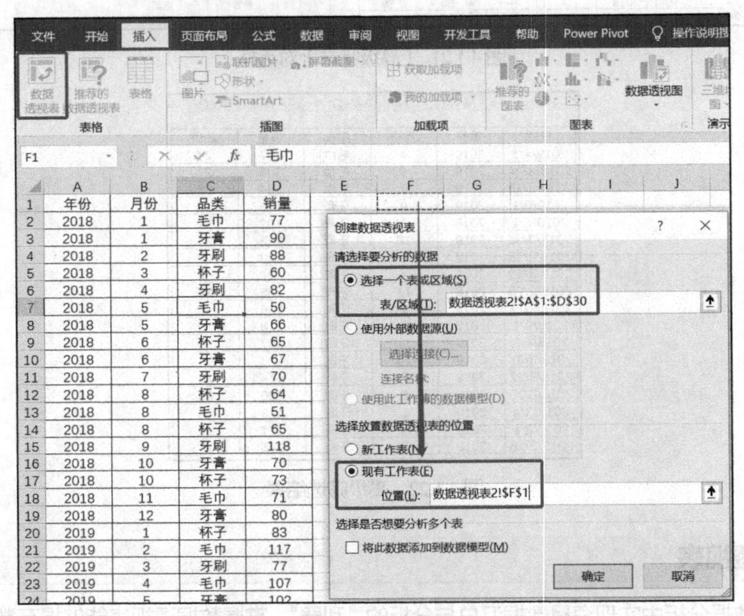

图 4.1.24　创建数据透视表

2. 数据透视表字段列表

创建好一个数据透视表后，要往其中填充汇总统计的字段。如图 4.1.25 所示，在数据透视表的字段列表中有以下 4 个需要关注的区域。

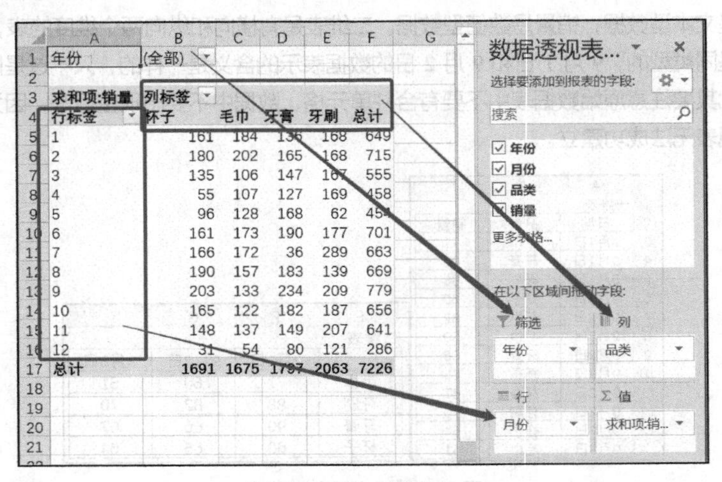

图 4.1.25　字段列表

① 行：也叫“行字段”。将字段拖动到行标签中，字段在每行中显示，汇总该字段的数据；可以有一个行字段，也可拖动多个行字段，并自由排列顺序。它是必填项。

② 列：也叫“列字段”，同行标签的作用一样，只是排列方式不同。将字段拖动到列标签中，字段在每列中显示，汇总该字段的数据，行列混合则起到交叉汇总的作用。它不是必填项。

③ 筛选：起到分页筛选的作用，汇总的结果随筛选器的选择而出现。它不是必填项。

④ 值：是汇总结果的显示方式，汇总方式有求和、计数、平均值等，显示方式可以显示总计百分比、列的百分比、行的百分比等。它是必填项。

3. 值的汇总/显示方式

值的汇总方式有求和、计数、平均值、最大值等，值的显示方式默认是无计算，即怎么汇总的怎么显示。但实际上我们有时候会有特殊的要求，需要用到值的显示方式。值显示方式可以按总计的百分比显示，也可以升序、降序显示等。图 4.1.26 所示是按总计的百分比显示，求出每个月份销售数量占总计的百分比。

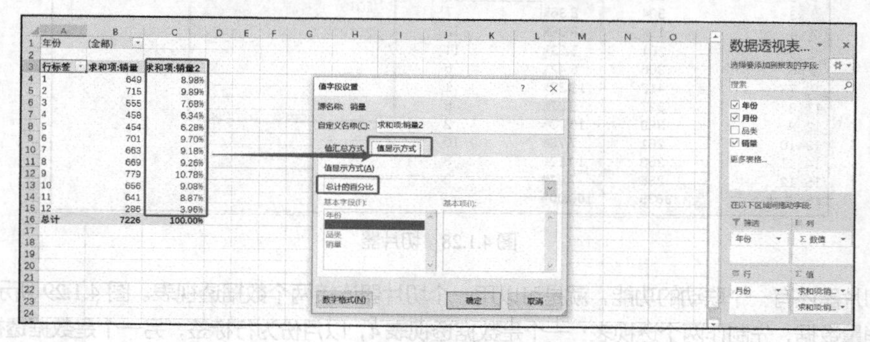

图 4.1.26　值的显示方式 1

还可以按降序排列，如图 4.1.27 所示，就得到了一个类似排名的效果。

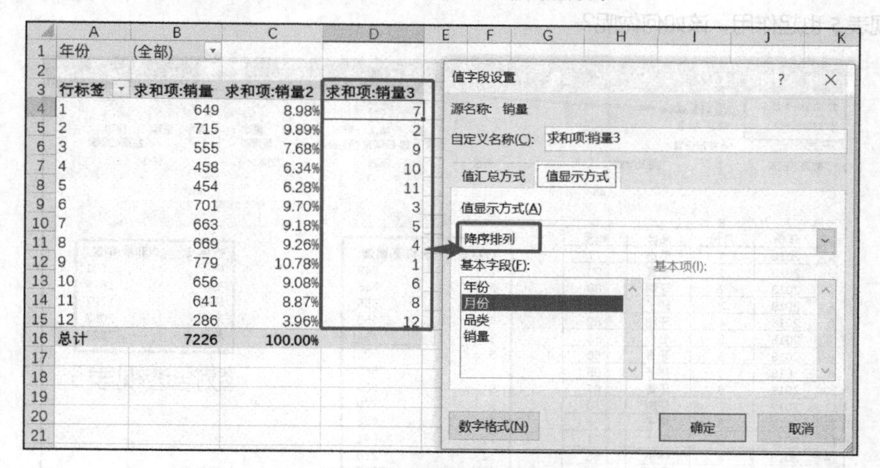

行标签	求和项:销量	求和项:销量2	求和项:销量3
1	649	8.98%	7
2	715	9.89%	2
3	555	7.68%	9
4	458	6.34%	10
5	454	6.28%	11
6	701	9.70%	3
7	663	9.18%	5
8	669	9.26%	4
9	779	10.78%	1
10	656	9.08%	6
11	641	8.87%	8
12	286	3.96%	12
总计	7226	100.00%	

图 4.1.27　值的显示方式 2

4. 分析的功能

学会前面几个步骤已经可以建立一个基本的数据透视表了，但很多时候我们会有更多的要求，例如对数据透视表进行切片联动、计算、分组等操作。下面分别进行介绍。

（1）切片器

单击【分析】→【筛选】→【插入切片器】按钮即可调出切片器。切片器具有多个选项组合的筛选功能，它的功能和筛选器相似，就是选择不同的字段并呈现相应的数据。不同的是切片器可以用来交互，它的这项优势使其能被应用到许多动态交互图表当中，呈现出一种类似前端界面的交互效果。

可以选择年份进行切片，也可以选择月份、区域，甚至可以选择多个切片器。例如，年份选择【2018】，则数据透视表显示为 2018 年透视的数据，如图 4.1.28 所示。

行标签	求和项:销量	求和项:销量2	求和项:销量3
1	300	8.25%	8
2	340	9.35%	4
3	304	8.36%	7
4	112	3.08%	12
5	201	5.53%	11
6	306	8.42%	6
7	412	11.33%	1
8	337	9.27%	5
9	389	10.70%	2
10	281	7.73%	10
11	368	10.12%	3
12	286	7.87%	9
总计	3636	100.00%	

图 4.1.28　切片器

同时，切片器还有一个联动的功能，就是可以用一个切片器连接两个数据透视表。图 4.1.29 所示为不同品类不同日期的销量数据，先制作两个透视表：一个是数据透视表 4，以月份为行标签；另一个是数据透视表 5，以品类为行标签。数据透视表的名称在【分析】→【数据透视表】→【数据透视表名称】文本框里可以看到。然后在数据透视表 4 中插入以年为切片的切片器，当然这时切片也只对数据透视表 4 起作用。如果我们需要让这个切片器对数据透视表 5 也起作用，该如何做呢？

年份	月份	品类	销量
2018	1	毛巾	77
2018	1	牙膏	90
2018	2	牙刷	88
2018	3	杯子	60
2018	4	牙刷	82
2018	5	毛巾	50
2018	5	牙膏	66
2018	6	杯子	65
2018	6	牙膏	67
2018	7	牙刷	70
2018	8	杯子	64
2018	8	毛巾	51
2018	8	杯子	65
2018	9	牙刷	118
2018	10	牙膏	70
2018	10	杯子	73
2018	11	毛巾	71
2018	12	牙膏	80
2019	1	杯子	83

行标签	求和项:销量
1	649
2	715
3	555
4	458
5	454
6	701
7	663
8	669
9	779
10	656
11	641
12	286
总计	7226

数据透视表4

行标签	求和项:销量
杯子	1691
毛巾	1675
牙膏	1797
牙刷	2063
总计	7226

数据透视表5

图 4.1.29　制作两个数据透视表

选中切片器，单击【选项】→【切片器】→【报表连接】按钮，在对话框中勾选想要连接的透视表，这样就实现了一个切片器同时控制两个数据透视表的功能了，如图 4.1.30 所示。需要注意的是，切片器的联动效果只能应用在由同一数据源建立的透视表中，不同数据源建立的透视表是无法进行切片联动的。

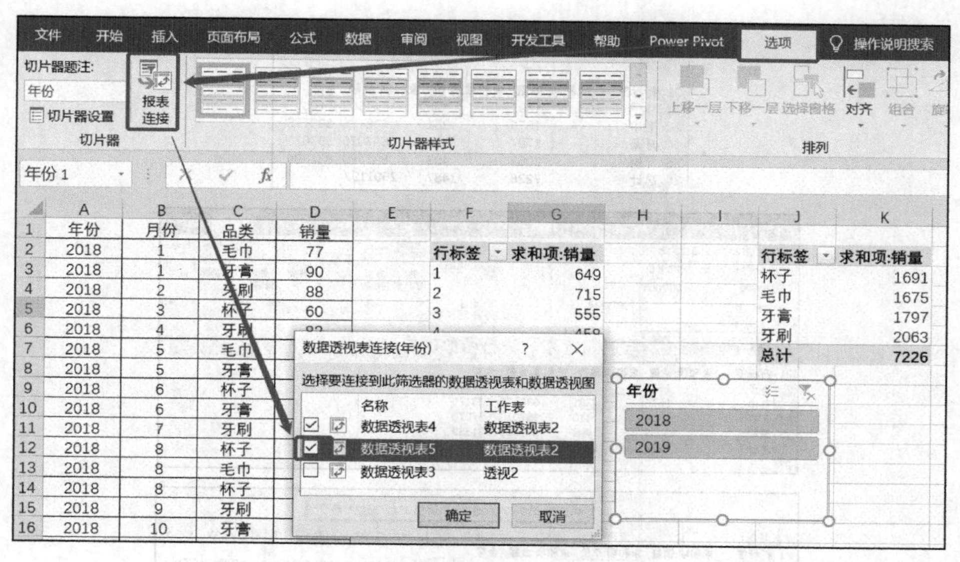

图 4.1.30 切片器联动

（2）计算字段

计算字段是指字段和字段之间的计算会产生一个新字段。选择【分析】→【计算】→【字段、项目和集】→【计算字段】选项，打开【插入计算字段】对话框。例如，要根据单价和销量计算出【金额】这个字段，打开【插入计算字段】对话框，输入名称为“金额”，公式为=销量*单价，就会新增一个【金额】字段，如图 4.1.31 所示。

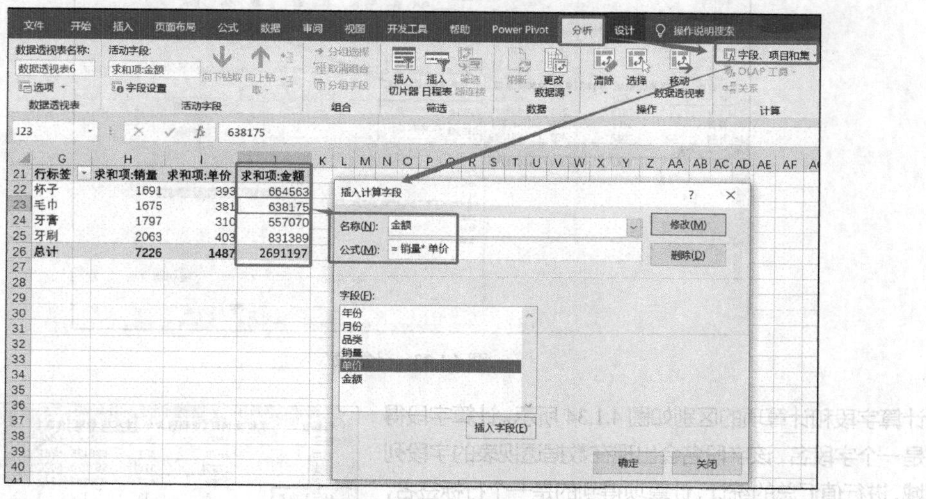

图 4.1.31 添加计算字段

当然也可以直接用函数来计算，在 K22 单元格内输入公式=I22*H22，即可算出金额。需要注意的是，用函数来计算时要取消勾选【生成 GetPivotData】复选框，否则会因为使用了数据透视表函数而出现错误，如图 4.1.32 所示。

（3）计算项

计算项是指在一个现有的行标签内新增一个由其他已有的行标签计算得出的新行标签项。例如想要得出杯子和毛巾两样商品差值的汇总，就可以用计算项得出。选择【分析】→【计算】→【字段、项目和集】→【计算项】选项，打开相关对话框，输入名称为“杯子毛巾差”，公式为=杯子-毛巾，新增的项目就在已有字段【品类】里显示了，如图 4.1.33 所示。

TIME　=I22*H22

	G	H	I	J	K
21	行标签	求和项:销量	求和项:单价	求和项:金额	金额
22	杯子	1691	393	664563	2*H22
23	毛巾	1675	381	638175	638175
24	牙膏	1797	310	557070	557070
25	牙刷	2063	403	831389	831389
26	总计	7226	1487	2691197	

文件 开始 插入 页面布局 公式 数据 审阅 视图 开发工具 帮助 Power Pivot 分析 设计

数据透视表名称: 数据透视表6　选项　活动字段: 求和项:单价　字段设置

选项(T)　生成 GetPivotData(G)

取消勾选才可进行函数操作

	G	H	I	J	K
21	行标签	求和项:销量	求和项:单价	求和项:金额	金额
22	杯子	1691	393	664563	664563
23	毛巾	1675	381	638175	638175
24	牙膏	1797	310	557070	557070
25	牙刷	2063	403	831389	831389
26	总计	7226	1487	10745062	

I22　=GETPIVOTDATA("求和项:单价",$G$21,"品类","杯子")

	G	H	I	J	K
21	行标签	求和项:销量	求和项:单价	求和项:金额	金额
22	杯子	1691	393	664563	664563
23	毛巾	1675	381	638175	638175
24	牙膏	1797	310	557070	557070
25	牙刷	2063	403	831389	831389
26	总计	7226	1487	10745062	

数据透视表函数

图 4.1.32　透视表内字段计算

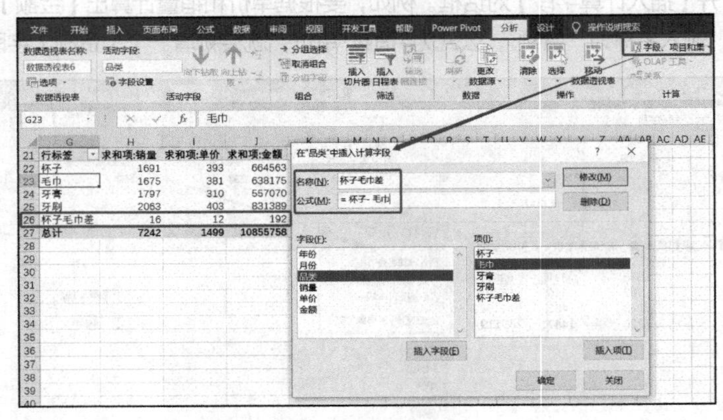

图 4.1.33　计算项

计算字段和计算项的区别如图 4.1.34 所示。计算字段得到的是一个字段名，该字段名会出现在数据透视表的字段列表区域，进行值汇总的统计；计算项得到的是一个行标签名，出现在行标签中，进行已有值的计算而非汇总统计。

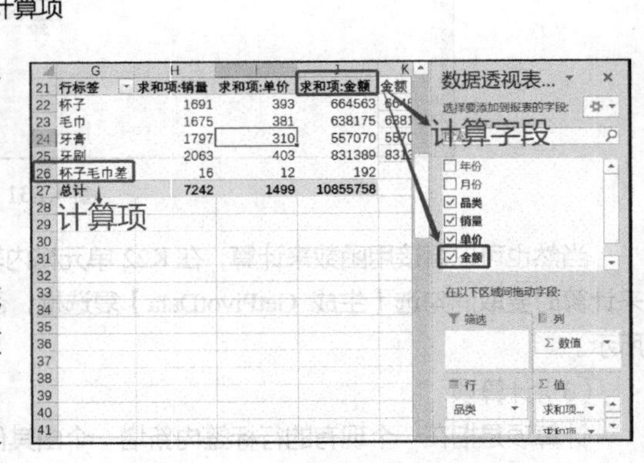

图 4.1.34　计算字段与计算项

（4）分组

数据透视表还有一个特别实用的功能：分组。在日常统计数据的时候，尤其是那些带时间的数据，我们不仅想知道每天的数据汇总情况，还想知道每个月、每个季度的情况，这时就可以用到分组了。单击【分析】→【组合】→【分组选择】按钮，打开【组合】对话框，可以对时间按月、季度、年等维度统计汇总，如图 4.1.35 所示。

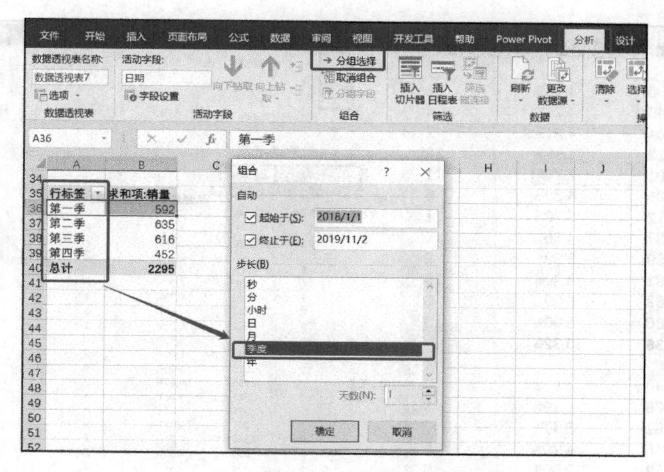

图 4.1.35　分组

5. 设计的功能

进行了数据透视的表格看上去总是不那么顺眼，若想把数据透视表改成与表格一样的形式，就需要用到数据透视表的设计功能。

（1）分类汇总

显示分类汇总能够帮助我们更好地观测数据，不显示分类汇总能让数据透视表更像一张普通的表格，图 4.1.36 所示为显示分类汇总和不显示分类汇总的区别。想要不显示分类汇总，选择【设计】→【布局】→【分类汇总】→【不显示分类汇总】选项即可。

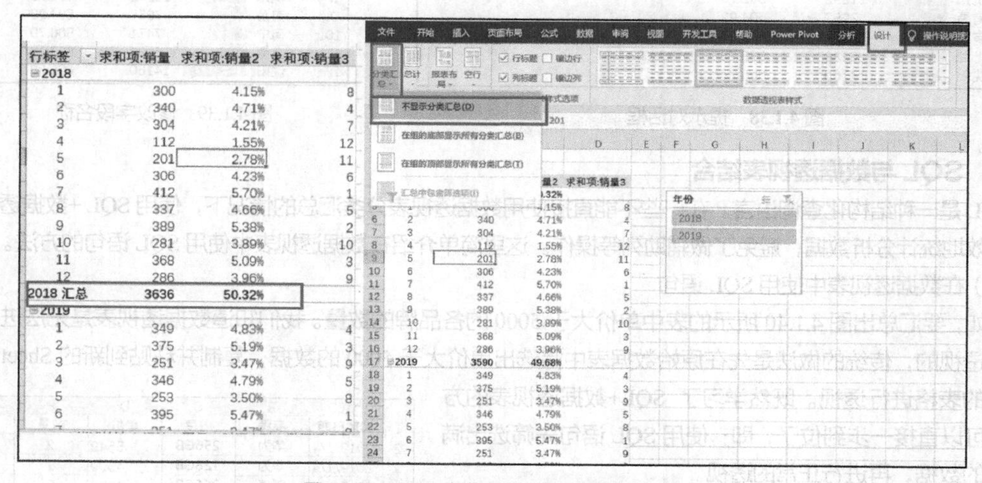

图 4.1.36　显示分类汇总和不显示分类汇总

（2）报表布局

选择【设计】→【布局】→【报表布局】→【以表格形式显示】选项，就可以让数据透视表变得像表格一样行列分明了，如图 4.1.37 所示。

（3）修改字段名称

数据被透视后默认的字段名都是以“计数项:XX”“求和项:XX”开头的样式，不是很美观，这时就需要修改字段的名称。直接修改会弹出“已有相同数据透视表字段名存在”的提示对话框，提示不能重名，如图 4.1.38 所示。

这时在单元格内加一个空格，如图 4.1.39 所示，这样就可以正常显示了。

行标签	求和项:销量	求和项:销量2	求和项:销量3
⊟2018			
1	300	4.15%	8
2	340	4.71%	4
3	304	4.21%	7
4	112	1.55%	12
5	201	2.78%	11
6	306	4.23%	6
7	412	5.70%	1
8	337	4.66%	5
9	389	5.38%	2
10	281	3.89%	10
11	368	5.09%	3
12	286	3.96%	9
2018 汇总	3636	50.32%	
⊟2019			
1	349	4.83%	4
2	375	5.19%	3
3	251	3.47%	9
4	346	4.79%	5
5	253	3.50%	8
6	395	5.47%	1

图 4.1.37　以表格形式显示

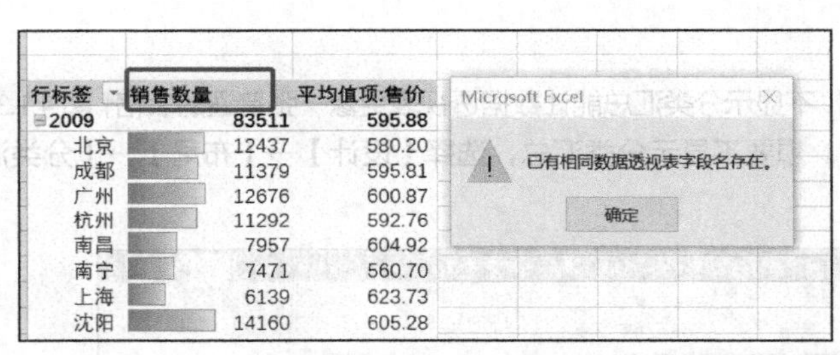

行标签	销售数量	平均值项:售价
⊟2009	83511	595.88
北京	12437	580.20
成都	11379	595.81
广州	12676	600.87
杭州	11292	592.76
南昌	7957	604.92
南宁	7471	560.70
上海	6139	623.73
沈阳	14160	605.28

图 4.1.38　提示对话框

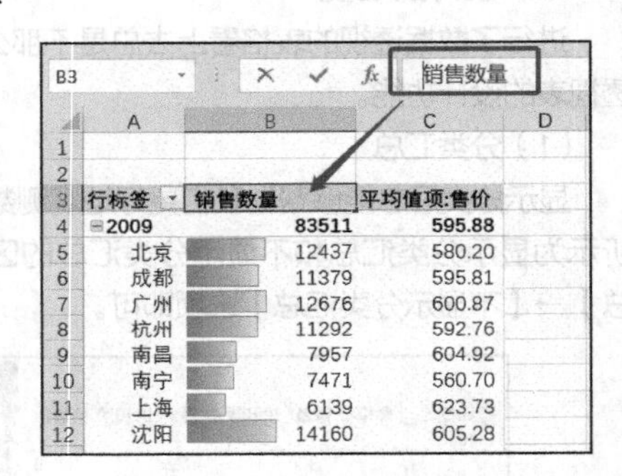

行标签	销售数量	平均值项:售价
⊟2009	83511	595.88
北京	12437	580.20
成都	11379	595.81
广州	12676	600.87
杭州	11292	592.76
南昌	7957	604.92
南宁	7471	560.70
上海	6139	623.73
沈阳	14160	605.28

图 4.1.39　修改字段名称

6. SQL 与数据透视表结合

SQL 是一种结构化查询语言。在一些不能直接使用数据透视表分类汇总的情况下，使用 SQL +数据透视表能够更高效地统计分析数据，避免了做辅助列等操作。这里简单介绍在数据透视表中使用 SQL 语句的方法。

（1）在数据透视表中使用 SQL 语句

例如，要汇总出图 4.1.40 所示的表中单价大于 5000 的各品牌的数量。我们知道数据透视表是无法进行筛选以后再透视的，传统的做法是先在原始数据表中筛选出单价大于 5000 的数据，复制并粘贴到新的 Sheet 表中，再对新的表格进行透视。既然学习了 SQL+数据透视表的方法，就可以直接一步到位了，即：使用 SQL 语句先筛选出满足条件的数据，再进行正常的透视。

销售日期	品牌	内存	单价	数量	金额
2019/1/4	华为	256GB	5549	2	11099
2019/1/4	华为	128GB	4599	1	4599
2019/1/4	苹果	256GB	4838	6	29027
2019/1/4	小米	64GB	2746	6	16477
2019/1/4	VIVO	256GB	4029	1	4029
2019/1/4	OPPO	64GB	5767	9	51903
2019/1/4	OPPO	256GB	3204	4	12816
2019/1/5	华为	64GB	5957	8	47656
2019/1/5	小米	256GB	5217	8	41736
2019/1/5	OPPO	256GB	4999	1	4999
2019/1/8	苹果	64GB	3370	1	3370
2019/1/8	VIVO	64GB	3657	8	29259
2019/1/8	OPPO	256GB	3696	6	22179
2019/1/8	OPPO	256GB	2804	1	2804
2019/1/9	苹果	128GB	3756	9	33807
2019/1/9	VIVO	64GB	5969	1	5969

图 4.1.40　原始数据

Step1：单击【插入】→【表格】→【数据透视表】按钮，在对话框中选择【使用外部数据源】选项，单击【选择连接】按钮，如图 4.1.41 所示。

Step2：在弹出的【现有连接】对话框中单击【浏览更多】按钮，在对话框中找到该表格所在的文件路径，如图 4.1.42 所示，单击【打开】按钮。

Step3：选择要透视的表所在的 Sheet 表，单击【确定】按钮，如图 4.1.43 所示，再指定数据透视表的位置，就插入了一个数据透视表。

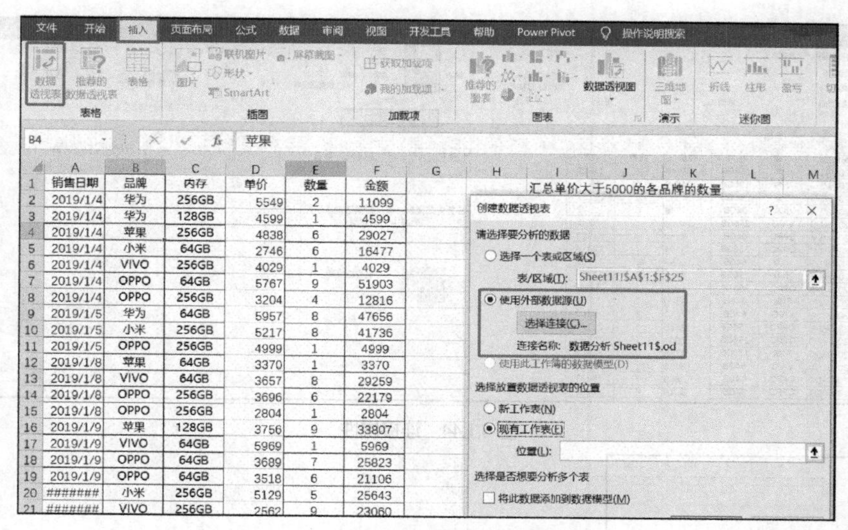

图 4.1.41　使用外部数据源

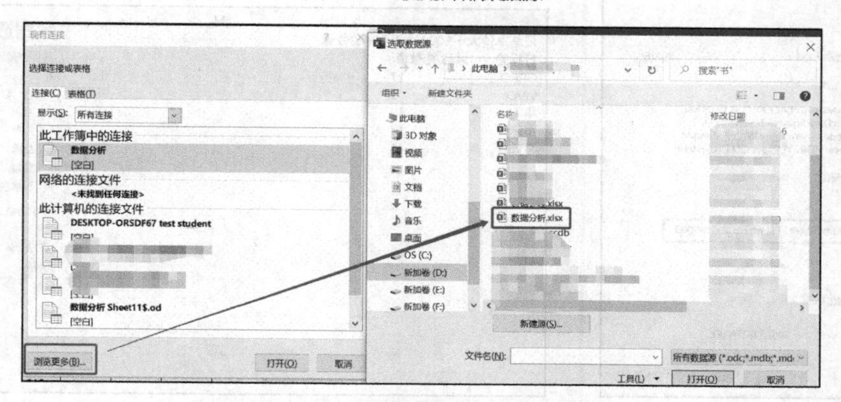

图 4.1.42　选择数据源所在的文件路径

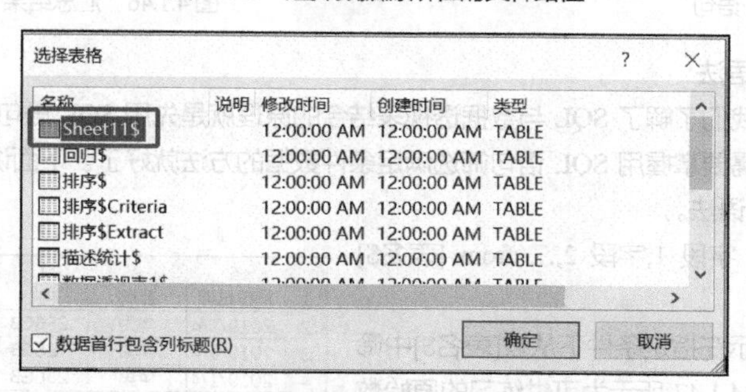

图 4.1.43　选择要透视表所在的 Sheet 表

Step4：选择【分析】→【数据】→【更改数据源】→【连接属性】选项，如图 4.1.44 所示。

Step5：在【连接属性】对话框中，设置使用状况为【定义】，在【命令文本】文本框里输入语句“select * from [Sheet11$] where 单价＞5000”，如图 4.1.45 所示，单击【确定】按钮。这个语句的意思是从表 Sheet11 中筛选出单价大于 5000 的所有数据。其中 select、from、where 都是 SQL 语句中的保留字，*号表示所有的字段，Sheet11 表要在后面加上$符号并用中括号括起来。

Step6：剩下的操作就和正常的插入数据透视表操作一样了，把品牌字段拖入行标签，对数量求和，就得到了单价大于 5000 各品牌的数量，如图 4.1.46 所示。

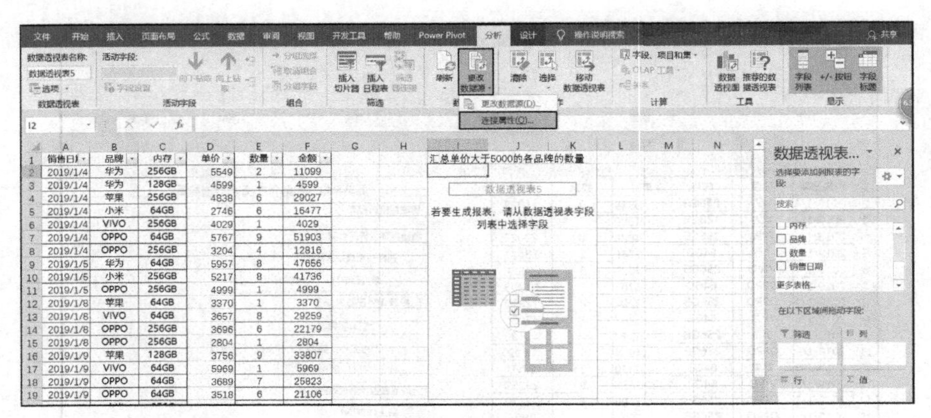

图 4.1.44 连接属性

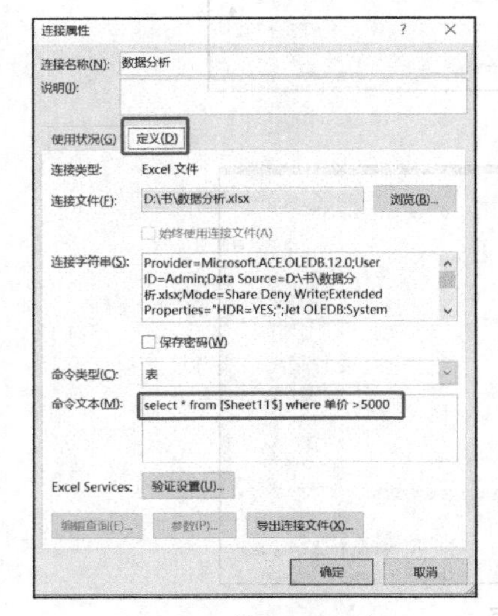

图 4.1.45 输入 SQL 语句

汇总单价大于5000的各品牌的数量

行标签	求和项:数量
OPPO	17
VIVO	1
华为	10
小米	13
总计	41

图 4.1.46 汇总结果

（2）SQL 语句的基本语法

看了上面这个实例，我们了解了 SQL 与数据透视表结合的原理就是先用 SQL 语句筛选数据，再用数据透视表进行透视，所以我们只需要掌握用 SQL 语句筛选满足条件数据的方法就好了。下面讲解用 SQL 语句取数的操作，首先介绍 SQL 语句的语法。

基本语法格式：select 字段 1,字段 2,… from [表名$] where 条件。

以上这条基本语句表示在指定条件下从表[表名$]中筛选出字段 1,字段 2 等。图 4.1.47 所示为可供练习的原始数据表，下面是要明确的几点。

	A	B	C	D	E	F
1	销售日期	品牌	内存	单价	数量	金额
2	2019/1/4	华为	256GB	5549	2	11099
3	2019/1/4	华为	128GB	4599	1	4599
4	2019/1/4	苹果	256GB	4838	6	29027
5	2019/1/4	小米	64GB	2746	6	16477
6	2019/1/4	VIVO	256GB	4029	1	4029
7	2019/1/4	OPPO	64GB	5767	9	51903
8	2019/1/4	OPPO	256GB	3204	4	12816
9	2019/1/5	华为	64GB	5957	8	47656
10	2019/1/5	小米	256GB	5217	8	41736

图 4.1.47 原始数据表

① SQL 语句不区分大小写，也就是说 SELECT 与 select 是一样的效果。

② 字段：字段与原始数据表中的列字段名一致。

③ [表名$]：中括号里面是原始数据所在 Sheet 表的名称，表名后必须有 $ 符号，这是固定搭配。

④ distinct：distinct 关键字用来筛选唯一值，写在字段前，如 select distinct 字段 1 from [Sheet1$]，表示从 Sheet1 表的原始数据中筛选出字段 1 中不重复的数据。

⑤ *："*"表示筛选所有字段，如 select * from [Sheet1$]，表示从 Sheet1 表的原始数据中筛选出所有的字段。

⑥ where 后是筛选的条件，可以将比较运算符写入条件中，如 select * from [Sheet11$] where 内存 ="256GB"，表示从 Sheet11 表的原始数据中筛选出内存字段为 256GB 的所有字段。需要说明的是，"256GB"是一个字符串，因此需要用英文状态下的双引号""括起来。

⑦ 条件中对日期的筛选通常用#来约束，如 select * from [Sheet11$] where 销售日期 >=#2019/1/4#，表示从 Sheet11 表的原始数据中筛选出销售日期大于或等于 2019 年 1 月 4 日的数据。两个#将日期约束，这是固定写法。

⑧ 多个条件可以使用逻辑运算符。如 select * from [Sheet11$] where 销售日期 >= #2019/1/4# and 单价 > 6000，表示从 Sheet11 表的原始数据中筛选出销售日期大于或等于 2019 年 1 月 4 日且单价大于 6000 的数据。

⑨ order by：对结果进行排序，默认为升序，降序用 desc。如 select * from [Sheet11$] where 内存 ="256GB" order by 单价 desc，表示从 Sheet11 表的原始数据中筛选出内存字段等于 256GB 的所有字段后，按照单价进行降序排列。

使用 SQL 语句取数的简单语法就先介绍到这里，想要深入学习的读者可以进一步地了解 SQL 语句在数据库中的应用。

4.1.3 数据分析工具库

Excel 分析工具库可以实现大部分统计的功能，如描述统计、相关系数、回归分析、时间序列分析等。单击【数据】→【分析】→【数据分析】按钮，在弹出的【数据分析】对话框中选择相应的功能即可，如图 4.1.48 所示。

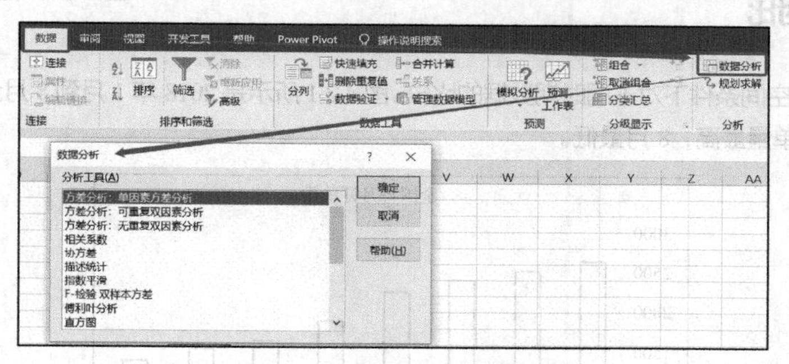

图 4.1.48 数据分析工具库

如果工具栏中没有【数据分析】按钮，则需进行加载。选择【文件】→【选项】选项，在弹出的【Excel 选项】对话框中，选择左边的【加载项】选项卡，如图 4.1.49 所示，在加载项中找到【分析工具库】加载项，单击下方的【转到】按钮。在弹出的【加载项】对话框中，勾选【分析工具库】复选框，单击【确定】按钮，如图 4.1.50 所示。这时，工具栏中就有【数据分析】按钮了。

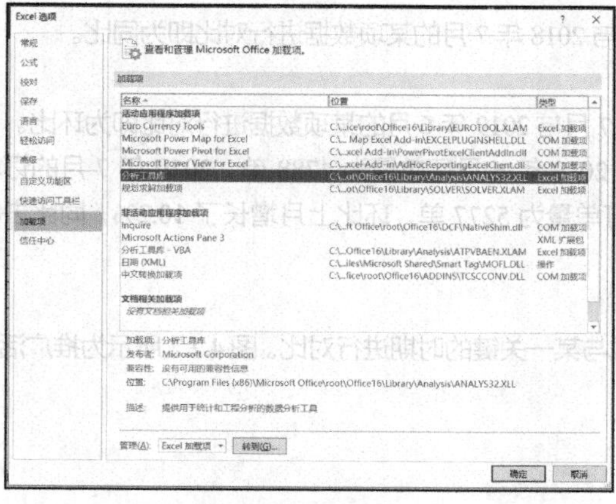

图 4.1.49 加载项

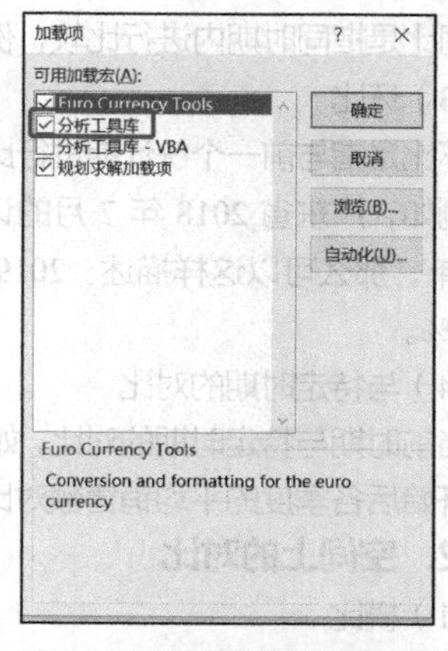

图 4.1.50 加载数据分析工具库

关于数据分析工具库中每个工具是如何应用的，我们将在 4.3 节中着重讲解。

练一练

图 4.1.51 所示是 2019 年 1 月、2 月、3 月运营部各员工的 KPI 指标，怎样才能统计出每个月 KPI 最高的人是谁呢？

提示 1：用数据透视表做姓名和日期的交叉表，对 KPI 求最大值。

提示 2：用排序和筛选的方法找到每个月 KPI 最高的人。

	A	B	C	D
1	日期	部门	姓名	KPI
2	1月	运营部	杨过	5
3	1月	运营部	小龙女	16
4	1月	运营部	郭襄	93
5	1月	运营部	黄蓉	6
6	1月	运营部	郭靖	20
7	1月	运营部	郭芙	22
8	1月	运营部	耶律齐	63
9	1月	运营部	程英	66
10	1月	运营部	陆无双	46
11	1月	运营部	李莫愁	72
12	1月	运营部	黄药师	21
13	1月	运营部	裘千仞	14
14	2月	运营部	杨过	55
15	2月	运营部	小龙女	19
16	2月	运营部	郭襄	62
17	2月	运营部	黄蓉	44
18	2月	运营部	郭靖	52
19	2月	运营部	郭芙	93
20	2月	运营部	耶律齐	99
21	2月	运营部	程英	34

图 4.1.51　运营部各员工的 KPI 指标

4.2 数据分析方法入门

掌握了数据分析的工具以后，就需要开始进行简单的数据分析了。本节将要介绍的这些基础数据分析方法可用来对业务现状进行分析。

4.2.1 对比分析

任何事物都有两面性。站在不同的角度去分析问题，不仅是数据分析的方法，也是各行各业都会用到的思维模式。

1. 时间上的对比

（1）纵比

纵比是指在同一空间条件下对不同时期数据的比较。图 4.2.1 所示是 2018 年 1 月到 8 月全国的订单量柱形图。可以看出，1 月的订单量最高，8 月最低。

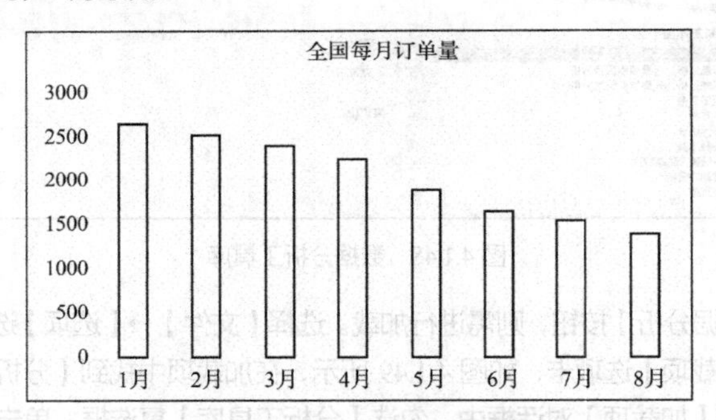

图 4.2.1　2018 年 1 月到 8 月全国的订单量柱形图

（2）同比

同比是指同时期内进行比较，例如将 2019 年 7 月与 2018 年 7 月的某项数据进行对比即为同比。

（3）环比

环比是指与前一个统计期进行比较，如将 2019 年 7 月与 2019 年 6 月的某项数据进行对比即为环比。

例如，广东省 2018 年 7 月的订单量为 5400 单，2019 年 6 月订单量为 4788 单，2019 年 7 月的订单量为 5277 单，那么可以这样描述：2019 年 7 月，广东省订单量为 5277 单，环比上月增长了 10.2%，同比去年降低了 2.3%。

（4）与特定时期的对比

当前时期与特定时期的对比，如与历史最好水平或与某一关键的时期进行对比。图 4.2.2 所示为推广活动开始前和开始后各季度的平均销售额对比条形图。

2. 空间上的对比

（1）横比

横比是指同一时间条件下对不同空间数据的比较。图 4.2.3 所示为 2018 年 7 月各省的订单数量柱形图，反映的是不同省份间同一时期的比较。

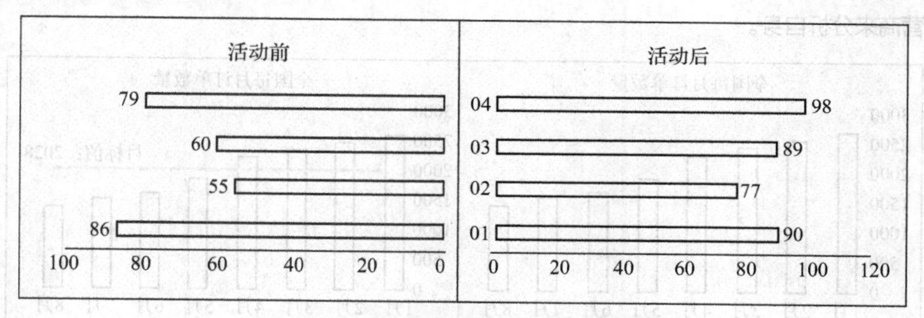

图 4.2.2　活动前后各季度平均销售额对比条形图

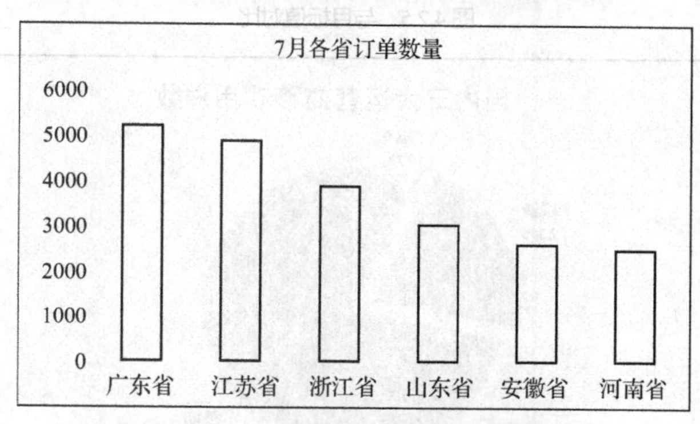

图 4.2.3　2018 年 7 月各省的订单数量柱形图

（2）同地域、同部门间对比

这里指的是同一统计期内，同地区、同部门间的比较。图 4.2.4 所示是部分国家国土面积排名的柱形图。空间上的对比总是基于一个级别，即它们都是同一级别的。如果用国家和洲去对比，就不合适了。

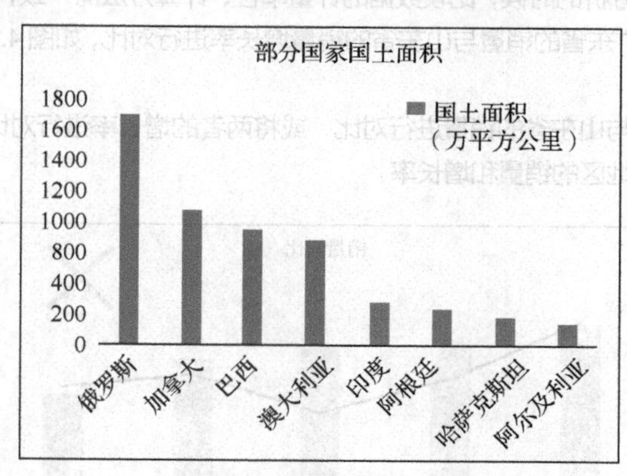

图 4.2.4　世界各国面积排名

3. 与标准对比

（1）与目标值对比

可将数据与目标值进行对比，从而发现差异，进行改正。图 4.2.5 右图所示的横线是目标值，加上目标值以后各月的数据立刻清晰了许多。

（2）与业内平均水准对比

在进行现状调查、背景介绍的时候，会进行与竞争对手或行业内水平的比较，以分析自身处于行业内的什么层次，计划下一步该做怎样的努力。图 4.2.6 所示是国内三大运营商移动用户数的占比，移动公司就可以通过对比其他两个运营商来分析自身。

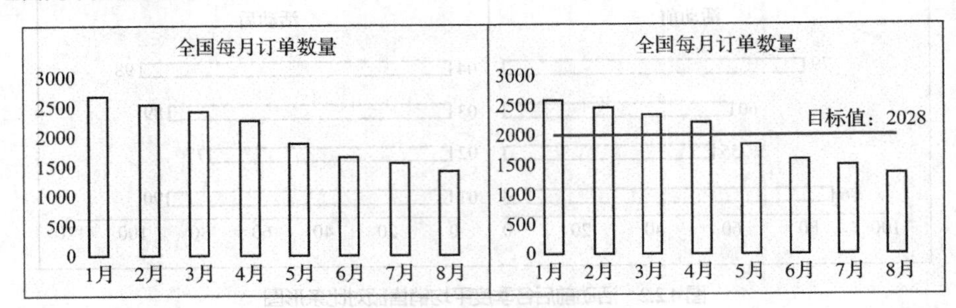

图 4.2.5　与目标值对比

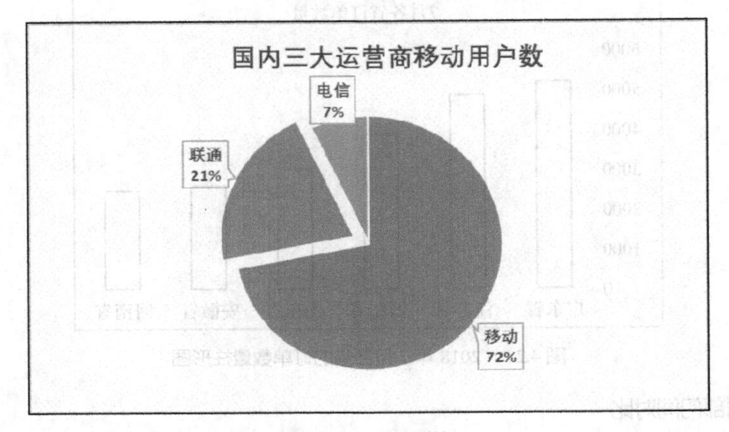

图 4.2.6　行业对比

需要注意的是，在做对比分析的时候，比较数据的计量单位、计算方法需一致，比较的对象也得具备可比性，否则就失去了对比的意义。将广东省的销量与山东省的销量增长率进行对比，如图 4.2.7 所示，两者单位没有统一，这样对比显然是错误的。

正确的对比是，将广东省与山东省的销量进行对比，或将两者的增长率进行对比。若一定要在一张图上放销量和增长率，那也应只放一个地区的销量和增长率。

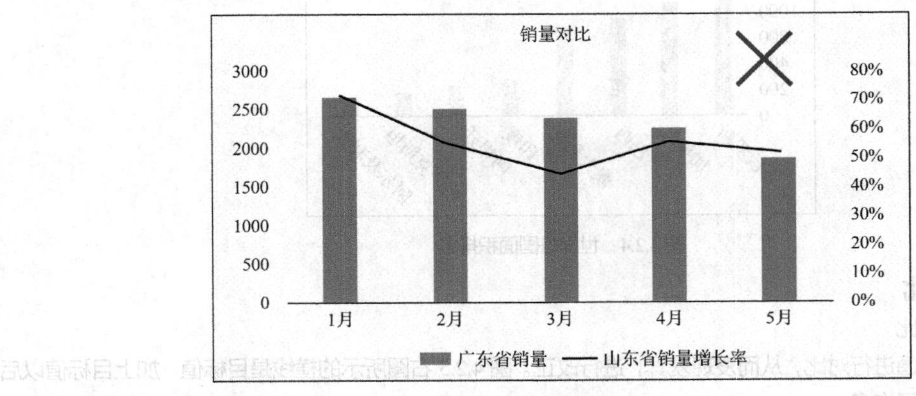

图 4.2.7　错误的对比

① 正确做法 1：销量对比，图 4.2.8 所示为将广东省和山东省的销量进行对比。

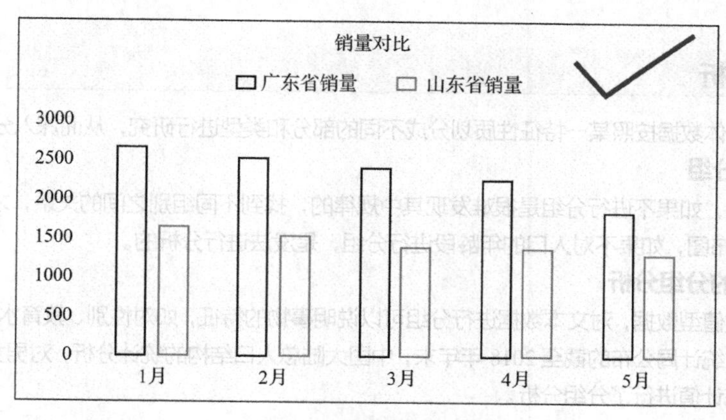

图 4.2.8　正确的对比 1

② 正确做法 2：增长率对比，图 4.2.9 所示是将广东省和山东省的增长率进行对比。

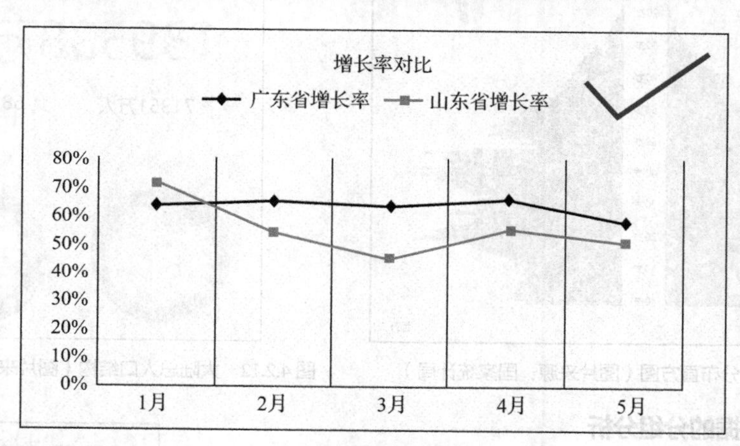

图 4.2.9　正确的对比 2

③ 正确做法 3：同一地区的销量与增长率的展现，图 4.2.10 所示是将广东省的销量同其本身的增长率进行对比。

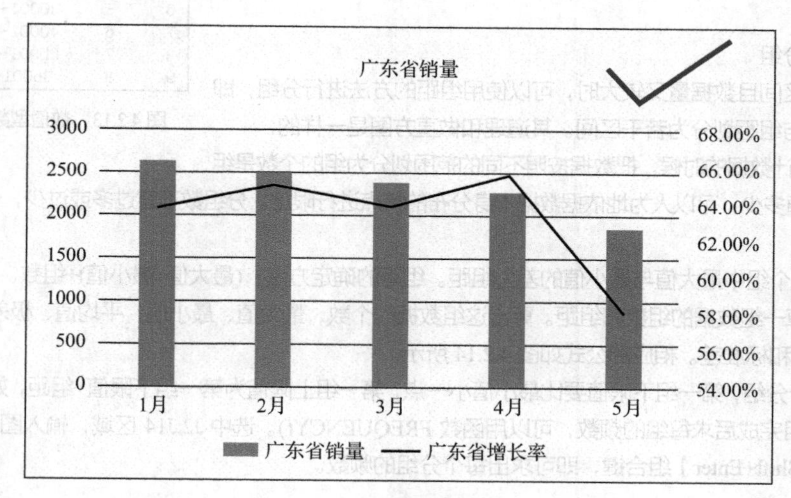

图 4.2.10　正确的对比 3

4.2.2 分组分析

分组分析是将总体数据按照某一特征性质划分成不同的部分和类型进行研究，从而深入分析其内在规律。

1. 为什么要分组

对于大量的数据，如果不进行分组是很难发现其中规律的，找到不同组别之间的关系，才能更好地对比。图 4.2.11 所示的人口分布图，如果不对人口的年龄段进行分组，是没法进行分析的。

2. 文本数据的分组分析

文本数据即非数值型数据，对文本数据进行分组可以说明事物的特征，如对性别、教育水平等指标进行分组。图 4.2.12 所示是国家统计局公布的截至 2018 年年末，中国大陆总人口结构的统计分析，对男女人口结构、城镇化率这类文本数据的统计值进行了分组分析。

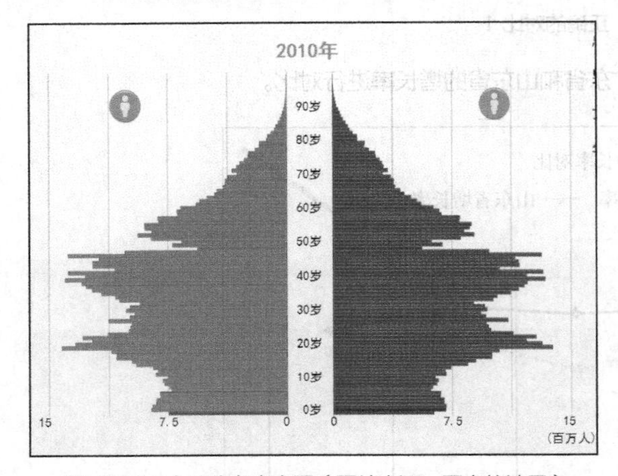

图 4.2.11 人口分布直方图（图片来源：国家统计局）

图 4.2.12 大陆总人口结构（图片来源：国家统计局）

3. 数值型数据的分组分析

（1）指令型分组

对于一组数据，有依据地划分好范围的分组方式，称为“指令型”分组。图 4.2.13 所示的个人所得税的税率计算表就是把工资划分为了几个规定的区间。

	A	B	C
1	序号	工资范围	税率
2	1	1~5000	0
3	2	5001~8000	3%
4	3	8001~17000	10%
5	4	17001~30000	20%
6	5	30001~40000	25%
7	6	40001~60000	30%
8	7	60001~85000	35%
9	8	85001~无限	45%

图 4.2.13 数值型数据指令型分组

（2）组距式分组

不指定分组区间且数据量又较大时，可以使用组距的方法进行分组，即将数据按照组数与组距划分为若干区间。其道理和做直方图是一样的。

① 组数：统计数据的时候，把数据按照不同的范围划分为组的个数是组数。组数具体取值多少，可以人为地依据数据本身分布的特点进行限定。分组数不宜过多或过少，一般在 5～12 个为宜。

② 组距：一个组中最大值与最小值的差为组距。组距的确定方法：(最大值-最小值)÷组数。

Step1：计算一组数据的组数和组距。算出这组数据的个数、最大值、最小值、平均值、极差（最大值-最小值）、组数、组距和标准差。相应的公式如图 4.2.14 所示。

Step2：进行分组，第一组下限值要比最小值小一点，第一组上限值为第一组下限值+组距，如图 4.2.15 所示。

Step3：分组完成后求每组的频数，可以用函数 FREQUENCY()。选中 J2:J14 区域，输入图 4.2.16 所示的公式，再按【Ctrl+Shift+Enter】组合键，即可求出每个分组的频数。

数据个数	100	COUNT(A:A)
最大值	0.995117038	MAX(A:A)
最小值	3.05185E-05	MIN(A:A)
平均值	0.495578478	AVERAGE(A:A)
极差	0.99508652	D2-D3
组数	10	ROUNDUP(SQRT(D1),0)
组距	0.099508652	D5/D6
标准差	0.296556873	STDEV.S(A:A)

图 4.2.14 计算组数、组距等数据

=I2+$D$7

C	D	H	I
数据个数	100		分组
最大值	2.402194		-3.06099
最小值	-2.56099		-2.56467
平均值	-0.12355		-2.06835
极差	4.963185		-1.57204
组数	10		-1.07572
组距	0.496319		-0.5794
标准差	0.971311		-0.08308
			0.413238
			0.909557
			1.405875
			1.902194
			2.398512
			2.894831

图 4.2.15 按组距分组

（3）用数据透视表分组

数据透视表也可以实现分组功能，即其组合的功能。图 4.2.17 所示是一组日销售额和销售数量的统计表，可以看出，【日期】列的时间跨度非常大。统计每个季度、每年的量，可以用数据透视表来实现。

{=FREQUENCY(A:A,I2:I14)}

A	B	C	D	H	I	J
0.108112		数据个数	100		分组	频数
-1.80401		最大值	2.402194		-3.06099	0
-2.39539		最小值	-2.56099		-2.56467	0
0.2576		平均值	-0.12355		-2.06835	4
-0.84483		极差	4.963185		-1.57204	4
-1.75627		组数	10		-1.07572	6
0.932014		组距	0.496319		-0.5794	18
-0.15611		标准差	0.971311		-0.08308	14
0.086129					0.413238	23
-0.22923					0.909557	16
1.097812					1.405875	11
-1.68062					1.902194	3
-2.48543					2.398512	0
0.425641					2.894831	1
0.28347						

图 4.2.16 按组距分组结果

日期	销售额	销售数量
2001/3/1	10,018	1,100
2001/6/1	10,130	1,087
2001/9/1	10,165	1,110
2001/12/1	10,301	1,127
2002/3/1	10,305	1,205
2002/6/1	10,373	1,182
2002/9/1	10,499	1,193
2002/12/1	10,602	1,193
2003/3/1	10,702	1,196

图 4.2.17 待分组的数据

单击【插入】→【表格】→【数据透视表】按钮，把【日期】拖到行标签，把【销售额】拖到值区域，汇总方式选择求和，如图 4.2.18 所示。

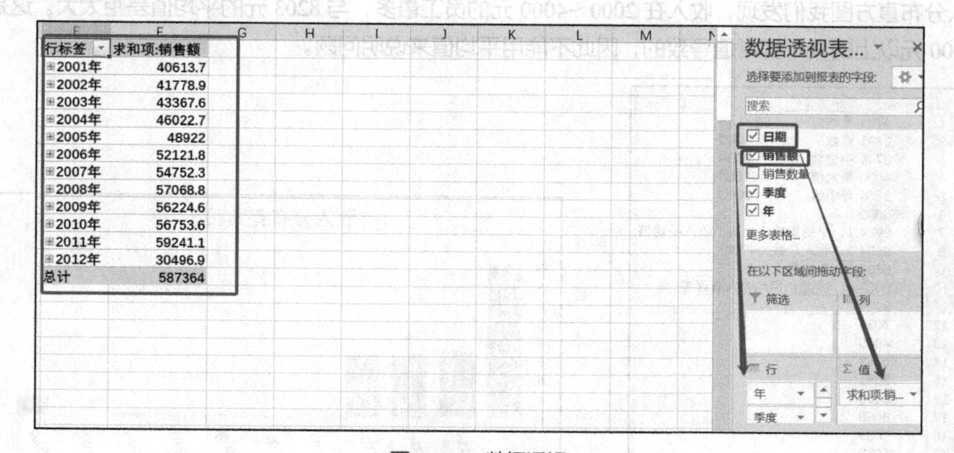

行标签	求和项:销售额
2001年	40613.7
2002年	41778.9
2003年	43367.6
2004年	46022.7
2005年	48922
2006年	52121.8
2007年	54752.3
2008年	57068.8
2009年	56224.6
2010年	56753.6
2011年	59241.1
2012年	30496.9
总计	587364

图 4.2.18 数据透视

可以自定义分组的方式。在值区域上右击，选择【组合】选项，弹出【组合】对话框，这里我们按年和季度进行分组，如图 4.2.19 所示。

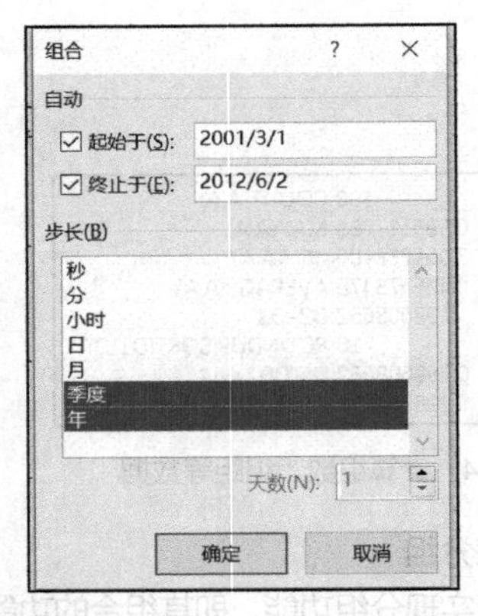

图 4.2.19　按年和季度分组

4.2.3　平均分析

平均分析法顾名思义，就是用平均数来反映数据在某一特征下的水平。平均分析通常和对比分析结合在一起，从时间和空间多个角度衡量差异，找到其中的趋势和规律。

平均数又叫"均值"，用于反映一组数据的集中趋势。均值容易受极值的影响，当数据集中出现极值时，所得到的均值结果将会出现较大的偏差。

同一行业不同竞争产品之间同一平均指标的对比，可以用于比较事件的整体水平。图 4.2.20 所示为 2018 年淘宝、拼多多、唯品会月人均单日使用次数和月人均单日使用时长的对比。

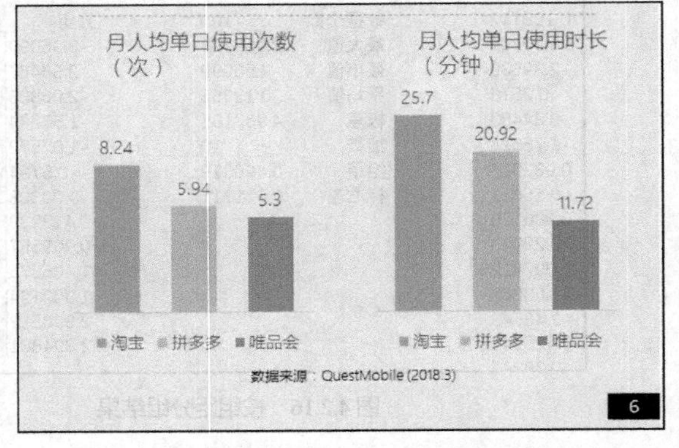

图 4.2.20　平均分析法（图片来源：企鹅智酷）

图 4.2.21 所示是某公司员工平均收入的例子。通过绘制收入分布直方图我们发现，收入在 2000～4000 元的员工最多，与 8203 元的平均值差距太大。这是由于收入在 20000 元以上的几个异常值导致的，因此不能用平均值来说明问题。

	A	B	C	D
1	9724	平均值	8203.46	
2	9891	众数	4000	
3	5746	中位数	6434	
4	4000	最大值	60000	
5	2354	最小值	2000	
6	60000			
7	8924	1、个别异常值拉高了收入平均值		
8	9534	2、收入众数为4000		
9	6636	3、中位数为6434		
10	20000	4、8203的平均收入有误差		
11	3130			
12	7034			
13	4000			
14	9043			
15	2361			
16	15000			
17	8089			
18	2639			
19	5030			
20	2000			
21	8159			
22	50000			
23	3643			

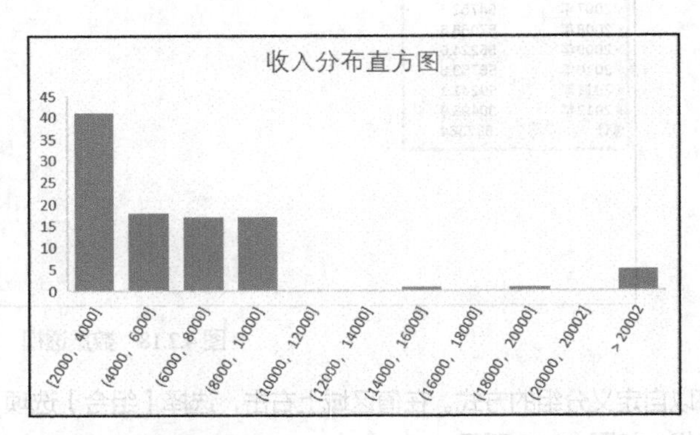

图 4.2.21　员工平均收入分析

4.2.4 交叉分析

交叉分析就是将两项及多项指标进行交叉，从而找到变量之间的关系，发现数据的特征。图 4.2.22 所示为一份某连锁店统计的商品销售数据。该原始数据表中有【年】、【月】、【销售区域】、【销售数量】和【售价】5 个维度，可以将它们两两组合得到一些交叉的关系思路，如年和销量、年和售价、区域和销量、区域和售价等。如果每一个字段我们都进行两两交叉，就可以得到 10 个交叉关系。需要注意的是，这些交叉关系是要有实际意义的，如年和月的交叉，分析不出什么，也没有意义。

插入数据透视表，将【年】字段拖入行标签，再将【销售数量】字段拖入值区域并求和。如图 4.2.23 所示，通过对年和销售数量间的交叉，得到 2010 年销售数量比 2009 年高的结果。

插入数据透视表，将【销售区域】字段拖入行标签，再将【销售数量】字段拖入值区域并求和。如图 4.2.24 所示，通过对区域和销售数量进行交叉分析，得到沈阳的销售数量最好、上海的销售数量最差的结果。

	A	B	C	D	E
1	年	月	销售区域	销售数量	售价
2	2009	1	广州	70	408.43
3	2009	1	南宁	25	444.15
4	2009	1	北京	17	443.66
5	2009	1	广州	99	427.81
6	2009	1	北京	43	819.04
7	2009	1	广州	57	539.02
8	2009	1	上海	47	524.30

图 4.2.22　商品销售数据

行标签	求和项:销售数量
2009	83511
2010	116863
总计	200374

图 4.2.23　年份与销量交叉分析

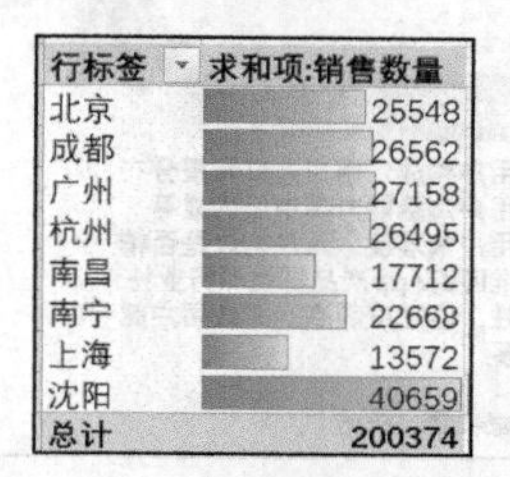

行标签	求和项:销售数量
北京	25548
成都	26562
广州	27158
杭州	26495
南昌	17712
南宁	22668
上海	13572
沈阳	40659
总计	200374

图 4.2.24　区域与销量交叉分析

插入数据透视表，将【销售区域】字段拖入行标签，【年】字段拖入列标签，再将【销售数量】字段拖入值区域并求和。如图 4.2.25 所示，可以看到不同区域和不同年份下销售数量的关系。

多个维度交叉，分析区域、销量、年份和售价 4 个维度的交叉关系，如图 4.2.26 所示。

求和项:销售数量	列标签		
行标签	2009	2010	总计
北京	12437	13111	25548
成都	11379	15183	26562
广州	12676	14482	27158
杭州	11292	15203	26495
南昌	7957	9755	17712
南宁	7471	15197	22668
上海	6139	7433	13572
沈阳	14160	26499	40659
总计	83511	116863	200374

图 4.2.25　区域与年份交叉分析

行标签	求和项:销售数量	平均值项:售价
⊟2009	83511	595.88
北京	12437	580.20
成都	11379	595.81
广州	12676	600.87
杭州	11292	592.76
南昌	7957	604.92
南宁	7471	560.70
上海	6139	623.73
沈阳	14160	605.28
⊟2010	116863	598.16
北京	13111	622.11
成都	15183	578.65
广州	14482	604.49
杭州	15203	583.69
南昌	9755	573.44
南宁	15197	606.89
上海	7433	621.82
沈阳	26499	595.57
总计	200374	597.16

图 4.2.26　4 个维度交叉分析

4.2.5 综合指标分析

前面提到的对比、平均、分组和交叉的分析思路，都是在单一指标下分析的方法。而综合指标评价法是建立在复杂数据情况下，将多个指标转换为一个综合指标，并对某一特征进行总体评价，如人民的幸福程度、人才评价、用户活跃程度等。这种方法经常出现在行业报告中。

图 4.2.27 所示是极光数据在 2019 年 8 月 19 日发布的 App 流量价值评估报告，其中就用到了综合指标分析方法。先构造了流量价值这个综合指标，接着从 4 个维度，即用户规模、流量质量、用户特征和产品特性分别选取相应指标，最后得出分析结果：一、二线城市流量价值较高。

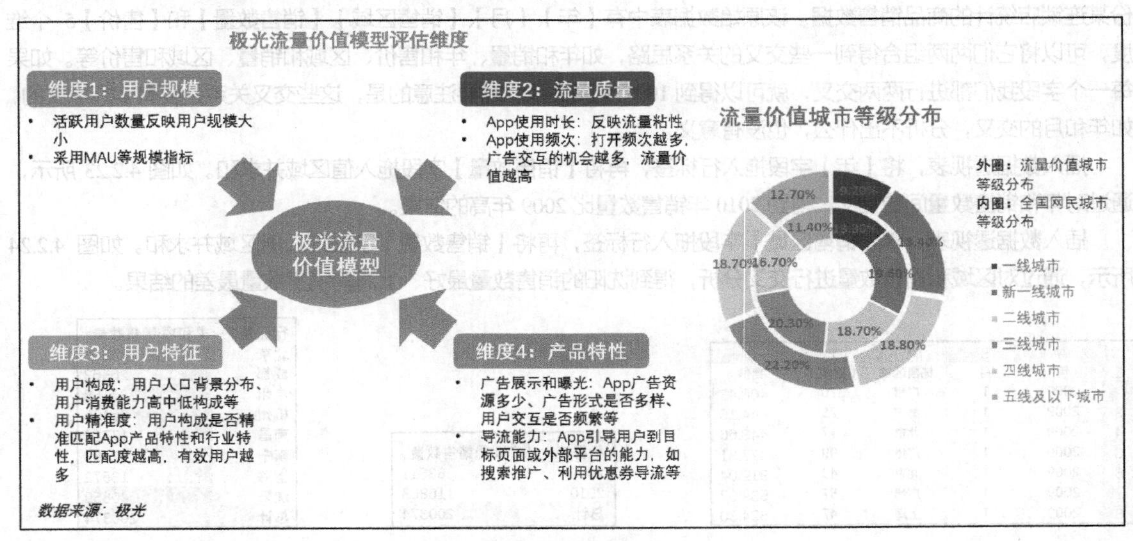

图 4.2.27　综合指标分析

1. 综合指标分析的步骤

综合指标分析其实是由我们自己确定一个指标来进行分析，但这个指标也不是凭空捏造，要说明具体来由及相关逻辑计算方法，即权重分配，整个分析过程符合常规逻辑即可。综合指标分析的具体步骤如下。

（1）确定指标

找出要进行综合评价的所有相关指标，确定指标有以下几个原则。

① 指标应充分枚举，不要遗漏。如在进行人才评定的时候，从基础能力、创新能力、沟通能力、执行力、品德修养、团队意识几个方面来考虑，就把与这 6 个方面相对应的指标都罗列出来，尽量不要有遗漏。

② 指标之间应相互独立，不要出现共线性问题。这一条也很好理解，如评价沟通能力的一项指标是“和团队成员的协作程度”（在 0～10 打分），而在团队意识里同样有一项类似的指标“和团队成员共事的能力”（在 0～10 打分），这两个指标名称不一样，但实际上表达的意思是一样的。如果这两项指标都出现在最后的综合评价里，那就重复了。对于数据分析人员来说是做了重复功；对整个分析来讲也是无意义的。

在确定指标的过程中，我们用到了逻辑树模型，如图 4.2.28 所示。如我们设置人才优秀程度的评定方法，第一层从基础能力、沟通能力、创新能力等 6 个方面来评价，第二层将涉及这几个方面的指标相互独立地罗列出来。逻辑树的关键在于找到末端原因。

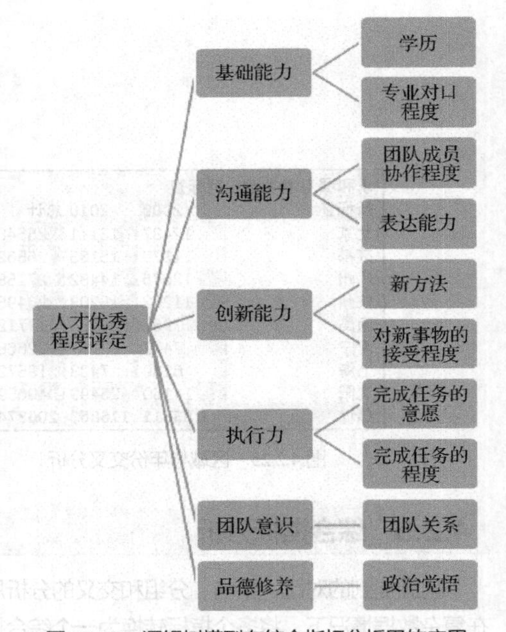

图 4.2.28　逻辑树模型在综合指标分析里的应用

（2）填充数据

当确定好需要哪些指标以后，就将反映指标的数据填充进去。将每个人相应指标下的打分结果（0～100 分）填充到表中，如图 4.2.29 所示。

A	B	C	D	E	F	G	H	I	J	K	L
	基础能力（5%）		沟通能力（5%）		创新能力（30%）		执行力（35%）		团队意识（10%）	品德修养（15%）	
姓名	学历	专业	协作程度	表达能力	新方法	新事物接受程度	完成任务意愿	完成任务程度	团队关系	政治觉悟	得分
张三	100	90	80	85	60	70	86	60	90	75	796
李四	90	97	95	86	69	59	87	55	50	66	754
王五	76	56	83	99	88	81	75	95	98	64	816
王丽	60	66	95	99	75	54	63	50	67	83	711
李梅	98	93	79	91	89	52	53	51	80	62	749
张削	57	82	68	68	40	91	52	63	89	90	700
赵华	51	64	90	78	91	56	77	98	77	72	753

图 4.2.29　填充数据

（3）确定权重

依据历史经验，我们将赋予每个指标相应的权重，如图 4.2.30 所示，赋予基础能力 5%的权重，执行力 35%的权重等，所有权重相加应为 100%。

	基础能力（5%）		沟通能力（5%）		创新能力（30%）		执行力（35%）		团队意识（10%）	品德修养（15%）
姓名	学历	专业	协作程度	表达能力	新方法	新事物接受程度	完成任务意愿	完成任务程度	团队关系	政治觉悟

图 4.2.30　确定权重

（4）综合分析

对每行数据计算其加权后的值，再相加就得到了一个综合值，即图 4.2.31 中的权重得分。加权值的计算方式如下。

加权值=原值×权重

A	B	C	D	E	F	G	H	I	J	K	L	M
	基础能力（5%）		沟通能力（5%）		创新能力（30%）		执行力（35%）		团队意识（10%）	品德修养（15%）		
姓名	学历	专业	协作程度	表达能力	新方法	新事物接受程度	完成任务意愿	完成任务程度	团队关系	政治觉悟	得分	权重得分
张三	100	90	80	85	60	70	86	60	90	75	796	128.25
李四	90	97	95	86	69	59	87	55	50	66	754	119.64
王五	76	56	83	99	88	81	75	95	98	64	816	138.83
王丽	60	66	95	99	75	54	63	50	67	83	711	113.28
李梅	98	93	79	91	89	52	53	51	80	62	749	117.07
张削	57	82	68	68	40	91	52	63	89	90	700	114.74
赵华	51	64	90	78	91	56	77	98	77	72	753	129.23

图 4.2.31　综合分析

加权以后的综合值和不加权的值有什么区别呢？我们来看加权以后的得分前 3 项，可以看出原本得分排名第三的李四在加权以后排不到前三了，区别就在于权重。

2. 应用案例

上述人才优秀程度评定的例子建立在数据在同一区间，也就是所有的打分都是在 0～100 分的基础上。图 4.2.32 所示的是更多的情况下，数据范围各不一致。假设我们要分析一个网站某一天的用户活跃程度，通过用户的【登录次数】、【驻留时间】和【点击量】3 个指标来得到一个综合值。

ID	登录次数	驻留时间	点击量	活跃程度
10001	2	60.95	3	
10002	8	101.16	5	
10003	8	71.55	9	
10004	16	76.03	7	
10005	6	64.42	5	
10006	15	82.45	9	
10007	7	67.62	8	
10008	1	72.70	10	

图 4.2.32　某网站一日的后台数据

Step1：数据标准化。观察发现【登录次数】、【驻留时间】、【点击量】3 个指标的单位是不一致的，因此要做标准化处理，使其在 0～1 之间缩放。先对【登录次数】进行标准化，输入图 4.2.33 所示的公式，同样对【驻留时间】和【点击量】进行 0～1 标准化的处理。

E2 =(B2-MIN(B:B))/(MAX(B:B)-MIN(B:B))

	A	B	C	D	E	F	G
1	ID	登录次数	驻留时间	点击量	次数标准化		
2	10001	2	60.95	3	0.032666		
3	10002	8	101.16	5	0.400458		

图 4.2.33　登录次数标准化

Step2：计算加权后的综合值。设定【登录次数】的权重为 0.3，【驻留时间】的权重为 0.3，【点击量】的权重为 0.4，对标准化后的 3 个指标计算加权综合值，公式如图 4.2.34 所示。

H2 =E2*0.3+F2*0.3+G2*0.4

	A	B	C	D	E	F	G	H
1	ID	登录次数	驻留时间	点击量	次数标准	驻留时间	点击量标	加权综合值
2	10026	18	79.12	9	0.978488	0.557522	0.93423	0.834495062
3	10015	16	84.61	10	0.8292	0.620254	0.996395	0.833394101
4	10046	13	110.74	8	0.643893	0.918879	0.766137	0.775286476

图 4.2.34 计算加权后的综合值

Step3：结果分析。对加权综合值的结果进行降序排列，就可以得到如图 4.2.35 所示综合指标最高的 10 个用户 ID 了，以进行精准的营销与运营维护。

1	ID	登录次数	驻留时间	点击量	次数标准	驻留时间	点击量标	加权综合值
2	10026	18	79.12	9	0.978488	0.557522	0.93423	0.834495062
3	10015	16	84.61	10	0.8292	0.620254	0.996395	0.833394101
4	10046	13	110.74	8	0.643893	0.918879	0.766137	0.775286476
5	10038	19	110.27	5	0.985692	0.913419	0.509702	0.773614205
6	10006	15	82.45	9	0.771271	0.595651	0.884855	0.764018627
7	10010	11	87.41	9	0.558012	0.652325	0.921314	0.731626913
8	10018	5	104.12	10	0.19925	0.843156	0.983699	0.706201057
9	10004	16	76.03	7	0.830761	0.522281	0.667231	0.672804784
10	10009	18	75.66	6	0.969625	0.517982	0.557039	0.669097588
11	10023	18	83.84	5	0.956711	0.61153	0.464842	0.656408968

图 4.2.35　降序排列加权后的综合值

4.2.6 RFM 分析

RFM 分析是通过对客户群体进行细分以判别出哪些是重要客户、哪些是要重点挽留的客户，对不同价值区的客户制定不同的营销方案，从而进行精准运营的方法。

1. RFM 分析的定义

（1）定义

RFM 模型是衡量客户价值和客户创利能力的重要工具和手段。RFM 分析是根据客户活跃程度、消费次数和消费金额贡献值进行客户价值细分的方法。RFM 分析其实是降维思维的体现，将 3 个维度的值综合成一个值。

（2）RFM 各值的含义

① R：Recency——客户最近一次消费（购买）时间的间隔。注意是时间间隔，不是时间。在具体实施过程中，需要选定一个基准值，计算以后得出时间间隔的天数。*R* 值越大，表示客户上一次交易的时间越久远，则越可能流失；*R* 越小，表示客户的活跃程度越高。

② F：Frequency——客户在最近一段时间内消费的次数。*F* 值越大，表示客户消费频次高，越活跃。

③ M：Monetary——客户在最近一段时间内消费的金额。*M* 值越大，则客户消费金额越高。

（3）分类

把上述 3 个指标维度按高低程度划分，可以得到 8 组客户，如表 4.2.1 所示。其中 0 表示低，1 表示高。

表 4.2.1　　RFM 分类

R	*F*	*M*	类型
1	1	1	高价值客户
0	1	1	重点保持客户
1	0	1	重点发展客户
0	0	1	重点挽留客户
1	1	0	一般价值客户
0	1	0	一般保持客户
1	0	0	一般发展客户
0	0	0	潜在客户

2. 如何用 Excel 进行 RFM 分析

图 4.2.36 所示的原始数据表（图片为部分数据）包含【客户标识】【日期】和【消费金额】3 列数据。

（1）对原始数据表建立数据透视表

Step1：插入数据透视表，将【客户标识】列拖到行标签，【日期】列拖到值的位置，如图 4.2.37 所示。因为我们想要的是最近一次消费的时间，所以【日期】的汇总方式是求最大值。

客户标识	日期	消费金额
1	2018/1/1	50
2	2018/1/1	3588
3	2018/1/1	356
4	2018/1/1	3488
5	2018/1/1	3399
6	2018/1/1	3399
7	2018/1/1	199
8	2018/1/1	3099

图 4.2.36　原始数据表

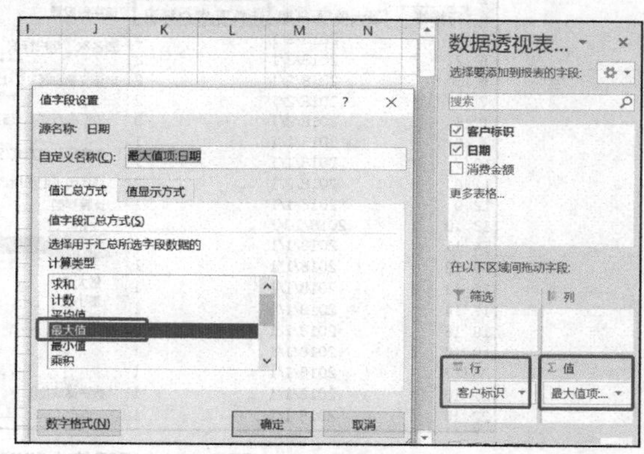

图 4.2.37　对【日期】求最大值

Step2：这时可能会出现图 4.2.38 所示的日期显示成数字的情况，只需要更改一下数字格式即可，如图 4.2.39 所示。

图 4.2.38　更改日期格式 1

Step3：将【客户标识】列拖到值区域处，设置汇总方式为【计数】，如图 4.2.40 所示。

Step4：将【消费金额】列拖到值区域处，设置汇总方式为【求和】，如图 4.2.41 所示。

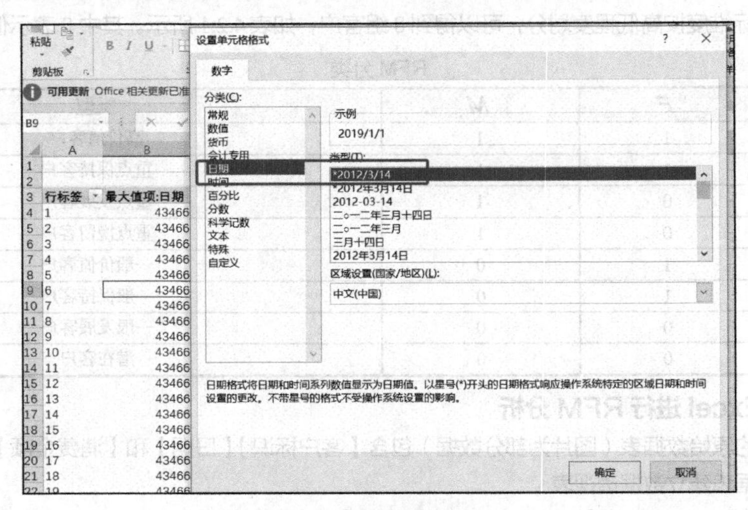

图 4.2.39 更改日期格式 2

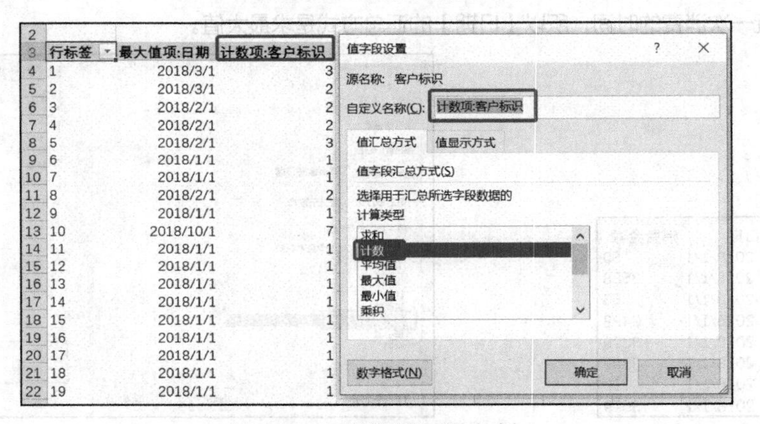

图 4.2.40 设置值字段汇总方式 1

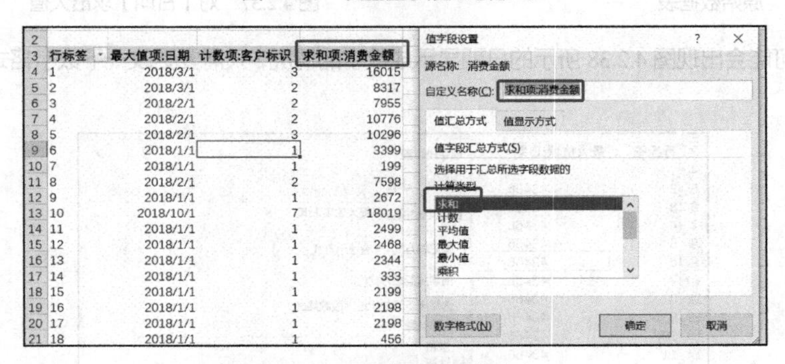

图 4.2.41 设置值字段汇总方式 2

（2）求 $R1$、$F1$、$M1$ 的值

$R1$、$F1$、$M1$ 的值不是真正的 R、F、M 的值，这里只是过渡一下。

Step1：求 $R1$ 的值。$R1$ 是指最近一次消费的时间间隔，如以 2019 年 8 月 1 日为基准日期，计算每个客户最近一次消费的时间距离 2019 年 8 月 1 日是多少天。如图 4.2.42 所示，在 $R1$ 下输入公式=$C$1-G2。

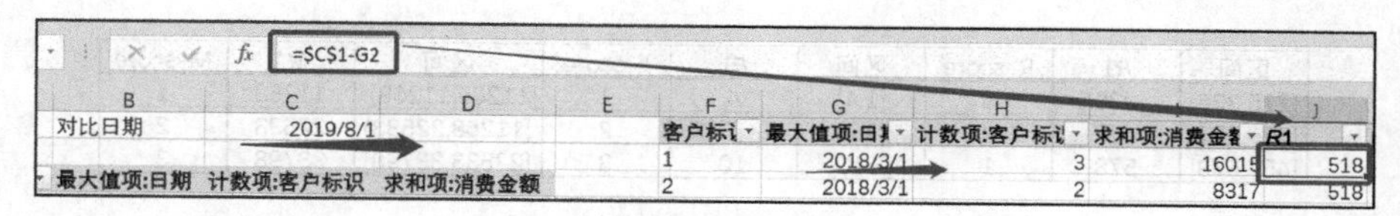

图 4.2.42　求 $R1$ 的值

Step2：求 $F1$ 的值。$F1$ 是指消费的次数。在这里，$F1$ 的值就是上一步骤中对【客户标识】计数的值，如图 4.2.43 所示，直接复制并粘贴过来即可。

客户标识	最大值项:日期	计数项:客户标识	求和项:消费金额	R1	F1
1	2018/3/1	3	16015	518	3
2	2018/3/1	2	8317	518	2
3	2018/2/1	2	7955	546	2
4	2018/2/1	2	10776	546	2

图 4.2.43　求 $F1$ 的值

Step3：求 $M1$ 的值。$M1$ 是指消费金额。同理，在这里，$M1$ 的值是透视表中对【消费金额】求和的值，如图 4.2.44 所示，直接复制并粘贴过来即可。

客户标识	最大值项:日期	计数项:客户标识	求和项:消费金额	R1	F1	M1
1	2018/3/1	3	16015	518	3	16015
2	2018/3/1	2	8317	518	2	8317
3	2018/2/1	2	7955	546	2	7955
4	2018/2/1	2	10776	546	2	10776
5	2018/2/1	3	10296	546	3	10296

图 4.2.44　求 $M1$ 的值

（3）对 $R1$、$F1$、$M1$ 的值打分

Step1：对 $R1$、$F1$、$M1$ 的值进行打分，得出 R-score、F-score、M-score 的值。为了打分，我们可以将 $R1$、$F1$、$M1$ 的值三等分，得到各自的三等分距，然后依据三等分距来打分。$R1$ 的最大值=MAX(J:J)，最小值=MIN(J:J)，三等分距=(U3−U4)/3，简单地计算出三等分距=（最大值−最小值）÷3，如图 4.2.45 所示；同理，对 $F1$ 和 $M1$ 的值也算出三等分距。

=(U3−U4)/3

求和项:消费金额	R1	F1	M1
16015	518	3	16015
8317	518	2	8317
7955	546	2	7955
10776	546	2	10776
10296	546	3	10296

	R1	F1	M1
最大值	577	9	33798
最小值	215	1	3
三等分距	120.6667	2.666667	11265

图 4.2.45　计算 $R1$、$F1$、$M1$ 的三等分距

Step2：对 $R1$ 的值打分。我们知道 R 指的是最近一次消费距今的时间间隔。R 这个值越小说明用户的活跃度越高，所以 $R1$ 的值越小，得分应该越高。预先设定 $R1$ 的值为 336，在“$215 \leq R1 < 336$”的范围内得分为 3，在“$336 \leq R1 < 457$”的范围内得分为 2，在“$457 \leq R1 \leq 578$”的范围内得分为 1，如图 4.2.46 所示。336 是由 $R1$ 的最小值加三等分距得到的，457 是 336 加三等分距，578 是 457 加三等分距。

	R1	F1	M1
最大值	577	9	33798
最小值	215	1	3
三等分距	120.6667	2.666667	11265

区间	R1	R-score	区间
[215,336)	336	3	
[336,457)	457	2	
[457,578]	578	1	

图 4.2.46　对 $R1$ 值打分

Step3：同理，对 $F1$ 和 $M1$ 进行打分，制作出图 4.2.47 所示的打分区间表。要注意的是，$F1$ 值表示的是消费频次，应该是频次越大、得分越高；$M1$ 值表示的是消费金额，应该是金额越高、得分越高。

区间	*R*1	R-score	区间	*F*1	F-score	区间	*M*1	M-score
[215,336)	336	3	[1,4)	4	1	[11265,11268)	11268	1
[336,457)	457	2	[4,7)	7	2	[11268,22533)	22533	2
[457,578]	578	1	[7,10]	10	3	[22533,33798]	33798	3

图 4.2.47　打分表

Step4：将每一个 *R*1 值的得分对应起来得到 R-score 的值，可以用 IF()函数。如图 4.2.48 所示，输入公式=IF(J2＜336,3,IF(J2＜457,2,1))。

=IF(J2<336,3,IF(J2<457,2,1))

求和项:消费金额	*R*1	*F*1	*M*1	R-score	F-score	M-score
16015	518	3	16015	1		
8317	518	2	8317	1		
7955	546	2	7955	1		
10776	546	2	10776	1		
10296	546	3	10296	1		
3399	577	1	3399	1		
199	577	1	199	1		
7598	546	2	7598	1		
2672	577	1	2672	1		
18019	304	7	18019	3		

	*R*1	*F*1
最大值	577	9
最小值	215	1
三等分距	120.6667	2.666667

区间	*R*1	R-score
[215,336)	336	3
[336,457)	457	2
[457,578]	578	1

图 4.2.48　求 R-score 值

Step5：同理，得到 F-score 和 M-score 的值，如图 4.2.49 所示。

客户标识	最大值项:日期	计数项:客户标识	求和项:消费金额	*R*1	*F*1	*M*1	R-score	F-score	M-score
1	2018/3/1	3	16015	518	3	16015	1	1	2
2	2018/3/1	2	8317	518	2	8317	1	1	1
3	2018/2/1	2	7955	546	2	7955	1	1	1
4	2018/2/1	2	10776	546	2	10776	1	1	1
5	2018/2/1	3	10296	546	3	10296	1	1	1
6	2018/1/1	1	3399	577	1	3399	1	1	1
7	2018/1/1	1	199	577	1	199	1	1	1
8	2018/2/1	2	7598	546	2	7598	1	1	1

图 4.2.49　求 F-score 和 M-score 的值

（4）求 *R*、*F*、*M* 的值

Step1：最后想要使 *R*、*F*、*M* 的值只能为 0 或 1，可以这样计算：将 R-score 的值与该列的平均值进行比较，大于平均值为 1，否则为 0。输入图 4.2.50 所示的公式。

Step2：同理得到每一个 *R*、*F*、*M* 值以后，用公式=*R* 值*100+*F* 值*10+*M* 值*1 得到 RFM 的值，如图 4.2.51 所示。

=IF(M2>AVERAGE(M:M),1,0)

R-score	F-score	M-score	*R*	*F*	*M*
1	1	2	0	0	1
1	1	1	0	0	0
1	1	1	0	0	0

图 4.2.50　求 *R* 的值

=100*P2+10*Q2+R2

R-score	F-score	M-score	*R*	*F*	*M*	RFM
1	1	2	0	0	1	1
1	1	1	0	0	0	0
1	1	1	0	0	0	0
1	1	1	0	0	0	0
1	1	1	0	0	0	0

图 4.2.51　求 RFM 的值

Step3：RFM 的值与对应的客户类型如图 4.2.52 所示。

RFM	*R*	*F*	*M*	类型
111	1	1	1	高价值客户
11	0	1	1	重点保持客户
101	1	0	1	重点发展客户
1	0	0	1	重点挽留客户
110	1	1	0	一般价值客户
10	0	1	0	一般保持客户
100	1	0	0	一般发展客户
0	0	0	0	潜在客户

图 4.2.52　RFM 值与客户类型对应关系

Step4：用 VLOOKUP()函数进行匹配就可以得到每一个用户的细分类型，如图 4.2.53 所示。

=VLOOKUP($19,$U$21:$Y$28,5,0)

N	O	P	Q	R	S	T	U	V	W	X	Y
F-score	M-scor	R	F	M	RFM	类型					
1	1	0	0	0	0	潜在客户					
1	1	0	0	0	0	潜在客户	RFM	R	F	M	类型
1	1	0	0	0	0	潜在客户	111	1	1	1	高价值客户
1	1	0	0	0	0	潜在客户	11	0	1	1	重点保持客户
1	1	0	0	0	0	潜在客户	101	1	0	1	重点发展客户
1	1	0	0	0	0	潜在客户	1	0	0	1	重点挽留客户
1	1	0	0	0	0	潜在客户	110	1	1	0	一般价值客户
1	1	0	0	0	0	潜在客户	10	0	1	0	一般保持客户
1	1	0	0	0	0	潜在客户	100	1	0	0	一般发展客户
1	1	0	0	0	0	潜在客户	0	0	0	0	潜在客户

图 4.2.53　客户类型划分

练一练

图 4.2.54 所示为一份不同用户对同一菜品满意度调查问卷的数据。要如何分析这份数据？

	A	B	C	D	E	F	G
1	用户编号	此菜品的口味满意吗	此菜品包装有洒漏吗	此菜品是否与图片一致	此菜品食材新鲜吗	此菜品干净卫生吗	用1~5分评价
2	1	满意	没有	一致	新鲜	卫生	5
3	2	不满意	没有	不一致	不新鲜	不确定	1
4	3	满意	漏了	不一致	不确定	不卫生	3
5	4	满意	没有	不一致	新鲜	卫生	5
6	5	不满意	没有	一致	新鲜	卫生	3
7	6	不满意	没有	一致	新鲜	卫生	1
8	7	满意	没有	不一致	新鲜	卫生	4
9	8	满意	没有	一致	不确定	卫生	1
10	9	满意	没有	一致	不新鲜	不卫生	5
11	10	满意	没有	不一致	新鲜	卫生	3
12	11	不满意	没有	不一致	新鲜	卫生	4
13	12	不满意	没有	不一致	不确定	卫生	1
14	13	满意	没有	一致	新鲜	卫生	5
15	14	满意	没有	不一致	新鲜	卫生	2
16	15	满意	没有	一致	不新鲜	不卫生	5
17	16	满意	没有	一致	新鲜	卫生	1
18	17	满意	漏了	一致	新鲜	卫生	5
19	18	满意	漏了	一致	不确定	卫生	2
20	19	不满意	没有	不一致	不新鲜	不卫生	1

图 4.2.54　菜品满意度调查问卷数据

提示 1： 对每个问题都可以进行分组分析，并统计不同答案的人数。

提示 2： 可以用数据透视表进行交叉分析。

提示 3： 可以构造一个综合指标，与用户的打分评价做对比。

4.3 数据分析方法进阶

通常对业务现状的分析还不能够满足我们分析的目的，需要再进一步地进行探索性的分析。本节就通过描述性统计分析、相关分析、回归分析等方法来讲述如何对数据进行进阶的分析。

4.3.1 描述性统计分析

描述性统计分析是使用数据来描述数据集整体情况的分析方法。在进行分析前做的第一步工作便是查看数据的描述性统计分析情况，从而对数据集有大致的掌握和了解。

1. 什么是描述性统计分析

描述性统计分析要对调查总体所有变量的有关数据做统计性描述。描述性统计分析是对数据集最初的认知，包括用数据的集中趋势、分散程度及分布形态分别来描述数据，了解这些后才能去做进一步的分析。

常用的指标有体现数据集中趋势的均值、中位数和众数，有表现数据离散程度的极差、四分位差、平均差、方差和标准差，也有描述数据分布形态的峰度和偏度。这些指标同时也是统计学中用来描述数据的基本概念，下面分别介绍。

（1）均值

均值，用来反映一组数据的集中趋势，类似的指标还有中位数和众数。

较常用的是我们常说的均值（平均值），其实就是算术平均数，它的计算方式为所有的数值相加再除以总个数。

$$\bar{x}=\frac{\sum_{i=1}^{n}x_i}{n}$$

在 Excel 中用 AVERAGE()函数来计算。图 4.3.1 所示 A 列是某支股票的收盘价，求其均值，用公式=AVERAGE(A:A)。

D2 =AVERAGE(A:A)

	A	B	C	D	E
1	收盘价				
2	2886.24		均值	2950.023	
3	2890.92				
4	2893.76				
5	2902.19				

图 4.3.1　求均值

下面求分组数据的均值。图 4.3.2 所示为一份客户满意度的调查表，打分为 1～10 分不等，每个打分下是相应人数的统计，现要求这样一个分组统计表打分的均值。

打分	人数
10	55
9	60
8	63
7	73
6	68
5	40
4	44
3	30
2	26
1	5

图 4.3.2　客户满意度调查表

先求每个打分下人数和得分相乘后的总分，再用 SUM()函数分别求人数的总和=SUM(D16:D25)及总分的总和=SUM(E16:E25)，最后该分组数据的得分均值即为总分除以人数=E27/D27，结果约为 6.5 分，如图 4.3.3 所示。

E16 =C16*D16

	C	D	E	F
15	打分	人数	总分	
16	10	55	550	
17	9	60	540	
18	8	63	504	
19	7	73	511	
20	6	68	408	
21	5	40	200	
22	4	44	176	
23	3	30	90	
24	2	26	52	
25	1	5	5	

D28 =E27/D27

	C	D	E	F
15	打分	人数	总分	
16	10	55	550	
17	9	60	540	
18	8	63	504	
19	7	73	511	
20	6	68	408	
21	5	40	200	
22	4	44	176	
23	3	30	90	
24	2	26	52	
25	1	5	5	
26				
27	总计	464	3036	
28	均值	6.543103		

图 4.3.3　求分组数据的均值

均值受极值的影响较大，当数据集中出现极端值时，所得到的结果将会出现较大的偏差。如 4.2.3 节在讲平均分析时计算一个企业员工的平均收入，结果因为个别员工的收入太高了，导致均值被拉高，出现了整体收入的均值偏高的现象，我们经常说的工资收入“被平均”就是这个道理。为了避免这种情况的发生，通常用中位数、众数来代替均值描述数据的集中趋势，或者使用截尾平均数来算均值。

截尾平均数就是按照一定的比例去掉数据集两端的数据，使用中间剩余部分的数据来代替整个数据集的均值。如我们常看到比赛中选手的最终得分是去掉评委打分当中的最高分和最低分后取平均的值，图 4.3.4 所示是 10 位评委对某选手的打分情况，截尾后平均得分为 95.15 分，不截尾平均得分为 93.53 分，可见极值对均值的影响。

	C	D	E	F
31	评委	打分		
32	1	96.7	最高分	99.1
33	2	96.5	最低分	75
34	3	99.1		
35	4	96.4	截尾平均数	95.15
36	5	96.8	不截尾	93.53
37	6	97.5		
38	7	94.3		
39	8	92.1		
40	9	75		
41	10	90.9		

图 4.3.4　截尾平均数

（2）中位数

中位数是将数据排序后处于最中间位置的数据，也是描述数据集中趋势的量纲。当数据个数为奇数时，中位数即最中间的数；当数据个数为偶数时，中位数为最中间两个数的平均值。中位数不受极值影响，对极值缺乏敏感性，所以当因异常值的出现而无法用均值来描述数据的时候，应该考虑采用中位数。

在 Excel 中用 MEDIAN()函数计算中位数。如图 4.3.5 所示，求股票收盘价的中位数，用公式=MEDIAN(A:A)。

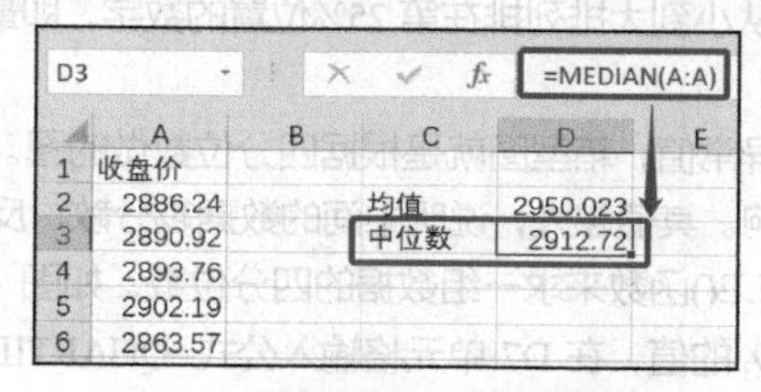

	A	B	C	D
1	收盘价			
2	2886.24		均值	2950.023
3	2890.92		中位数	2912.72
4	2893.76			
5	2902.19			
6	2863.57			

图 4.3.5　用 MEDIAN()函数求中位数

（3）众数

众数是数据中出现次数最多的值，用来描述数据的集中趋势。在一组数据中众数可能不止一个，众数不仅能用于数值型数据，还可用于非数值型数据，且不受极值影响。一般情况下，在数据量较大时使用众数比较有意义。众数通常用来反映一组数据的一般水平，如某次考试中学生的集中水平、城镇居民的平均生活水平、本月最卖座电影等。

在 Excel 中用 MODE()函数来计算众数。如图 4.3.6 所示，求股票收盘价的众数，用公式=MODE(A:A)。

再如求非数值型数据的众数，无法使用 MODE()函数，此时可以用数据透视表来算出各个分类数据出现的频数，频数最大的即为众数。例如杯子这个分类项在原始数据表中总共出现了 9 次，那么杯子就是这组非数值型数据的众数，如图 4.3.7 所示。

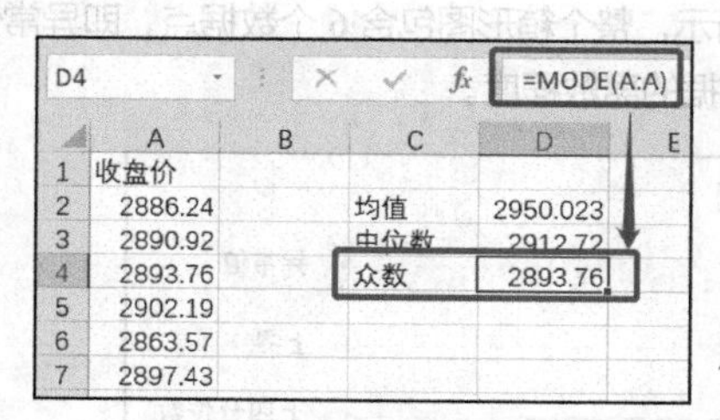

	A	B	C	D
1	收盘价			
2	2886.24		均值	2950.023
3	2890.92		中位数	2912.72
4	2893.76		众数	2893.76
5	2902.19			
6	2863.57			
7	2897.43			

图 4.3.6　用 MODE()函数求众数

行标签	计数项:品类
杯子	9
毛巾	7
牙膏	7
牙刷	6
总计	29

图 4.3.7　用数据透视表求众数

（4）极差

极差是描述数据分散程度的量，又叫“全距”。分散程度又叫“离散程度”，指的是数据偏离中心位置的程度，离散程度越大，说明数据越分散；离散程度越小，说明数据越集中。极差等于一组数据中的最大值减去最小值。极差虽然描述了数据集的差异范围，但无法准确描述其整体的离散分布，同时易受异常值影响。如果一组数据中出现了异常值，那么数据集中极差的描述就变得有很强的误导性。

在 Excel 中用求最大值和最小值的公式相减即可求得极差。如图 4.3.8 所示，求股票收盘价的极差，用公式=MAX(A:A)−MIN(A:A)。

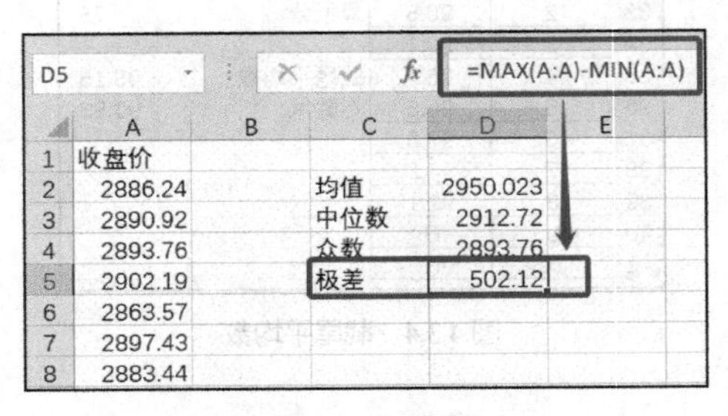

D5 =MAX(A:A)-MIN(A:A)

	A	B	C	D	E
1	收盘价				
2	2886.24		均值	2950.023	
3	2890.92		中位数	2912.72	
4	2893.76		众数	2893.76	
5	2902.19		极差	502.12	
6	2863.57				
7	2897.43				
8	2883.44				

图 4.3.8　求极差

（5）四分位差

四分位差是描述数据离散程度的量纲。将数据集从大到小排列并分成四等份，处于 3 个分割点（75%、50%、25%）位置的数值即为四分位数，四分位差是上四分位数 Q_3（数据集从小到大排列排在第 75%的数字，即最大的四分位数）与下四分位数 Q_1（数据从小到大排列排在第 25%位置的数字，即最小的四分位数）的差，中间的四分位数即为中位数。

用四分位数可以很容易地识别异常值，箱型图就是根据四分位数做的图。而四分位差反映的其实是中间数据的离散程度，因此不受异常值的影响。其值越大，说明中间的数据越分散；反之，说明中间的数据越集中。

在 Excel 中我们使用 QUARTILE()函数来求一组数据的四分位数。如图 4.3.9 所示，在 D6 单元格输入公式=QUARTILE(A:A,1)求下四分位数 Q_1 的值，在 D7 单元格输入公式=QUARTILE(A:A,3)求上四分位数 Q_3 的值。同理我们也可以求中间四分位数的值，只需将函数的第二个参数改成 2 即可，当然中间四分位数的值一定就是之前求过的中位数的值。而四分位差只需用 Q_3 减去 Q_1 即可得出。

D6 =QUARTILE(A:A,1)

	A	B	C	D	E
1	收盘价				
2	2886.24		均值	2950.023	
3	2890.92		中位数	2912.72	
4	2893.76		众数	2893.76	
5	2902.19		极差	502.12	
6	2863.57		Q1	2883.355	

D7 =QUARTILE(A:A,3)

	A	B	C	D	E
1	收盘价				
2	2886.24		均值	2950.023	
3	2890.92		中位数	2912.72	
4	2893.76		众数	2893.76	
5	2902.19		极差	502.12	
6	2863.57		Q1	2883.355	
7	2897.43		Q3	2983.333	

图 4.3.9　求四分位差

还可以用箱形图来展示 A 列的数据，如图 4.3.10 所示。整个箱形图包含 6 个数据点，即异常值、上界、上四分位数、中位数、下四分位数和下界，很好地展示了数据的离散程度。

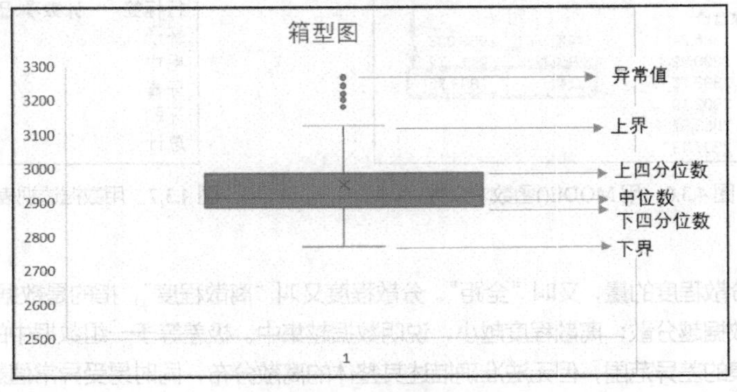

图 4.3.10　箱形图

（6）平均差

平均差是描述数据离散程度的量纲，是各个变量同均值差的绝对值的算术平均数。平均差越大，说明各变量同均值的差异程度越大；平均差越小，说明各变量同均值的差异程度越小，那么均值就越能够代表整组数据。平均差的计算方法如下。

$$\mathrm{MD}=\frac{\sum\left|x-\bar{x}\right|}{n}$$

其中 MD 表示平均差，x 是每一个变量，$\bar{x}$ 是这组数的均值，n 是数据个数。图 4.3.11 所示是 10 位评委对两名选手的打分情况，可以手动计算平均差，先算出均值，再计算每个评委打分距离均值的差，最后对差累加再除以数据个数，得到平均差；也可以用 Excel 提供的平均差公式，在 D44 单元格输入公式=AVEDEV(D32:D41)，可以直接得到 D32:D41 区域数字的平均差。计算后发现选手 1 的平均差为 1.916，小于选手 2 的平均差 6.518，同时通过观察数据发现，选手 1 的评委打分集中在 90 分到 95 分之间，而选手 2 的评委打分从 75 分到 99 分不等，说明选手 2 的打分情况更分散，因此选手 2 的得分均值不能很好地代表他的水平，可以用截尾平均数来代表。

D44 =AVEDEV(D32:D41)

	C	D	E	F	G	H	I
30	选手1				选手2		
31	评委	打分	离差		评委	打分	离差
32	1	96.7	1.13		1	99.1	3.53
33	2	96.5	0.93		2	96.5	0.93
34	3	99.1	3.53		3	92.1	3.47
35	4	96.4	0.83		4	84.3	11.27
36	5	96.8	1.23		5	96.8	1.23
37	6	97.5	1.93		6	80.8	14.77
38	7	94.3	1.27		7	94.3	1.27
39	8	92.1	3.47		8	92.1	3.47
40	9	95.4	0.17		9	75	20.57
41	10	90.9	4.67		10	90.9	4.67
42	均值	95.57			均值	90.19	
43	平均差	1.916			平均差	6.518	
44	平均差公式	1.916					

图 4.3.11　平均差

（7）方差和标准差

方差是每个数据值与数据集的算术平均数差的平方的算术平均数，标准差是方差的算术平方根。用以下公式来表示会更好理解一些。

$$S^2=\frac{1}{N-1}\sum_{i=1}^{N}(X_i-\bar{\bar{x}})^2$$

$$S=\sqrt{S^2}$$

其中 S^2 为样本方差，X 为一个变量，$\bar{\bar{x}}$ 为样本均值，N 为总体个数，对 S^2 开平方即可得到标准差 S。统计学中，通常以 $\bar{x}$ 这个符号表示样本均值。为了方便理解，这里用的是总体的方差公式。实际上，总体的数据往往很难得到，通常会用样本来估计总体，而样本的方差和标准差公式与总体的有些许不同，但原理一样，这里就不展开了。

方差与标准差表示数据集波动的大小，方差小，表示数据集比较集中，波动性小；方差大，表示数据集比较分散，波动性大。

在 Excel 中用 VAR()函数来计算样本的方差，用 STDEV.S()函数来计算样本的标准差。如图 4.3.12 所示，在 D8 单元格输入公式=VAR(A:A)求方差，在 D9 单元格输入公式=STDEV.S(A2:A101)求标准差。

（8）峰度

峰度是表示数据集分布平缓和陡峭程度的指标。峰度又叫“峰态”，它是指在以正态分布为标准的概率密度分布曲线中顶峰处的尖端程度，是统计数据尖端程度的重要指标。峰值是用来度量峰度的指标：如果峰值>0，则数据集的分布相比标准正态分布更高更瘦，属于尖峰分布；如果峰值<0，则数据集相比标准正态分布更矮更胖，属

于平峰分布；如果峰值=0，说明该数据集呈标准正态分布。图 4.3.13 所示是前两种峰态的描绘。

D8 =VAR(A:A)

	A	B	C	D
1	收盘价			
2	2886.24		均值	2950.023
3	2890.92		中位数	2912.72
4	2893.76		众数	2893.76
5	2902.19		极差	502.12
6	2863.57		Q_1	2883.355
7	2897.43		Q_3	2983.333
8	2883.44		方差	14710.76
9	2880.33			

D9 =STDEV.S(A2:A101)

	A	B	C	D
1	收盘价			
2	2886.24		均值	2950.023
3	2890.92		中位数	2912.72
4	2893.76		众数	2893.76
5	2902.19		极差	502.12
6	2863.57		Q_1	2883.355
7	2897.43		Q_3	2983.333
8	2883.44		方差	14710.76
9	2880.33		标准差	121.2879

图 4.3.12　求方差和标准差

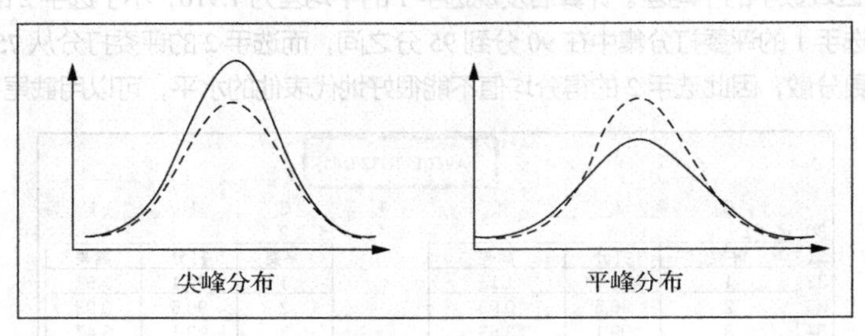

图 4.3.13　峰度

在 Excel 中使用 KURT()函数来计算峰值。如图 4.3.14 所示，在 D10 单元格中输入公式=KURT(A:A)求该数据集的峰值，得到值 0.965771＞0，说明分布要比标准正态分布陡峭一些。

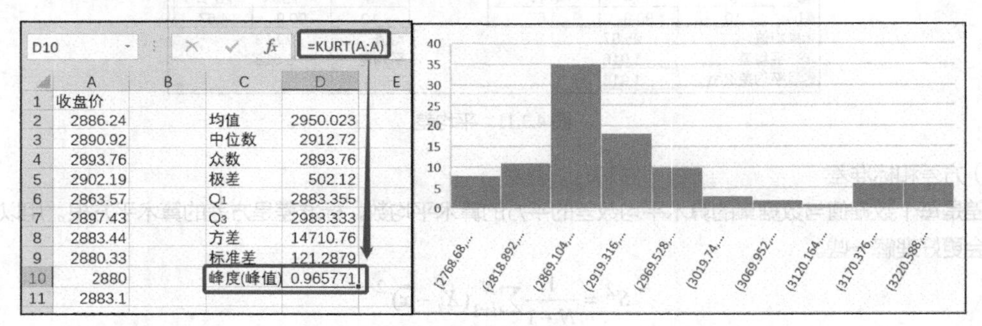

图 4.3.14　计算峰值

（9）偏度

偏度是表示数据集分布偏斜状态的指标。偏度又叫“偏态”，它是指在以正态分布为标准的概率密度分布曲线中分布的偏斜方向和程度，是统计数据对称程度的重要指标。偏斜度是偏度的一种，是专门表示以平均值为中心的偏斜程度。偏斜度=0，则分布对称，呈正态分布；偏斜度＞0，则频数分布的高峰向左偏移，呈正偏态分布；偏斜度＜0，则频数分布的高峰向右偏移，呈负偏态分布。图 4.3.15 所示是 3 种偏态的描绘。|偏斜度|＞1，呈高度偏态；0.5＜|偏斜度|＜1，呈中等偏态。

在 Excel 中用 SKEW()函数来描述数据集的偏斜度。如图 4.3.16 所示，在 D11 单元格中输入公式=SKEW(A:A)，可以得到偏斜度为 1.277462，说明该数据集的分布呈正偏态。

至此，我们就完成了对一组数据集的描述性统计分析，知道了均值、中位数和众数，还知道了反映其离散程度的极差、四分位差、平均差、方差和标准差，更了解了其分布状况。这种方法有一个缺陷：对一个数据集我们要用 10 次公式来探索其分布状况。这未免有些复杂，有没有一种一劳永逸的方法呢？答案就在下文中。

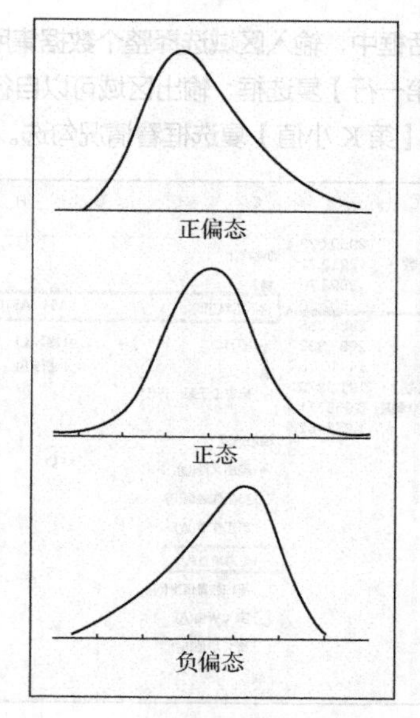

图 4.3.15　偏斜度

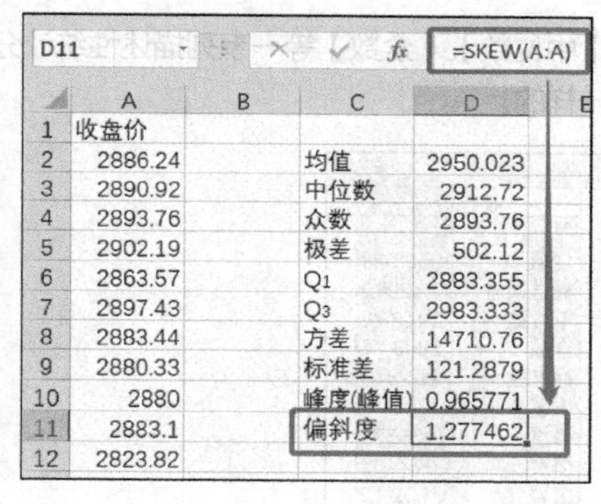

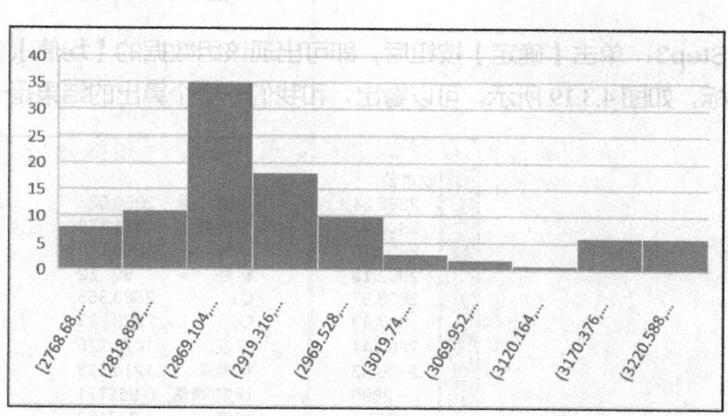

图 4.3.16　计算偏斜度

2. 描述性统计分析工具库

使用 Excel 分析工具库中的数据分析工具可以直接实现描述性统计分析的功能，不必手动输入每一个公式的参数，即可一键完成描述性统计分析。下面是具体步骤。

Step1：单击【数据】→【分析】→【数据分析】按钮，如图 4.3.17 所示，在弹出的【数据分析】对话框中选择【描述统计】选项。

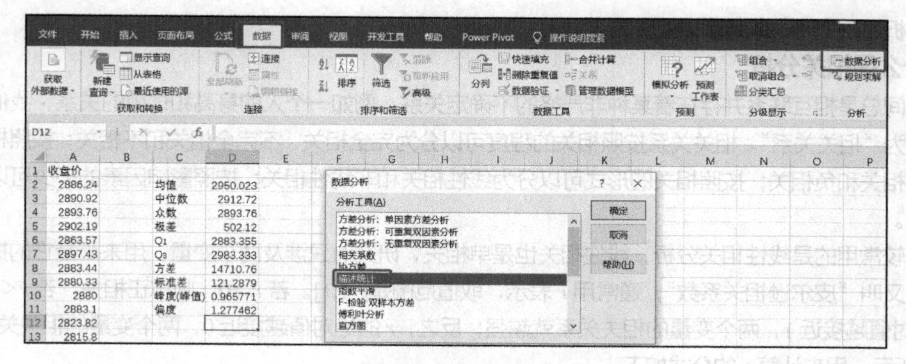

图 4.3.17　分析工具库

Step2：在弹出的【描述统计】对话框中，输入区域选择整个数据集所在的区域，如图 4.3.18 所示，如果选到了标题行，则勾选下方的【标志位于第一行】复选框；输出区域可以自行指定；至少勾选【汇总统计】复选框，其余的【平均数置信度】、【第 K 大值】、【第 K 小值】复选框看情况勾选。

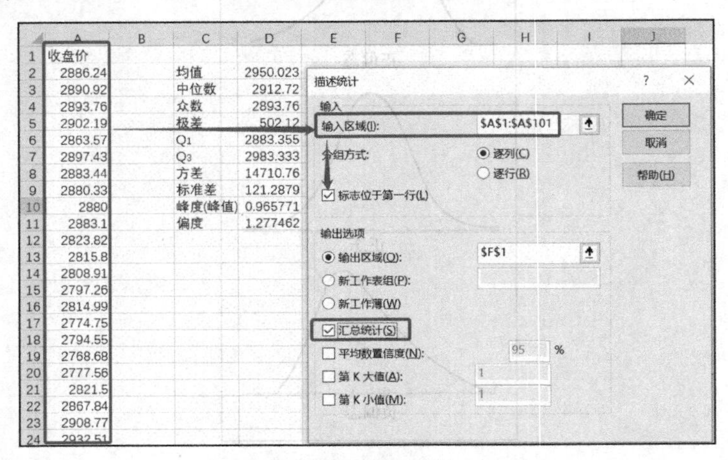

图 4.3.18　描述统计

Step3：单击【确定】按钮后，即可出现该组数据的【均值】、【中位数】、【众数】等一系列描述性统计分析的指标，如图 4.3.19 所示。可以看出，和我们一个个算出的结果是一样的。

	A	B	C	D	E	F	G
1	收盘价					收盘价	
2	2886.24		均值	2950.023			
3	2890.92		中位数	2912.72		均值	2950.023
4	2893.76		众数	2893.76		标准误差	12.12879
5	2902.19		极差	502.12		中位数	2912.72
6	2863.57		Q_1	2883.355		众数	2893.76
7	2897.43		Q_3	2983.333		标准差	121.2879
8	2883.44		方差	14710.76		方差	14710.76
9	2880.33		标准差	121.2879		峰度	0.965771
10	2880		峰度(峰值)	0.965771		偏度	1.277462
11	2883.1		偏度	1.277462		区域	502.12
12	2823.82					最小值	2768.68
13	2815.8					最大值	3270.8
14	2808.91					求和	295002.3
15	2797.26					观测数	100
16	2814.99						

图 4.3.19　描述统计结果

4.3.2　相关分析

相关分析是研究两个或两个以上变量之间相关关系的分析。

1. 什么是相关分析

事物之间总是相互联系并存在着某种非严格的不确定关系，例如一个人的身高和体重的关系，我们把这种不确定关系称为“相关关系”。相关关系按照相关的程度可以分为完全相关、不完全相关和不相关；按照相关的方向可以分为正相关和负相关；按照相关的形式可以分为线性相关和非线性相关；按照影响因素的多少可以分为单相关和复相关。

其中比较常用的是线性相关分析，线性相关也是单相关，研究时只涉及两个变量。用来衡量它的指标是线性相关系数，又叫“皮尔逊相关系数”，通常用 r 表示，取值范围是[-1,1]。若 $r>0$，则称正相关；若 $r<0$，称负相关。r 的绝对值越接近 1，两个变量的相关关系就越强；反之，r 的绝对值越接近 0，两个变量的相关关系就越弱，如表 4.3.1 所示。用来计算 r 的公式如下。

$$r=\frac{\sum_{i=1}^{n}(x_i-\overline{x})(y_i-\overline{y})}{\sqrt{\sum_{i=1}^{n}(x_i-\overline{x})^2\sum_{i=1}^{n}(y_i-\overline{y})^2}}=\frac{x\text{与}y\text{的协方差}}{x\text{的标准差与}y\text{的标准差的乘积}}$$

表 4.3.1　　r值与相关程度

r取值范围	相关程度
$\lvert r\rvert<0.3$	低度线性相关
$0.3\leqslant\lvert r\rvert<0.5$	中低度线性相关
$0.5\leqslant\lvert r\rvert<0.8$	中度线性相关
$0.8\leqslant\lvert r\rvert\leqslant1$	高度线性相关

2. 用 Excel 做相关性分析

（1）散点图

在进行相关分析前，可以先做散点图看一下相关关系是否明显，从而初步确定两个变量的相关性趋势，然后再进一步分析其相关系数等。图 4.3.20 所示的数据是某公司的销售额与宣传成本，现分析其间有何相关关系。

选中【销售额】与【宣传成本】两列数据，单击【插入】→【图表】→【散点图】按钮。横轴为销售额，也就是自变量；纵轴为宣传成本，也就是因变量。我们要研究的是随着自变量的增加，因变量是增加还是减少的关系。通过图 4.3.21 所示的走势，可以初步判断它们呈正相关。

	A	B	C
1	时间	销售额	宣传成本
2	2019/3/1	20,939	4,976
3	2019/3/2	21,198	5,020
4	2019/3/3	21,254	5,164
5	2019/3/4	21,536	5,264
43	2019/4/11	30,633	8,880
44	2019/4/12	30,821	8,500
45	2019/4/13	31,081	8,666
46	2019/4/14	31,257	8,787
47	2019/4/15	31,548	8,984

图 4.3.20　相关分析数据

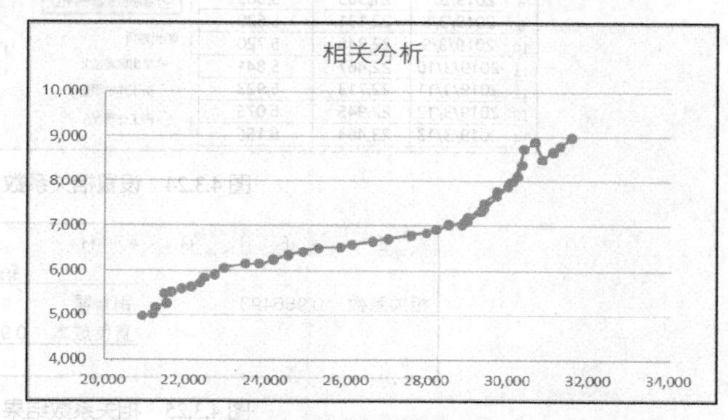

图 4.3.21　从散点图看相关性

（2）CORREL()函数

在 Excel 中，可以用 CORREL()函数来计算两个变量的相关系数。如图 4.3.22 所示，对 B 列和 C 列进行相关分析，在 F2 单元格中输入公式=CORREL(B:B,C:C)，可以得到它的相关系数是 0.956493，呈强正相关。

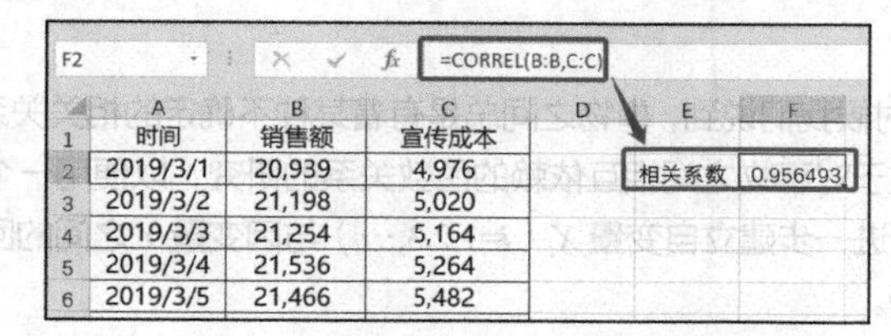

F2　=CORREL(B:B,C:C)

	A	B	C	D	E	F
1	时间	销售额	宣传成本			
2	2019/3/1	20,939	4,976		相关系数	0.956493
3	2019/3/2	21,198	5,020			
4	2019/3/3	21,254	5,164			
5	2019/3/4	21,536	5,264			
6	2019/3/5	21,466	5,482			

图 4.3.22　从 CORREL()函数看相关性

（3）相关分析工具

在 Excel 中还可以用数据分析工具库中的相关分析工具直接得到相关系数，具体步骤如下。

Step1：单击【数据】→【分析】→【数据分析】按钮，在弹出的【数据分析】对话框中，选择【相关系数】选项，如图 4.3.23 所示。

Step2：在弹出的【相关系数】对话框中，输入区域选择$B$1:$C$47 区域，如图 4.3.24 所示，因包含了标题，所以勾选【标志位于第一行】复选框，输出区域选择$H$1 单元格。

Step3：单击【确定】按钮，则可得到分析的结果，如图 4.3.25 所示。销售额和宣传成本的相关系数为 0.956493，和我们用公式计算得到的一致，两个变量呈高度正相关关系。

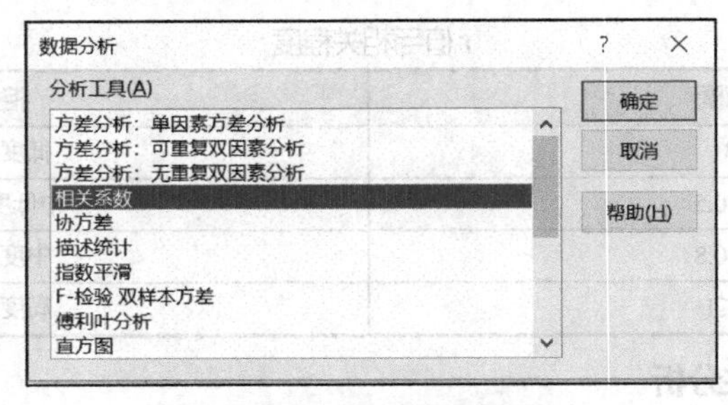

图 4.3.23　选择相关系数

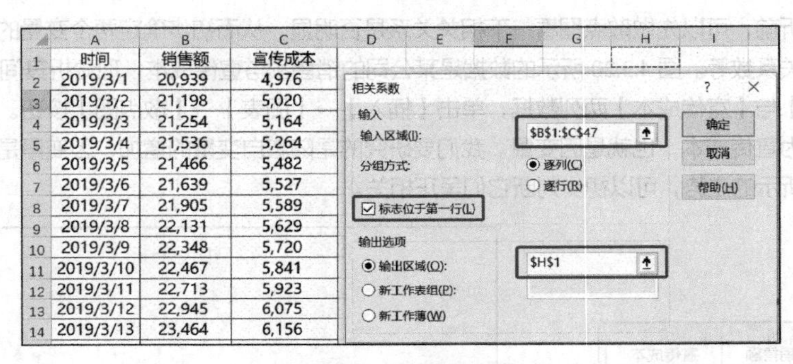

图 4.3.24　设置相关系数

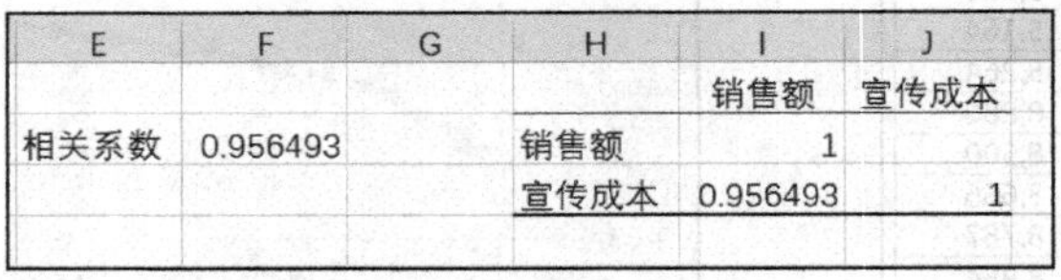

E	F	G	H	I	J
				销售额	宣传成本
相关系数	0.956493		销售额	1	
			宣传成本	0.956493	1

图 4.3.25　相关系数结果

4.3.3 回归分析

回归分析是确定两种或两种以上变量间相互依赖的定量关系的一种统计分析方法，可以用来预测事物的发展趋势。

1. 什么是回归分析

在 4.3.2 节讲相关分析的时候我们说到，事物之间总是有着某种不确定的相关关系，对这种相关关系的研究称为相关分析，而回归分析侧重于对事物之间相互依赖的函数关系的研究，以便用一个变量去预测另一个变量。通过数据间相关性分析的研究，进一步建立自变量 X_i（i=1,2,3,⋯）与因变量 Y 之间的回归函数关系，即回归分析模型，从而预测数据的发展趋势。

回归分析也可以从不同的角度进行分类。

① 按照涉及变量的多少，分为一元回归分析和多元回归分析。

② 按照因变量的多少，分为简单回归分析和多重回归分析。

③ 按照自变量和因变量之间的关系类型，分为线性回归分析和非线性回归分析。

回归分析的一般步骤为：根据因变量和自变量确定回归模型的类型；根据数据估计模型参数，建立回归模型；

对回归模型进行评价和检验，判断其是否能够很好地拟合实际数据；进行进一步的预测。在4.3.2节中我们得到了销售额与宣传成本的高度正相关性，但具体的影响程度如何，则需要用回归分析来确定。

2. 几种回归模型的类型

（1）一元线性回归

一元线性回归是最基本的回归类型，即回归模型中只有一个自变量和一个因变量，且两者之间呈简单的线性关系，用公式表示如下。

$$Y = a + bX + \varepsilon$$

其中，Y 表示因变量，X 表示自变量，a 是常数，b 是回归系数（也就是斜率），ε 表示随机误差。在 Excel 中可以用散点图和趋势线进行回归分析，步骤如下。

Step1：选中【销售额】与【宣传成本】两列数据，单击【插入】→【图表】→【散点图】按钮，生成如图4.3.26所示。横轴为自变量 X，也就是销售额；纵轴为因变量 Y，也就是宣传成本。通过图形的走势，可以初步判断它们呈正相关。

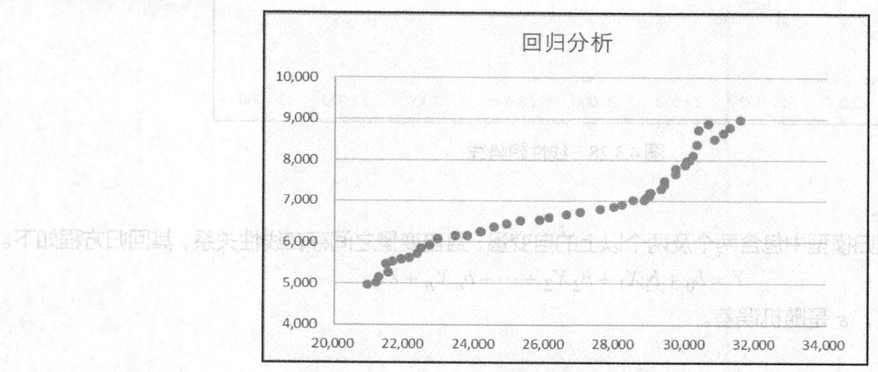

图 4.3.26　用散点图判断相关性

Step2：在图中的数据区域右击，选择【添加趋势线】选项；如图4.3.27所示，设置趋势线选项为【线性】，勾选【显示公式】复选框和【显示 R 平方值】复选框，可以得到销售额与宣传成本的一元线性回归的公式为 Y=0.3069X−1287.9，Y 是宣传成本，X 是销售额，R^2=0.9149。

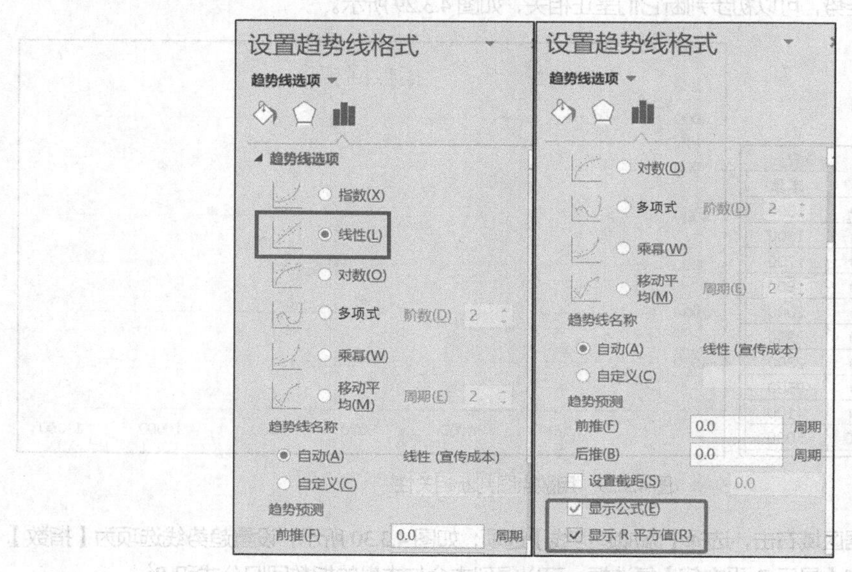

图 4.3.27　设置趋势线

Step3：散点图中会出现趋势线及公式，如图 4.3.28 所示。对结果进行分析，R 的平方值被称为“判定系数”，用来评价回归模型拟合程度的好坏，表示自变量对因变量的解释程度，取值范围是[0,1]；R 平方值越大，表示自变量对因变量的解释能力越强，模型拟合越好；一般大于70%就算拟合得不错，这里 R^2=0.9149，说明拟合得很好。

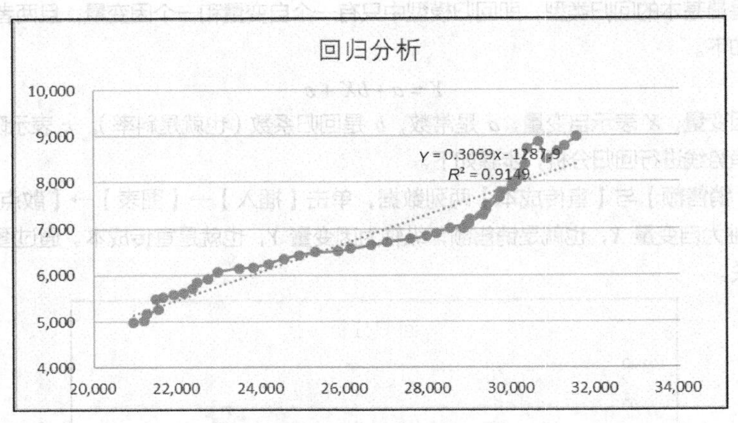

图 4.3.28　线性趋势线

（2）多元线性回归

多元线性回归是指回归模型中包含两个及两个以上的自变量，且自变量之间存在线性关系，其回归方程如下。

$$Y = b_0 + b_1X_1 + b_2X_2 + \cdots + b_nX_n + \varepsilon$$

其中，b_n是回归系数，ε 是随机误差。

（3）指数回归

指数回归是非线性回归的一种形式，指数回归方程如下。

$$Y = ae^{bX}$$

其中，a 和 b 是常数，e 是自然对数的底数。

用散点图和趋势线做指数回归分析。选中【本金】与【本息】两列数据，单击【插入】→【图表】→【散点图】按钮，通过图形的走势，可以初步判断它们呈正相关，如图 4.3.29 所示。

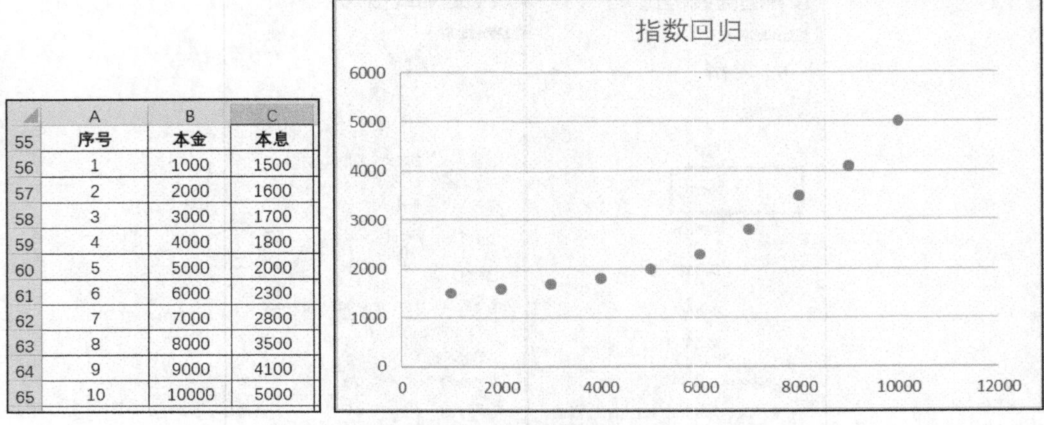

	A	B	C
55	序号	本金	本息
56	1	1000	1500
57	2	2000	1600
58	3	3000	1700
59	4	4000	1800
60	5	5000	2000
61	6	6000	2300
62	7	7000	2800
63	8	8000	3500
64	9	9000	4100
65	10	10000	5000

图 4.3.29　用散点图判断相关性

在图 4.3.29 中的数据区域右击，选择【添加趋势线】选项；如图 4.3.30 所示，设置趋势线选项为【指数】，勾选【显示公式】复选框和【显示 R 平方值】复选框，可以得到本金与本息的指数回归公式和 R^2。

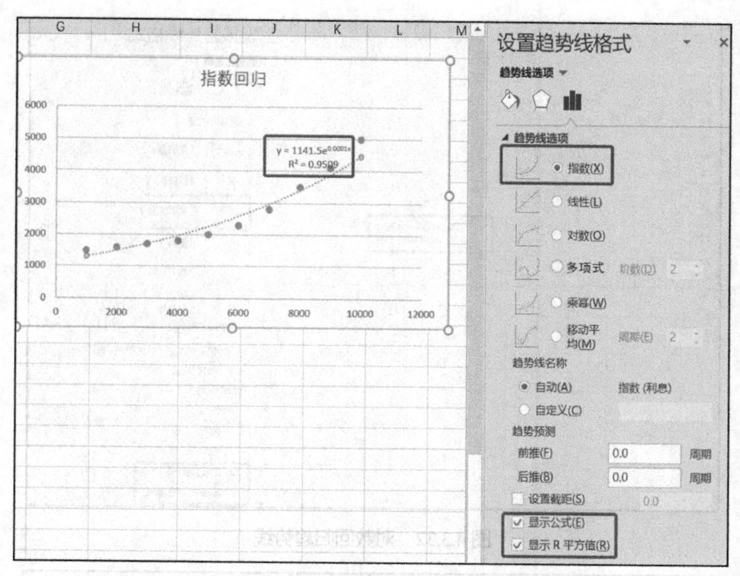

图 4.3.30　指数回归趋势线

（4）对数回归

对数回归也是一种非线性回归，对数回归方程如下。

$$Y = a + b\ln X$$

其中，a 和 b 为常数，$\ln X$ 表示以 e 为底 X 的对数。

用散点图和趋势线做对数回归分析。如图 4.3.31 所示，选中【人均收入】与【恩格尔系数】两列数据，单击【插入】→【图表】→【散点图】按钮，通过图形的走势，可以初步判断它们呈负相关。

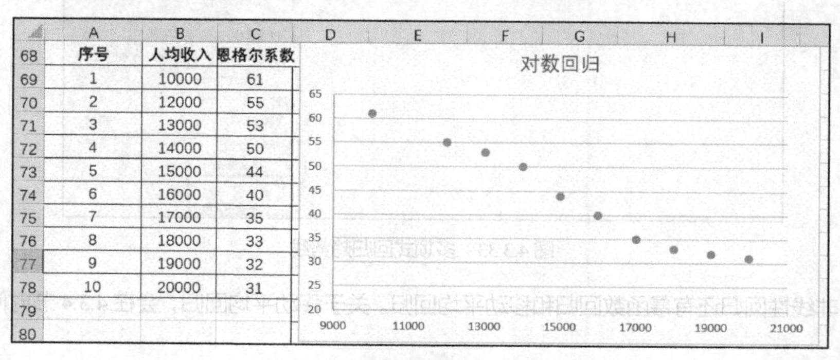

图 4.3.31　用散点图判断相关性

在图 4.3.31 中的数据区域右击，选择【添加趋势线】选项；如图 4.3.32 所示，设置趋势线选项为【对数】，勾选【显示公式】复选框和【显示 R 平方值】复选框，可以得到人均收入与恩格尔系数的对数回归公式和 R^2。

（5）多项式回归

多项式回归也是一种非线性回归，多项式回归方程如下。

$$Y = a + b_1X + b_2X^2 + \cdots + b_nX^n$$

用散点图和趋势线做多项式回归分析。选中【本金】与【本息】两列数据，生成如图 4.3.29 所示的散点图；在数据区右击，选择【添加趋势线】选项，设置趋势线选项为【多项式】，一般阶数为 2，即二次多项式即可满足需求，当阶数为 1 时，则变成了线性回归，并勾选【显示公式】复选框和【显示 R 平方值】复选框，可以得到本金与本息的多项式回归公式和 R^2。

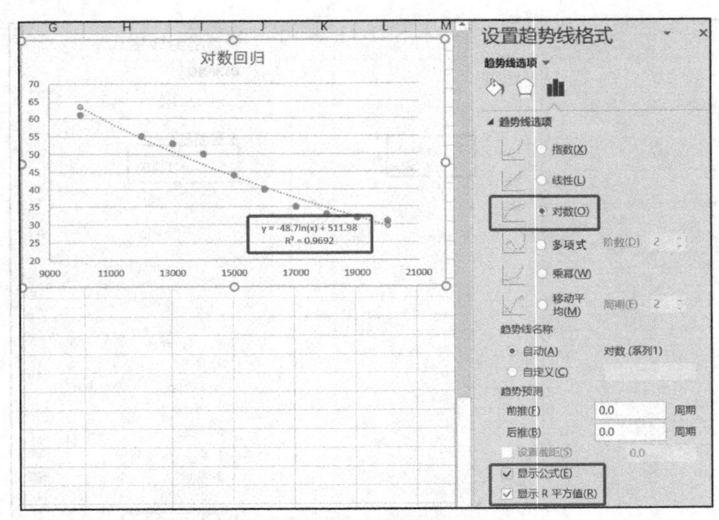

图 4.3.32　对数回归趋势线

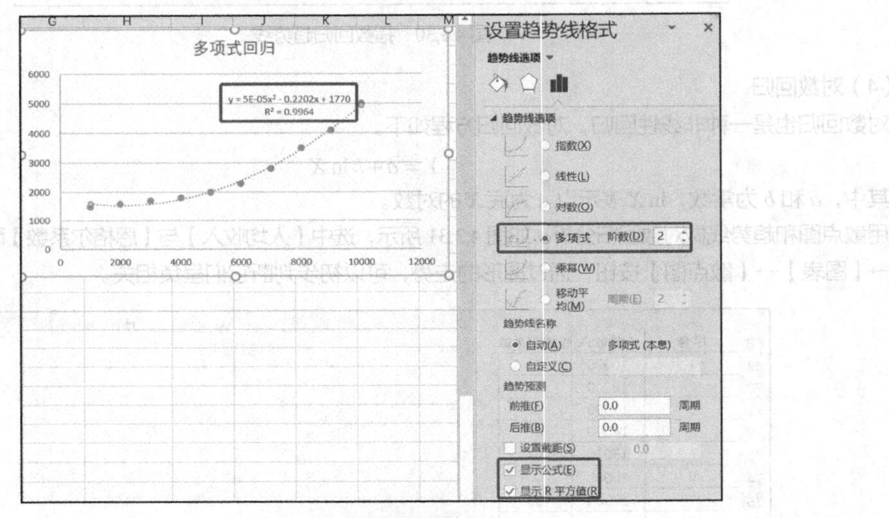

图 4.3.33　多项式回归趋势线

除此以外，非线性回归还有幂函数回归和移动平均回归。关于移动平均回归，会在 4.3.4 节时间序列分析中详细介绍。

3. 回归分析工具库

了解了几种回归模型后，用趋势线可以初步判断其回归模型的类型，至于具体哪个自变量在影响因变量、影响的程度如何，需要进一步分析，这里用到 Excel 分析工具库中的回归工具。研究销售额 Y 和宣传成本 $X1$、出厂费用 $X2$ 之间的关系，如图 4.3.34 所示。

Step1：首先用散点图判断 $X1$、$X2$ 与 Y 之间的相关性及用何种回归模型。选中这 3 列数据，单击【插入】→【图表】→【散点图】按钮，绘制散点图，如图 4.3.35 所示。发现 $X1$ 与 Y 呈正相关，$X2$ 与 Y 呈正相关，可以用二元线性回归模型来描述三者之间的关系。

Step2：计算相关系数。用【数据分析】工具库中的【相关系数】计算因变量之间的相关系数，如图 4.3.36 所示。$X1$ 与 Y 的相关系数为 0.956493，为强正相关；$X2$ 与 Y 的相关系数为 0.972292，为强正相关。

Step3：用分析工具库进行回归分析。选择【数据】→【分析】→【数据分析】→【回归】选项，单击【确定】按钮，如图 4.3.37 所示。

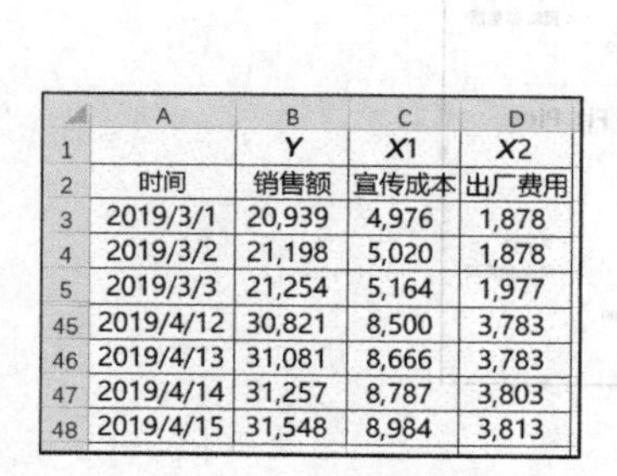

	A	B	C	D
1		Y	X1	X2
2	时间	销售额	宣传成本	出厂费用
3	2019/3/1	20,939	4,976	1,878
4	2019/3/2	21,198	5,020	1,878
5	2019/3/3	21,254	5,164	1,977
45	2019/4/12	30,821	8,500	3,783
46	2019/4/13	31,081	8,666	3,783
47	2019/4/14	31,257	8,787	3,803
48	2019/4/15	31,548	8,984	3,813

图 4.3.34　原始数据

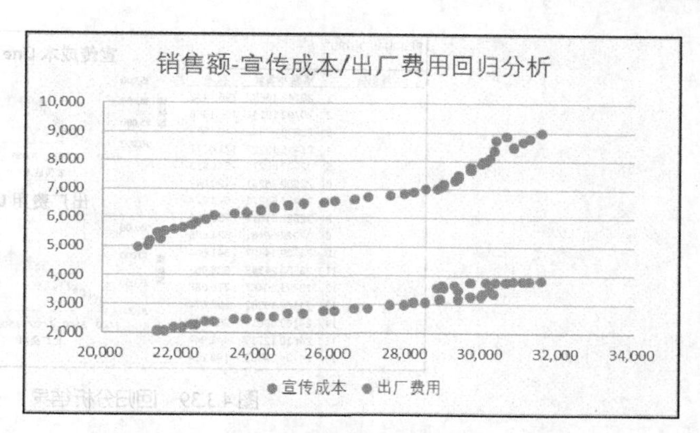

图 4.3.35　相关性分析 1

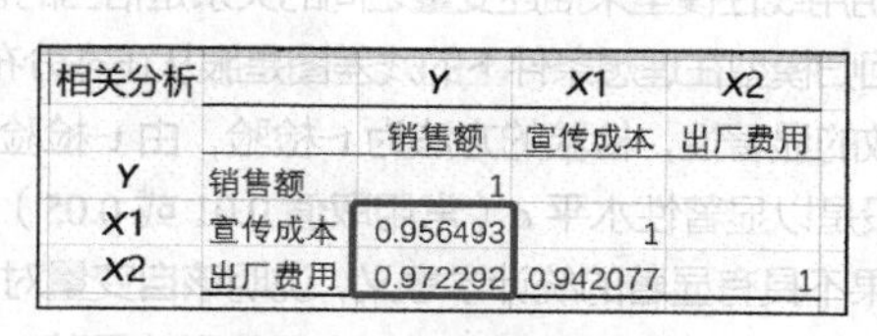

相关分析		Y	X1	X2
		销售额	宣传成本	出厂费用
Y	销售额	1		
X1	宣传成本	0.956493	1	
X2	出厂费用	0.972292	0.942077	1

图 4.3.36　相关性分析 2

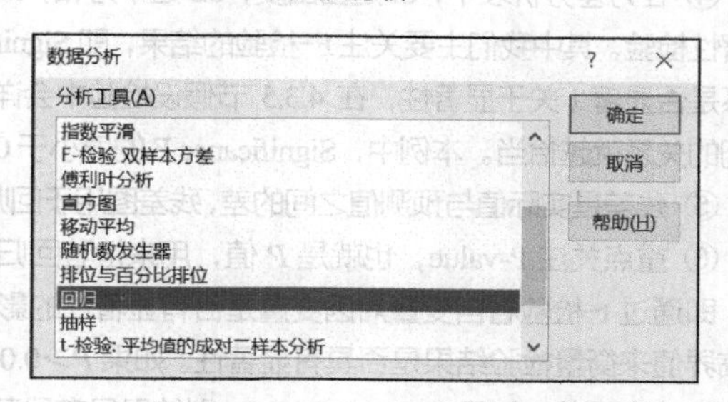

图 4.3.37　回归分析 1

Step4：在弹出的【回归】对话框中，Y 值输入区域即为销售额所在列，如图 4.3.38 所示，X 值输入区域为宣传成本和出厂费用所在列；因为数据输入区域选择了标题行，所以要勾选【标志】复选框，输出区域这里指定为 \$G\$8 单元格，勾选【线性拟合图】复选框。

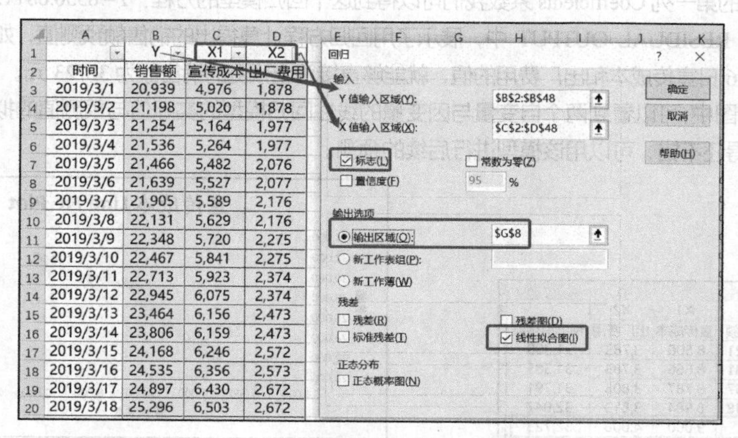

	A	B	C	D
1		Y	X1	X2
2	时间	销售额	宣传成本	出厂费用
3	2019/3/1	20,939	4,976	1,878
4	2019/3/2	21,198	5,020	1,878
5	2019/3/3	21,254	5,164	1,977
6	2019/3/4	21,536	5,264	1,977
7	2019/3/5	21,466	5,482	2,076
8	2019/3/6	21,639	5,527	2,077
9	2019/3/7	21,905	5,589	2,176
10	2019/3/8	22,131	5,629	2,176
11	2019/3/9	22,348	5,720	2,275
12	2019/3/10	22,467	5,841	2,275
13	2019/3/11	22,713	5,923	2,374
14	2019/3/12	22,945	6,075	2,374
15	2019/3/13	23,464	6,156	2,473
16	2019/3/14	23,806	6,159	2,473
17	2019/3/15	24,168	6,246	2,572
18	2019/3/16	24,535	6,356	2,573
19	2019/3/17	24,897	6,430	2,672
20	2019/3/18	25,296	6,503	2,672

图 4.3.38　回归分析 2

Step5：线性回归方程的检验。单击【确定】按钮，得到回归分析的结果如图 4.3.39 所示。接下来，可以对回归方程进行检验，同时评价拟合程度的好坏。整个分析结果分为 3 个部分，即 SUMMARY OUTPUT（汇总输出）、RESIDUAL OUTPUT（残差输出）和两张线性拟合图。

① 查看 SUMMARY OUTPUT 中的回归统计表，Multiple R 即相关系数 R 的值，0.979769 表示强正相关。

② 回归统计表中的 R Square 是 R^2，即判定系数，这里等于 0.959947，说明拟合程度很好。

③ Adjusted R 是调整后的 R^2，这个值是用来修正因自变量个数增加而导致模型拟合效果过高的情况，多用于衡量多重线性回归，本例中暂不需要考虑该值。

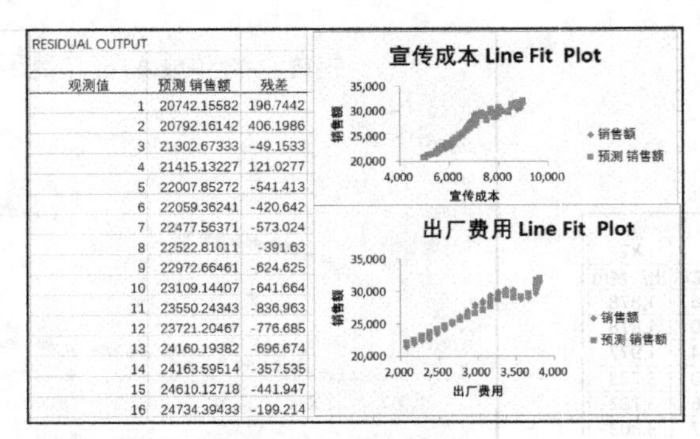

RESIDUAL OUTPUT

观测值	预测 销售额	残差
1	20742.15582	196.7442
2	20792.16142	406.1986
3	21302.67333	-49.1533
4	21415.13227	121.0277
5	22007.85272	-541.413
6	22059.36241	-420.642
7	22477.56371	-573.024
8	22522.81011	-391.63
9	22972.66461	-624.625
10	23109.14407	-641.664
11	23550.24343	-836.963
12	23721.20467	-776.685
13	24160.19382	-696.674
14	24163.59514	-357.535
15	24610.12718	-441.947
16	24734.39433	-199.214

图 4.3.39 回归分析结果

④ 在方差分析表中，df 是自由度，SS 是平方和，MS 是均方，F 是 F 统计量，Significance F 是回归方程总体的显著性检验。其中我们主要关注 F-检验的结果，即 Significance F 值。F-检验主要是检验因变量与自变量之间的线性关系是否显著（关于显著性，在 4.3.5 节假设检验中会详细介绍），该值越小则越显著，说明用线性模型来描述两者之间的关系就越恰当。本例中，Significance F 的值小于 0.01，说明用线性模型来描述变量之间的关系是恰当的。

⑤ 残差是实际值与预测值之间的差，残差图用于回归诊断，回归模型在理想条件下的残差图是服从正态分布的。

⑥ 重点关注 P-value，也就是 P 值，用来检验回归方程系数的显著性，检验的方法为 t-检验，由 t-检验看 P 值，即通过 t-检验看自变量对因变量是否有显著性的影响。一般是以显著性水平 α（常用取值 0.01 或 0.05）下 F 的临界值来衡量检验结果是否具有显著性。如果 $P>0.05$，则结果不具有显著的统计学意义，说明该自变量对因变量的影响不显著；如果 $0.01<P<0.05$，则结果具有显著的统计学意义，说明该自变量对因变量的影响显著；如果 $P\leqslant 0.01$，则结果具有极其显著的统计学意义，说明该自变量对因变量的影响特别显著。t-检验是看某一个自变量对于因变量的线性显著性，如果该自变量不显著，则可以从模型中剔除。在本例中，$X1$ 和 $X2$ 的 P 值都小于 0.01，因此这两个自变量对因变量的影响显著。

⑦ 从第三张表的第一列 Coefficients 系数我们可以得到这个回归模型的方程：$Y=8550.68+1.12\times X1+3.52\times X2$。

⑧ 在第二部分 RESIDUAL OUTPUT 中，展示了用回归方程计算得出的销售额预测值，如图 4.3.40 所示，在 A49 新增一行 4 月 16 日宣传成本和出厂费用的值，就能够直接算出预测的销售额为 32723 元。

⑨ 在线性拟合图中，可以看到两个自变量与因变量的线性回归模型的实际值与预测值的拟合程度，如图 4.3.41 所示，本例中拟合得还不错，可以用该模型进行后续的预测。

	A	B	C	D	E
1		Y	X1	X2	
2	时间	销售额	宣传成本	出厂费用	预测销售额
45	2019/4/12	30,821	8,500	3,783	31,399
46	2019/4/13	31,081	8,666	3,783	31,585
47	2019/4/14	31,257	8,787	3,803	31,791
48	2019/4/15	31,548	8,984	3,813	32,047
49	2019/4/16		9,000	4,000	32,723

图 4.3.40 预测值

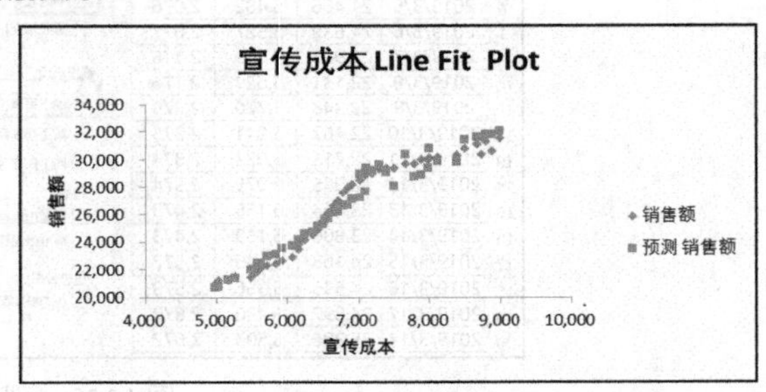

图 4.3.41 销售额预测

4.3.4 时间序列分析

首先理解一个概念，时间序列是按时间顺序排列的一组数据序列，而时间序列分析则是发现这组时间序列的变化规律并预测其发展趋势的一种方法。如已知 2009—2019 年我国每年的人口出生率，预测 2020 年人口出生率的值（该数据来自国家统计局，截至 2021 年 5 月 25 日，还未出 2020 年人口自然增长率的数据）。应用时间序列进行预测的方法有很多，其中比较常用的有移动平均法和指数平滑法。本节主要讲解这两种方法的应用和 Excel 中预测工作表的功能。

1. 移动平均法

根据时间序列逐项推移，依次计算包含一定项数的平均值作为下期预测值。移动平均法的做法简单，但是不适合预测具有复杂趋势的时间序列。第 $t+1$ 期预测值的公式如下。

$$F_{t+1} = (A_t + A_{t-1} + \cdots + A_{t-n+1}) / n$$

其中，F_{t+1} 是第 $t+1$ 期预测值；A_t 是第 t 期的实际值；n 表示移动平均的项数，也就是时期个数，n 的取值不宜过大或过小，具体可在实际应用中进行调整。

例如，已知 2009—2019 年我国每年的人口出生率，如图 4.3.42 所示，预测 2020 年人口出生率的值。

Step1：选择【数据】→【分析】→【数据分析】→【移动平均】选项，单击【确定】按钮，如图 4.3.43 所示。

指标	人口出生率(‰)
2009年	11.95
2010年	11.9
2011年	11.93
2012年	12.1
2013年	12.08
2014年	12.37
2015年	12.07
2016年	12.95
2017年	12.43
2018年	10.94
2019年	10.48

图 4.3.42　人口出生率数据

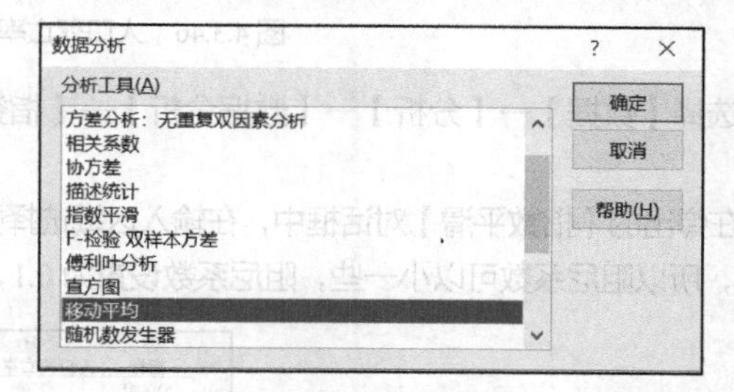

图 4.3.43　移动平均法 1

Step2：在弹出的【移动平均】对话框中，在输入区域选择数据源$B$1:$B$12 区域，如图 4.3.44 所示，间隔设置为 2，即移动平均公式中的 $n=2$，输出区域为$C$3 单元格。

	A	B
1	指标	人口出生率(‰)
2	2009年	11.95
3	2010年	11.9
4	2011年	11.93
5	2012年	12.1
6	2013年	12.08
7	2014年	12.37
8	2015年	12.07
9	2016年	12.95
10	2017年	12.43
11	2018年	10.94
12	2019年	10.48

移动平均
输入
输入区域(I): $B$1:$B$12
☑ 标志位于第一行(L)
间隔(N): 2
输出选项
输出区域(O): $C$3
新工作表组(P):
新工作薄(W)
☐ 图表输出(C)　☑ 标准误差
确定　取消　帮助(H)

图 4.3.44　移动平均法 2

Step3：单击【确定】按钮，在 C 列得到预测值，在 D 列得到标准误差，如图 4.3.45 所示，2020 年的人口出生率预计为 10.71‰。

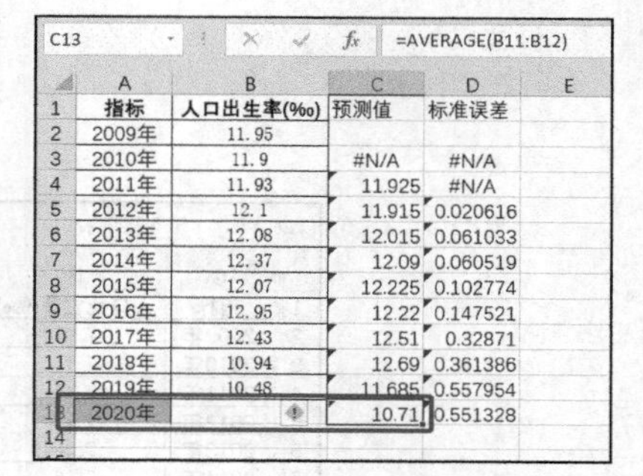

C13　=AVERAGE(B11:B12)

	A	B	C	D
1	指标	人口出生率(‰)	预测值	标准误差
2	2009年	11.95		
3	2010年	11.9	#N/A	#N/A
4	2011年	11.93	11.925	#N/A
5	2012年	12.1	11.915	0.020616
6	2013年	12.08	12.015	0.061033
7	2014年	12.37	12.09	0.060519
8	2015年	12.07	12.225	0.102774
9	2016年	12.95	12.22	0.147521
10	2017年	12.43	12.51	0.32871
11	2018年	10.94	12.69	0.361386
12	2019年	10.48	11.685	0.557954
13	2020年		10.71	0.551328

图 4.3.45　移动平均法结果

2. 指数平滑法

指数平滑法是移动平均法的改进，对历史数据赋予不同的权重进行预测，是用得较多的一种预测方法。对较近的历史数据给予较大的权重，原理是任一期的指数平滑值都是本期实际观察值与前一期指数平滑值的加权平均。应用指数平滑法的公式如下。

$$Y_{t+1} = \alpha X_t + (1-\alpha) Y_t$$

其中，Y_{t+1} 表示 $t+1$ 期的预测值，即本期（t）的平滑值，X_t 表示 t 期（本期）的实际值，α 是平滑系数，Y_t 表示 t 期的预测值，即上期（$t-1$）的平滑值。$1-\alpha=\beta$ 表示阻尼系数，阻尼系数越小，近期实际值对预测结果的影响越大。若时间序列数据波动不大，阻尼系数选小一些，如 0.1、0.2、0.3；若时间序列数据波动较大，阻尼系数选大一些，可选大于 0.6。

例如，已知 2009—2019 年我国的人口死亡率，如图 4.3.46 所示，预测 2020 年人口死亡率的值。

指标	人口死亡率(‰)
2009年	7.08
2010年	7.11
2011年	7.14
2012年	7.15
2013年	7.16
2014年	7.16
2015年	7.11
2016年	7.09
2017年	7.11
2018年	7.13
2019年	7.14

图 4.3.46　人口死亡率数据

Step1：选择【数据】→【分析】→【数据分析】→【指数平滑】选项，单击【确定】按钮，如图 4.3.47 所示。

Step2：在弹出的【指数平滑】对话框中，在输入区域选择数据源$H$1:$H$12 区域；观察数据，发现数据变化趋势较平缓，所以阻尼系数可以小一些，阻尼系数设置为 0.1，输出区域为$I$2 单元格，如图 4.3.48 所示。

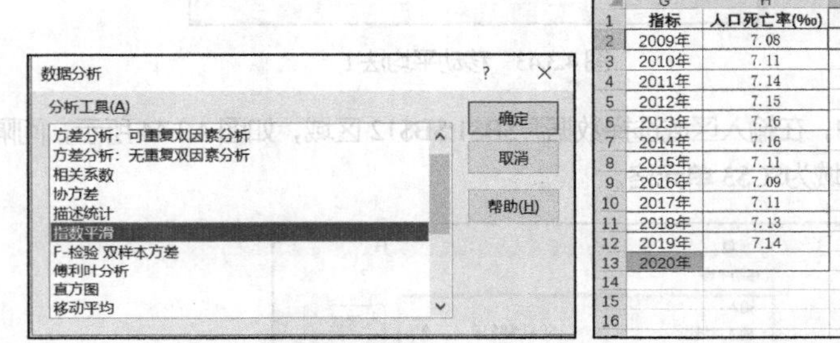

图 4.3.47　指数平滑法 1

图 4.3.48　指数平滑法 2

Step3：单击【确定】按钮，在 I 列得到预测值，在 J 列得到标准误差，将 I12 单元格下拉到 I13 单元格，如图 4.3.49 所示，得到 2020 年的人口死亡率预计为 7.138782‰。

3. 预测工作表

Excel 另有一个非常强大且实用的功能——预测工作表，它是基于历史时间数据来预测未来任一时间段内的数据，当然其基本原理是上面讲到的移动平均法和指数平滑法。例如，我们需要根据 5 月已有的几天数据（见图 4.3.50）预测一整个月的数据情况，就可以用预测工作表功能。该种方法非常简单、方便。

I12　=0.9*H11+0.1*I11

	G	H	I	J
1	指标	人口死亡率(‰)	预测	标准误差
2	2009年	7.08	#N/A	#N/A
3	2010年	7.11	7.08	#N/A
4	2011年	7.14	7.107	#N/A
5	2012年	7.15	7.1367	#N/A
6	2013年	7.16	7.14867	0.026869
7	2014年	7.16	7.158867	0.021558
8	2015年	7.11	7.159887	0.010108
9	2016年	7.09	7.114989	0.029543
10	2017年	7.11	7.092499	0.03222
11	2018年	7.13	7.10825	0.033761
12	2019年	7.14	7.127825	0.021632
13	2020年		7.138782	

图 4.3.49　指数平滑法结果

日期	全量用户数累计
5/1	917
5/2	1786
5/3	2622
5/4	3380
5/5	4423
5/6	5285
5/7	6010
5/8	7037
5/9	8538
5/10	9690
5/11	11027
5/12	12479
5/13	13765
5/14	14884
5/15	16184
5/16	17288
5/17	
5/18	
5/19	
5/20	

图 4.3.50　全量用户数数据

Step1：在有数据的区域单击【数据】→【预测】→【预测工作表】按钮，如图 4.3.51 所示，数据源通常需要包含时间轴和数据，Excel 会自动选择含有时间和数据的区域。预测结束（即你想要预测结束的时间）就可以选择为月底，图形的输出方式可以选择折线图或柱形图。一般直接单击【创建】按钮即可完成一次预测。

下面再来看一下【选项】里是什么，如图 4.3.52 所示，在其中可以自定义预测开始的日期，置信区间默认为 95%，日程表和值的范围也可以自定义，通常这些值保持默认即可。

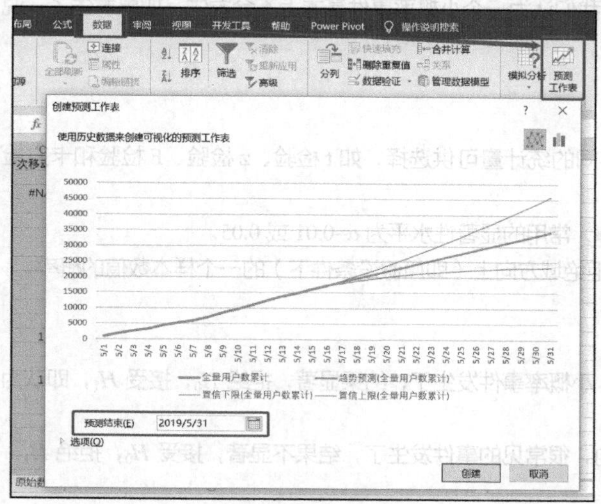

图 4.3.51　预测工作表 1

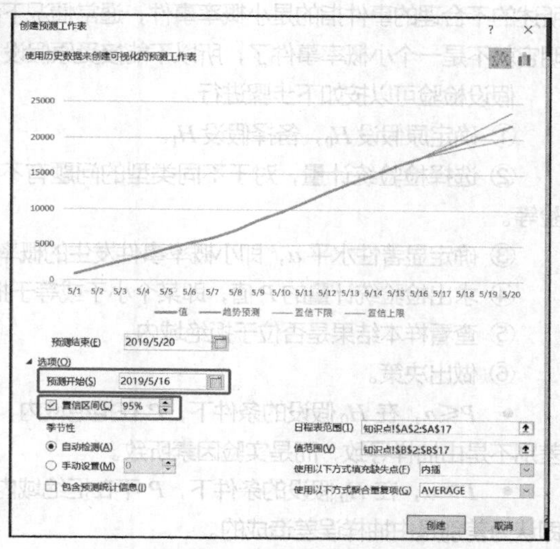

图 4.3.52　预测工作表 2

Step2：单击【创建】按钮后会得到一个新的 Sheet 表，表里包含时间轴、历史数据、预测数据、置信上限、置信下限和一个预测图表，如图 4.3.53 所示。其中预测数据是用预测函数 FORECAST.ETS()计算而得，是用指数平滑的思想做的，预测数据就是我们想要的预测值了，上下限即误差范围。

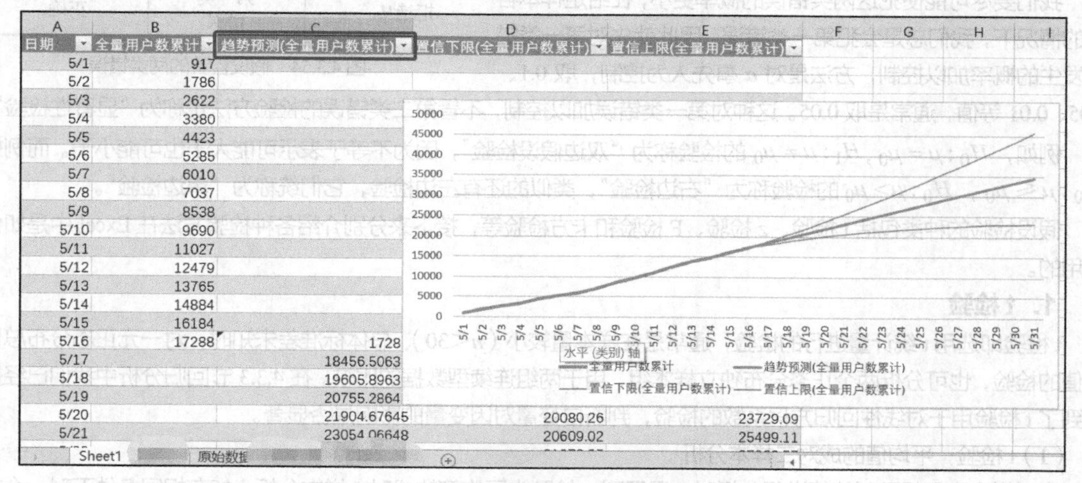

图 4.3.53　预测工作表结果

4.3.5　假设检验

通常情况下，总体的数据我们是无法得到的，只能用样本的数据来估计总体数据的值，如人均 GDP 的指标，并没有统计到每一个人的 GDP 值，而是用样本估计的。用样本去估计总体不可避免地总会产生一定的误差，我们需要知道引起这种误差的原因（是抽样引起还是存在本质的差别），那么就需要对估计量进行判别，从而做出是否接受原假设的决策，用到的方法就是假设检验。假设检验是用于检验统计假设的一种方法，又叫“显著性检验”，它是用来判断样本和总体的差异是由什么因素造成的一种统计推断方法。

假设检验的基本原理是对总体的某些未知的参数提出假设，并做出是接受还是拒绝的决策。这里用到小概率反证法的思想，即为了检验一个假设是否成立，我们先假设它成立，在原假设成立的前提下，如果出现了不合理的事件，则说明样本与总体的差异是显著的，就拒绝原假设；如果没有出现不合理的事件，就接受原假设。这里所述的不合理的事件指的是小概率事件，通常情况下我们认为一个小概率事件基本上不会发生，如果发生了，说明它就不是一个小概率事件了，所以不能接受原假设。

假设检验可以按如下步骤进行。

① 确定原假设 H_0，备择假设 H_1。

② 选择检验统计量，对于不同类型的问题有不同的统计量可供选择，如 t 检验、z 检验、F 检验和卡方检验等。

③ 确定显著性水平 α，即小概率事件发生的概率，常用的显著性水平为 α=0.01 或 0.05。

④ 求出检验统计量的 P 值，即某个小于或等于拒绝域方向上（即原假设条件下）的一个样本数值的概率。

⑤ 查看样本结果是否位于拒绝域内。

⑥ 做出决策。

- $P \leqslant \alpha$，在 H_0 假设的条件下，P 在拒绝域内，小概率事件发生了，结果显著，拒绝 H_0，接受 H_1，即认为差别不是由抽样导致，而是实验因素所致。
- $P > \alpha$，在 H_0 假设的条件下，P 不在拒绝域内，很常见的事件发生了，结果不显著，接受 H_0，拒绝 H_1，即认为差别是由抽样误差造成的。

在做假设检验时，可能出现的两类错误的决策如图 4.3.54 所示。

判断结论	分布真实情况	
	H_0成立	H_1成立
接受H_0	正确	第二类错误
拒绝H_0	第一类错误	正确

图 4.3.54　假设检验的两类错误

第一类错误：原假设为真，却被拒绝了。

第二类错误：原假设为假，却被接受了。

我们要尽可能使犯这两类错误的概率更小，在给定样本容量的情况下，我们总是会犯第一类错误，因此就先对第一类错误发生的概率加以控制，方法是对 α 事先人为控制，取 0.1、0.05、0.01 等值，通常是取 0.05。这种对第一类错误加以控制，不管第二类错误的检验方法也称为“显著性检验”。

例如，$H_0: \mu = \mu_0, H_1: \mu \neq \mu_0$ 的检验称为“双边假设检验”，因为不等于表示可能大于也可能小于。而例如 $H_0: \mu \leqslant \mu_0$，$H_0: \mu > \mu_0$ 的检验称为“右边检验”，类似的还有左边检验，它们统称为“单边检验”。

假设检验的种类包括 t 检验、z 检验、F 检验和卡方检验等，接下来分别介绍各种检验方法在 Excel 中是如何运用的。

1. t 检验

t 检验即选用 t 统计量进行的检验，通常是在样本量较小（n<30）、总体标准差未知时，对一元正态分布总体均值的检验，也可分析两个正态分布独立样本组，用于两组连续型数据的比较。在 4.3.3 节回归分析中我们已经接触到了 t 检验用于对线性回归方程系数的检验，判断自变量对因变量的影响是否显著。

（1）t 检验：平均值的成对二样本分析

当对样本中两组配对的值进行分析时，需用到 t 检验中平均值的成对二样本分析，如在相同条件下对一个样本进行了前后两次试验。同样的例子如一次推广活动前后 App 活跃度的对比分析，通过 t 检验中平均值的成对二样本分析判断推广活动是否带来了 App 活跃度的提升。

图 4.3.55 所示是推广活动前后 App 活跃度的对比，在显著性水平为 0.05 的条件下分析推广活动是否提高了 App 的活跃度。

Step1：确立原假设和备择假设，原假设通常为两个样本的总体均值相等，备择假设为两个样本的总体均值不等，即 $H_0:\mu_1=\mu_2$， $H_1:\mu_1\neq\mu_2$。

Step2：选择【数据】→【分析】→【数据分析】→【t-检验:平均值的成对二样本分析】选项，单击【确定】按钮，如图 4.3.56 所示。

	B	C
1	活动前	活动后
2	65	75
3	65	71
4	62	78
5	73	68
6	66	65
7	71	76
8	67	68
9	64	76
10	72	82
11	75	67
12	69	72
13	70	70
14	68	71
15	66	62
16	73	78
17	77	80
18	74	69
19	71	70
20	64	64
21	71	71

图 4.3.55　活动前后数据

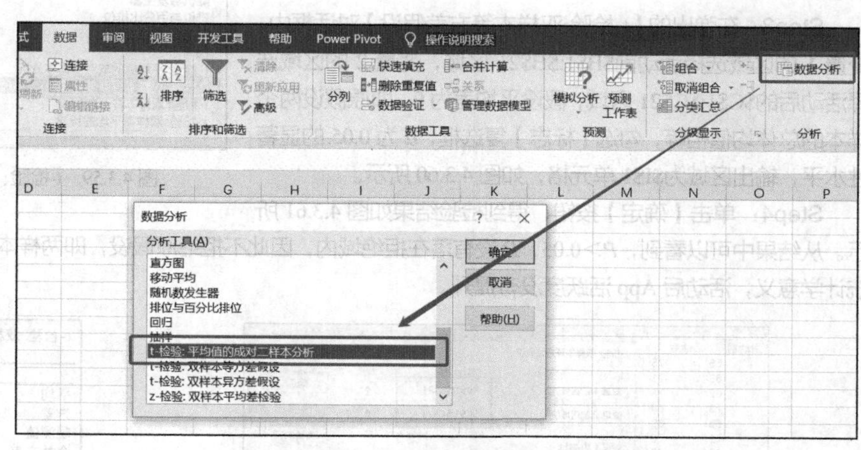

图 4.3.56　t-检验：平均值的成对二样本分析 1

Step3：在弹出的【t-检验:平均值的成对二样本分析】对话框中，变量 1 的区域选择活动前的$B$1:$B$21 区域，变量 2 的区域选择活动后的$C$1:$C$21 区域，假设平均差为 0，即原假设两个样本的总体均值相等，勾选【标志】复选框，α 为 0.05 的显著性水平，输出区域为$D$1 单元格，如图 4.3.57 所示。

Step4：单击【确定】按钮，得到检验结果，如图 4.3.58 所示。从结果中可以看到，t 值为−1.81495，$|t|<t$ 双尾临界值，落在接受域内；又或者由检验统计量得出的 P 双尾值为 0.085352>0.05，P 落在接受域内，所以不拒绝原假设，即两样本均值相等，说明推广活动后 App 的活跃度没有显著提升。

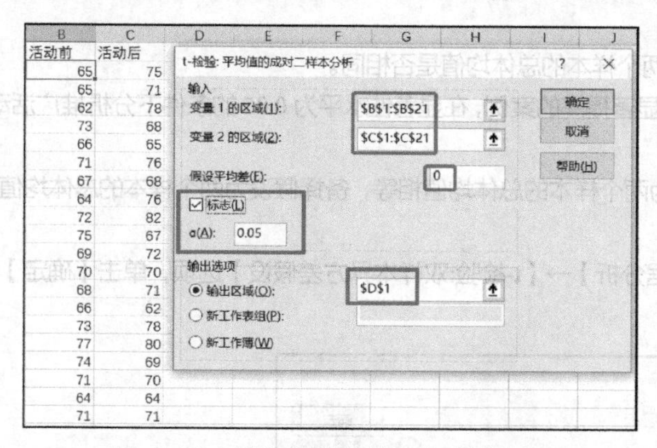

图 4.3.57　t-检验：平均值的成对二样本分析 2

t-检验: 成对双样本均值分析		
	活动前	活动后
平均	69.15	71.65
方差	17.50263	29.71316
观测值	20	20
泊松相关系	0.203212	
假设平均差	0	
df	19	
t Stat	-1.81495	
P(T<=t) 单	0.042676	
t 单尾临界	1.729133	
P(T<=t) 双	0.085352	
t 双尾临界	2.093024	
不拒绝原假设		

图 4.3.58　t-检验：平均值的成对二样本分析结果

（2）t 检验：双样本等方差假设

假设两个样本其取自总体的方差相同，检验两个样本的总体均值是否相同。这种双样本等方差的 t 检验实际上是在检验两个样本是否来自于同一个总体。

还是上述推广活动前后 App 活跃度是否有显著提高的案例，在显著性水平为 0.05 的条件下分析推广活动是否提高了 App 的活跃度。

Step1：确立原假设和备择假设，原假设为两个样本的总体均值相等，备择假设为两个样本的总体均值不等，即 $H_0:\mu_1=\mu_2$， $H_1:\mu_1\neq\mu_2$。

Step2：选择【数据】→【分析】→【数据分析】→【t-检验:双样本等方差假设】选项，单击【确定】按钮，如图 4.3.59 所示。

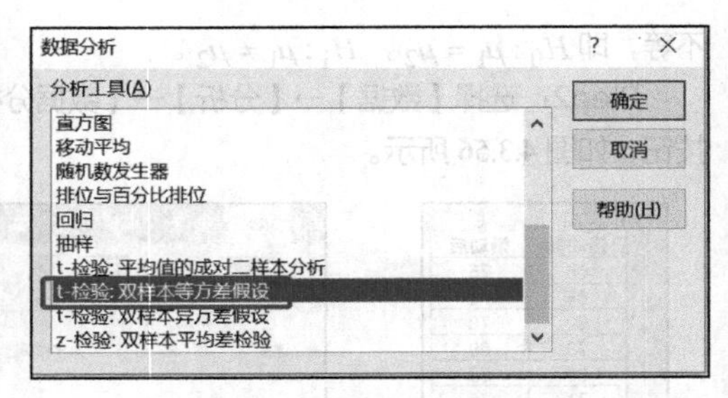

图 4.3.59　t-检验：双样本等方差假设 1

Step3：在弹出的【t-检验:双样本等方差假设】对话框中，变量 1 的区域选择活动前$B$1:$B$21 区域，变量 2 的区域选择活动后的$C$1:$C$21 区域，假设平均差为 0，即原假设两个样本的总体均值相等，勾选【标志】复选框，α 为 0.05 的显著性水平，输出区域为$I$1 单元格，如图 4.3.60 所示。

Step4：单击【确定】按钮，得到检验结果如图 4.3.61 所示。从结果中可以看到，$P>0.05$，P 没有落在拒绝域内，因此不拒绝原假设，即两样本均值相等，两者的差别无统计学意义，活动后 App 活跃度没有提升。

图 4.3.60　t-检验：双样本等方差假设 2

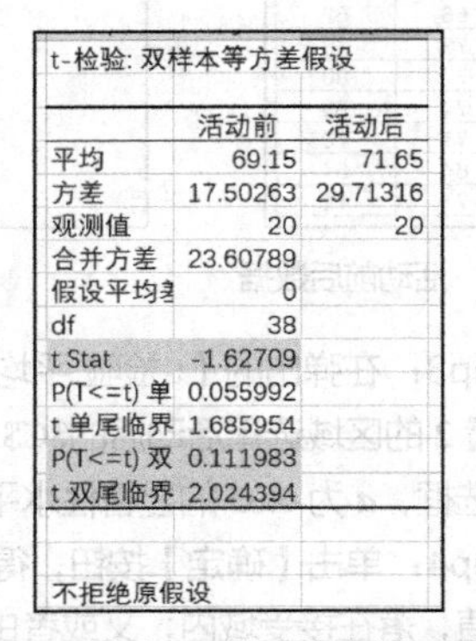

t-检验: 双样本等方差假设

	活动前	活动后
平均	69.15	71.65
方差	17.50263	29.71316
观测值	20	20
合并方差	23.60789	
假设平均差	0	
df	38	
t Stat	-1.62709	
P(T<=t) 单	0.055992	
t 单尾临界	1.685954	
P(T<=t) 双	0.111983	
t 双尾临界	2.024394	
不拒绝原假设		

图 4.3.61　t-检验：双样本等方差假设结果

（3）t 检验：双样本异方差检测

假设两个样本取自总体的方差不同，检验两个样本的总体均值是否相同。

还是上述推广活动前后 App 活跃度是否有显著提高的案例，在显著性水平为 0.05 的条件下分析推广活动是否提高了 App 的活跃度。

Step1：确立原假设和备择假设，原假设为两个样本的总体均值相等，备择假设为两个样本的总体均值不等，即 $H_0: \mu_1 = \mu_2$， $H_1: \mu_1 \neq \mu_2$。

Step2：选择【数据】→【分析】→【数据分析】→【t-检验:双样本异方差假设】选项，单击【确定】按钮，如图 4.3.62 所示。

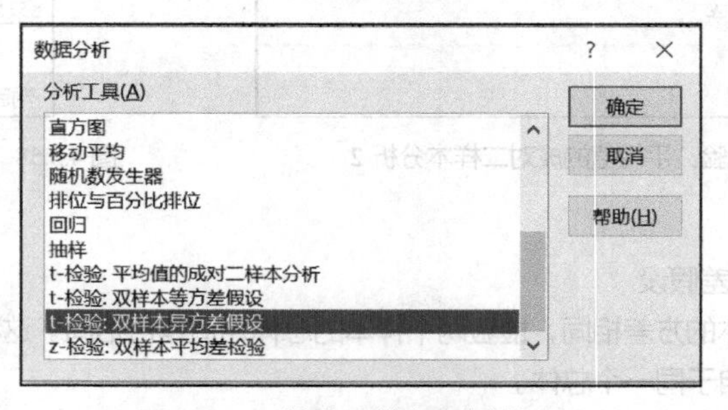

图 4.3.62　t-检验:双样本异方差假设 1

Step3：在弹出的【t-检验:双样本异方差假设】对话框中，变量 1 的区域选择活动前的$B$1:$B$21 区域，变量 2 的区域选择活动后的$C$1:$C$21 区域，假设平均差为 0，即原假设两个样本的均值相等，勾选【标志】复选框，α 为 0.05 的显著性水平，输出区域为$M$1 单元格，如图 4.3.63 所示。

Step4：单击【确定】按钮，得到检验结果如图 4.3.64 所示。从结果中可以看到，$P>0.05$，P 没有落在拒绝域内，因此不拒绝原假设，即两样本均值相等，两者的差别无统计学意义，活动后 App 活跃度没有提升。

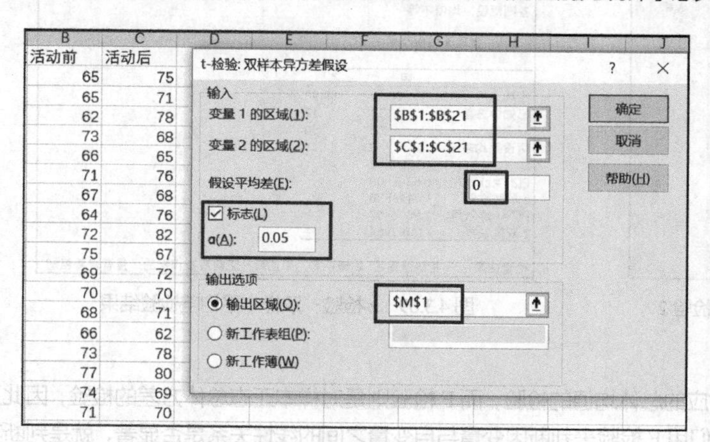

图 4.3.63　t-检验：双样本异方差假设 2

t-检验: 双样本异方差假设		
	活动前	活动后
平均	69.15	71.65
方差	17.50263	29.71316
观测值	20	20
假设平均差	0	
df	36	
t Stat	-1.62709	
P(T<=t) 单	0.05622	
t 单尾临界	1.688298	
P(T<=t) 双	0.112441	
t 双尾临界	2.028094	
不拒绝原假设		

图 4.3.64　t-检验：双样本异方差假设结果

2. z 检验

z 检验是选用 z 统计量进行的检验，一般用于大样本（样本容量大于 30）的双样本正态总体均值的检验；若总体标准差已知，对两个样本总体均值的检验也用 z 检验。图 4.3.65 所示是何时选用 z 检验和何时选用 t 检验的说明。

总体方差是否已知
是
z检验
否
样本容量
大
小
t检验

图 4.3.65　t 检验与 z 检验适用不同的情况

图 4.3.66 所示是甲、乙两种肥料下农作物的产量，已知甲肥料的方差为 14，乙肥料的方差为 12，从甲、乙两个肥料试验地中随机抽取 50 个样本，分析在显著性水平 0.05 的条件下施加甲、乙两种肥料对农作物的产量来说有无差别。

Step1：确立原假设和备择假设，原假设为两个样本的总体均值相等，备择假设为两个样本的总体均值不等，即 $H_0:\mu_1=\mu_2$，$H_1:\mu_1\neq\mu_2$。

Step2：选择【数据】→【分析】→【数据分析】→【z-检验:双样本平均差检验】选项，单击【确定】按钮，如图 4.3.67 所示。

	A	B	C
1	序号	甲	乙
2	1	99	32
3	2	136	30
4	3	128	31
49	48	37	42
50	49	48	52
51	50	42	80

图 4.3.66　甲、乙肥料下农作物产量数据

数据分析
分析工具(A)
直方图
移动平均
随机数发生器
排位与百分比排位
回归
抽样
t-检验: 平均值的成对二样本分析
t-检验: 双样本等方差假设
t-检验: 双样本异方差假设
z-检验: 双样本平均差检验
确定
取消
帮助(H)

图 4.3.67　z-检验：双样本平均差检验 1

Step3：在弹出的【z-检验:双样本平均差检验】对话框中，变量 1 的区域选择甲肥料的$B$1:$B$51 区域，变量 2 的区域选择乙肥料的$C$1:$C$51 区域，假设平均差为 0，即原假设两个样本的总体均值相等，勾选【标志】复选框，变量 1 和变量 2 的方差已知，α 为 0.05 的显著性水平，输出区域为$J$4 单元格，如图 4.3.68 所示。

Step4：单击【确定】按钮，得到检验结果如图 4.3.69 所示。从结果中可以看到，P 远远小于 0.05，所以拒绝原假设，即两样本均值不相等，说明甲、乙两种肥料对农作物的产量有显著差别。

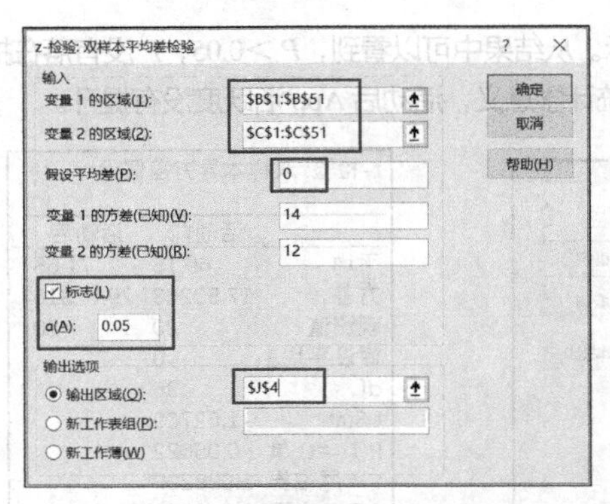

图 4.3.68　z-检验：双样本平均差检验 2

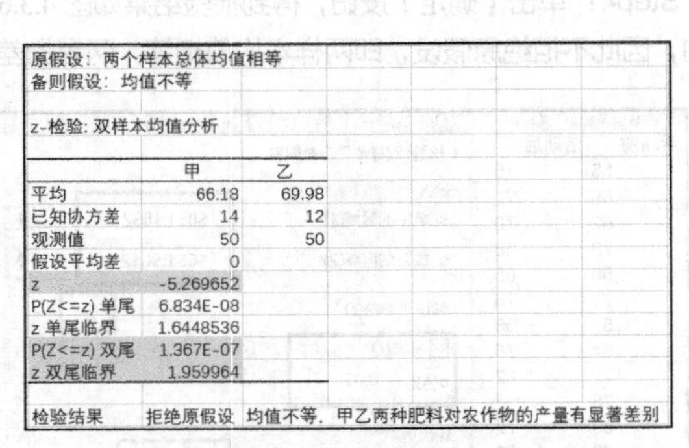

原假设：两个样本总体均值相等
备则假设：均值不等

z-检验: 双样本均值分析

	甲	乙
平均	66.18	69.98
已知协方差	14	12
观测值	50	50
假设平均差	0	
z	-5.269652	
P(Z<=z) 单尾	6.834E-08	
z 单尾临界	1.6448536	
P(Z<=z) 双尾	1.367E-07	
z 双尾临界	1.959964	

检验结果　拒绝原假设　均值不等，甲乙两种肥料对农作物的产量有显著差别

图 4.3.69　z-检验：双样本平均差检验结果

3. F 检验

之前的 t 检验、z 检验都是对样本对应的总体均值的检验，而 F 检验则是对样本正态总体方差的检验，因此又叫“方差齐性检验”。在回归分析中，我们用 F 检验来判断因变量与自变量之间的线性关系是否显著，就是判断其方差是否相等。F 检验自然是应用 F 统计量进行的检验。

例如，选取 10 块土地播种 A、B 两种谷物种子，根据其如图 4.3.70 所示的产量，在显著性水平 0.05 的条件下判断两种种子的产量是否有显著的差异。

Step1：确立原假设和备择假设，原假设为两个样本的总体方差相等，备择假设为两个样本的总体方差不等，即 $H_0:\sigma_1^2=\sigma_2^2$，$H_1:\sigma_1^2\neq\sigma_2^2$。

Step2：选择【数据】→【分析】→【数据分析】→【F-检验 双样本方差】选项，单击【确定】按钮，如图 4.3.71 所示。

	A	B	C
1	序号	A	B
2	1	23	26
3	2	35	39
4	3	29	35
5	4	42	40
6	5	39	38
7	6	29	24
8	7	37	36
9	8	34	27
10	9	35	41
11	10	28	27

图 4.3.70　土地产量数据

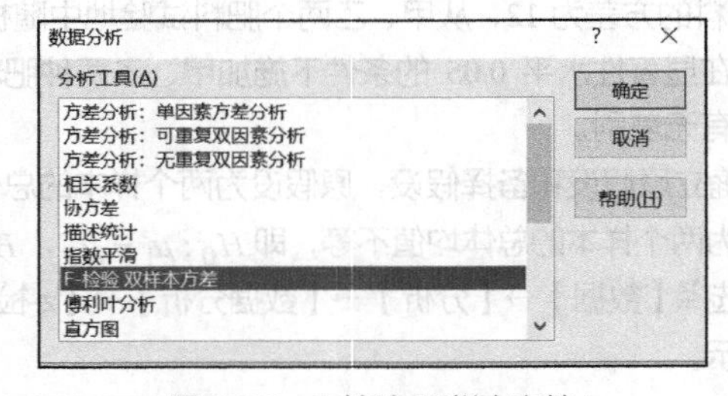

图 4.3.71　F-检验 双样本方差 1

Step3：在弹出的【F-检验 双样本方差】对话框中，变量 1 的区域选择甲肥料的$B$1:$B$11 区域，变量 2 的区域选择乙肥料的$C$1:$C$11 区域，勾选【标志】复选框，α 为 0.05 的显著性水平，输出区域为$E$1 单元格，如图 4.3.72 所示。

Step4：单击【确定】按钮，得到检验结果如图 4.3.73 所示。从结果中可以看到，P 值大于 0.05，所以不拒绝原假设，即两样本方差相等，说明 A、B 两种种子对农作物的产量没有显著性的差异。

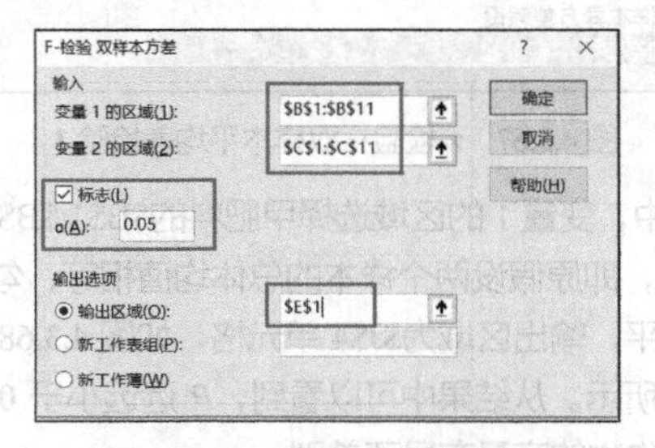

图 4.3.72　F-检验 双样本方差 2

F-检验 双样本方差分析

	A	B
平均	33.1	33.3
方差	33.21111	43.12222
观测值	10	10
df	9	9
F	0.770162	
P(F<=f) 单	0.351788	
F 单尾临界	0.314575	

检验结果　不拒绝原假设

图 4.3.73　F-检验：双样本方差结果

假设检验的结论不能绝对化，统计量落在拒绝域，只能说明差异具有统计学意义，而落在接受域内，同样也只能说明差异无统计学意义。至于是否有实际意义应结合具体场景具体分析，不要过度依赖假设检验。

4.3.6 方差分析

方差分析，又叫“变异数分析”，用来检验两个及两个以上样本的总体均值是否有差异。方差分析可以看作是 t 检验的扩展。一个实验、事件往往是由多条因素相互制约共同组成的，若想知道其中每个因素对事件的影响程度如何，就需要用到方差分析。

1. 单因素方差分析

单个因素的不同水平对观测变量的影响即为单因素方差分析。原假设为两个及两个以上总体均值相等，备择假设为两个及两个以上总体均值不全相等。同假设检验一样，我们只需关注 F 值或在 F 统计量下计算出的 P 值即可。若 $P \leqslant \alpha$，拒绝原假设，均值不同，认为因素对结果有显著性影响；若 $P > \alpha$，不拒绝原假设，均值相同，认为因素对结果无显著性影响。

图 4.3.74 所示的实例考察不同推广方法对用户数增长的影响，我们采用了 4 种方法，用每种方法考察一周共 7 天每天的新增用户数。这里的方法就是单个因素，不同的 4 种方法即为单个因素的 4 个不同水平，假定其余条件都相同的前提下，考察方法这一因素对用户数增长是否有显著影响。

Step1： 确立原假设和备择假设，原假设为 4 个样本的总体均值相等，备择假设为 4 个样本的总体均值不全相等，即 $H_0: \mu_1 = \mu_2 = \mu_3 = \mu_4$，$H_1: \mu_1, \mu_2, \mu_3, \mu_4$ 不全相等。

Step2： 选择【数据】→【分析】→【数据分析】→【方差分析:单因素方差分析】选项，单击【确定】按钮，如图 4.3.75 所示。

	A	B	C	D	E
1	序号	方法1	方法2	方法3	方法4
2	1	33	30	40	35
3	2	15	25	18	46
4	3	5	27	28	43
5	4	22	12	44	49
6	5	30	39	33	32
7	6	35	36	28	50
8	7	38	15	12	37

图 4.3.74 不同推广方法的用户数增长数据

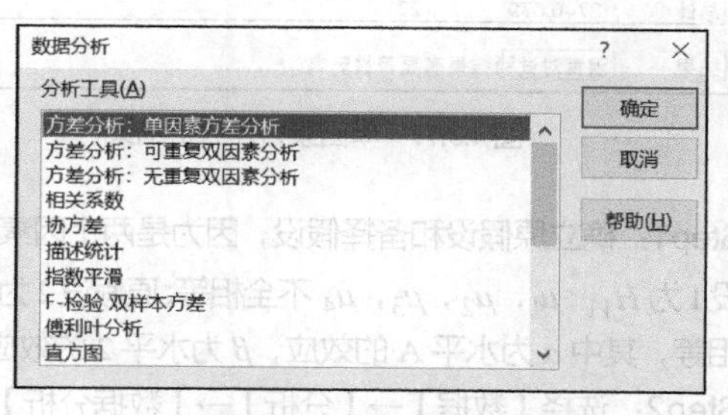

图 4.3.75 单因素方差分析 1

Step3： 在弹出的【方差分析:单因素方差分析】对话框中，输入区域选择$B$1:$E$8 区域，如图 4.3.76 所示，勾选【标志位于第一行】复选框，α 为 0.05 的显著性水平，输出区域为$A$11 单元格。

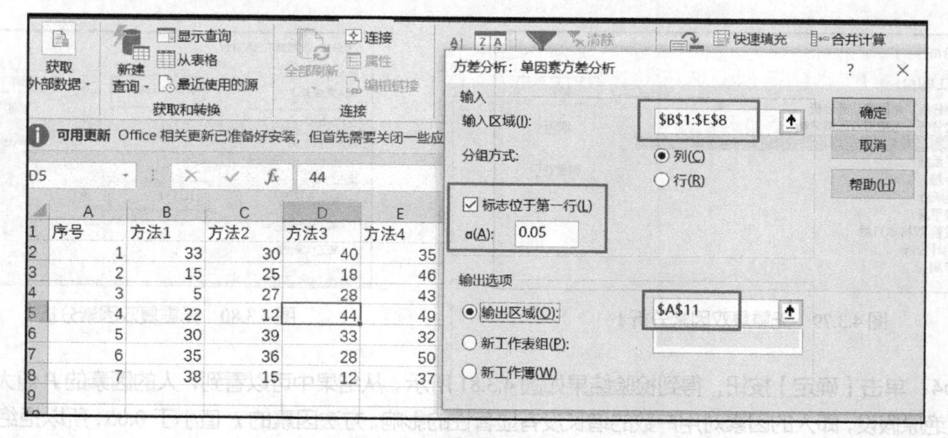

图 4.3.76 单因素方差分析 2

Step4：单击【确定】按钮，得到检验结果，如图 4.3.77 所示。从结果中可以看到，P 小于 0.05，所以拒绝原假设，即 4 个样本的总体均值不相等；或可以看 F 值为 3.770111＞F crit 的值，落在拒绝域内，因此拒绝原假设，说明 4 种不同的推广方法对用户数的增长有显著性的差异。

2. 无重复双因素方差分析

双因素方差分析是研究两个因素的不同水平对观测变量的影响。根据两个因素是否相互影响，还可以再细分为无重复双因素方法分析和有重复双因素方差分析。无重复双因素分析即不考虑两个因素之间的相互影响。

图 4.3.78 所示的实例考察不同的人使用不同的方法对用户数增长是否有显著性影响，这里的方法和人就是两个互不影响的因素。

B28 =IF(F23<0.05,"因素对试验结果有显著性影响")

	A	B	C	D	E	F	G
10							
11	方差分析：单因素方差分析						
12							
13	SUMMARY						
14	组	观测数	求和	平均	方差		
15	方法1	7	178	25.42857	144.2857		
16	方法2	7	184	26.28571	100.5714		
17	方法3	7	203	29	129		
18	方法4	7	292	41.71429	50.57143		
19							
20							
21	方差分析						
22	差异源	SS	df	MS	F	P-value	F crit
23	组间	1200.107	3	400.0357	3.770111	0.023864	3.008787
24	组内	2546.571	24	106.1071			
25							
26	总计	3746.679	27				
27							
28	结果	因素对试验结果有显著性影响					

图 4.3.77 单因素方差分析结果

	A	B	C	D	E
31	姓名	方法1	方法2	方法3	方法4
32	甲	33	30	40	35
33	乙	15	25	18	46
34	丙	5	27	28	43
35	丁	22	12	44	49

图 4.3.78 不同的人使用不同推广方法的用户数增长数据

Step1：确立原假设和备择假设，因为是两个因素，所以有两个假设。原假设 1 为 $H_{01}: \alpha_1=\alpha_2=\alpha_3=\alpha_4$，备择假设 1 为 $H_{11}: \mu_1, \mu_2, \mu_3, \mu_4$ 不全相等；原假设 2 为 $H_{02}: \beta_1=\beta_2=\beta_3=\beta_4$，备择假设 2 为 $H_{12}: \beta_1, \beta_2, \beta_3, \beta_4$ 不全相等，其中 α 为水平 A 的效应，β 为水平 2 的效应，由模型的总平均计算而来。

Step2：选择【数据】→【分析】→【数据分析】→【方差分析:无重复双因素分析】选项，单击【确定】按钮，如图 4.3.79 所示。

Step3：在弹出的【方差分析:无重复双因素分析】对话框中，输入区域选择$A$31:$E$35 区域，如图 4.3.80 所示，勾选【标志】复选框，α 为 0.05 的显著性水平，输出区域为$O$31 单元格。

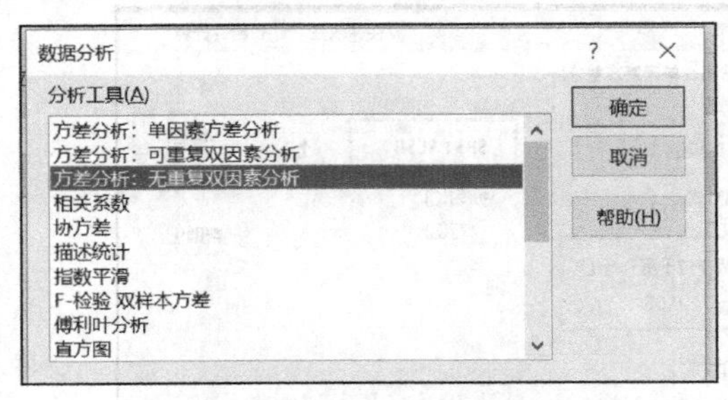

图 4.3.79 无重复双因素分析 1

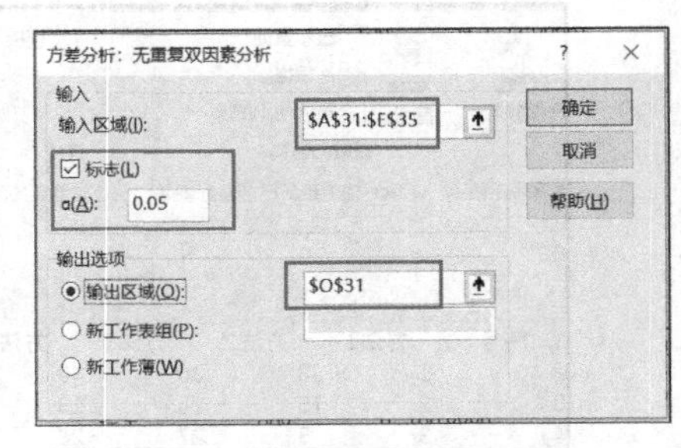

图 4.3.80 无重复双因素分析 2

Step4：单击【确定】按钮，得到检验结果如图 4.3.81 所示。从结果中可以看到，人的因素的 P 值大于 0.05，所以不拒绝原假设，即人的因素对用户数的增长没有显著性的影响。方法因素的 P 值小于 0.05，所以拒绝原假设，说明方法因素对用户数的增长有显著性的影响，如图 4.3.82 所示。

=IF(T47<0.05,"人的差异有显著性影响","人的差异无显著性影响")

D	E	F	O	P	Q	R	S	T	U
方法3	方法4		方差分析：无重复双因素分析						
40	35								
18	46		SUMMARY	观测数	求和	平均	方差		
28	43	行	甲	4	138	34.5	17.66667		
44	49		乙	4	104	26	195.3333		
			丙	4	103	25.75	244.9167		
			丁	4	127	31.75	310.9167		
有显著性影响									
		列	方法1	4	75	18.75	138.9167		
			方法2	4	94	23.5	63		
			方法3	4	130	32.5	139.6667		
			方法4	4	173	43.25	36.25		
			方差分析						
			差异源	SS	df	MS	F	P-value	F crit
		人	行	225.5	3	75.16667	0.745044	0.551831	3.862548
		方法	列	1398.5	3	466.1667	4.620595	0.032067	3.862548
			误差	908	9	100.8889			
			总计	2532	15				
			结果	人的差异无显著性影响					

图 4.3.81　无重复双因素分析结果 1

3. 可重复双因素方差分析

两个因素之间相互影响的双因素方差分析即可重复双因素方差分析。需要考虑两个因素之间的交互效应，它们之间的交互效应可能会对观测变量的结果造成一定的影响。

图 4.3.83 所示的实例考察在不同平台上应用不同方法，对用户数的增长是否有显著影响，以及这两个因素的交互作用对用户数增长是否有显著影响。

=IF(T48<0.05,"方法的差异有显著性影响","方法的差异无显著性影响")

D	E	F	O	P	Q	R	S	T	U
方法3	方法4		方差分析：无重复双因素分析						
40	35								
18	46		SUMMARY	观测数	求和	平均	方差		
28	43	行	甲	4	138	34.5	17.66667		
44	49		乙	4	104	26	195.3333		
			丙	4	103	25.75	244.9167		
			丁	4	127	31.75	310.9167		
显著性影响									
		列	方法1	4	75	18.75	138.9167		
			方法2	4	94	23.5	63		
			方法3	4	130	32.5	139.6667		
			方法4	4	173	43.25	36.25		
			方差分析						
			差异源	SS	df	MS	F	P-value	F crit
		人	行	225.5	3	75.16667	0.745044	0.551831	3.862548
		方法	列	1398.5	3	466.1667	4.620595	0.032067	3.862548
			误差	908	9	100.8889			
			总计	2532	15				
			结果	人的差异无显著性影响					
				方法的差异有显著性影响					

图 4.3.82　无重复双因素分析结果 2

	A	B	C	D
98	方法	平台A	平台B	平台C
99	方法1	40	58	61
100		59	75	52
101	方法2	66	63	58
102		80	80	80
103	方法3	85	88	78
104		88	70	79

图 4.3.83　不同平台上应用不同方法的用户数增长数据

Step1：确立原假设和备择假设，原假设 1 为 $H_{01}:\alpha_1=\alpha_2=\alpha_3=\alpha_4$，备择假设 1 为 $H_{11}:\mu_1$，μ_2，μ_3，μ_4 不全相等；原假设 2 为 $H_{02}:\beta_1=\beta_2=\beta_3=\beta_4$，备择假设 2 为 $H_{12}:\beta_1$，β_2，β_3，β_4 不全相等。

Step2：选择【数据】→【分析】→【数据分析】→【方差分析:可重复双因素分析】选项，单击【确定】按钮，如图 4.3.84 所示。

Step3：在弹出的【方差分析：可重复双因素分析】对话框中，输入区域选择$A$98:$D$104 区域，如图 4.3.85 所示，每一样本的行数为 2，α 为 0.05 的显著性水平，输出区域为$F$98 单元格。

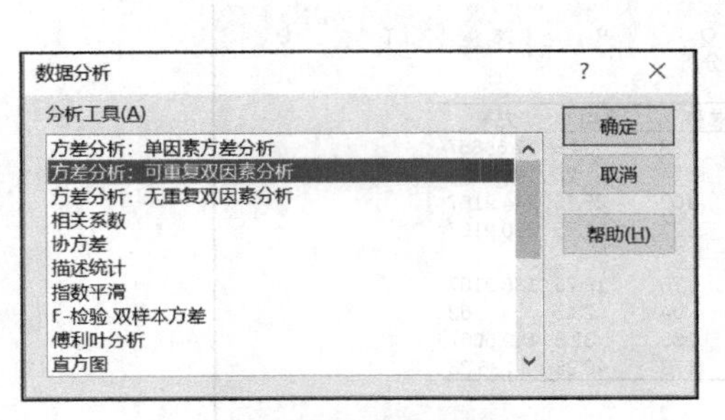

图 4.3.84 可重复双因素方差分析 1

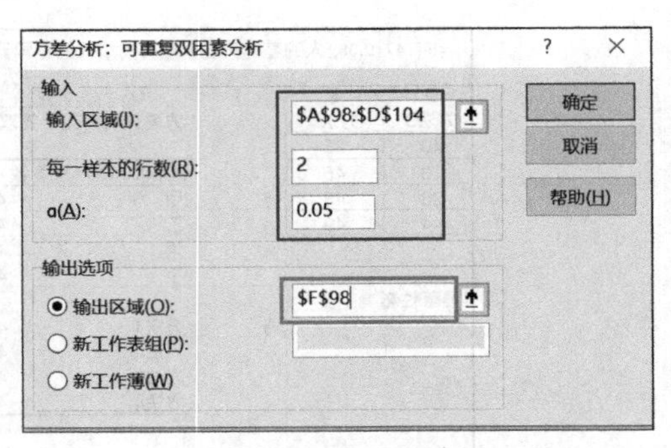

图 4.3.85 可重复双因素方差分析 2

Step4：单击【确定】按钮，得到检验结果如图 4.3.86 所示。重点关注最后一张方差分析表，从结果中可以看到，方法因素的 P 值小于 0.05，所以拒绝原假设，即方法因素对用户数的增长有显著性的影响；平台因素的 P 值大于 0.05，不拒绝原假设，即平台因素对用户数的增长无显著性影响；交互作用的 P 值大于 0.05，说明两个因素的交互影响不显著。

练一练

对 4.2 节练一练的调查数据进行深入的分析，数据如图 4.3.87 所示，还能得出哪些结论？

	方差分析						
	差异源	SS	df	MS	F	P-value	F crit
方法	样本	1716.333	2	858.1667	7.594395	0.01169	4.256495
平台	列	57.33333	2	28.66667	0.253687	0.781301	4.256495
	交互	331.3333	4	82.83333	0.733038	0.591937	3.633089
	内部	1017	9	113			
	总计	3122	17				
结果	方法的差异有显著性影响						
	平台的差异无显著性影响						
	两因素交互作用不显著						

图 4.3.86 可重复双因素方差分析结果

	A	B	C	D	E	F	G
1	用户编号	此菜品的口味满意吗	此菜品包装有撒漏吗	此菜品是否与图片一致	此菜品食材新鲜吗	此菜品干净卫生吗	用1-5分评价
2	1	满意	没有	一致	新鲜	卫生	5
3	2	不满意	没有	不一致	不新鲜	不确定	1
4	3	满意	漏了	不一致	不确定	不卫生	3
5	4	满意	没有	不一致	新鲜	卫生	5
6	5	不满意	没有	一致	新鲜	卫生	3
7	6	不满意	没有	一致	新鲜	卫生	1
8	7	满意	没有	不一致	新鲜	卫生	4
9	8	满意	没有	一致	不确定	卫生	1
10	9	满意	没有	一致	不新鲜	不卫生	5
11	10	满意	没有	不一致	新鲜	卫生	3
12	11	不满意	没有	不一致	新鲜	卫生	4
13	12	不满意	没有	不一致	不确定	卫生	1
14	13	满意	没有	一致	新鲜	卫生	5
15	14	满意	没有	不一致	新鲜	卫生	2
16	15	满意	没有	一致	不新鲜	不卫生	5
17	16	满意	没有	一致	新鲜	卫生	1
18	17	满意	漏了	一致	新鲜	卫生	5
19	18	满意	漏了	一致	不确定	卫生	2
20	19	不满意	没有	不一致	不新鲜	不卫生	1

图 4.3.87 用户评分数据

提示 1：用户整体打分的描述性统计是如何的？

提示 2：用户整体打分同哪个问题最为相关？

提示 3：假如一个用户的答案分别是“满意，漏了，一致，新鲜，卫生”，那么他/她最有可能的打分是多少？

小结

本章介绍了数据分析的工具和方法。首先是工具，排序和筛选是很基础的工具，数据透视表是必须掌握的工具，分析工具库是进阶的“利器”。接着介绍了业务现状分析常用的方法，如对比分析、分组分析、平均分析、交叉分析、综合指标分析和 RFM 分析，更进一步地讲解了进行探索性分析会用到的进阶方法，如描述性统计分析、相关分析、回归分析、时间序列分析、假设检验和方差分析，并介绍了这些分析方法的原理及如何在 Excel 中实现。本章知识点思维导图如下。

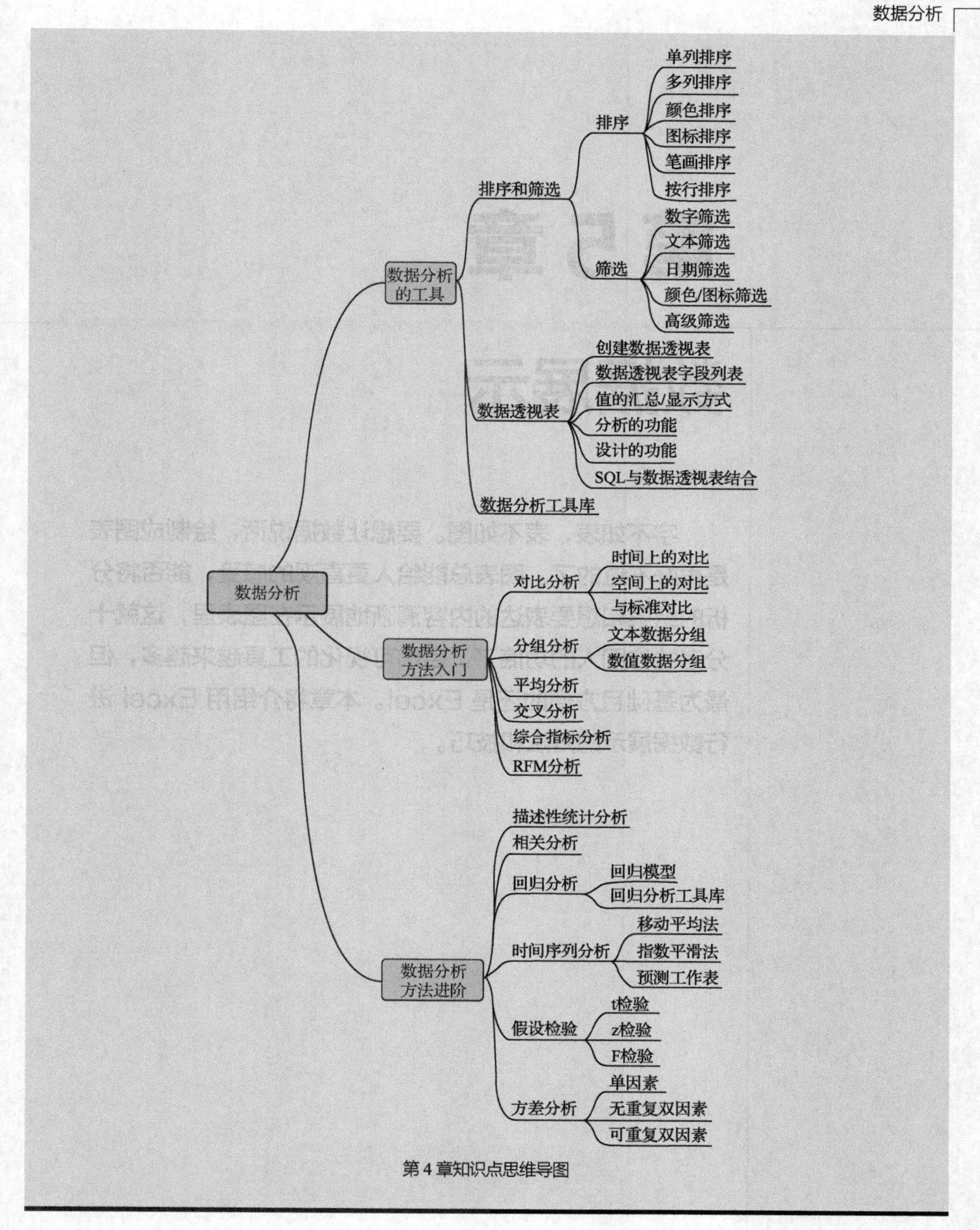
数据分析
数据分析的工具
排序和筛选
排序
单列排序
多列排序
颜色排序
图标排序
笔画排序
按行排序
筛选
数字筛选
文本筛选
日期筛选
颜色/图标筛选
高级筛选
数据透视表
创建数据透视表
数据透视表字段列表
值的汇总/显示方式
分析的功能
设计的功能
SQL与数据透视表结合
数据分析工具库
数据分析方法入门
对比分析
时间上的对比
空间上的对比
与标准对比
分组分析
文本数据分组
数值数据分组
平均分析
交叉分析
综合指标分析
RFM分析
数据分析方法进阶
描述性统计分析
相关分析
回归分析
回归模型
回归分析工具库
时间序列分析
移动平均法
指数平滑法
预测工作表
假设检验
t检验
z检验
F检验
方差分析
单因素
无重复双因素
可重复双因素

第 4 章知识点思维导图

第 5 章

数据展示

字不如表，表不如图。要想让数据说话，绘制成图表是再好不过的了。图表总能给人更直观的感受，能否将分析的结果和想要表达的内容清晰地展示在图表里，这就十分考验作图人的功底了。目前可视化的工具越来越多，但最为基础且方便的还是 Excel。本章将介绍用 Excel 进行数据展示的方法和技巧。

5.1 数据展示的"利器"

除图表外，Excel 还有几种可视化的方法，其效果堪比图表。本节内容就来介绍条件格式和迷你图这两种工具在数据展现中的应用。

5.1.1 条件格式

条件格式看起来有很多种不同的应用，其实归根结底只有两种类型，一种类型是突出显示单元格，另一种类型就是单元格内可视化。

1. 突出显示单元格规则

通过名字已经可以很明确地知道它的功能了，Excel 可以对数值比较、文本包含、日期以及重复值突出显示，还可以自定义突出显示的规则（在后面的新建规则中会详细讲解）。

（1）大于、小于、介于、等于

例如，要将销量在 80～100 件的单元格突出显示，如图 5.1.1 所示。选中该列数据，选择【开始】→【样式】→【条件格式】→【突出显示单元格规则】→【介于】选项，在弹出的【介于】对话框中，为数值介于 80 到 100 的单元格填充浅红色，字体为深红色，这样就得到图 5.1.2 所示的条件格式效果。

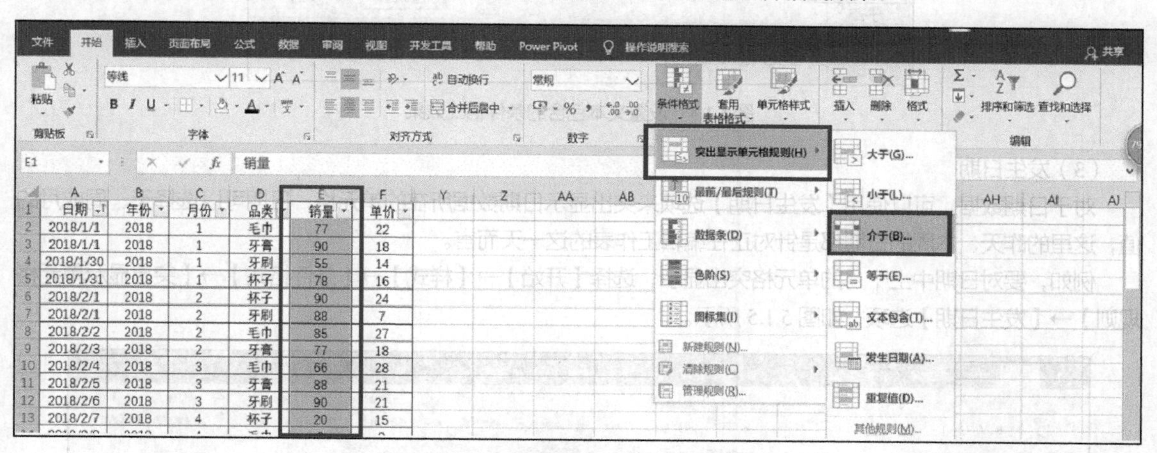

图 5.1.1　设置介于的条件格式

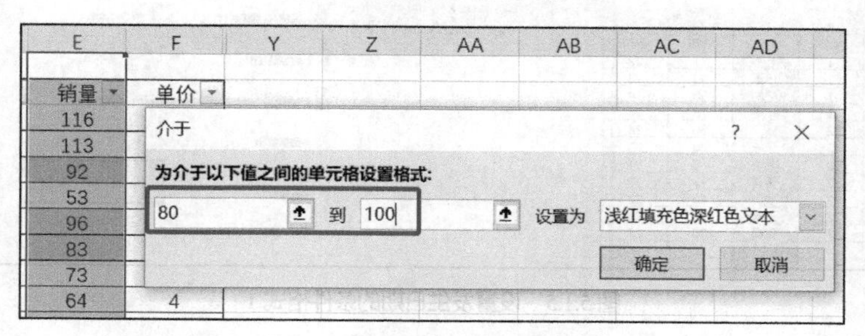

图 5.1.2　设置介于的条件格式效果

（2）文本包含

对于文本数据，可以使用【文本包含】选项来突出显示文本数据所在的单元格。例如，要对品类包含"牙"字的单元格突出显示，选择【开始】→【样式】→【条件格式】→【突出显示单元格规则】→【文本包含】选项，如图 5.1.3 所示，在弹出的【文本中包含】对话框中，为包含"牙"字的单元格填充浅红色，字体为深红色，这样，就得到图 5.1.4 所示的条件格式效果。

文件　开始　插入　页面布局　公式　数据　审阅　视图　开发工具　帮助　Power Pivot　操作说明搜索　共享

粘贴　剪贴板　等线　11　字体　自动换行　合并后居中　对齐方式　常规　数字　条件格式　套用表格格式　单元格样式　插入　删除　格式　排序和筛选　查找和选择　编辑

突出显示单元格规则(H)　最前/最后规则(T)　数据条(D)　色阶(S)　图标集(I)　新建规则(N)...　清除规则(C)　管理规则(R)...

大于(G)...　小于(L)...　介于(B)...　等于(E)...　文本包含(T)...　发生日期(A)...　重复值(D)...　其他规则(M)...

D1　品类

	A	B	C	D	E	F
1	日期	年份	月份	品类	销量	单价
2	2018/1/1	2018	1	毛巾	77	22
3	2018/1/1	2018	1	牙膏	90	18
4	2018/1/30	2018	1	牙刷	55	14
5	2018/1/31	2018	1	杯子	78	16
6	2018/2/1	2018	2	杯子	90	24
7	2018/2/1	2018	2	牙刷	88	7
8	2018/2/2	2018	2	毛巾	85	27
9	2018/2/3	2018	2	牙膏	77	18
10	2018/2/4	2018	3	毛巾	66	28
11	2018/2/5	2018	3	牙膏	88	21
12	2018/2/6	2018	3	牙刷	90	21
13	2018/2/7	2018	4	杯子	20	15

图 5.1.3　设置文本包含的条件格式

D	E	F
品类		
牙刷		
牙膏		
毛巾		
牙膏		
牙刷		
牙膏		
牙刷	118	13
毛巾	117	9
杯子	116	12

文本中包含

为包含以下文本的单元格设置格式:

牙　设置为　浅红填充色深红色文本

确定　取消

图 5.1.4　设置文本包含的条件格式效果

（3）发生日期

对于日期数据，可以使用【发生日期】选项来突出显示日期数据所在的单元格，日期可以选择天、周或月的值，这里的昨天、本周的日期都是针对正在编辑工作表的这一天而言。

例如，要对日期中上个月的单元格突出显示，选择【开始】→【样式】→【条件格式】→【突出显示单元格规则】→【发生日期】选项，如图 5.1.5 所示。

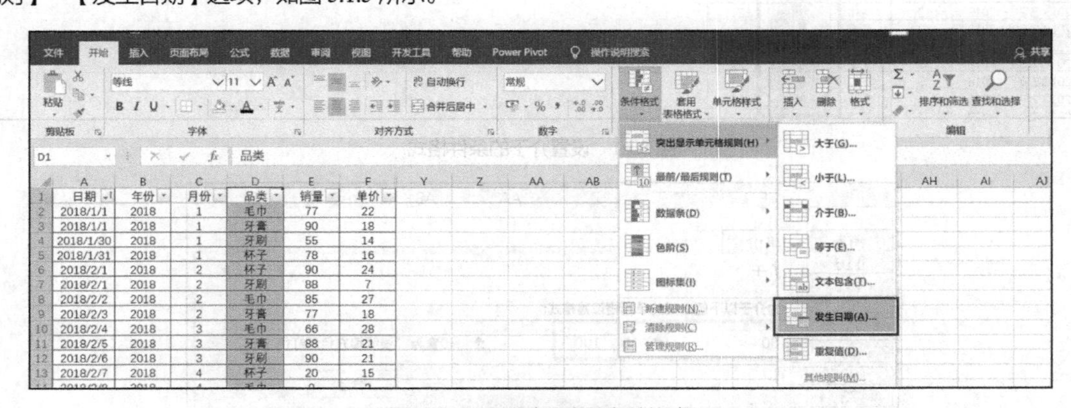

图 5.1.5　设置发生日期的条件格式 1

在弹出的【发生日期】对话框中，为日期为上个月的单元格填充浅红色，字体为深红色，如图 5.1.6 所示。当前编辑工作表的日期是 10 月 4 日，因此上个月即 9 月，这样，就得到图 5.1.7 所示的条件格式效果。

（4）重复值

突出显示某一列数据中重复的值是应用较多的规则。例如，要对【销量】列数值相同的单元格突出显示，选择【开始】→【样式】→【条件格式】→【突出显示单元格规则】→【重复值】选项，如图 5.1.8 所示。在弹出的【重复值】对话框中，为重复的单元格填充浅红色，字体为深红色，这样，就得到图 5.1.9 所示的条件格式效果。

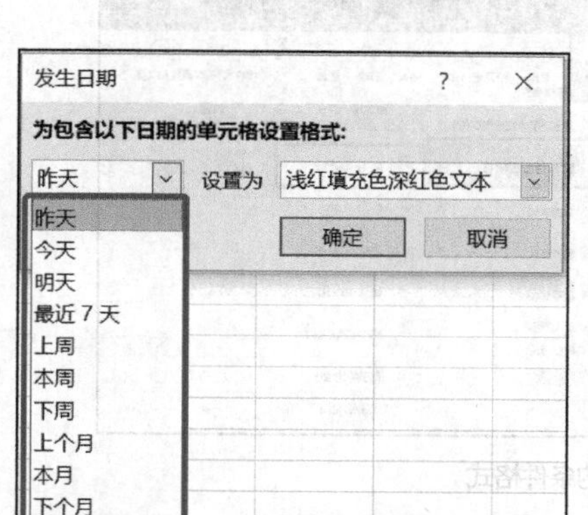

图 5.1.6　设置发生日期的条件格式 2

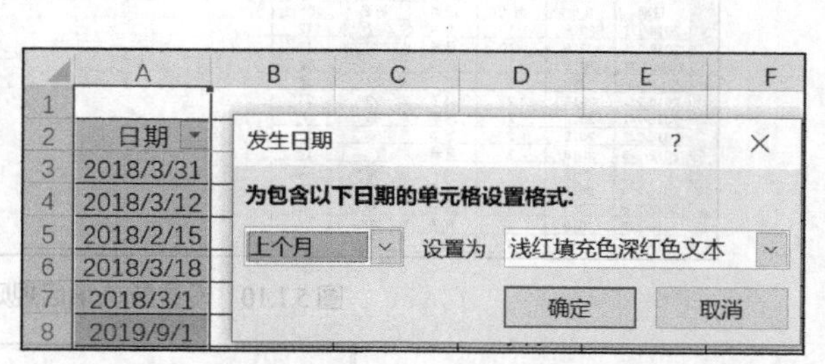

图 5.1.7　设置发生日期的条件格式效果

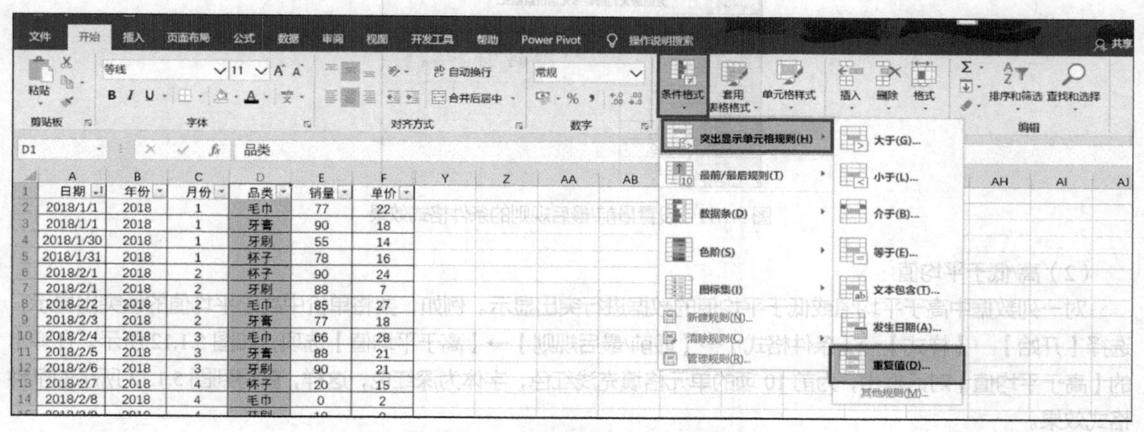

图 5.1.8　设置重复值的条件格式

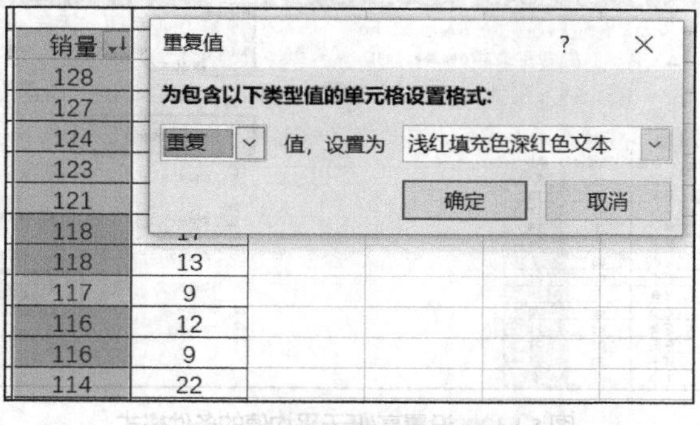

图 5.1.9　设置重复值的条件格式效果

2. 最前/最后规则

这也是一种突出显示单元格的类型，只不过是突出显示一列数据中最前或最后的 n 项。

（1）最前/最后 n 项

可以显示一列数据中排名靠前的 n 项，或者排名靠后的 n 项，n 可以自行设定。如要将销量中排名靠前的 10 个值突出显示，选择【开始】→【样式】→【条件格式】→【最前/最后规则】→【前 10 项】选项，如图 5.1.10 所示。在弹出的【前 10 项】对话框中，为前 10 项的单元格填充浅红色，字体为深红色，这样，就得到图 5.1.11 所示的条件格式效果。

图 5.1.10　设置最前/最后规则的条件格式

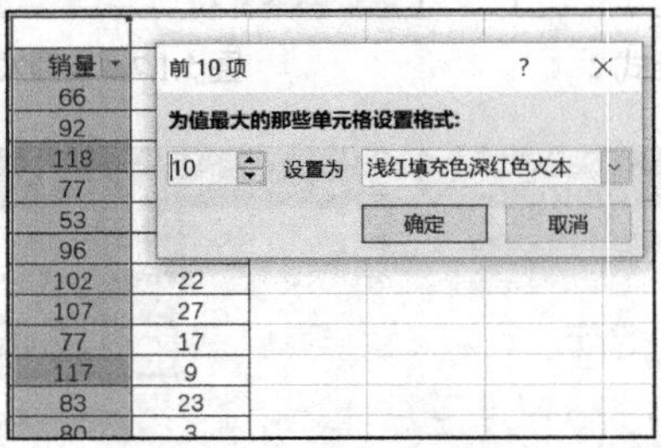

图 5.1.11　设置最前/最后规则的条件格式效果

（2）高/低于平均值

对一列数据中高于平均值或低于平均值的数据进行突出显示。例如，要将单价中高于平均值的值突出显示，选择【开始】→【样式】→【条件格式】→【最前/最后规则】→【高于平均值】选项，如图 5.1.12 所示。在弹出的【高于平均值】对话框中，为前 10 项的单元格填充浅红色，字体为深红色，这样，就得到图 5.1.13 所示的条件格式效果。

图 5.1.12　设置高/低于平均值的条件格式

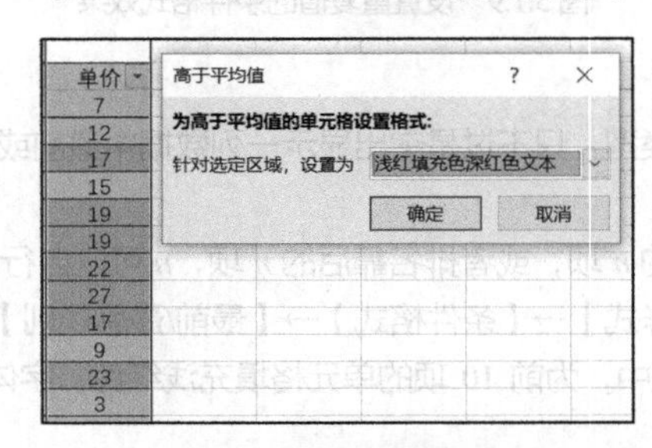

图 5.1.13　设置高/低于平均值的条件格式效果

3. 数据条

数据条即单元格内可视化，可以用来展示数值的大小，比起单纯的数据有一目了然、清晰可读的优点。

例如，要为【销量】列制作数据条，选择【开始】→【样式】→【条件格式】→【数据条】选项，插入一个蓝色渐变填充的数据条，如图 5.1.14 所示。在 E 列就可以看到数值越大数据条越长，数值越小数据条越短，数值的大小被清楚地展示了出来。

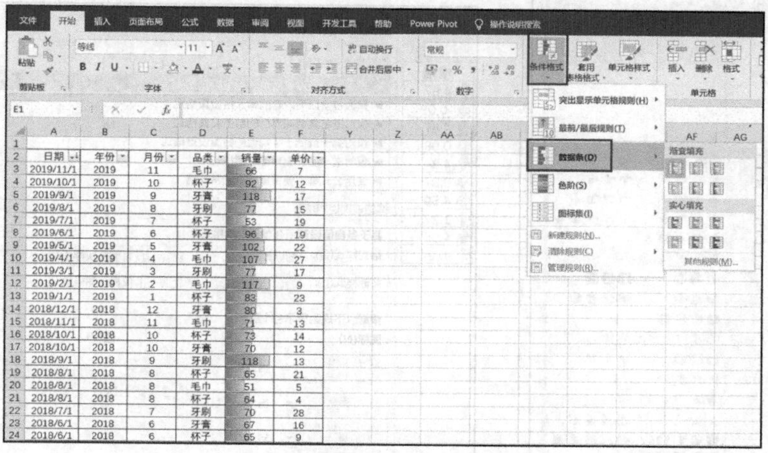

图 5.1.14　数据条

4. 色阶

色阶同数据条一样，是用来展示数值大小的，对于不同的数值，可以设置不同的颜色加以区分。例如，要为【人口自然增长率】列制作色阶，选择【开始】→【样式】→【条件格式】→【色阶】选项，插入一个绿白红色阶，如图 5.1.15 所示。颜色越深数值越小，可以清晰地比较不同的数值。

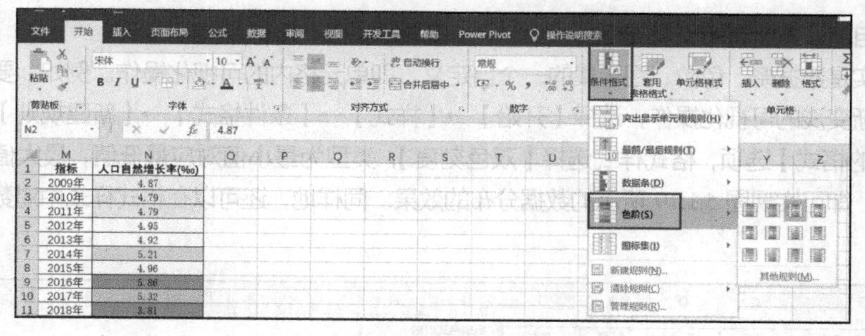

图 5.1.15　色阶

5. 图标集

图标集也是一种单元格内可视化的类型，用来展示数据的特征，例如大于 0 的值显示↑图标，小于 0 的值显示↓图标；又或者考察学生成绩时，及格的显示√图标，不及格的显示×图标。图 5.1.16 所示的人口增幅数据，欲对【增幅】列正数显示↑图标，负数显示↓图标。

选择【开始】→【样式】→【条件格式】→【图标集】→【其他规则】选项，如图 5.1.17 所示。因为这里需要自定义规则，所以已有的图标无法使用。

在弹出的【编辑格式规则】对话框中，图标样式选择 3 箭头图标。当值>0 时显示向上绿色箭头；当值≤0 且≥0，也就是等于 0 时，显示

	M	N	O
1	指标	人口自然增长率(‰)	增幅
2	2009年	4.87	4.87
3	2010年	4.79	-0.08
4	2011年	4.79	4.87
5	2012年	4.95	0.08
6	2013年	4.92	4.84
7	2014年	5.21	0.37
8	2015年	4.96	4.59
9	2016年	5.86	1.27
10	2017年	5.32	4.05
11	2018年	3.81	-0.24

图 5.1.16　人口增幅数据

向右黄色箭头；当值<0 时显示向下红色箭头，类型为【数字】，单击【确定】按钮，则可得到左边【增幅】列的效果，如图 5.1.18 所示。

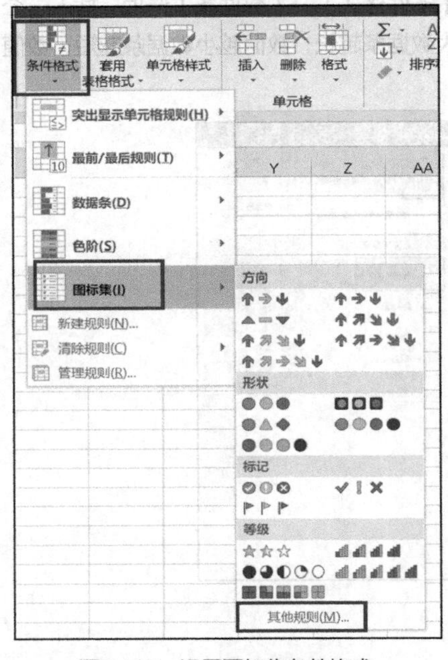

图 5.1.17　设置图标集条件格式

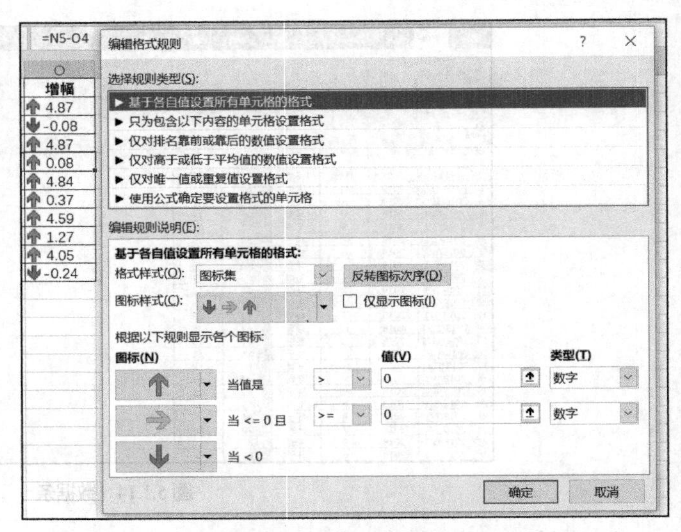

图 5.1.18　设置图标集条件格式效果

6. 新建规则

新建规则可以自定义条件和格式，即自行创建一条规则。在 Excel 条件格式中，有 6 种规则类型，几乎可以满足所有的情况。

（1）基于各自值设置所有单元格的格式

这条规则其实是数据条、色阶、图标集的一个自定义，即单元格内的可视化操作。例如，要对【单价】列按数据升序颜色逐渐变浅的可视化操作，选择【开始】→【样式】→【条件格式】→【新建规则】→【基于各自值设置所有单元格的格式】选项，格式样式选择【双色刻度】，类型为最小值对应最低值，最大值对应最高值，单击【确定】按钮，即可实现图 5.1.19 所示的数据分布的效果。同样地，还可以在格式样式中对数据条、图标集进行自定义设置。

日期	年份	月份	品类	销量	单价
2018/3/26	2019	9	杯子	116	12
2018/2/14	2018	7	杯子	113	9
2019/10/1	2019	10	杯子	92	12
2019/7/1	2019	7	杯子	53	19
2019/6/1	2019	6	杯子	96	19
2019/1/1	2019	1	杯子	83	23
2018/10/1	2018	10	杯子	73	14
2018/8/1	2018	8	杯子	64	4
2018/8/1	2018	8	杯子	65	21
2018/6/1	2018	6	杯子	65	9
2018/4/1	2019	11	杯子	57	20
2018/3/23	2019	8	杯子	61	20
2018/3/14	2019	5	杯子	41	24
2018/3/11	2019	4	杯子	35	15
2018/3/8	2019	3	杯子	75	16
2018/3/5	2019	2	杯子	90	14
2018/3/1	2018	3	杯子	60	30
2018/2/27	2018	12	杯子	31	6
2018/2/24	2018	11	杯子	91	29
2018/2/19	2018	9	杯子	87	16
2018/2/10	2018	5	杯子	55	6

编辑格式规则

选择规则类型(S):

► 基于各自值设置所有单元格的格式

► 只为包含以下内容的单元格设置格式

► 仅对排名靠前或靠后的数值设置格式

► 仅对高于或低于平均值的数值设置格式

► 仅对唯一值或重复值设置格式

► 使用公式确定要设置格式的单元格

编辑规则说明(E):

基于各自值设置所有单元格的格式:

格式样式(O): 双色刻度

最小值　最大值

类型(T): 最低值　最高值

值(V): (最低值)　(最高值)

颜色(C):

预览:

确定　取消

图 5.1.19　基于各自值设置所有单元格的格式

（2）只为包含以下内容的单元格设置格式

这条规则属于突出显示单元格的规则，相当于对突出显示单元格的自定义操作。选择【开始】→【样式】→【条件格式】→【新建规则】→【只为包含以下内容的单元格设置格式】选项，可以选择单元格值在特定区间、特定文本包含、日期在特定范围等条件，如图 5.1.20 所示。

例如，要为【单价】列单元格值在 15～30 的单元格填充蓝色底色，只需将单元格值设置为介于 15 到 30，格式选择填充蓝色，即可完成图 5.1.21 所示左边【单价】列的条件格式效果。

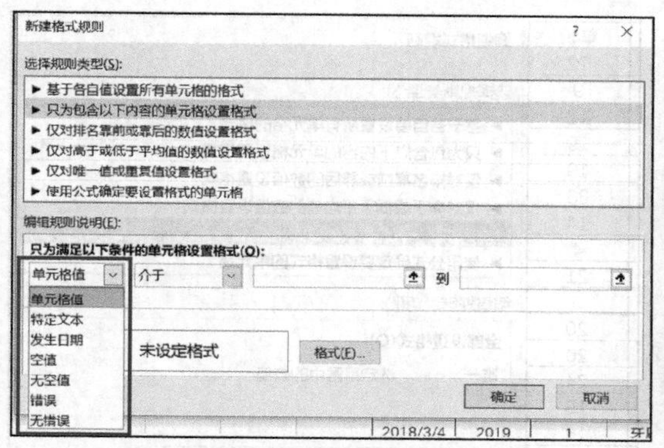

图 5.1.20　只为包含以下内容的单元格设置格式 1

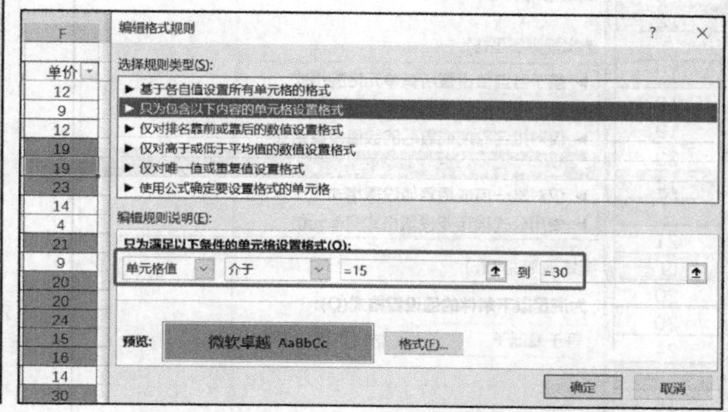

图 5.1.21　只为包含以下内容的单元格设置格式 2

（3）仅对排名靠前或靠后的数值设置格式

这条规则是对最前/最后规则的一个自定义规则，也是对排名靠前或靠后的 n 项设置格式。对于 n 的值，这条规则里可以自行设置。例如，要将单价排名靠前的前 20 项突出显示，只需选择【开始】→【样式】→【条件格式】→【新建规则】→【仅对排名靠前或靠后的数值设置格式】选项，设置将最高的 20 项内容填充黄色底色，字体倾斜、加粗，即可得到图 5.1.22 所示的条件格式效果。

（4）仅对高于或低于平均值的数值设置格式

这条规则同样是对最前/最后规则中高于或低于平均值的一个自定义规则，如图 5.1.23 所示，可以选择的格式比较多，不局限于高于或低于平均值，还可以选择标准差高于或低于的格式。

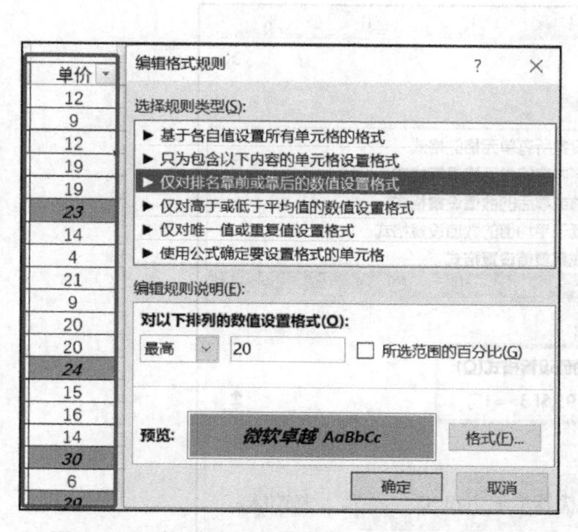

图 5.1.22　仅对排名靠前或靠后的数值设置格式

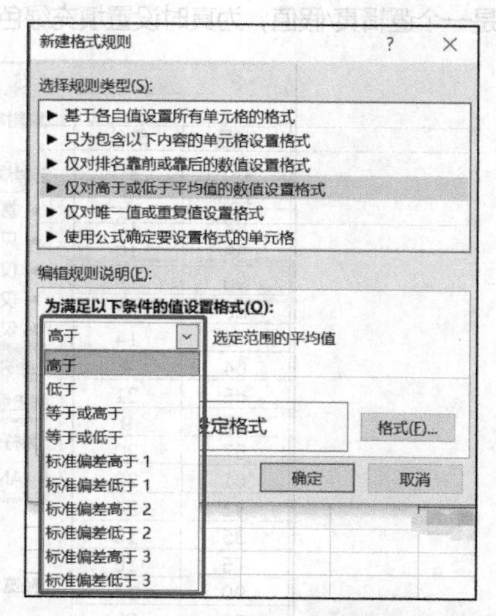

图 5.1.23　仅对高于或低于平均值的数值设置格式 1

例如，要将小于或等于单价平均值的值突出显示，只需选择【开始】→【样式】→【条件格式】→【新建规则】→【仅对高于或低于平均值的数值设置格式】选项，设置等于或低于平均值的格式为蓝色填充，填充效果为中心辐射，即可得到图 5.1.24 所示的条件格式效果。

（5）仅对唯一值或重复值设置格式

这条规则是对突出显示重复值的一个自定义规则，在这条规则中不仅能把重复值突出显示，还能把剔除重复值后剩下的唯一值突出显示出来。例如，要将单价中不重复值突出显示，只需选择【开始】→【样式】→【条件格式】→【新建规则】→【仅对唯一值或重复值设置格式】选项，格式设置为唯一值、字体颜色为红色并加粗，即可得到图 5.1.25 所示条件格式的效果。

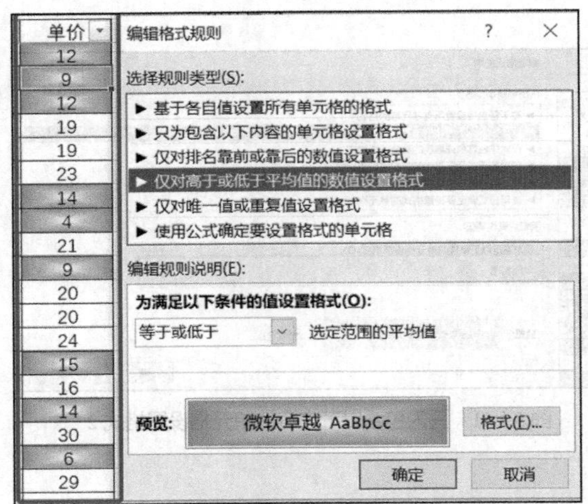

图 5.1.24　仅对高于或低于平均值的数值设置格式 2

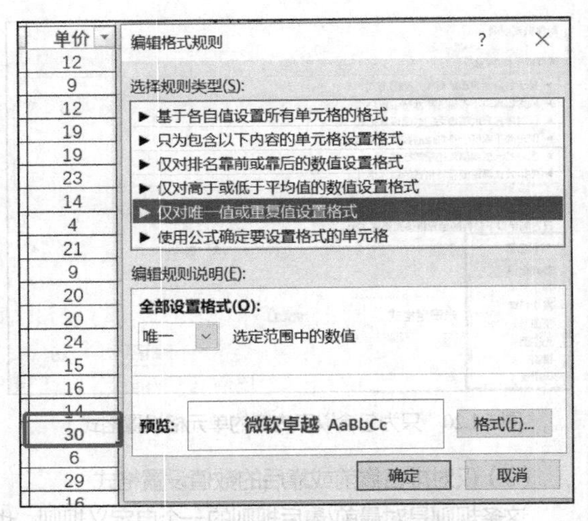

图 5.1.25　仅对唯一值或重复值设置格式

（6）使用公式确定要设置格式的单元格

这条规则是条件格式里最难的规则，需要写出有效的公式。在写公式的时候需要注意写成逻辑真/假的关系，即只有在公式逻辑为真时，条件生效，格式出现；在公式逻辑为假时，条件不生效，无格式。例如，要将销量大于或等于 95 且单价大于或等于 15 的值突出显示，可以选择【开始】→【样式】→【条件格式】→【新建规则】→【使用公式确定要设置格式的单元格】选项，公式为=AND($E3>=95,$F3>=15)，AND 表示与，这个公式的结果是一个逻辑真/假值，为真时设置填充绿色底色的格式，则可得到图 5.1.26 所示条件格式的效果。

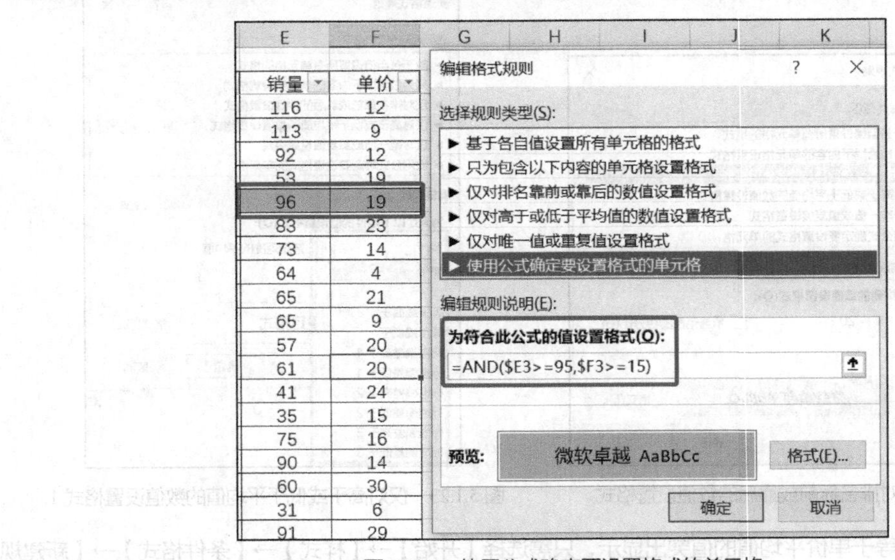

图 5.1.26　使用公式确定要设置格式的单元格

5.1.2 迷你图

迷你图可以展示数据的趋势，让观察者在不制作图表的前提下观测出数据的大致走向。图 5.1.27 所示是各省、自治区和直辖市经济数据，下面对北京市制作随时间变化的迷你图，并观察大致趋势。

Step1：单击【插入】→【迷你图】→【折线】按钮，在弹出的【创建迷你图】对话框中，数据范围选择 B2:L2 区域，迷你图放置在 M2 单元格。

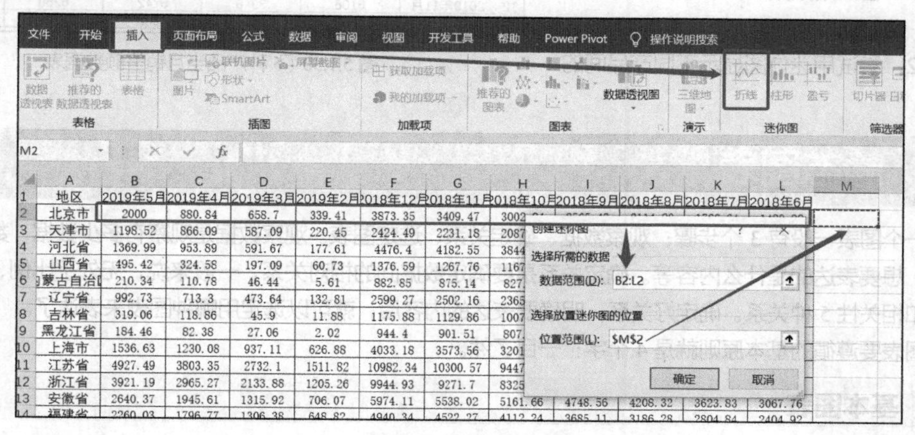

图 5.1.27 迷你图 1

Step2：单击【确定】按钮后，得到北京市的数据随日期变化的迷你折线图。如图 5.1.28 所示，下拉单元格，则可得到所有行对应的迷你折线图。

	A	B	C	D	E	F	G	H	I	J	K	L	M
1	地区	2019年5月	2019年4月	2019年3月	2019年2月	2018年12月	2018年11月	2018年10月	2018年9月	2018年8月	2018年7月	2018年6月	
2	北京市	2000	880.84	658.7	339.41	3873.35	3409.47	3002.94	2565.48	2114.99	1766.64	1429.88	
3	天津市	1198.52	866.09	587.09	220.45	2424.49	2231.18	2087.52	1893.4	1651.63	1489.22	900	
4	河北省	1369.99	953.89	591.67	177.61	4476.4	4182.55	3844.95	3438.03	2905.76	2423.13	1963.99	
5	山西省	495.42	324.58	197.09	60.73	1376.59	1267.76	1167.14	1055.66	921.22	771.15	642.19	
6	蒙古自治区	210.34	110.78	46.44	5.61	882.85	875.14	827.04	744.38	605.64	483.99	200	
7	辽宁省	992.73	713.3	473.64	132.81	2599.27	2502.16	2365.28	2169.2	1883.46	1616.73	1364.53	
8	吉林省	319.06	118.86	45.9	11.88	1175.88	1129.86	1007.45	869.32	696.86	532.86	375.96	
9	黑龙江省	184.46	82.38	27.06	2.02	944.4	901.51	807.38	686.83	533.88	414.28	303.77	
10	上海市	1536.63	1230.08	937.11	626.88	4033.18	3573.56	3201.44	2853.66	2491.14	2153.97	1816.91	
11	江苏省	4927.49	3803.35	2732.1	1511.82	10982.34	10300.57	9447.66	8625.22	7580.55	6699.18	5653.34	
12	浙江省	3921.19	2965.27	2133.88	1205.26	9944.93	9271.7	8325.59	7454.97	6462.62	5610.39	4795.03	

图 5.1.28 迷你图 2

Step3：选择【设计】→【样式】→【标记颜色】→【高点】选项，标记为红色，则出现最高点显示为红色的效果，如图 5.1.29 所示。

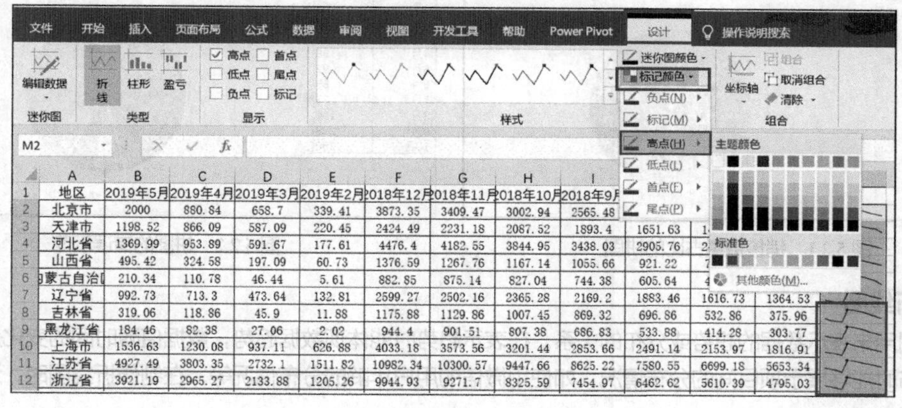

图 5.1.29 迷你图 3

练一练

图 5.1.30 所示是 2019 年 5 种不同产品型号当月的销售额。该如何显示不同产品型号间的对比情况及每种产品一年的销售情况呢？

提示 1：尝试用数据条显示每种产品一年的情况。

提示 2：尝试用迷你图显示不同产品间的对比情况。

	A	B	C	D	E	F
1	时间	AXX1	AXX2	AXX3	AXX4	AXX5
2	2019年1月	6838	5806	3451	6464	7534
3	2019年2月	4879	3787	4160	5715	2896
4	2019年3月	6456	5792	5517	4060	6768
5	2019年4月	4420	5536	5002	7318	6529
6	2019年5月	6764	4656	2812	6731	3917
7	2019年6月	3480	7835	4162	5676	3894
8	2019年7月	3966	7805	5670	4542	4439
9	2019年8月	2717	4719	5738	2739	5903
10	2019年9月	6153	7700	3338	7820	7745
11	2019年10月	7939	5467	5237	5555	6908
12	2019年11月	6106	3948	5742	6268	3120
13	2019年12月	4563	4621	3388	4198	3863

图 5.1.30　5 种产品当月销售额数据表

5.2 静态图表

绘制一个图表一般有 3 个步骤：观察数据、确定关系、选定图表。观察数据是观察有多少数据，数据类型是什么样的，想要表达的是什么内容等。确定关系是要确定数据间的相对关系，一般来说，无外乎比例、比较、趋势、分布和相关性 5 种关系。确定好关系，明确要表达的内容后，就可以选定用哪种图表来表达了。

制作图表要遵循的基本原则就是 4 个字：一目了然。

5.2.1 基本图表

所有复杂类型的图表都是由 5 种基本形式的图表所构成，它们是饼图、折线图、条形图、柱形图和散点图，接下来将依次介绍。

1. 饼图

饼图是将数据划分为几个有明显区别的组，体现的是比例。数据间的相对关系就是比例，我们关注的是每一个成分所占的比例。在制作饼图时需要特别注意以下两点。

① 数据项目保持在 5 项以内。

② 比例的排布，从 12 点钟顺时针开始，数据比例依次减少。当项目的数量按从大到小排序以后，生成的饼图自然就从 12 点钟顺时针开始数据比例依次减少了。

图 5.2.1 所示为不同城市的销售数量占比图。单击【插入】→【图表】→【饼图】按钮，选择一种二维饼图，图形就展示出来了。然后在饼图上右击，在弹出的快捷菜单中选择【添加数据标签】选项，以看到具体的值。

当一个饼图的所有扇区大小相近时，使用饼图来表示就无太大意义。图 5.2.2 所示为用饼图来表示销售数量从 1 月到 10 月的关系，这种图无法让人看出成分间的数值，更看不出时间的变化，明显不合适。

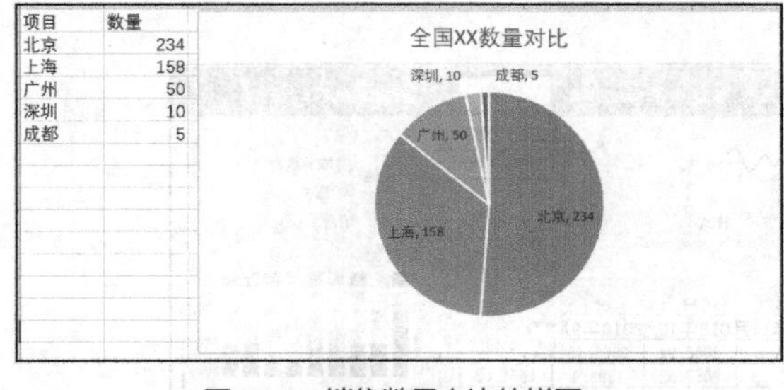

图 5.2.1　销售数量占比的饼图

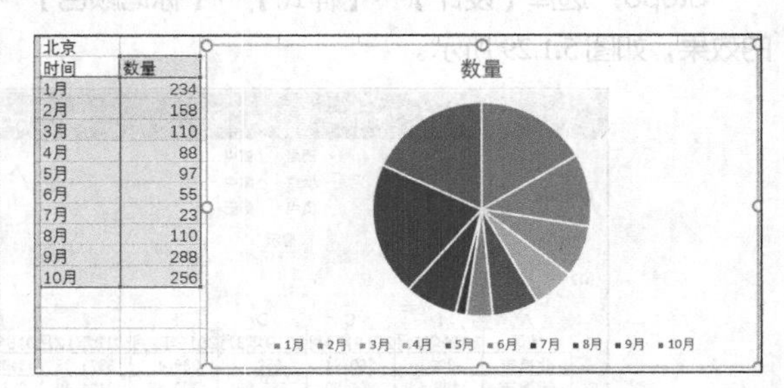

图 5.2.2　饼图的错误示范

2. 折线图

折线图用来表示数据的趋势或分布的关系。在表示趋势时能体现数据趋势，数据值随时间的变化是怎样的；在表示分布时能够展示项目间的分布情况，如使用微信的用户年龄的分布情况等。在制作折线图时，通常有以下要点需注意。

① 纵坐标轴一般从 0 开始。

② 选用相对较粗的线型。

③ 尽量不要超过 5 条线。

④ 若为预测值，请用虚线表示。

图 5.2.3 所示是对北京市 2018 年某产品每月销量做的折线图。单击【插入】→【图表】→【折线图】按钮，选择一种二维折线图，就生成了一个随时间变化的销量折线图。

图 5.2.4 所示为基于某 App 用户年龄的数据，用折线图展示了用户的年龄分布。该分布符合正态分布，同时我们还发现使用此 App 最多的是年龄在 30 岁左右的人。

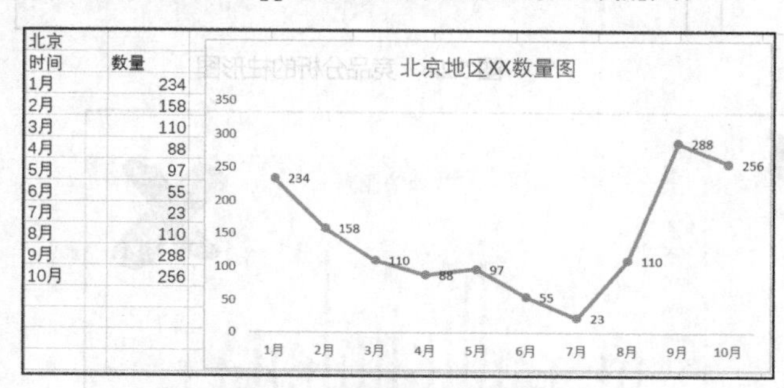

图 5.2.3　随时间变化的折线图

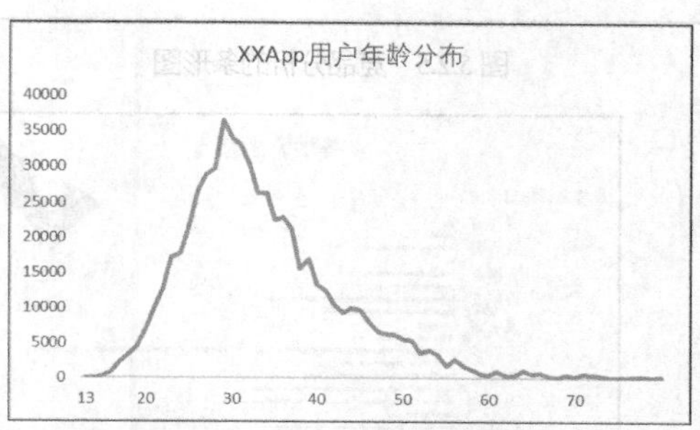

图 5.2.4　用户年龄分布的折线图

3. 条形图

条形图可用来表示数据间比较的关系，例如要表示某数据的排名，某一项和另一项的相对关系，可以用条形图来展示，这样更精确，更容易发现细微的差别。条形图中横坐标是频数的大小，纵坐标是具体的分类。条形图可以垂直也可以水平，通常是水平的，垂直的条形图其实就是柱形图。在制作条形图时，需注意以下要点。

① 最好添加数据标签。

② 同一系列数据使用相同的颜色。

③ 尽量不要用倾斜的标签。

④ 若添加了数据标签，就删掉网格线。

⑤ 让数据由大到小排列。

图 5.2.5 所示是对本公司产品和竞品做市场渗透率的分析图表。单击【插入】→【图表】→【条形图】按钮，选择簇状条形图，按竞品渗透率从高到低的顺序排列制作，将网格线删掉，横坐标隐藏起来，同时将本公司的产品底色填充为黄色突出显示，这样的图表看起来简洁大方，一目了然。

4. 柱形图

柱形图其实就是竖着展示的条形图，柱形图柱子的高度代表频数的大小，横坐标显示分类。柱形图主要用于表示比较的关系、趋势和分布的情况，还可以体现比例，如百分比堆积柱形图。在制作柱形图时，需注意以下要点。

① 最好添加数据标签。

② 同一系列数据使用相同的颜色。

③ 尽量不要用倾斜的标签。

④ 若添加了数据标签，就删掉网格线。

⑤ 纵坐标轴一般从 0 开始。

使用柱形图来表示比较的关系，就像条形图所表示的那样，也是可以的，如图 5.2.6 所示。

但是能用条形图展示的比较关系，用柱形图展示效果不一定好。图 5.2.7 所示为某商品各地的营业额对比图，条形图将所有的数据全部展示了出来，柱形图虽然也展示了出来，但因图注类别的名称过长只能斜着显示，造成了识别的困难。

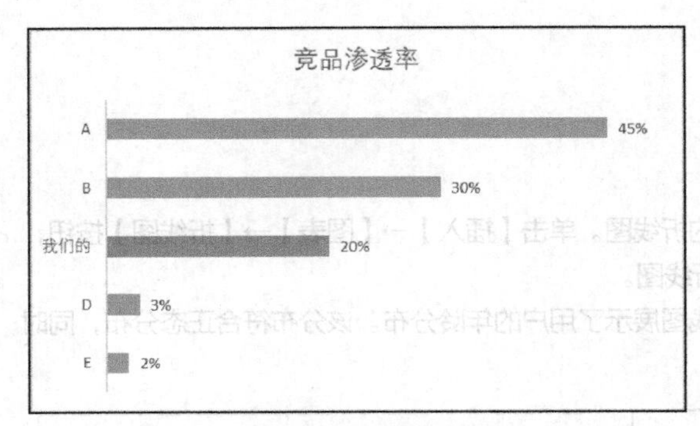

图 5.2.5 竞品分析的条形图

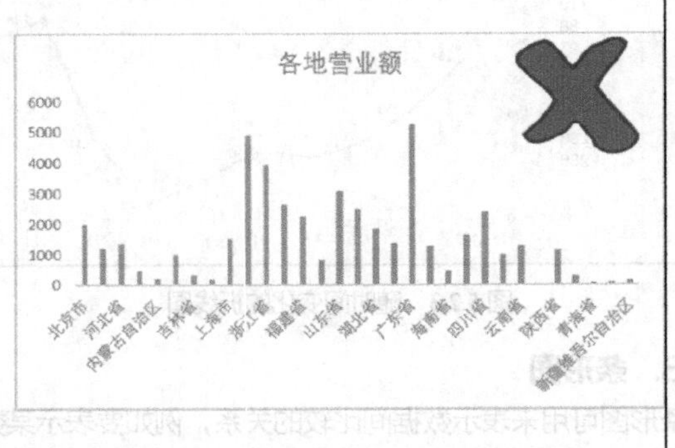

图 5.2.6 竞品分析的柱形图

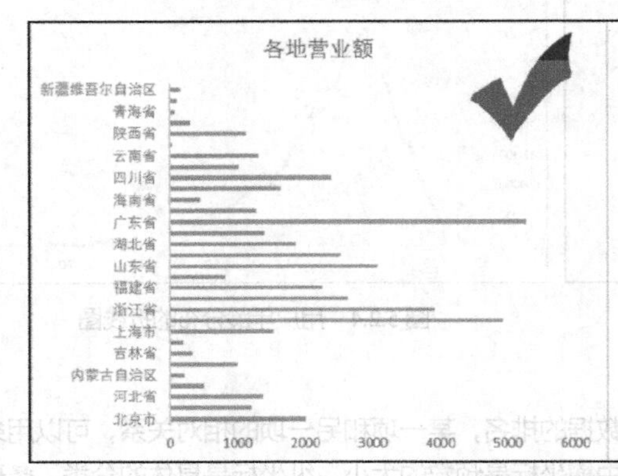

图 5.2.7 条形图与柱形图的区别

用柱形图表示趋势关系，如图 5.2.8 所示，可以看出来 2018 年公司的利润明显不如往年，因此使用不同的颜色加以区分。用柱形图表示趋势关系时，时间数据不要太多，若有超过 10 个的时间数据，用折线图展示会更好。

图 5.2.9 所示是用柱形图展示的频数分布直方图（直方图会在下一节详细介绍），用来展示某公司员工的年龄分布情况。

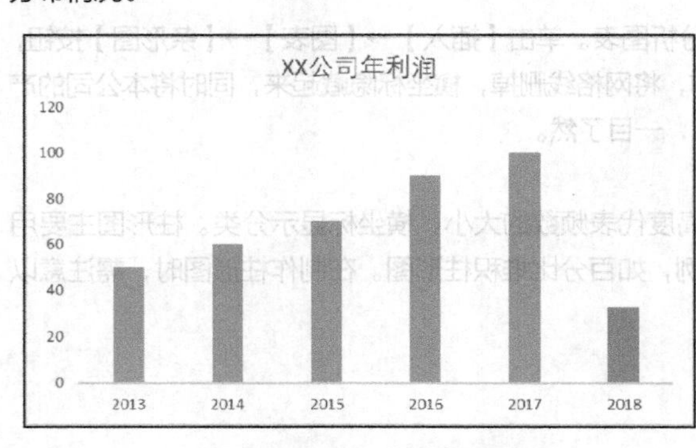

图 5.2.8 公司利润的柱形图

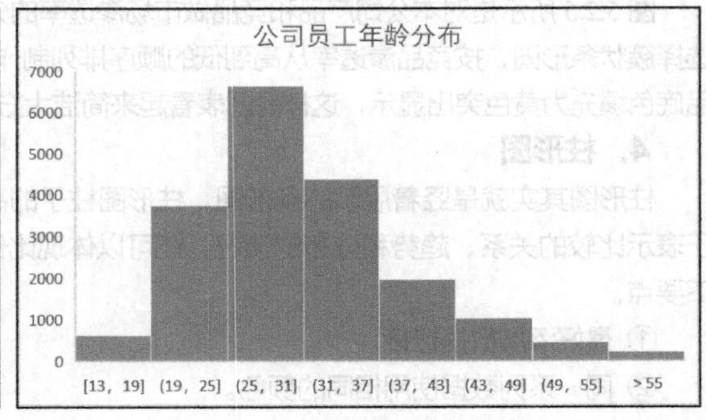

图 5.2.9 员工年龄分布的柱形图

5. 散点图

散点图主要用于数据间相关性的展示，判断两个变量之间是否存在某种相关关系。需要说明的是在用散点图做相关性分析时，若数据量太少则没有太大的说明意义。图 5.2.10 所示的散点图是某公司员工受教育程度与薪水之间的相关关系，横轴为受教育程度，纵轴为薪水，可以发现，受教育程度越高，薪水也越高（数据仅供参考）。

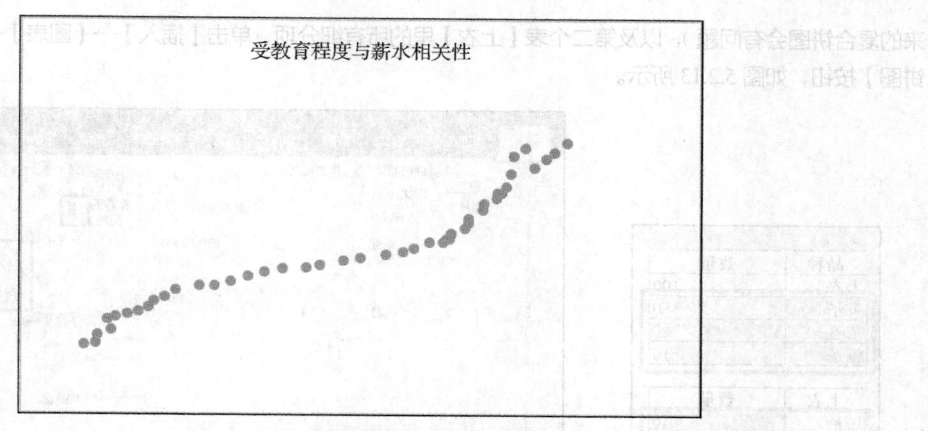

图 5.2.10 受教育程度与薪水关系的散点图

最后总结一下数据间构成关系和 5 种基本图形的对应情况，如表 5.2.1 所示。

表 5.2.1 数据间构成关系和图表选择

要表达的内容	饼图	折线图	条形图	柱形图	散点图
比例	√				
比较			√	√	
趋势		√		√	
分布		√		√	
相关性			√		√

5.2.2 进阶图表

进阶图表指的是从基本图表衍生出的变体。常见的 Excel 图表类型如图 5.2.11 所示。

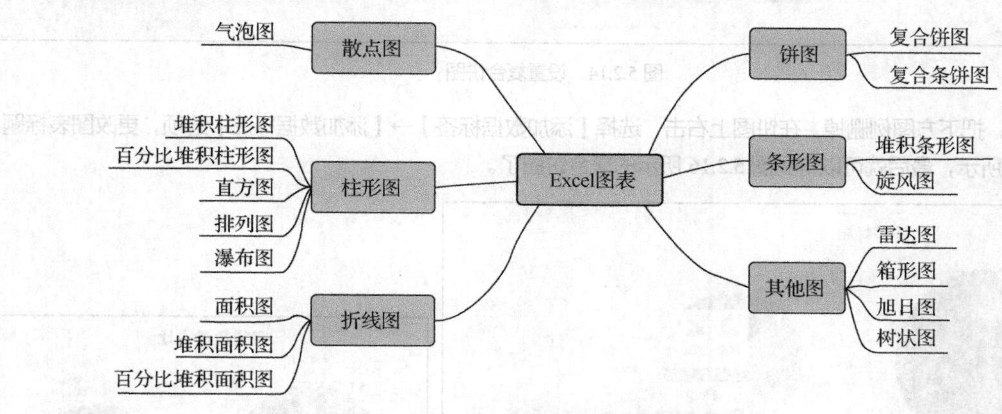

图 5.2.11 基本图表及进阶图表

1. 饼图变体

饼图的变体有复合饼图（子母饼图）、复合条饼图。复合饼图和复合条饼图制作原理一样，只是展现形式不一样。圆环图也是基础饼图的不同展示。

已知图 5.2.12 所示的两张表，如果想要知道不同品种的比例及上衣这个品种下细分项的比例，根据比例关系，我们知道应该选用饼图。那如何将两种饼图放在一张图表中呢？这时就需要用到复合饼图。

Step1：选中第一个表【品种】里的【裤子】、【皮鞋】、【帽子】，注意不含【上衣】（如果选了【上衣】，做出来的复合饼图会有问题），以及第二个表【上衣】里的所有细分项，单击【插入】→【图表】→【饼图】→【二维饼图】按钮，如图 5.2.13 所示。

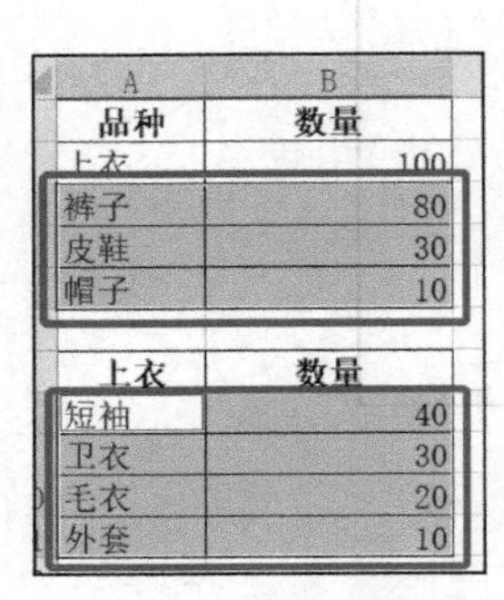

品种	数量
上衣	100
裤子	80
皮鞋	30
帽子	10

上衣	数量
短袖	40
卫衣	30
毛衣	20
外套	10

图 5.2.12　复合饼图数据

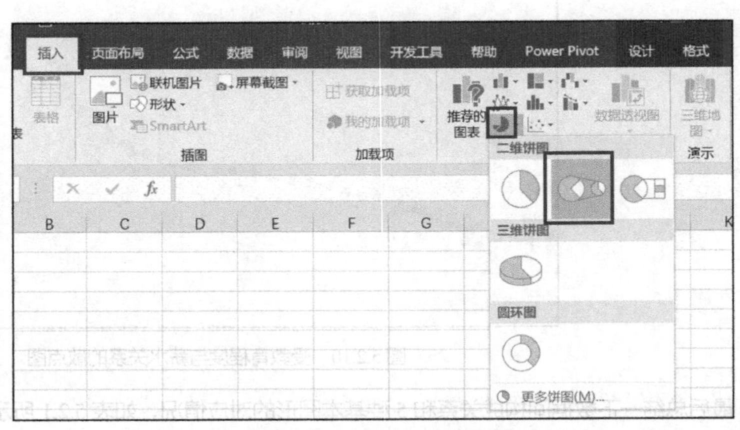

图 5.2.13　选择一种二维饼图

Step2：在饼图上右击，在弹出的快捷菜单中选择【设置数据系列格式】选项；如图 5.2.14 所示，将第二绘图区中的值改成 4，因为上衣的细分项里是 4 个类别。第二绘图区就是被上衣细分出来的小饼图。

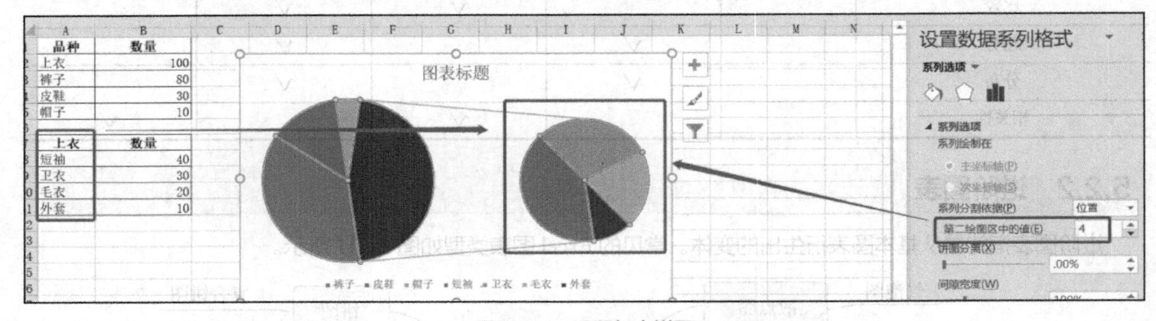

图 5.2.14　设置复合饼图

Step3：把下方图例删掉，在饼图上右击，选择【添加数据标签】→【添加数据标注】选项，更改图表标题，如图 5.2.15 所示，最后就可以得到图 5.2.16 所示的复合饼图了。

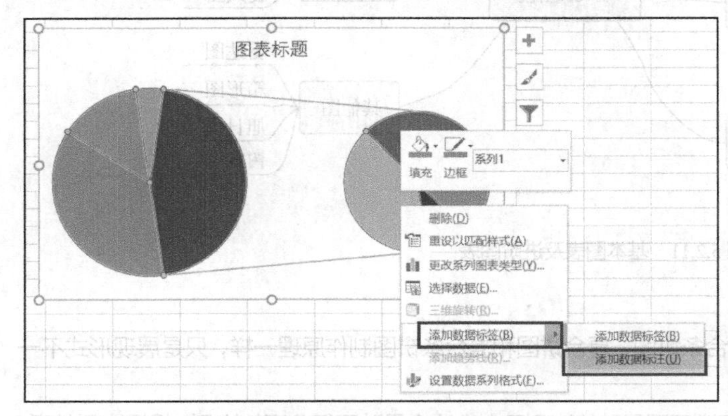

图 5.2.15　复合饼图添加数据标注

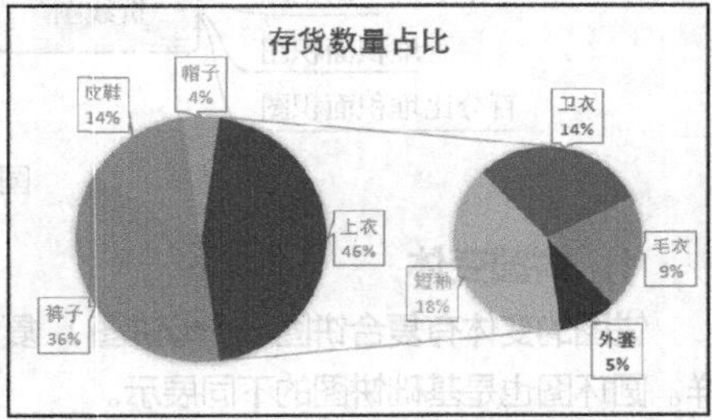

图 5.2.16　复合饼图

还可以更改图表类型为复合条饼图，如图 5.2.17 所示。其原理和复合饼图一致，都是一个大饼图带一个小图。

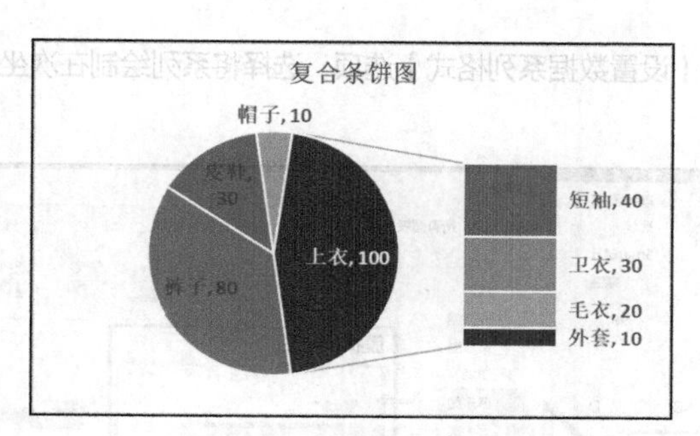

图 5.2.17　复合条饼图

2. 条形图变体

条形图的变体有堆积条形图和旋风图等。

（1）堆积条形图

堆积条形图是在一张条形图上比较多条项目数据，同时又能够反映一条数据中总体和细分项的比例。

例如，要统计各科目优秀、合格、不合格的人数，单击【插入】→【图表】→【推荐的图表】按钮，在【所有图表】选项卡中选择【堆积条形图】选项，如图 5.2.18 所示。

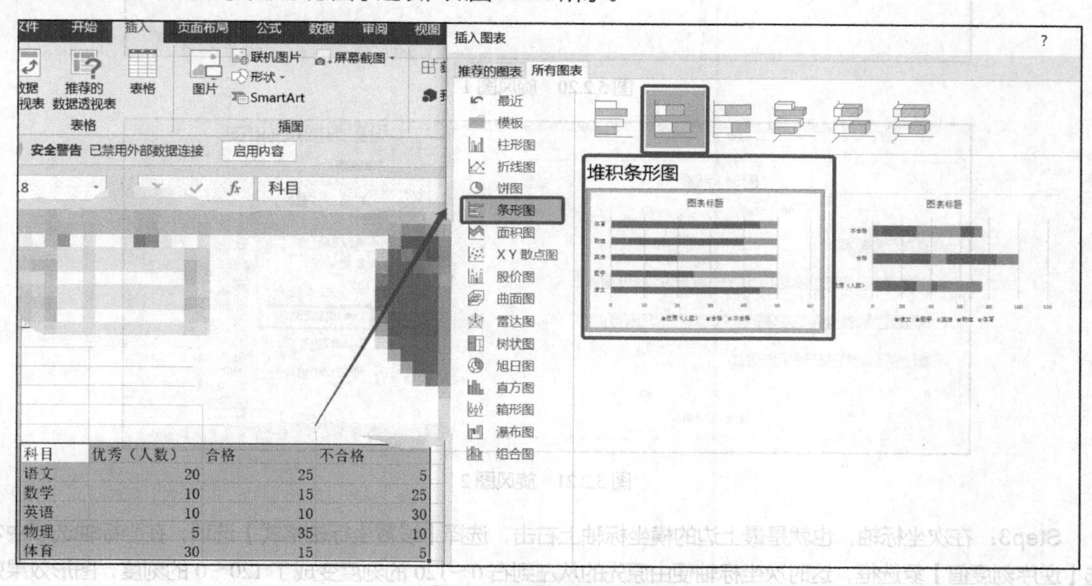

科目	优秀（人数）	合格	不合格
语文	20	25	5
数学	10	15	25
英语	10	10	30
物理	5	35	10
体育	30	15	5

图 5.2.18　选择堆积条形图

可以得到不同科目之间优秀、合格和不合格人数的比例，如图 5.2.19 所示。

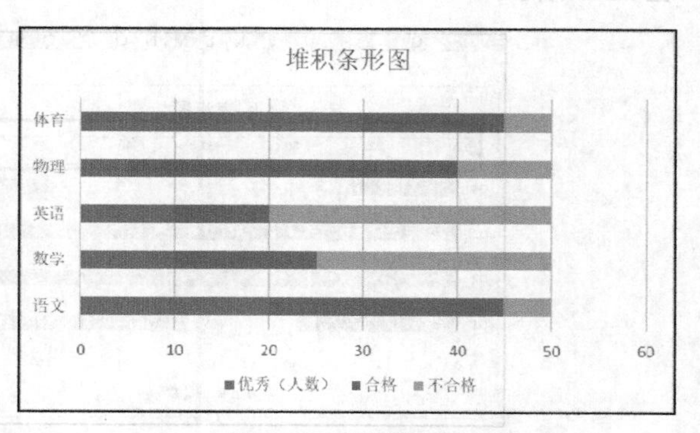

图 5.2.19　堆积条形图

（2）旋风图

旋风图是把两类数据做成对称的条形图，用来比较时更为直观，也可用来判断相对性。Excel 中无法直接生成旋风图，但可以通过设置次坐标轴与逆序刻度值结合的方法制作。

Step1：对图 5.2.20 所示的 2019 年北京和上海 4 个季度的某项指标做对比，选择所有数据生成条形图。

Step2：选择其中的一组数据，选择北京的数据右击，在弹出的快捷菜单中选择【设置数据系列格式】选项，选择将系列绘制在次坐标轴，此时就得到了图 5.2.21 所示的旋风图。

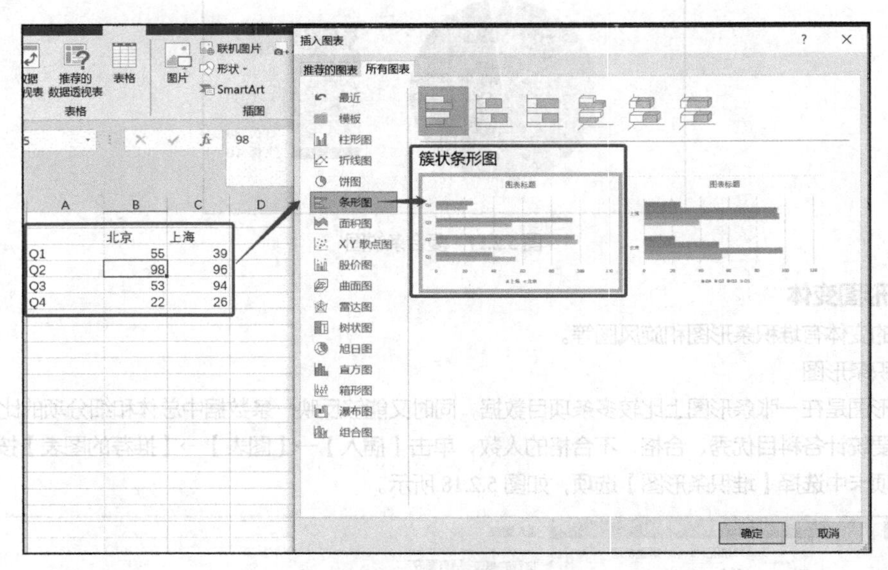

图 5.2.20　旋风图 1

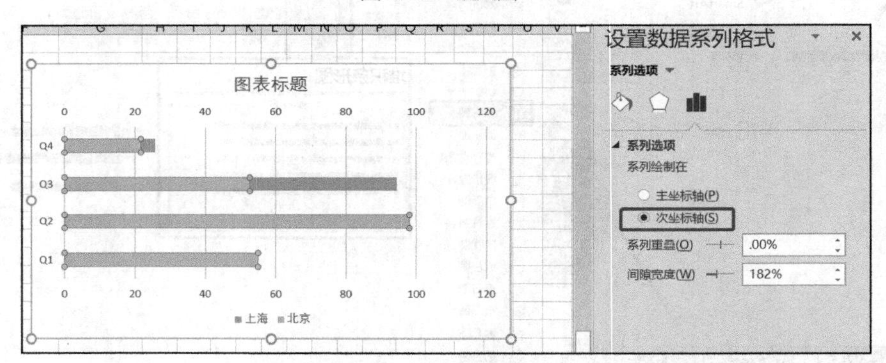

图 5.2.21　旋风图 2

Step3：在次坐标轴，也就是最上边的横坐标轴上右击，选择【设置坐标轴格式】选项，在坐标轴选项中勾选【逆序刻度值】复选框，这时次坐标轴便由原先的从左到右 0～120 的刻度变成了 120～0 的刻度，图形效果如图 5.2.22 所示。

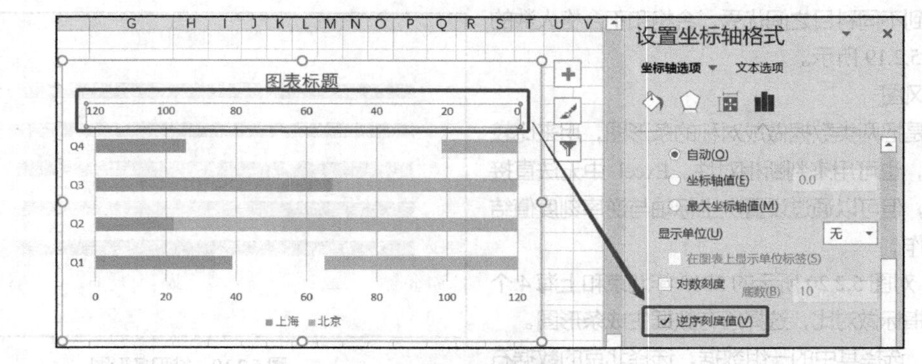

图 5.2.22　旋风图 3

Step4：调整次坐标轴的最小值和最大值，最小值即为最大值的负值，如图 5.2.23 所示。

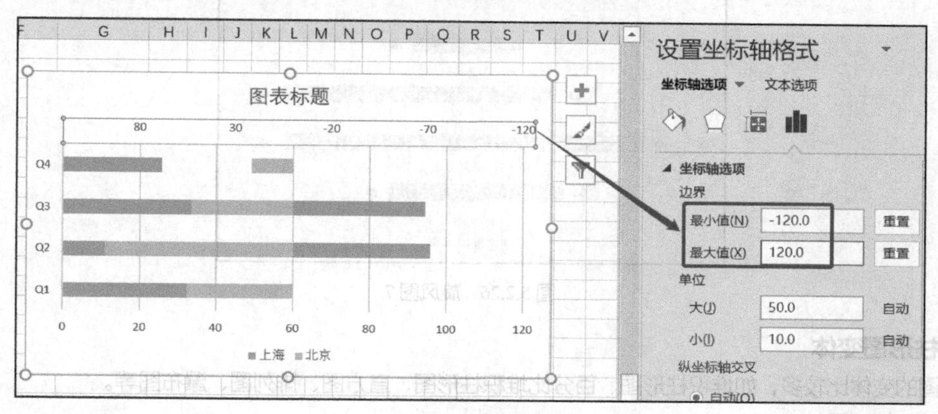

图 5.2.23 旋风图 4

Step5：同时对主坐标轴（也就是最下边的横坐标轴）的最小值和最大值进行对称调整，如图 5.2.24 所示。

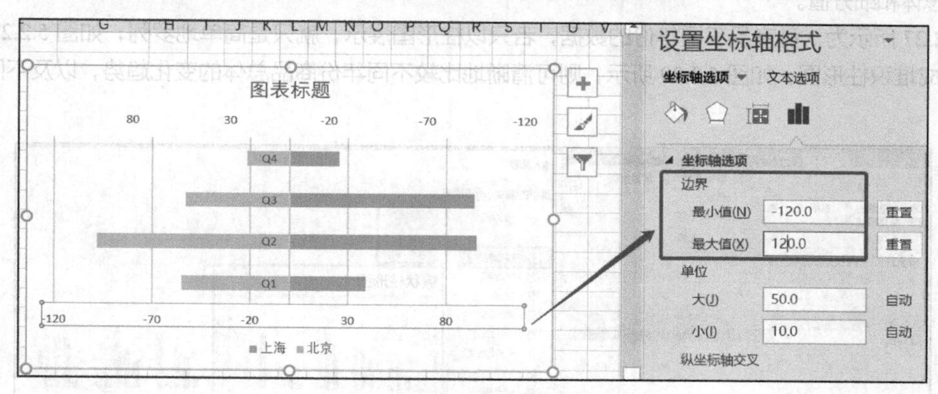

图 5.2.24 旋风图 5

Step6：调整纵坐标轴，在纵坐标轴上右击，选择【设置坐标轴格式】选项，在标签中设置标签位置为【低】，这样，纵坐标轴就由中间位置变到左边位置了，如图 5.2.25 所示。

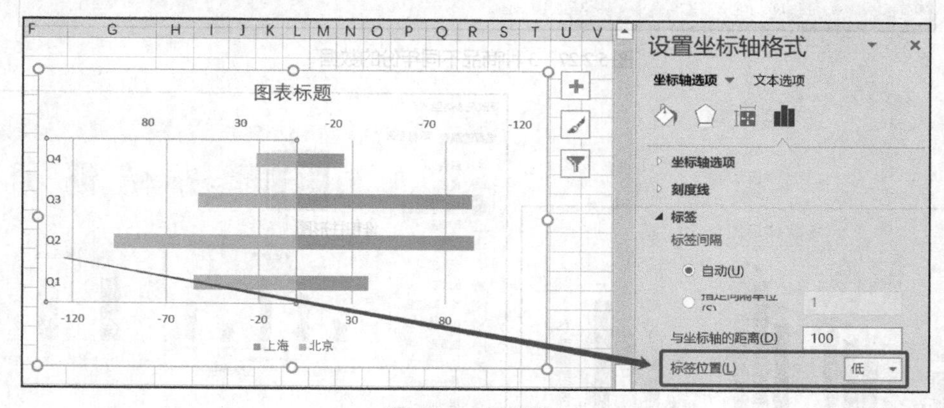

图 5.2.25 旋风图 6

Step7：最后将网格线、坐标轴都隐藏起来，添加数据标签和标题，就得到一个完整的旋风图了，如图 5.2.26 所示。

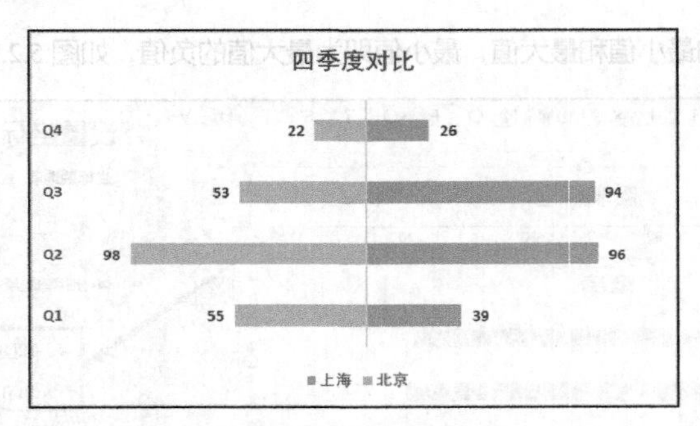

图 5.2.26　旋风图 7

3. 柱形图变体

柱形图的变体比较多，如堆积柱形图、百分比堆积柱形图、直方图、排列图、瀑布图等。

（1）堆积柱形图

同堆积条形图类似，但堆积柱形图是将同类型的变量竖着堆积起来，反映多项数据间的比较，同时比较一项数据中的总体和细分值。

图 5.2.27 所示为 3 种商品不同年份的数据，若只以柱形图展示，就只是简单地罗列，如图 5.2.28 所示。但如果改成堆积柱形图，如图 5.2.29 所示，则可清晰地比较不同年份商品总体的变化趋势，以及不同商品间的变化。

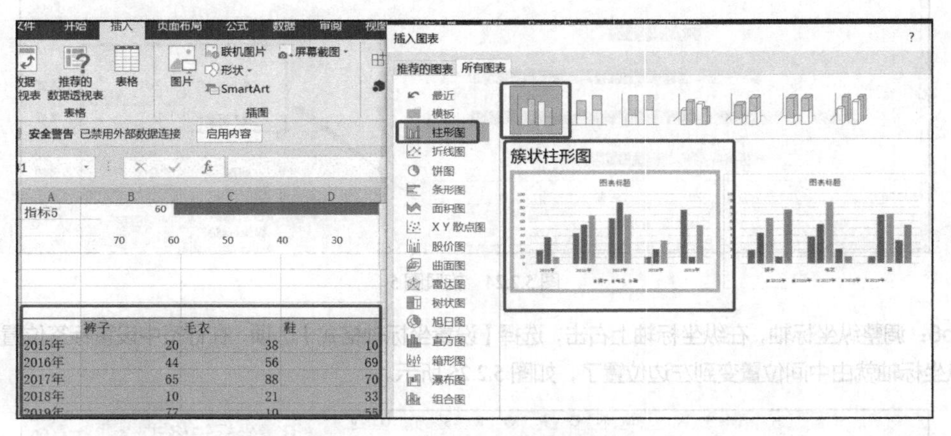

图 5.2.27　3 种商品不同年份的数据

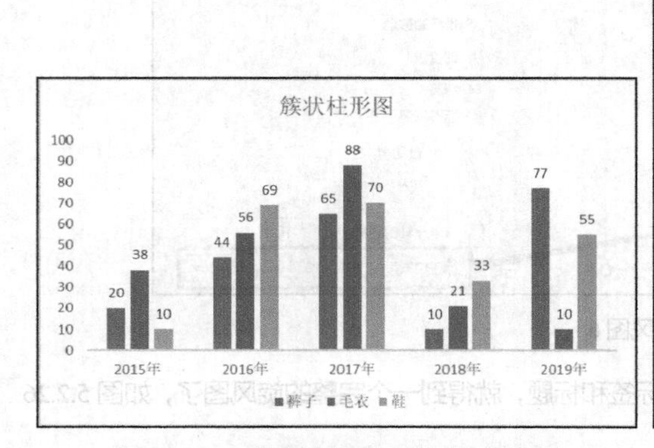

图 5.2.28　3 种商品不同年份的柱形图展示

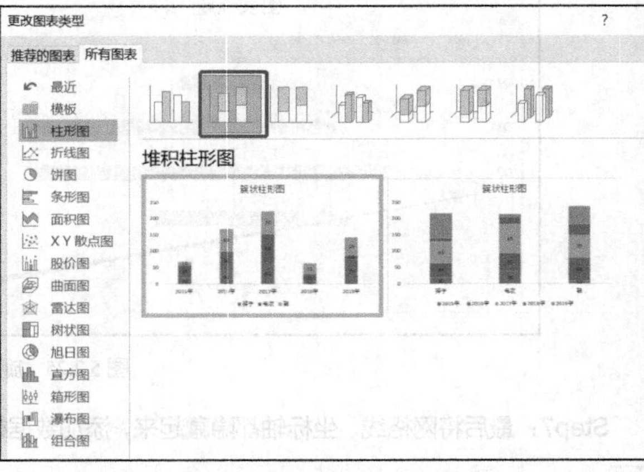

图 5.2.29　改为堆积柱形图

最终效果如图 5.2.30 所示。

（2）百分比堆积柱形图

堆积柱形图是按照频数作图的，而百分比堆积柱形图则是按各项目所占总体的百分比进行堆积，如图 5.2.31 所示。

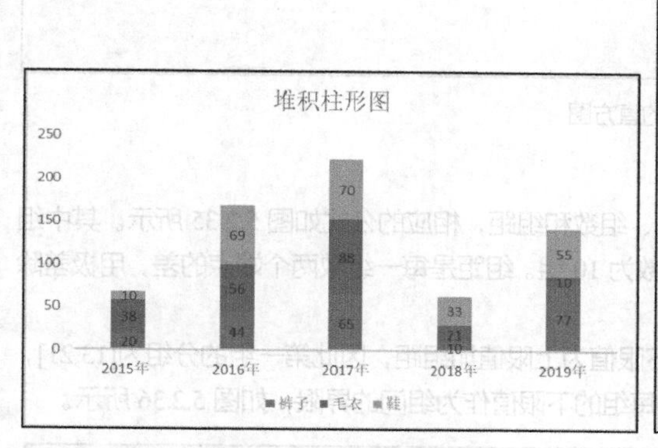

图 5.2.30　堆积柱形图

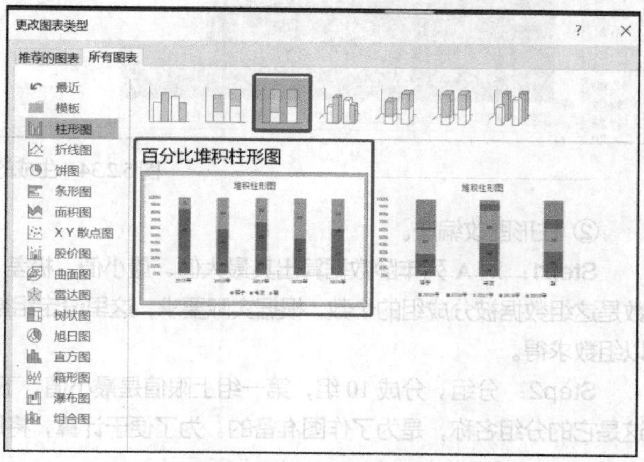

图 5.2.31　选择百分比堆积柱形图

与堆积柱形图不一样的是，数量多不一定占比多。如图 5.2.32 所示，2017 年鞋子的销量为 70 双，它占到 2017 年商品销量的 31%，而 2018 年鞋子虽然只卖了 33 双，却占到当年销量的 51%。若要进行数量上的对比，可以使用堆积柱形图；若想要观察所有成分的比例，建议选用百分比堆积柱形图。

（3）直方图

直方图是以组距为底边、以频数为高度的一系列连接起来的直方形柱形图，可以用来查看数据的分布形状。制作直方图时需要确定组数和组距。在统计数据时，把数据按照一定的范围分成几个组，分成组的个数称为组数，而组距是每一组两个端点的差。数据量在 50 个以上，分组数在 5～12 个为宜。

下面提供 3 种制作直方图的方法。

① 图表法。

Excel 2016 及以上的版本可以直接生成直方图，如图 5.2.33 所示。

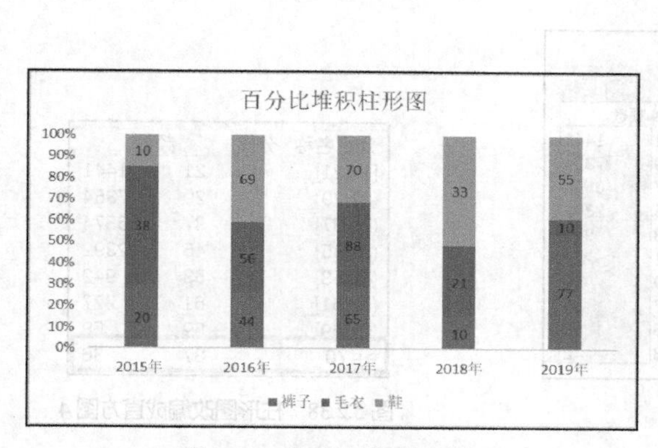

图 5.2.32　百分比堆积柱形图

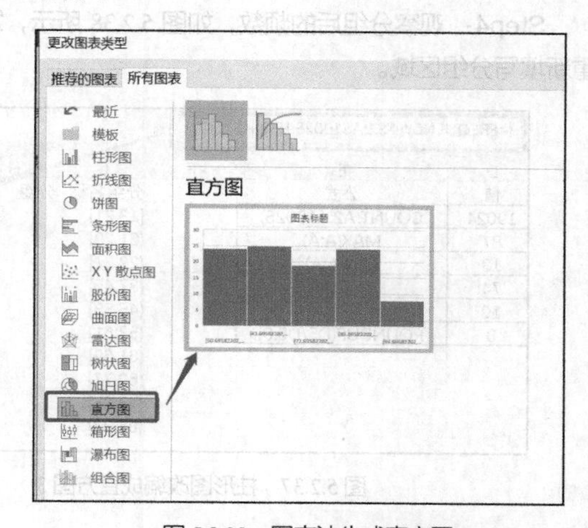

图 5.2.33　图表法生成直方图

在生成的直方图上单击鼠标右健，在弹出的快捷菜单中选择【设置坐标轴格式】选项。【自动】表示自动生成最佳的组数和组距，也可以自己手动设置，【箱宽度】对应组距，【箱数】对应组数，如图 5.2.34 所示。

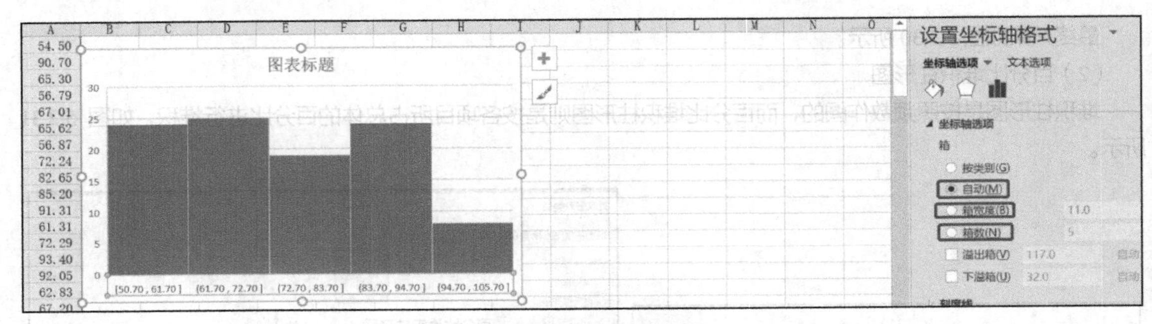

图 5.2.34　生成的直方图

② 柱形图改编法。

Step1：对 A 列年龄数据算出其最大值、最小值、极差、组数和组距，相应的公式如图 5.2.35 所示。其中组数是这组数据被分成组的个数，根据实际要求，这里设定组数为 10 组。组距是每一组数两个端点的差，用极差除以组数求得。

Step2：分组。分成 10 组，第一组上限值是最小值，下限值为上限值加组距，因此第一组的分组为[13,21]，这是它的分组名称，是为了作图准备的。为了便于计算，将每组的下限值作为组间的界限，如图 5.2.36 所示。

	A	B	C	D	E
1	年龄			值	公式
2	25		数据个数	19024	COUNT(A2:A19025)
3	25		最大值	87	MAX(A:A)
4	27		最小值	13	MIN(A:A)
5	48		极差	74	D3-D4
6	51		组数	10	
7	28		组距	8	ROUNDUP(D5/D6,0)

图 5.2.35　柱形图改编成直方图 1

	值	公式	分组名称	分组
数据个数	19024	COUNT(A2:A19025)	[13,21]	21
最大值	87	MAX(A:A)	(21,29]	29
最小值	13	MIN(A:A)	(29,37]	37
极差	74	D3-D4	(37,45]	45
组数	10		(45,53]	53
组距	8	ROUNDUP(D5/D6,0)	(53,61]	61
			(61,69]	69
			(69,77]	77
			(77,85]	85
			(85,93]	93

图 5.2.36　柱形图改编成直方图 2

Step3：计算频数。分组完成后求每组的频数，可以用 FREQUENCY 函数。如图 5.2.37 所示，选中 I2:I11 区域，输入图 5.2.37 中的公式=FREQUENCY(A$2:A$19025,H$2:H$11)，再按【Ctrl+Shift+Enter】组合键，即可求出每个分组的频数。

Step4：观察分组后的频数，如图 5.2.38 所示，发现 70 岁以后的频数已经很少了，因此将 70 作为溢出值，重新填写分组区域。

{=FREQUENCY(A$2:A$19025,H$2:H$11)}

D	E	F	G	H	I
值	公式		分组名称	分组	频数
19024	COUNT(A2:A19025)		[13,21]	21	1441
87	MAX(A:A)		(21,29]	29	7354
13	MIN(A:A)		(29,37]	37	6574
74	D3-D4		(37,45]	45	2392
10			(45,53]	53	942
8	ROUNDUP(D5/D6,0)		(53,61]	61	227
			(61,69]	69	58
			(69,77]	77	26
			(77,85]	85	8
			(85,93]	93	2

图 5.2.37　柱形图改编成直方图 3

分组名称	分组	频数
[13,21]	21	1441
(21,29]	29	7354
(29,37]	37	6574
(37,45]	45	2392
(45,53]	53	942
(53,61]	61	227
(61,69]	69	58
>=70	87	36

图 5.2.38　柱形图改编成直方图 4

Step5：选中分组名称和频数，插入一个柱形图，如图 5.2.39 所示，将鼠标指针放置在图形处右击，选择【设置数据系列格式】选项，将间隙宽度调小。

Step6：美化图表。去掉网格线，添加数据标签和图表标题，最后得到美化后的直方图，如图 5.2.40 所示。

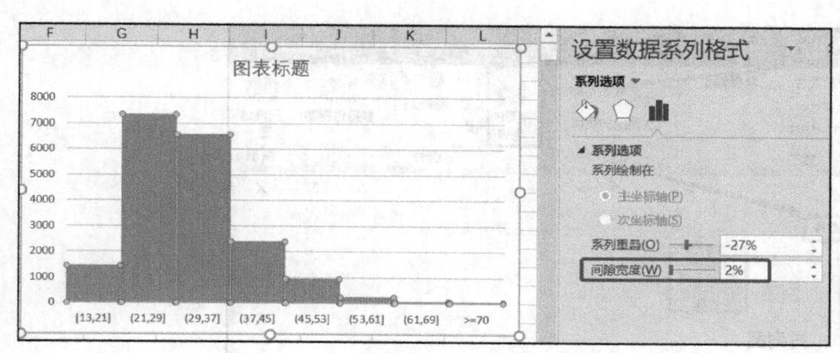

图 5.2.39　柱形图改编成直方图 5

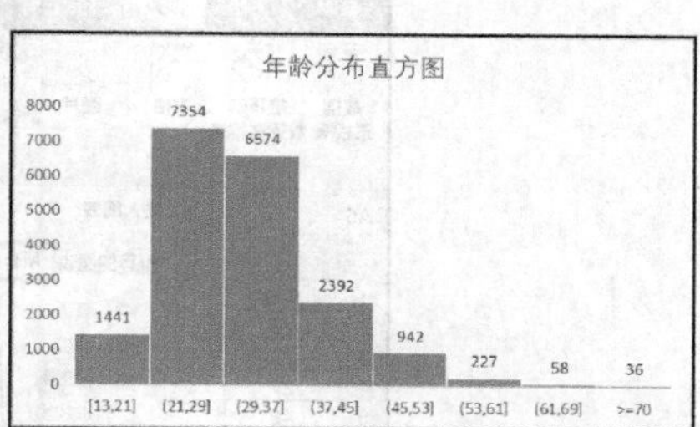

图 5.2.40　柱形图改编成直方图 6

③ 分析工具库法。

使用 Excel 的数据分析工具库可以直接生成直方图。

Step1：选择【数据】→【分析】→【数据分析】→【直方图】选项，单击【确定】按钮，如图 5.2.41 所示。

Step2：在弹出的【直方图】对话框中，输入区域是【年龄】列的$A$2:$A$19025 区域，接收区域是提前分组的$H$2:$H$9 区域，输出区域为$K$1 单元格，勾选【图表输出】复选框，如图 5.2.42 所示。

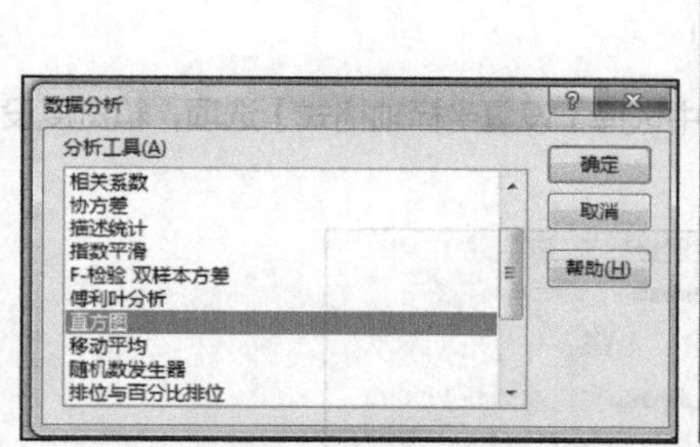

图 5.2.41　分析工具库制作直方图 1

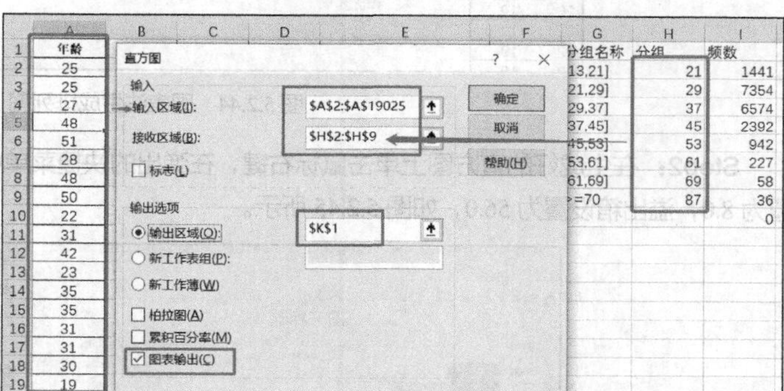

图 5.2.42　分析工具库制作直方图 2

Step3：单击【确定】按钮，得到分组、频数及图表输出的结果，如图 5.2.43 所示。可以看出频数和我们用公式计算得到的结果是一致的。对于得到的图表可以再进一步美化加工。

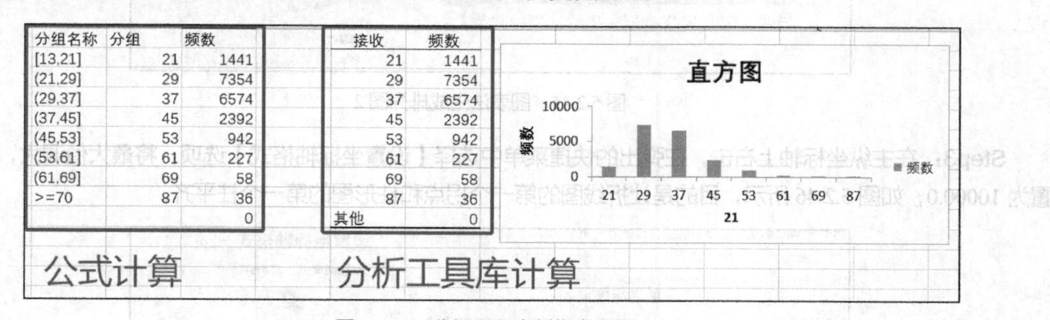

分组名称	分组	频数
[13,21]	21	1441
(21,29]	29	7354
(29,37]	37	6574
(37,45]	45	2392
(45,53]	53	942
(53,61]	61	227
(61,69]	69	58
>=70	87	36
		0

接收	频数
21	1441
29	7354
37	6574
45	2392
53	942
61	227
69	58
87	36
其他	0

图 5.2.43　分析工具库制作直方图 3

（4）排列图

排列图，又叫“帕累托图”，它是在进行质量管理时常用的一种工具，是按照频数高低排列顺序而绘制的柱形图加折线图的组合图。在 Excel 2016 及以上版本中可以直接生成排列图，或者可以自行根据柱形图改编。

① 图表法。

Step1：选中给定的年龄数据，单击【插入】→【图表】→【推荐的图表】→【所有图表】→【直方图】按钮，插入排列图，如图 5.2.44 所示。

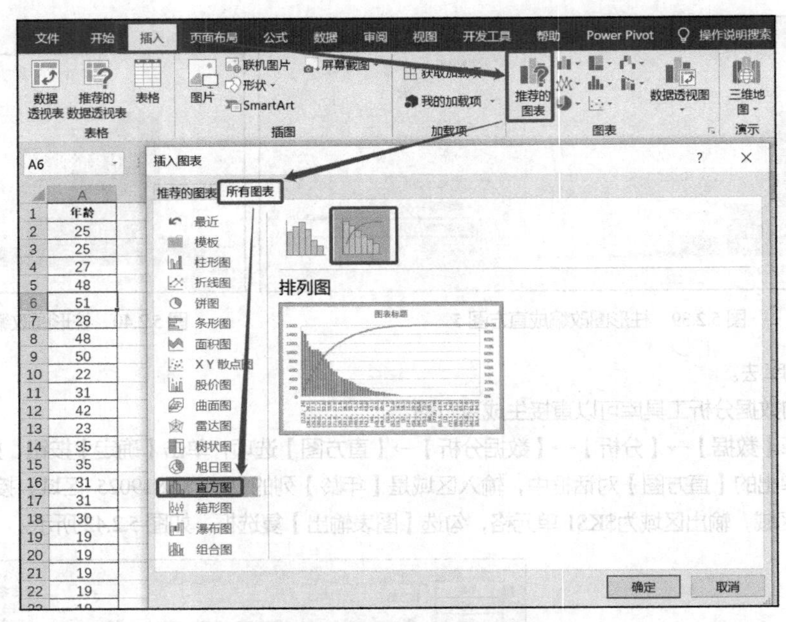

图 5.2.44　图表法生成排列图 1

Step2：在生成好的直方图上单击鼠标右键，在弹出的快捷菜单中选择【设置坐标轴格式】选项，箱宽度设置为 8.0，溢出箱设置为 56.0，如图 5.2.45 所示。

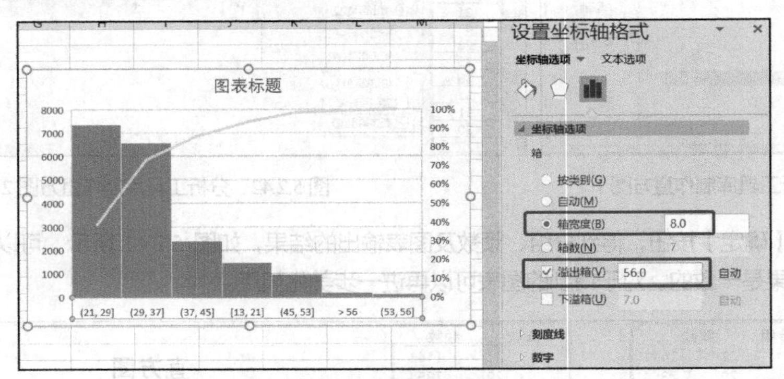

图 5.2.45　图表法生成排列图 2

Step3：在主纵坐标轴上右击，在弹出的快捷菜单中选择【设置坐标轴格式】选项，将最大值调大，这里设置为 10000.0，如图 5.2.46 所示，目的是让折线图的第一个拐点和柱形图的第一个柱平齐。

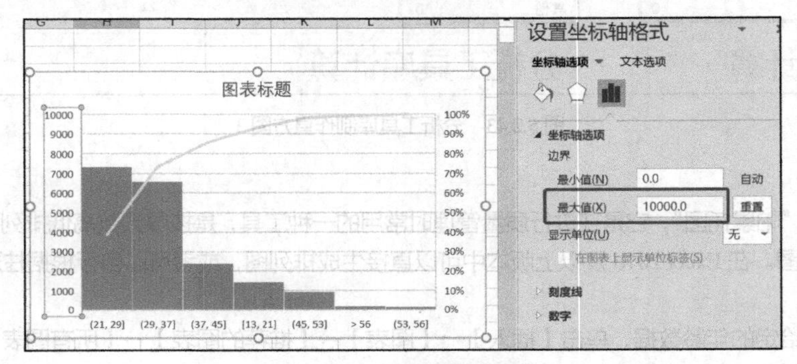

图 5.2.46　图表法生成排列图 3

Step4：美化图表。去掉网格线，添加数据标签和图表标题，得到由图表法生成的排列图，如图 5.2.47 所示。

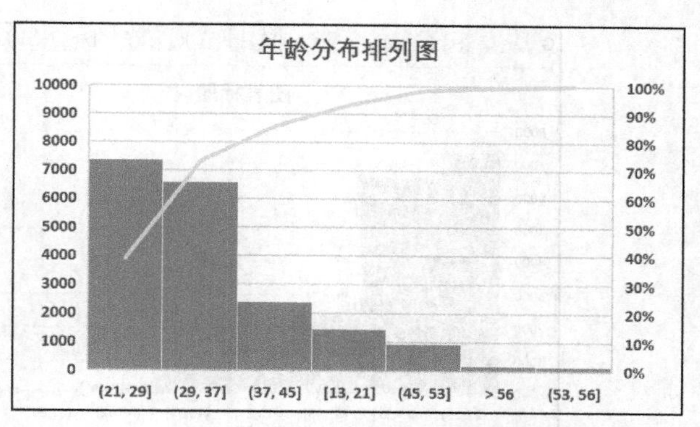

图 5.2.47　图表法生成排列图 4

② 柱形图改编。

排列图可以满足我们既想看数据分组分布情况，又想了解累积频率占比的需要。实际上 Excel 自带的排列图的折线图部分无法显示出占比情况，它只是长得像排列图而已。一个标准排列图的折线图部分应当从坐标原点 0 开始，因此我们还可以使用另一种方法自行绘制正确的排列图。

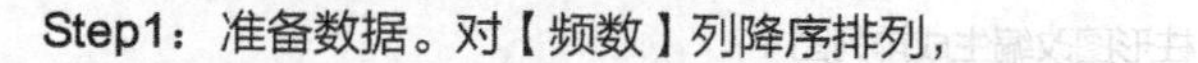

Step1：准备数据。对【频数】列降序排列，求频数对应的频率，频率等于该数在总数中的占比，如图 5.2.48 所示，在 C2 单元格中输入公式=B2/SUM($B$2:$B$9)，下拉单元格得到所有分组对应的频率。

Step2：求累积频率。累积频率是该组的频率加上之前所有组别的频率，如图 5.2.49 所示，对第二组来说，它的累积频率是第二组的频率加上第一组的频率，依此类推。在 D2 单元格中输入公式=SUM($C$2:C2)，表示的是从 C2 到 C2 求和，公式往下拉就成了=SUM($C$2:C3)，表示从 C2 到 C3 求和，这样就求出了累积频率。

C2　=B2/SUM($B$2:$B$9)

	A	B	C	D	E
1	分组名称	频数	频率	累积频率	
2	(21,29]	7354	0.386564		
3	(29,37]	6574	0.345563		
4	(37,45]	2392	0.125736		
5	[13,21]	1441	0.075746		
6	(45,53]	942	0.049516		
7	(53,61]	227	0.011932		
8	(61,69]	58	0.003049		
9	>=70	36	0.001892		

图 5.2.48　柱形图改编生成排列图 1

D2　=SUM($C$2:C2)

	A	B	C	D	E
1	分组名称	频数	频率	累积频率	
2	(21,29]	7354	0.386564	0.386564	
3	(29,37]	6574	0.345563	0.732128	
4	(37,45]	2392	0.125736	0.857864	
5	[13,21]	1441	0.075746	0.93361	
6	(45,53]	942	0.049516	0.983127	
7	(53,61]	227	0.011932	0.995059	
8	(61,69]	58	0.003049	0.998108	
9	>=70	36	0.001892	1	

图 5.2.49　柱形图改编生成排列图 2

Step3：画图。选中【分组名称】和【频数】列中的数据，插入柱形图，如图 5.2.50 所示。

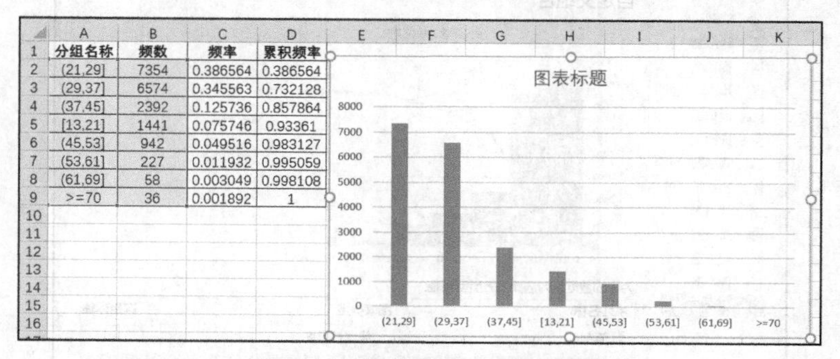

	A	B	C	D
1	分组名称	频数	频率	累积频率
2	(21,29]	7354	0.386564	0.386564
3	(29,37]	6574	0.345563	0.732128
4	(37,45]	2392	0.125736	0.857864
5	[13,21]	1441	0.075746	0.93361
6	(45,53]	942	0.049516	0.983127
7	(53,61]	227	0.011932	0.995059
8	(61,69]	58	0.003049	0.998108
9	>=70	36	0.001892	1

图 5.2.50　柱形图改编生成排列图 3

Step4：调整宽度。选中图表并单击鼠标右键，在弹出的快捷菜单中选择【设置数据系列格式】选项，将间隙宽度调小，这里调整为 2%，如图 5.2.51 所示。

Step5：将折线图添加进来；在表头下方插入一行辅助行，在插入行的累积频率处输入 0（即 D2 处为 0），如图 5.2.52 所示。

Step6：在柱形图上右击，选择【选择数据】→【添加】选项，设置系列名称为折线图，系列值为 D2:D10 区域，如图 5.2.53 所示。

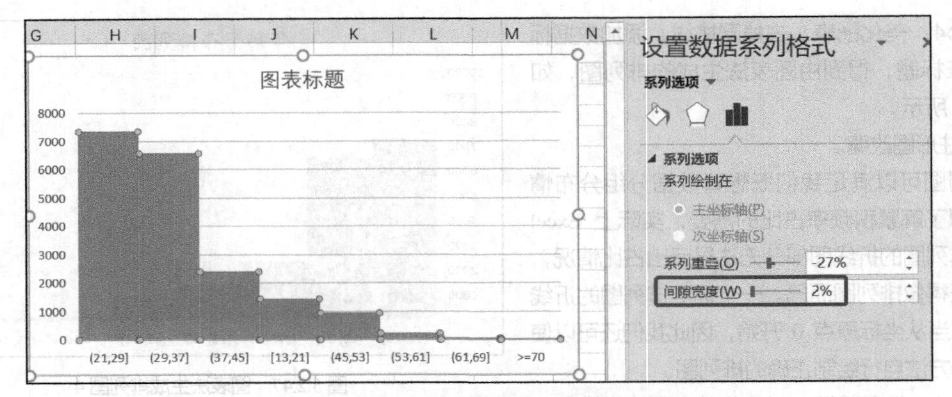

图 5.2.51　柱形图改编生成排列图 4

	A	B	C	D
1	分组名称	频数	频率	累积频率
2				0
3	(21,29]	7354	0.386564	0.386564
4	(29,37]	6574	0.345563	0.732128
5	(37,45]	2392	0.125736	0.857864
6	[13,21]	1441	0.075746	0.93361
7	(45,53]	942	0.049516	0.983127
8	(53,61]	227	0.011932	0.995059
9	(61,69]	58	0.003049	0.998108
10	>=70	36	0.001892	1

图 5.2.52　柱形图改编生成排列图 5

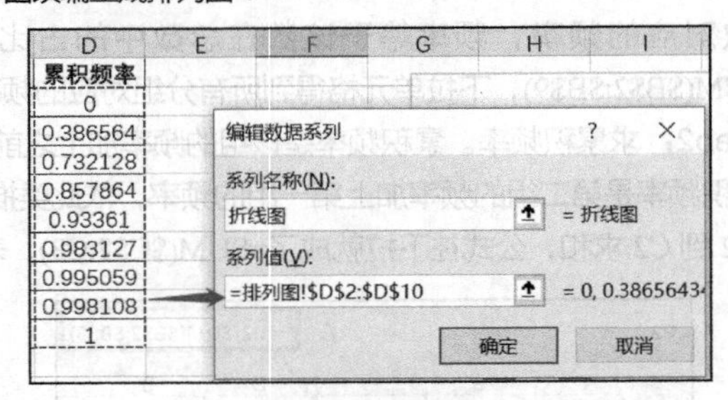

图 5.2.53　柱形图改编生成排列图 6

Step7：这时图表可能还没什么变化，在图表上单击鼠标右键，在弹出的快捷菜单中选择【更改图表类型】选项，将折线图选择为【带数据标记的折线图】，并勾选【次坐标轴】复选框，如图 5.2.54 所示。

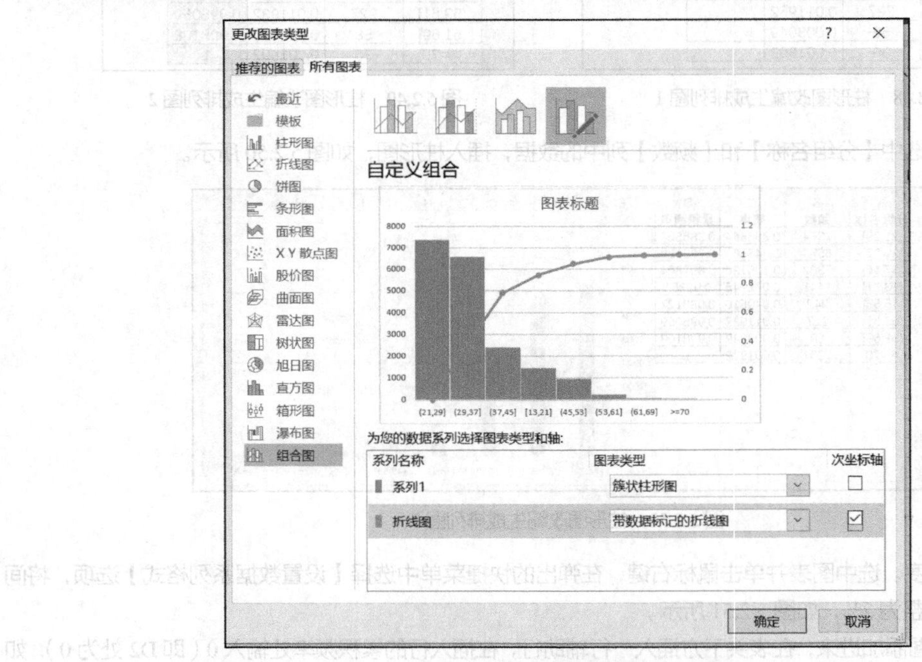

图 5.2.54　柱形图改编生成排列图 7

Step8：调整折线图。将次要横坐标轴调出来，在图表的+号处勾选【坐标轴】→【次要横坐标轴】复选框，让其显示出来，如图 5.2.55 所示。

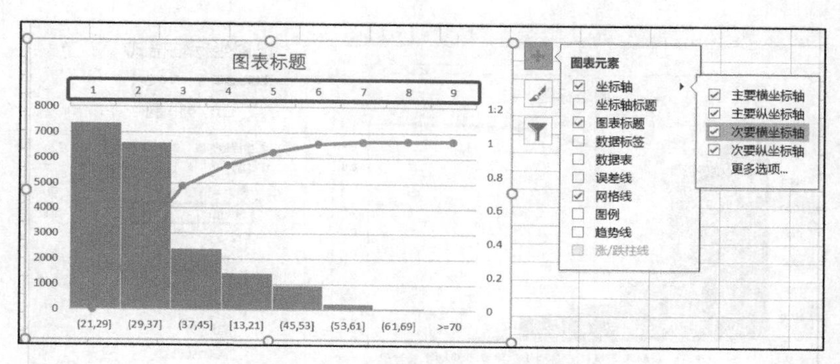

图 5.2.55　柱形图改编生成排列图 8

Step9：双击次要横坐标轴，设置次要坐标轴格式，将坐标轴位置设置为【在刻度线上】，如图 5.2.56 所示。这个操作是为了让折线图从坐标原点 0 处开始。

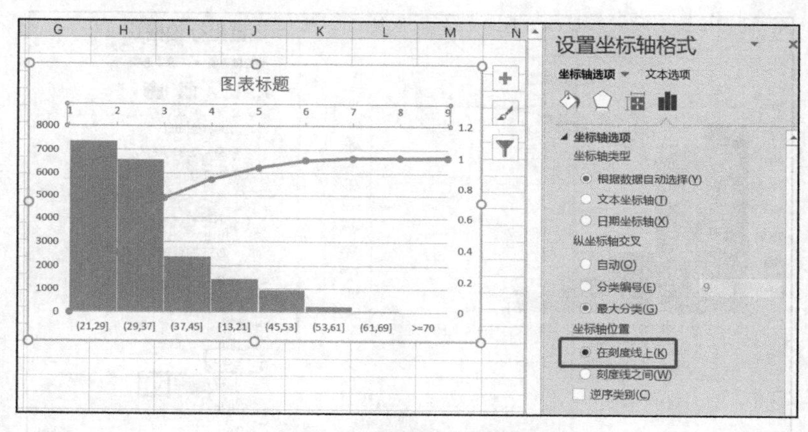

图 5.2.56　柱形图改编生成排列图 9

Step10：隐藏次要坐标轴。在标签处，设置标签位置为【无】，如图 5.2.57 所示。这样次要坐标轴既设置好了，也被隐藏起来了。

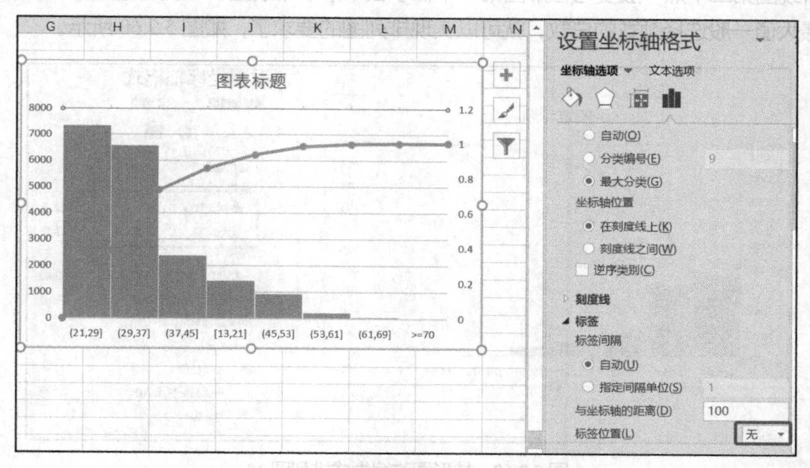

图 5.2.57　柱形图改编生成排列图 10

Step11：美化图表。调整主次纵坐标轴，使其符合正确的排列图规范标准。双击右坐标轴，使其最小值和最大值在 0～1 之间，尤其是最大值一般设成 1.0，也就是 100%，如图 5.2.58 所示。

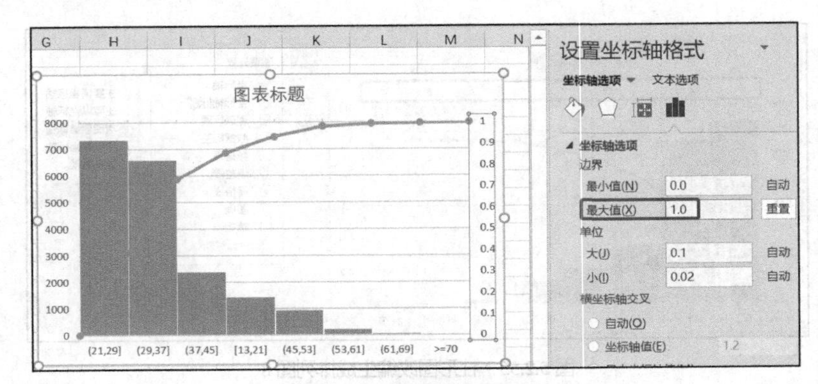

图 5.2.58　柱形图改编生成排列图 11

Step12：将【数字】类别改成保留 0 位小数的百分比格式，如图 5.2.59 所示。

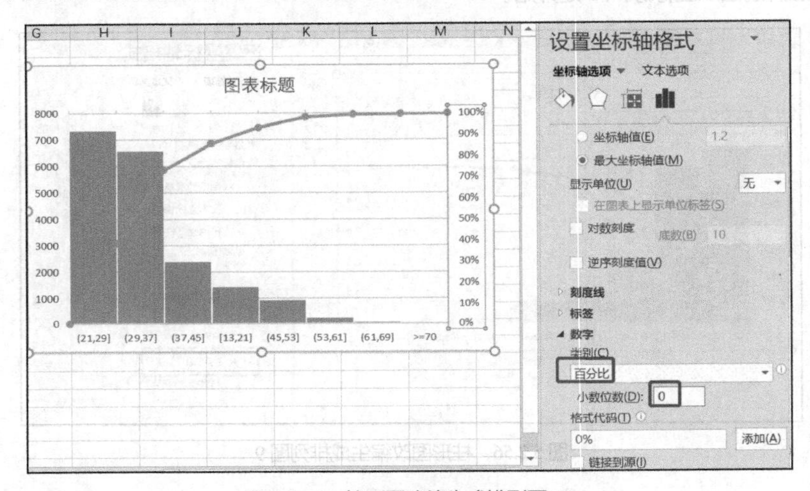

图 5.2.59　柱形图改编生成排列图 12

Step13：折线图第二个点一般要与柱形图第一个柱子在一条水平线上。双击左边坐标轴，设置坐标轴选项，最小值为 0.0，最大值一般选择频数的总数，就可以实现排列图的要求了，如图 5.2.60 所示。

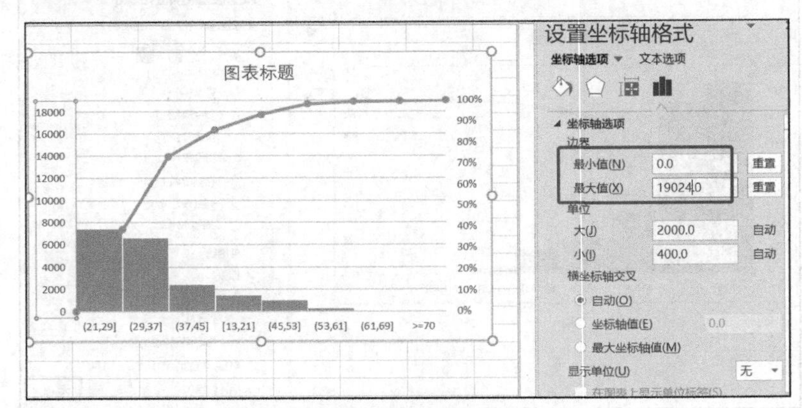

图 5.2.60　柱形图改编生成排列图 13

Step14：添加数据标签，在设置数据标签格式中数字处将类别改成百分比；添加图表标题，去掉网格线，得到最终的由柱形图改编的排列图，如图 5.2.61 所示。

（5）瀑布图

瀑布图是一种绝对值与相对值相结合的图形，又叫“阶梯图”，可以分析数量变化，多用于财务分析中。在Excel 中也可以直接插入，如图 5.2.62 所示，对以下收入和支出的数据插入瀑布图。

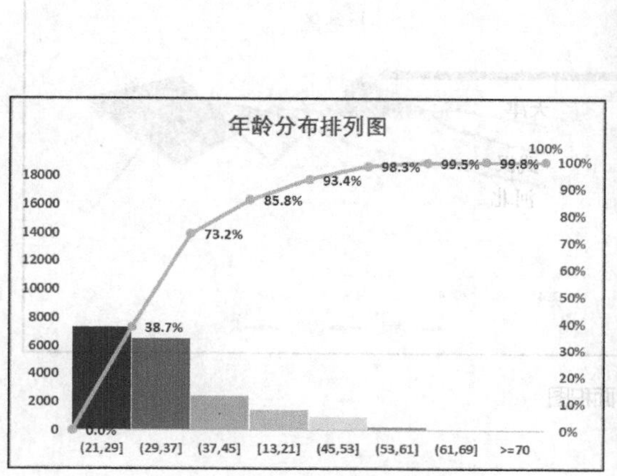

图 5.2.61　柱形图改编生成排列图 14

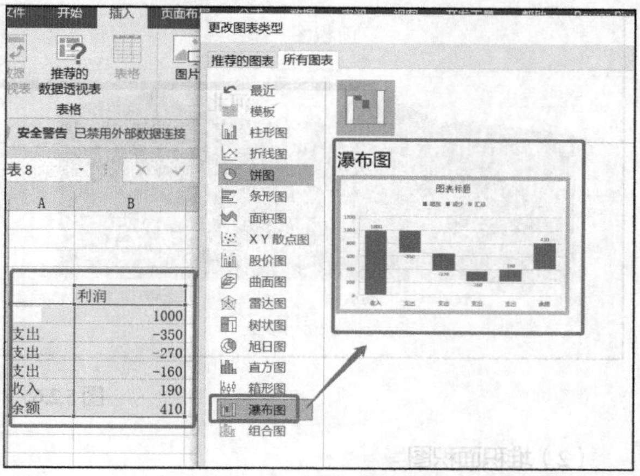

图 5.2.62　插入瀑布图

得到图 5.2.63 所示的体现数量变化的瀑布图。

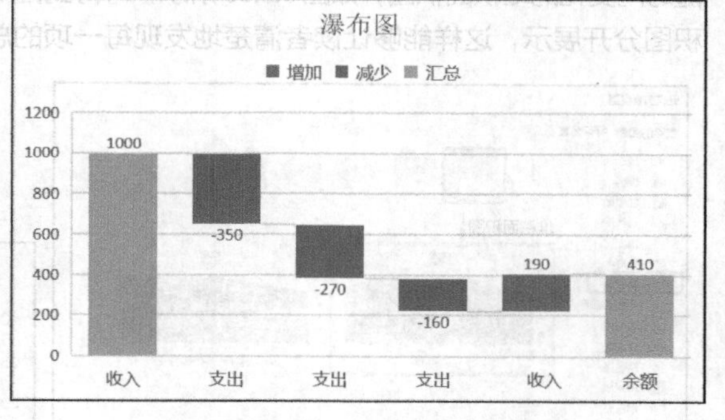

图 5.2.63　瀑布图

4．折线图变体

折线图的变体包括面积图、堆积面积图和百分比堆积面积图，它们是将折线图下方的空白部分填充颜色而形成的，所要表达的内容和折线图没什么太大的区别，都是强调数量随时间的变化。不同的是，面积图同时兼具折线图和柱形图的优点，堆积面积图和百分比堆积面积图还可展示部分与总体的关系。

（1）面积图

对 A1:D7 区域中的数据制作面积图，单击【插入】→【图表】→【推荐的图表】→【所有图表】→【面积图】按钮，选择以年份为横坐标的面积图，如图 5.2.64 所示。

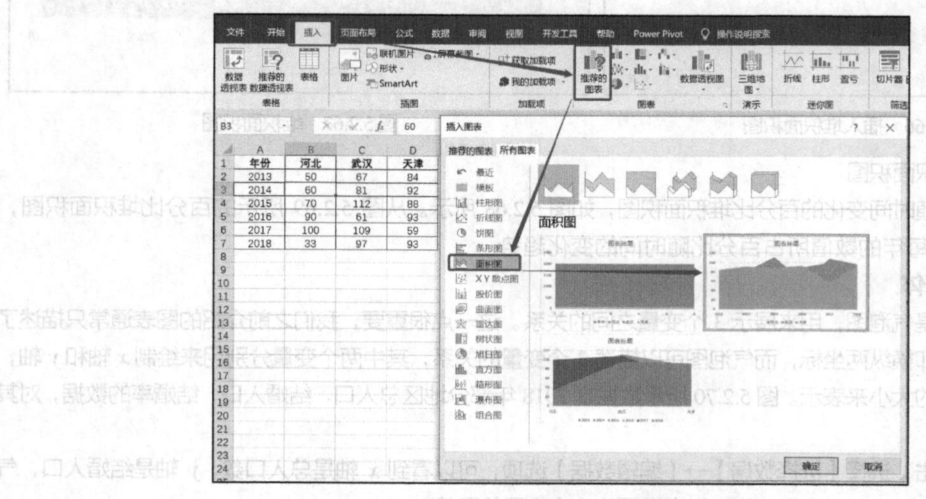

图 5.2.64　插入面积图

对比画出的面积图与折线图的区别，面积图将折线图以下的区域全部进行了颜色填充。从图 5.2.65 可以看出，天津的数据比较平稳，在 2017 年有下降；武汉在 2015 年和 2017 年都较其他两地领先；河北在 2016—2017 年某段时间处于领跑水平。

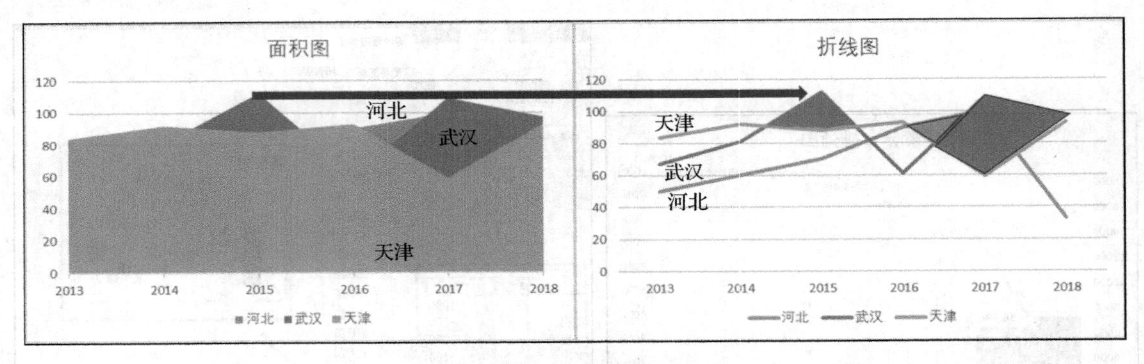

图 5.2.65　面积图

（2）堆积面积图

同堆积柱形图、堆积条形图一样，堆积面积图是表现每个值的数量堆积随时间的变化曲线。选择图表类型为随时间变化的堆积面积图，如图 5.2.66 所示，可得到图 5.2.67 所示的堆积面积图。该堆积面积图就是将 3 个面积图分开展示，这样能够让读者清楚地发现每一项的总体趋势。

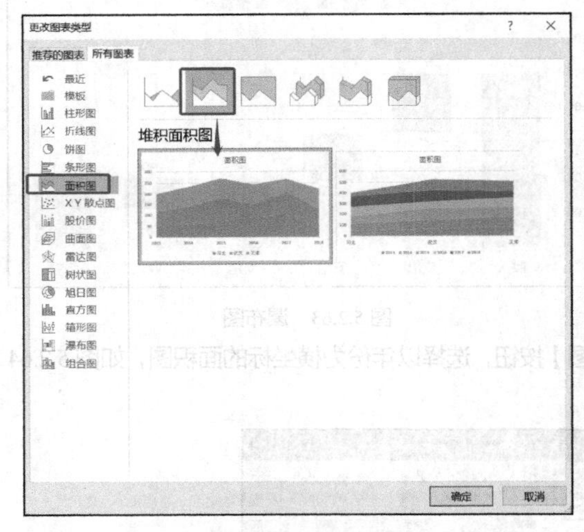

图 5.2.66　插入堆积面积图

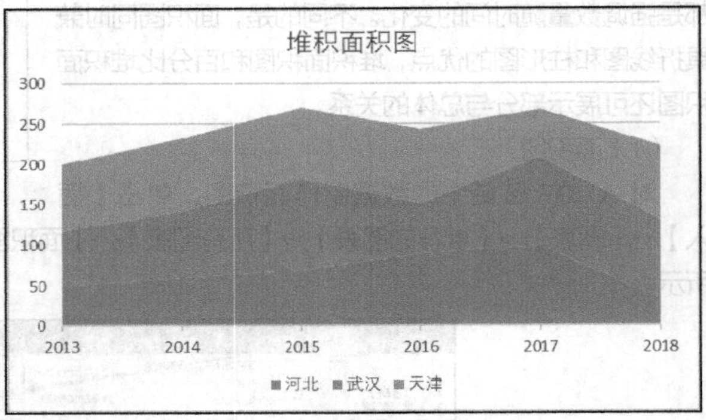

图 5.2.67　堆积面积图

（3）百分比堆积面积图

图表类型选择随时间变化的百分比堆积面积图，如图 5.2.68 所示。从图 5.2.69 所示的百分比堆积面积图，可以清晰地观察到每年的数值所占百分比随时间的变化趋势。

5. 散点图变体

散点图的变体是气泡图，用来展示 3 个变量之间的关系。这一点很重要，我们之前介绍的图表通常只描述了两个变量的关系，即横纵两坐标，而气泡图可以描述 3 个变量的关系，其中两个变量分别用来绘制 x 轴和 y 轴，第三个变量用气泡的大小来表示。图 5.2.70 所示数据是 2018 年部分地区总人口、结婚人口、结婚率的数据，对其插入气泡图。

在数据区域右击，选择【选择数据】→【编辑数据】选项，可以看到 x 轴是总人口数，y 轴是结婚人口，气泡大小是结婚率，如图 5.2.71 所示，也可以自己更改 3 个变量的取值。

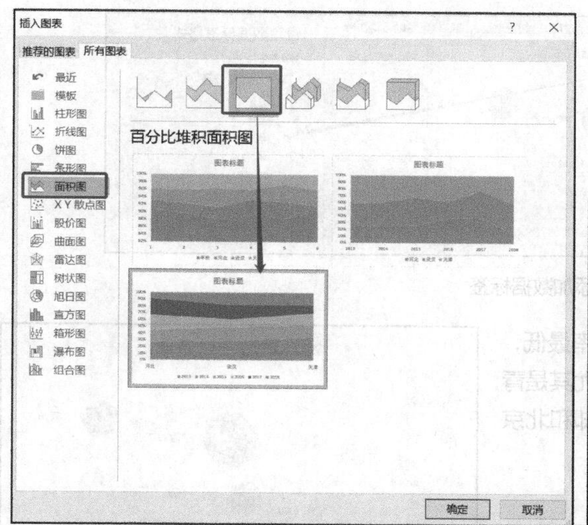

图 5.2.68　插入百分比堆积面积图

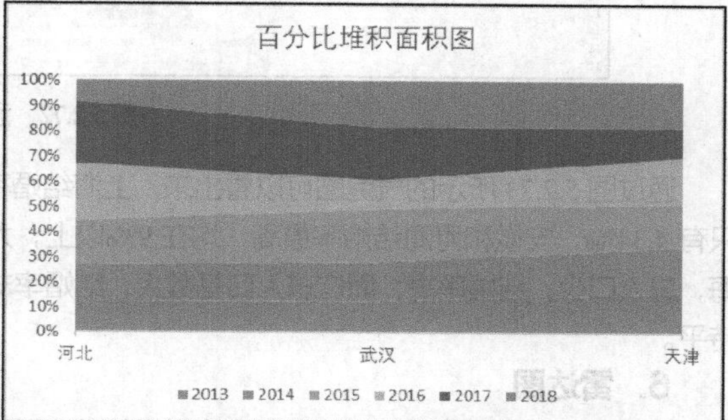

图 5.2.69　百分比堆积面积图

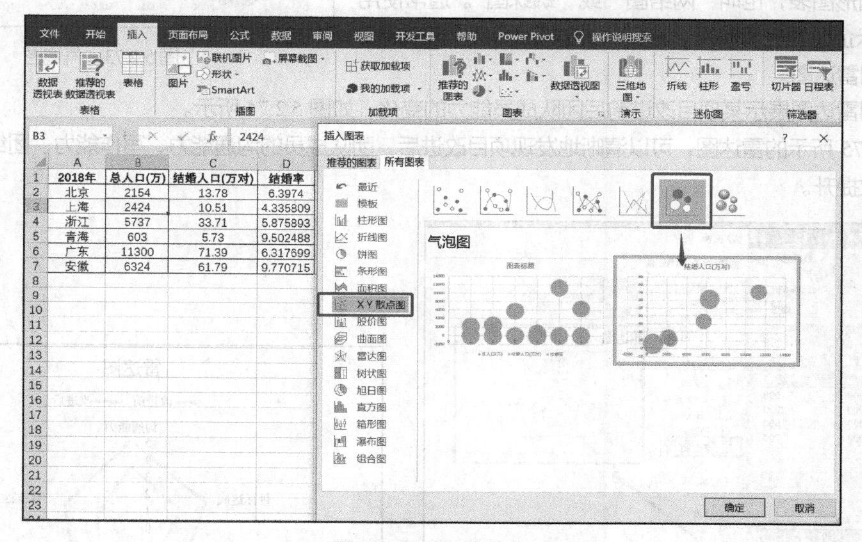

图 5.2.70　插入气泡图

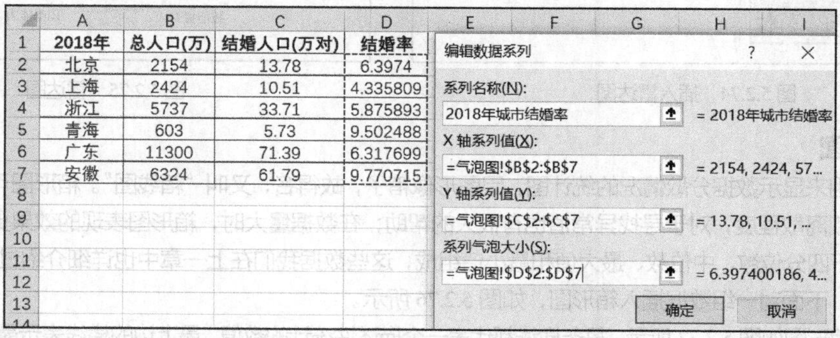

	A	B	C	D
1	2018年	总人口(万)	结婚人口(万对)	结婚率
2	北京	2154	13.78	6.3974
3	上海	2424	10.51	4.335809
4	浙江	5737	33.71	5.875893
5	青海	603	5.73	9.502488
6	广东	11300	71.39	6.317699
7	安徽	6324	61.79	9.770715

编辑数据系列

系列名称(N):　2018年城市结婚率　= 2018年城市结婚率

X 轴系列值(X):　=气泡图!$B$2:$B$7　= 2154, 2424, 57...

Y 轴系列值(Y):　=气泡图!$C$2:$C$7　= 13.78, 10.51, ...

系列气泡大小(S):　=气泡图!$D$2:$D$7　= 6.397400186, 4...

确定　取消

图 5.2.71　编辑数据

在图形部分右击，在弹出的快捷菜单中选择【添加数据标签】选项，勾选【单元格中的值】复选框，标签区域选择 A 列城市名称，如图 5.2.72 所示，单击【确定】按钮。

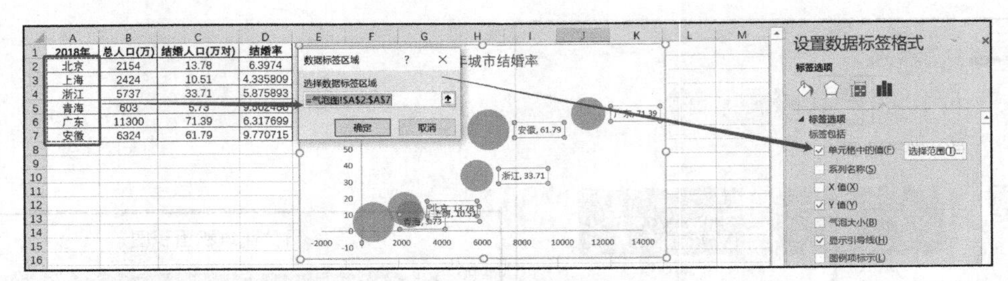

图 5.2.72 添加数据标签

通过图 5.2.73 所示的气泡图可以看出来，上海结婚率最低，只有 4.34‰；安徽和青海结婚率最高，均在 9‰以上，尤其是青海，总人口少，结婚率高；而广东人口基数大，结婚率却和北京持平。

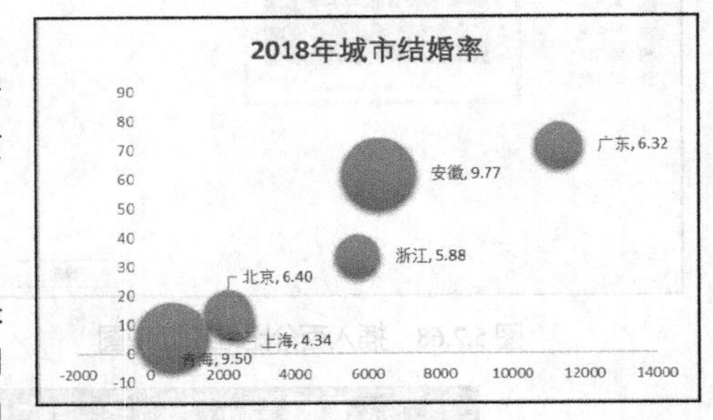

图 5.2.73 气泡图

6. 雷达图

雷达图是以二维图表的形式显示多变量数据的一种图形，是形似雷达的圆形图表，也叫“网络图”或“蜘蛛图”。通常使用雷达图来展示企业的经营状况、进行人才的能力评定等。Excel 可以直接绘制雷达图。

下面使用雷达图展示某项目改进前后团队成员能力的变化，如图 5.2.74 所示。

从图 5.2.75 所示的雷达图，可以清晰地发现项目改进后，团队成员的沟通能力、写作能力、团结能力等方面都得到了有效提升。

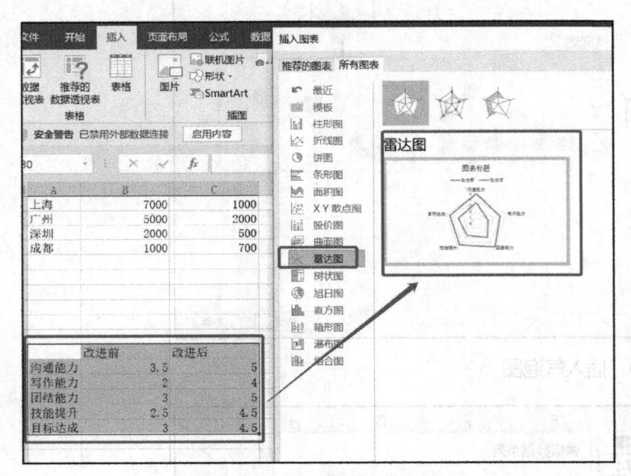

图 5.2.74 插入雷达图

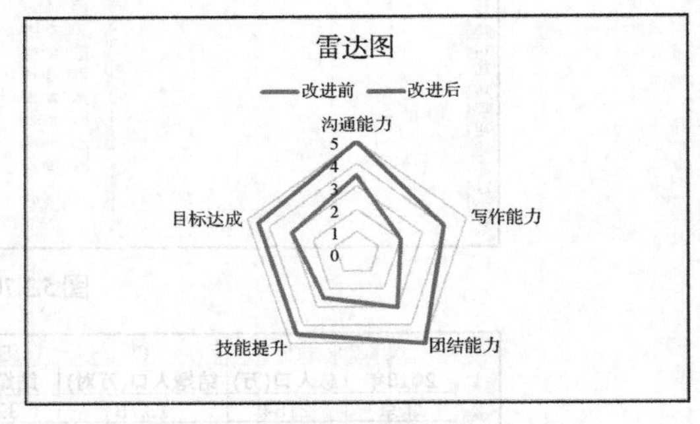

图 5.2.75 雷达图

7. 箱形图

箱形图是用来显示数据分散情况的统计图，因图形像箱子，故得名，又叫“箱线图”。箱形图可以用于查看数据的集中趋势和离散程度，对于寻找异常值也有很大的帮助；在数据量大时，箱形图表现的效果更佳。箱形图由上四分位数、下四分位数、中位数、最大值和最小值组成，这些数据我们在上一章中也详细介绍过。Excel 可以直接绘制箱形图。下面对一组数据插入箱形图，如图 5.2.76 所示。

制作好的箱形图如图 5.2.77 所示，每条横线都代表一个描述性统计的数值。最上边的横线表示最大值 130，箱子上边缘的这条线表示上四分位数 105，箱子中间的线表示中位数 70，中位数线的下方还有一条线表示平均数 67.78，箱子下边缘的线表示下四分位数 30，最下边的线表示最小值 10，若有异常值还会在图中脱离最值的方向画出，这组数据里无异常值出现。当箱形图很短时，说明数据分布较集中；当箱形图很长时，说明数据分布较分散。

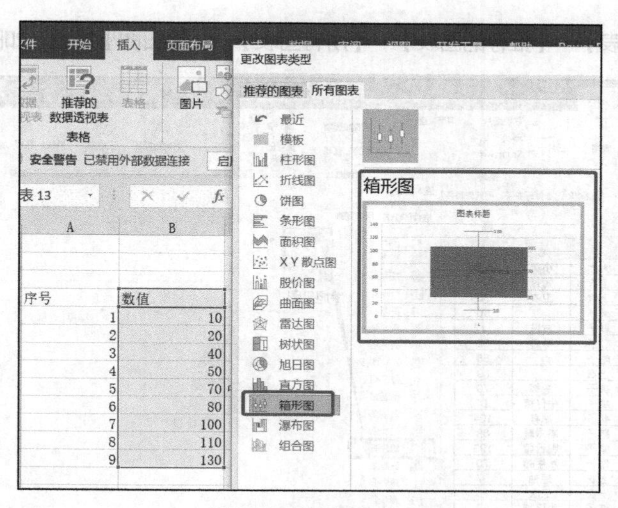

图 5.2.76 插入箱形图

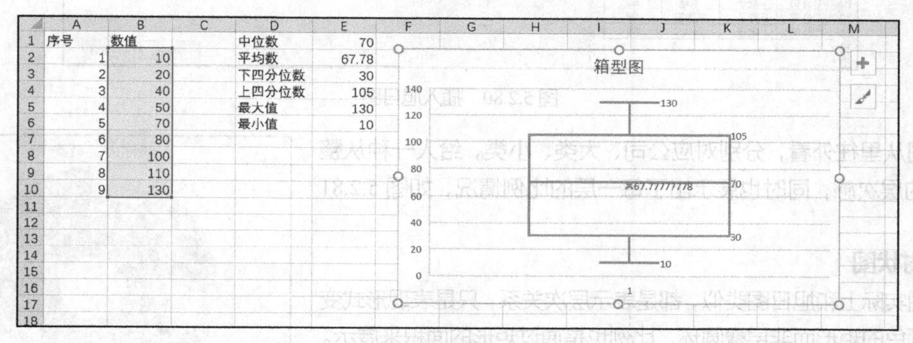

图 5.2.77 箱形图 1

还可以用箱形图进行多种数据的比较，如图 5.2.78 所示。

8. 旭日图

旭日图是体现数据间层次关系及比例的图表，由一层一层不同比例的圆环构成。Excel 可以直接生成旭日图。

下面对某公司下属 3 个子公司的商品分布做一个描述，如图 5.2.79 所示。以饼图很难展现这种 3 层的关系，因此使用旭日图。

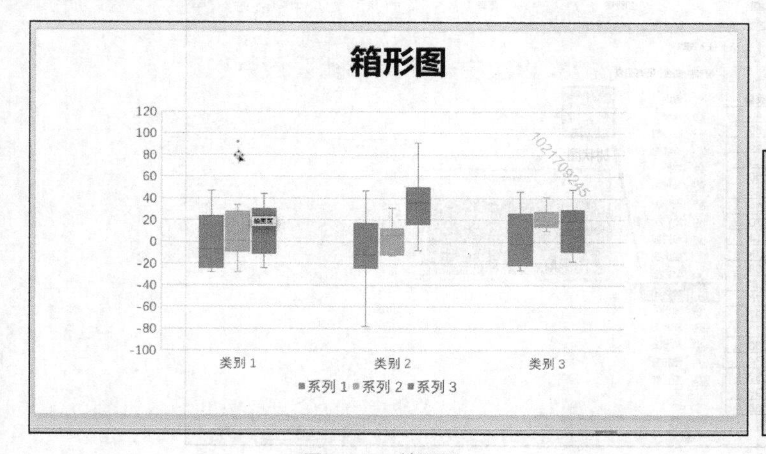

图 5.2.78 箱形图 2

	A	B	C	D
1	公司	大类	小类	数量
2	A公司	上衣	短袖	40
3	A公司	上衣	卫衣	30
4	A公司	裤子		56
5	A公司	鞋子	皮鞋	112
6	A公司	鞋子	凉鞋	60
7	A公司	帽子		55
8	B公司	上衣		69
9	B公司	裤子	短裤	70
10	B公司	裤子	牛仔裤	14
11	B公司	鞋子	凉鞋	104
12	B公司	鞋子	高跟鞋	68

图 5.2.79 原始数据

单击【插入】→【图表】→【推荐的图表】→【所有图表】→【旭日图】按钮，如图 5.2.80 所示。

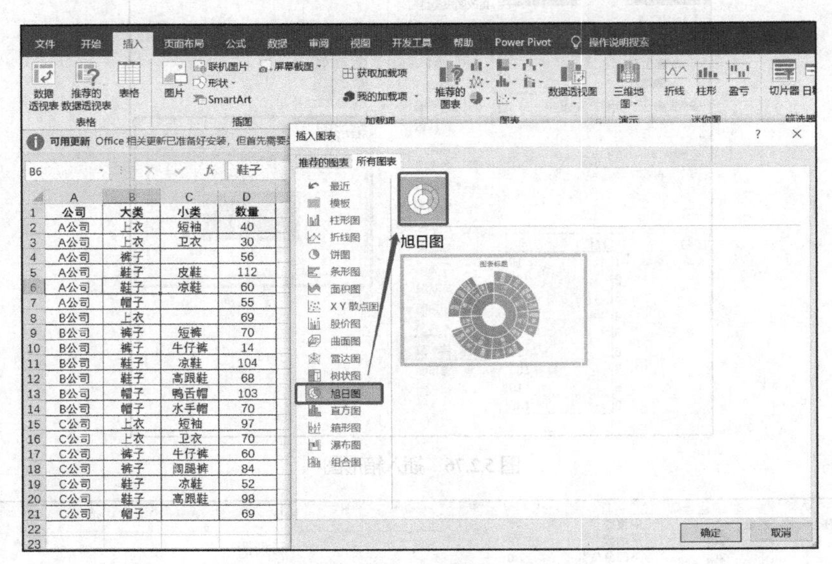

图 5.2.80 插入旭日图

旭日图从里往外看，分别对应公司、大类、小类，给人一种从整体到局部的层次感，同时也展示出了每一层的比例情况，如图 5.2.81 所示。

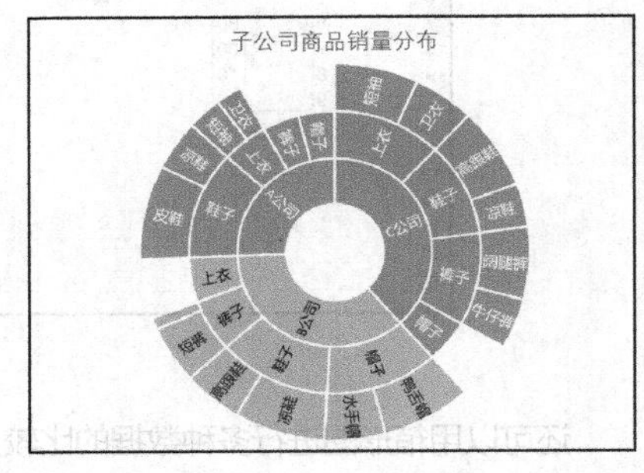

图 5.2.81 旭日图

9. 树状图

树状图实际上和旭日图类似，都是表示层次关系，只是表现形式变成了不同颜色的矩形而非层叠圆环，比例也是通过矩形的面积来展示。总之，能用旭日图展示的就可以用树状图代替。

图 5.2.82 所示是某公司下属 3 个子公司的商品分布情况，下面插入一个树状图。

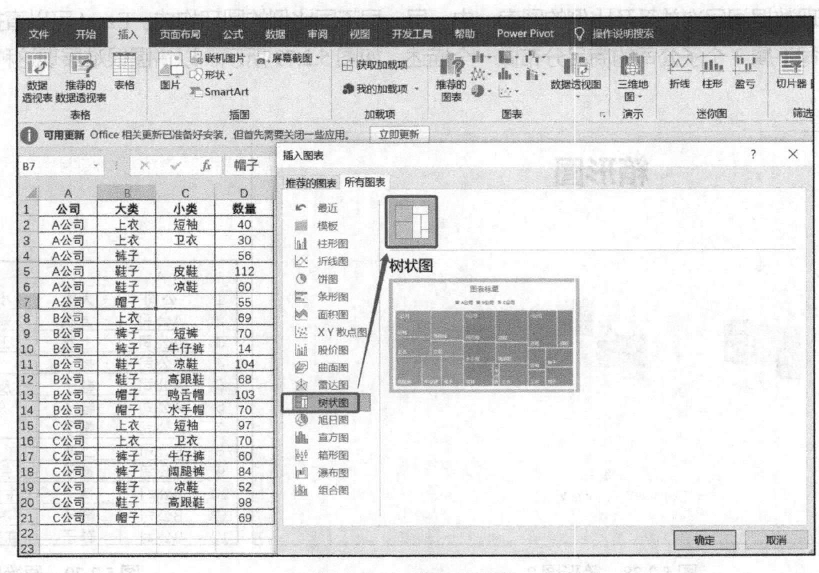

图 5.2.82 插入树状图

得到图 5.2.83 所示的树状图。一种颜色构成一个大矩形，代表一个分公司；每一个中等矩形代表一个大类；中等矩形又被细分成最小的矩形，代表商品小类。可以看出 C 公司矩形面积最大，销量最大。

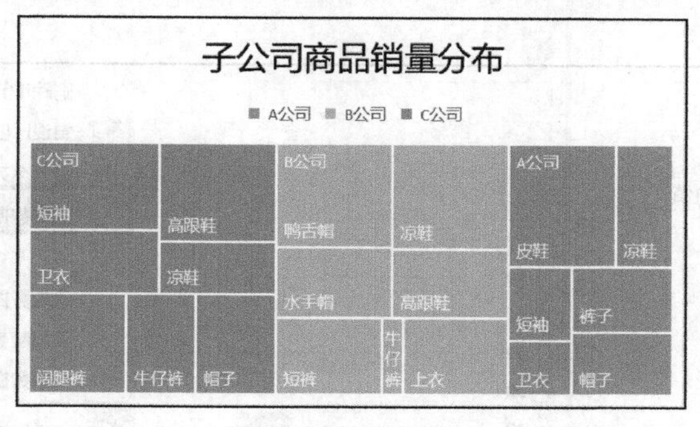

图 5.2.83　树状图 1

如果觉得颜色区分不明显，还可以在图表上右击，在弹出的快捷菜单中选择【设置数据系列格式】选项，选中【横幅】，如图 5.2.84 所示。这样，在每一种颜色上方有一个该颜色分属的横幅。

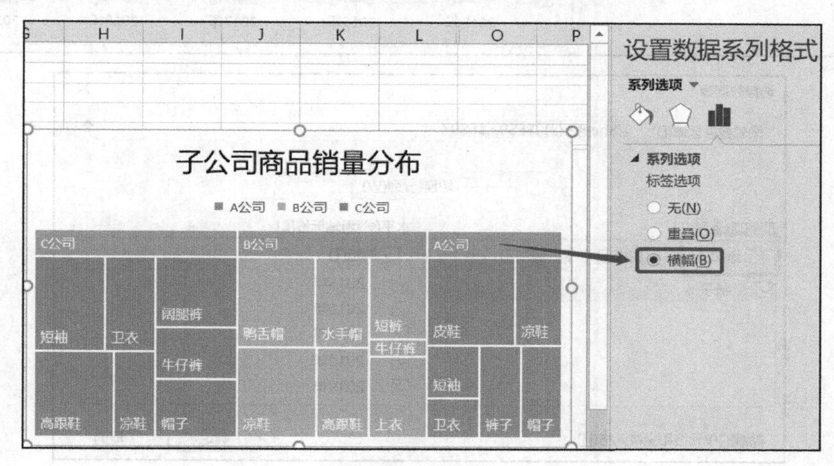

图 5.2.84　树状图 2

Tips1：6 个图表操作的技巧

1. 为图表添加平均线

已经做好了裤子一年份售价变化的柱形图，如图 5.2.85 所示。要为这个柱形图添加一条售价的平均线，步骤如下。

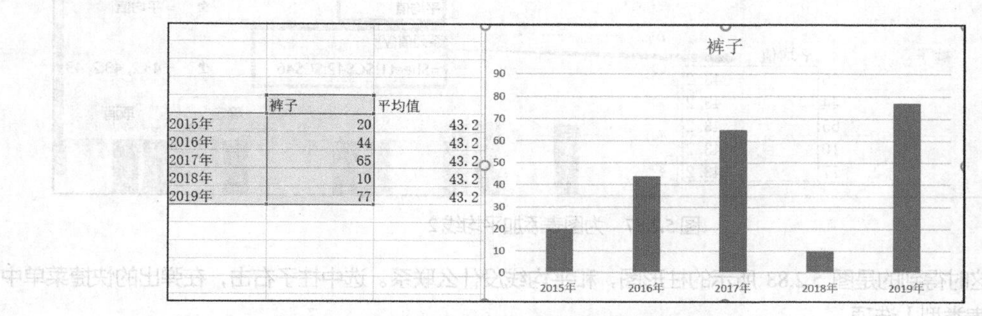

	裤子	平均值
2015年	20	43.2
2016年	44	43.2
2017年	65	43.2
2018年	10	43.2
2019年	77	43.2

图 5.2.85　裤子一年份售价变化的柱形图

Step1：做一列辅助列，并求出 2015—2019 年裤子售价的平均值。

Step2：在图表中选中柱子并右击，在弹出的快捷菜单中选择【选择数据】选项，单击【添加】按钮，如图 5.2.86 所示。

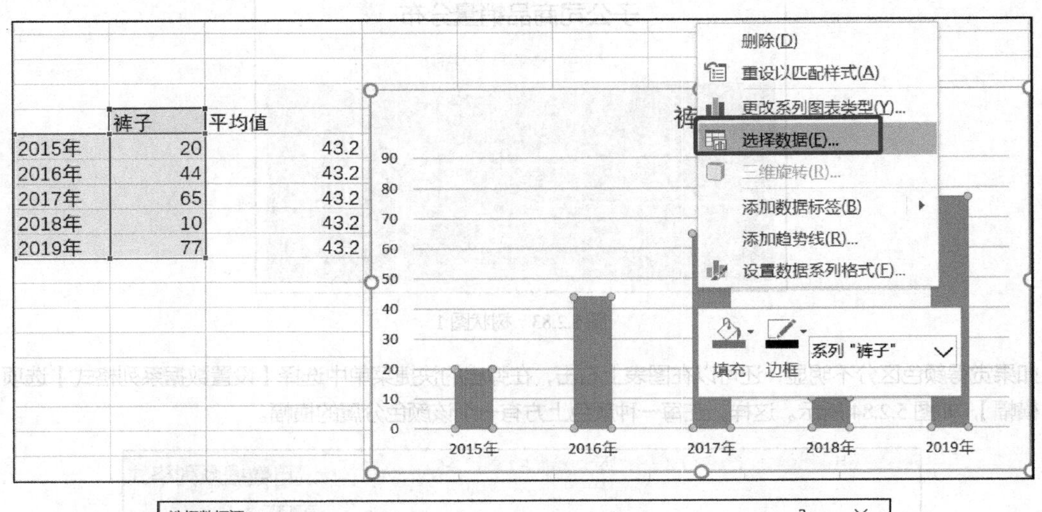

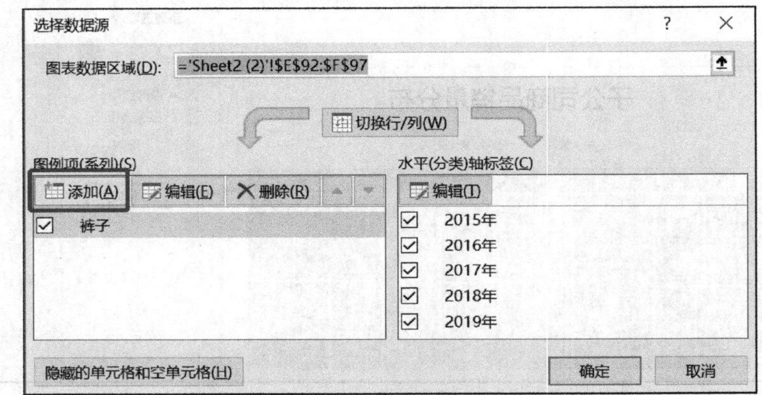

图 5.2.86　为图表添加平均线 1

Step3：系列值选择之前做的辅助列【平均值】列，系列名称改为"平均值"，如图 5.2.87 所示。

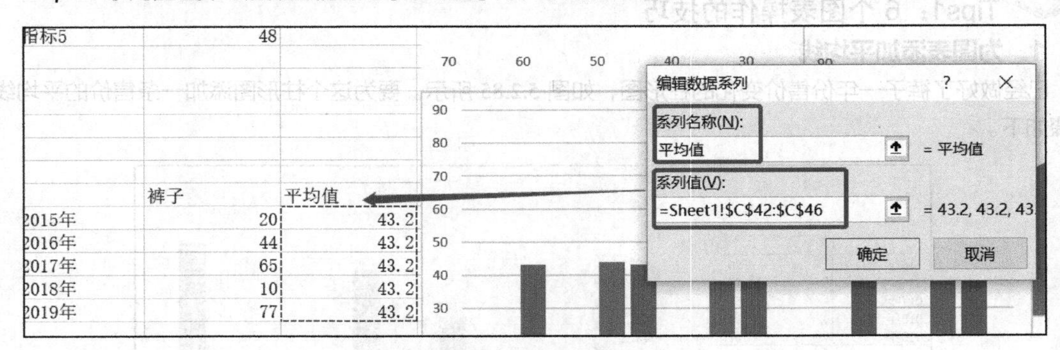

图 5.2.87　为图表添加平均线 2

Step4：这时得到的是图 5.2.88 所示的柱形图，和平均线没什么联系。选中柱子右击，在弹出的快捷菜单中选择【更改图表类型】选项。

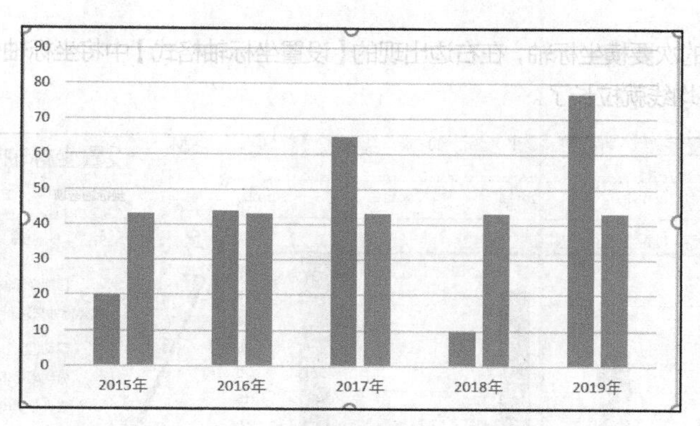

图 5.2.88　为图表添加平均线 3

Step5：将平均值改为【折线图】，勾选【次坐标轴】复选框，如图 5.2.89 所示。

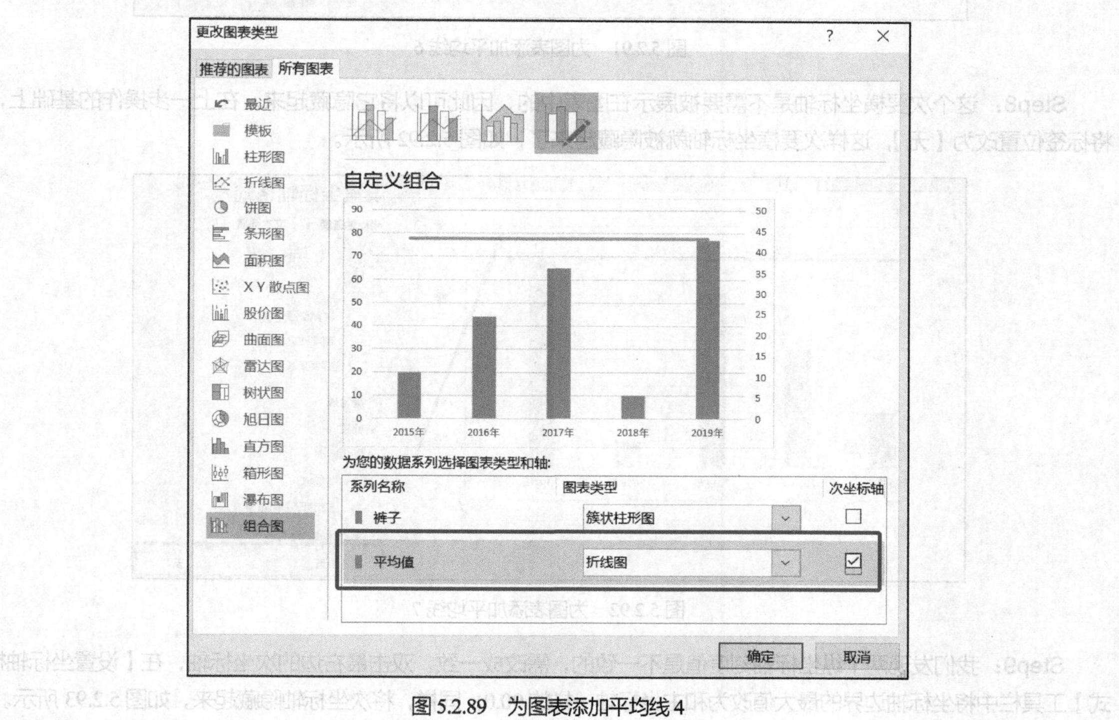

图 5.2.89　为图表添加平均线 4

Step6：单击图表右上角的+号，勾选【坐标轴】→【次要横坐标轴】复选框，如图 5.2.90 所示。

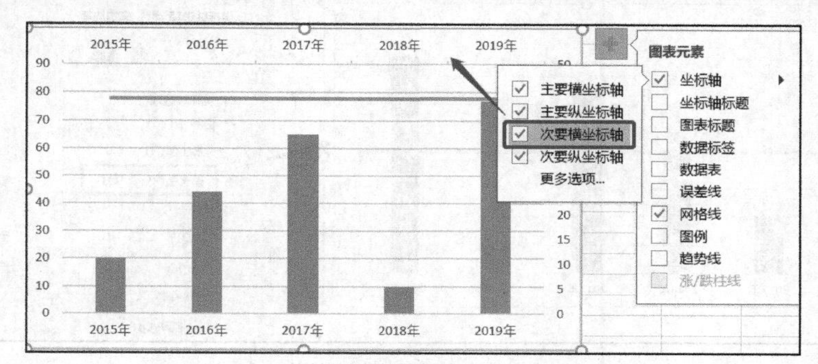

图 5.2.90　为图表添加平均线 5

Step7：双击最上边的次要横坐标轴，在右边出现的【设置坐标轴格式】中将坐标轴位置改为【在刻度线上】，如图 5.2.91 所示，这样平均线就拉长了。

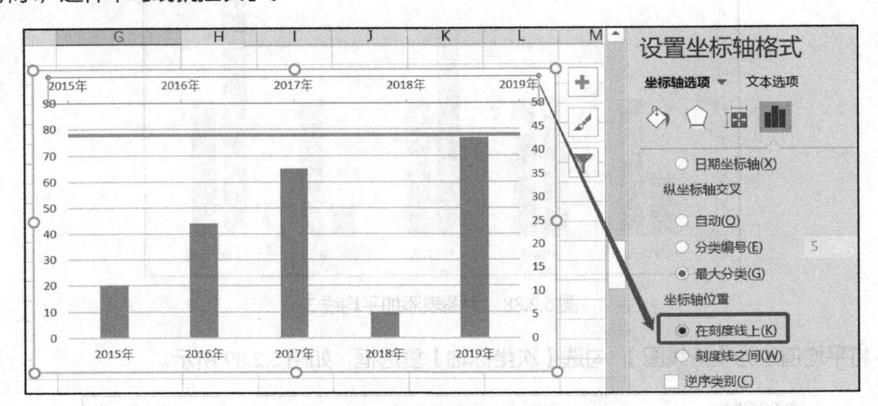

图 5.2.91　为图表添加平均线 6

Step8：这个次要横坐标轴是不需要被展示在图表中的，因此可以将它隐藏起来。在上一步操作的基础上，将标签位置改为【无】，这样次要横坐标轴就被隐藏起来了，如图 5.2.92 所示。

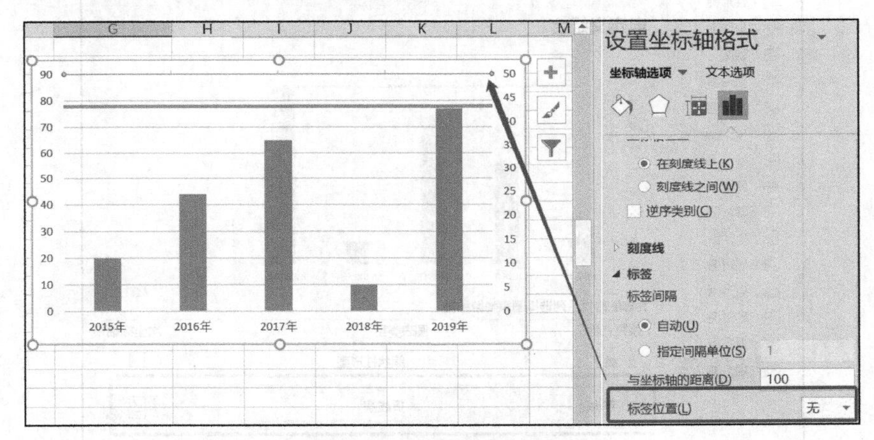

图 5.2.92　为图表添加平均线 7

Step9：我们发现两个纵坐标轴刻度值是不一致的，需改成一致。双击最右边的次坐标轴，在【设置坐标轴格式】工具栏中将坐标轴边界的最大值改为和主坐标轴一样的 90.0；同样，将次坐标轴隐藏起来，如图 5.2.93 所示。

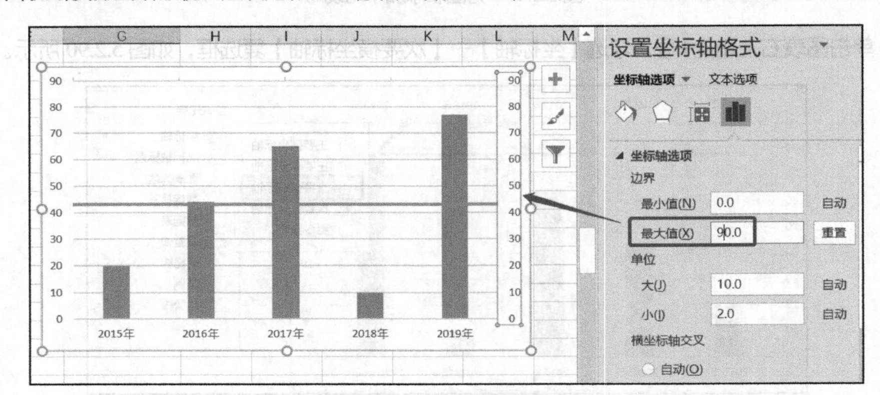

图 5.2.93　为图表添加平均线 8

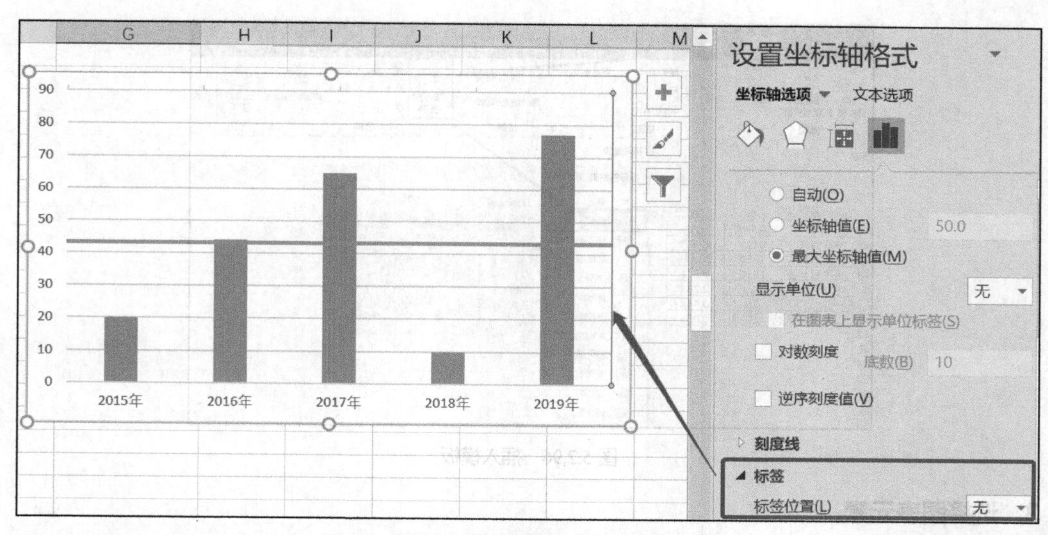

图 5.2.93　为图表添加平均线 8（续）

最后就得到了图 5.2.94 所示的带平均线的柱形图。

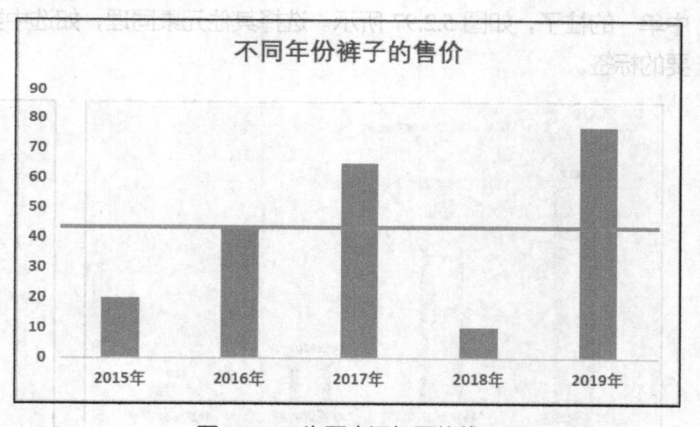

图 5.2.94　为图表添加平均线 9

2. 图表另存为模板

做一张图表会因为修改配色、美化等调整而耗费很长的时间，一次还好，但如果要做 10 张相同基调的图，难道要重复操作 10 次吗？答案是只需将第一次做好的图表另存为模板，下次对其他数据插入图表时使用该模板即可，这样就避免了重复修改设置。

图 5.2.95 所示的这张柱形图，设置了渐变颜色、背景、字体等效果，再做一次还是比较耗时的。右击柱形图，选择【另存为模板】选项，在弹出的【保存】对话框中，输入模板名称，单击【保存】按钮。

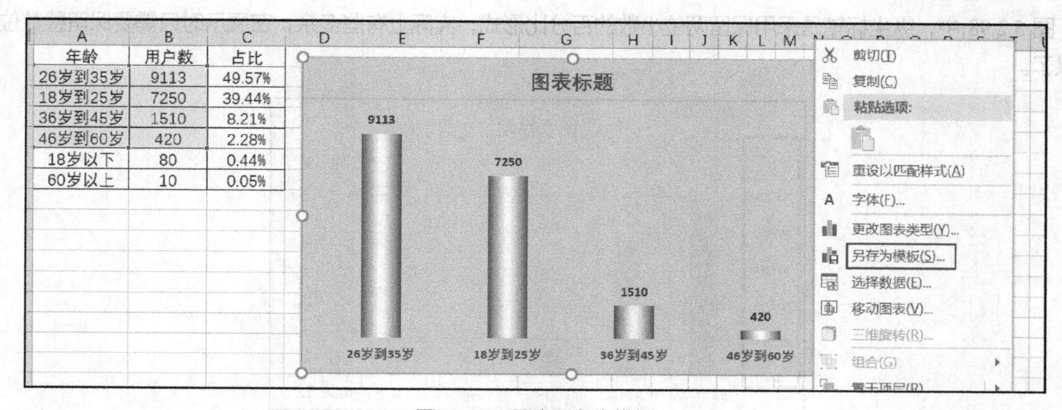

图 5.2.95　图表另存为模板

这时要是想对另一组数据插入模板的图表，只需单击【插入】→【图表】→【推荐的图表】按钮，在【模板】选项卡中就可以看到之前保存的模板，单击即可选择该模板，如图 5.2.96 所示。

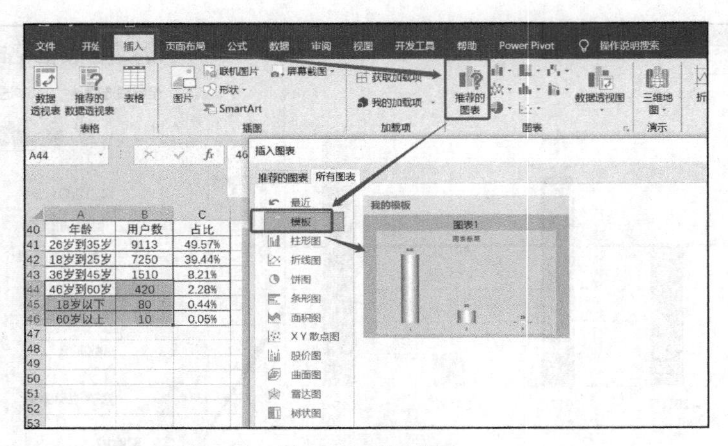

图 5.2.96　插入模板

3. 选择图表元素

想要选中柱形图中的一个柱子，单击柱子，此时选中的是所有的柱子，再单击一下想要选中的柱子，即可选中单一的柱子，如图 5.2.97 所示。选择其他元素同理，如选中数据标签，单击是选中所有的标签，双击即选中想要的标签。

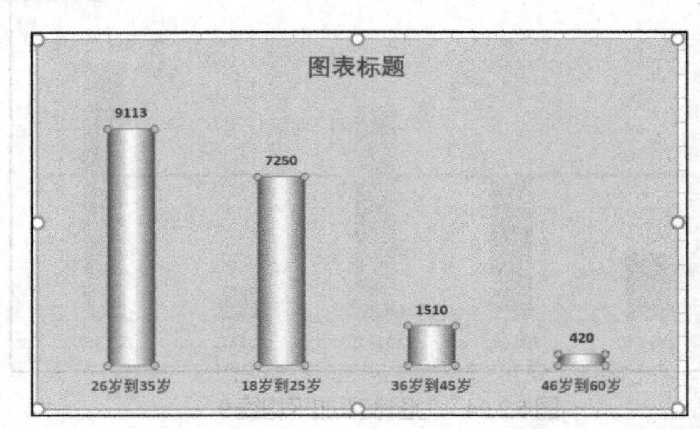

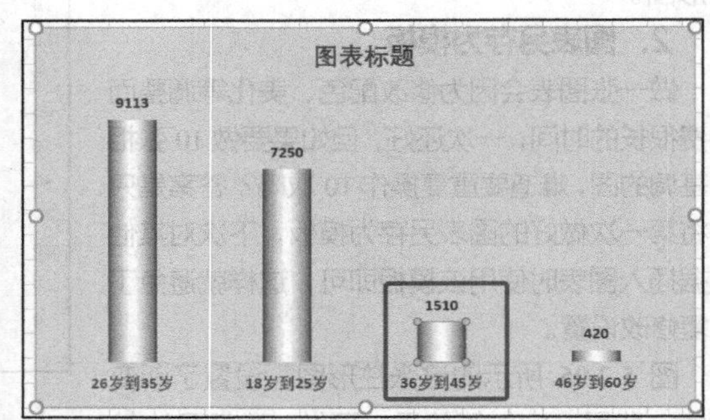

图 5.2.97　选择图表元素

4. 坐标轴设置

图 5.2.98 中，纵坐标轴是采用保留两位小数的百分比形式，实际上有些多余，在展示时只需要保留整数位就可以了。

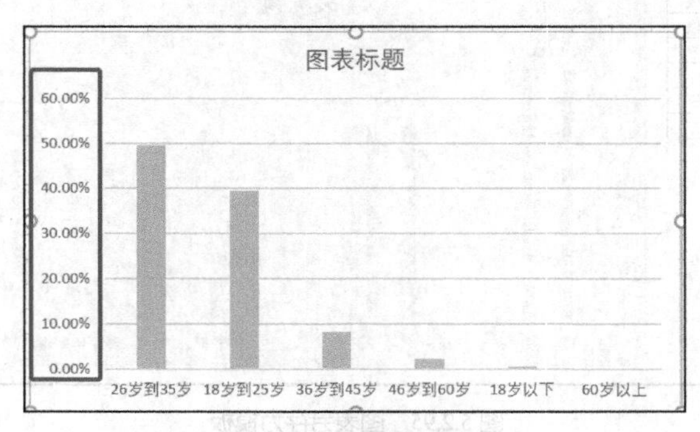

图 5.2.98　坐标轴设置 1

选择纵坐标轴并右击，选择【设置坐标轴格式】选项。在数字中选择【百分比】类别，小数位数设置为 0，如图 5.2.99 所示，坐标轴就变成取整了。

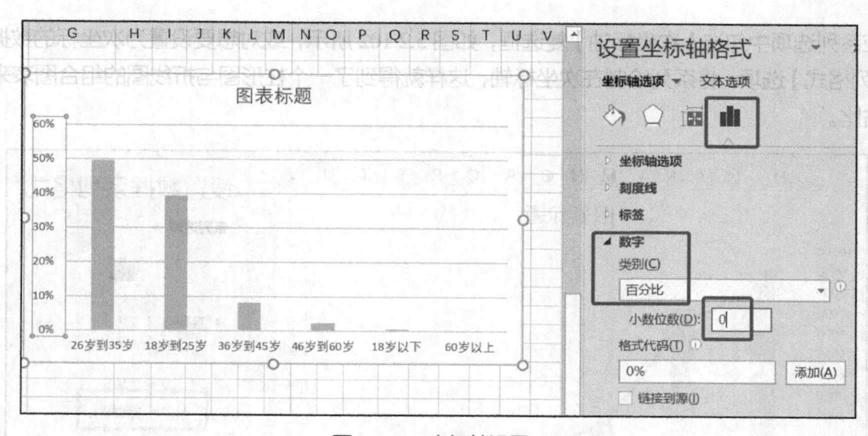

图 5.2.99　坐标轴设置 2

5. 将图表复制并粘贴到 PPT 或 Word 中

在 Excel 中做好的图表，复制并粘贴到 Word 或 PPT 中时，会改变原有颜色格式，怎么办呢？在粘贴时选择保留原格式，如图 5.2.100 所示，那么原先图表在 Excel 中是什么样子，粘贴到 PPT 或 Word 中就是什么样子，或者直接将图表粘贴为图片也是可以的。

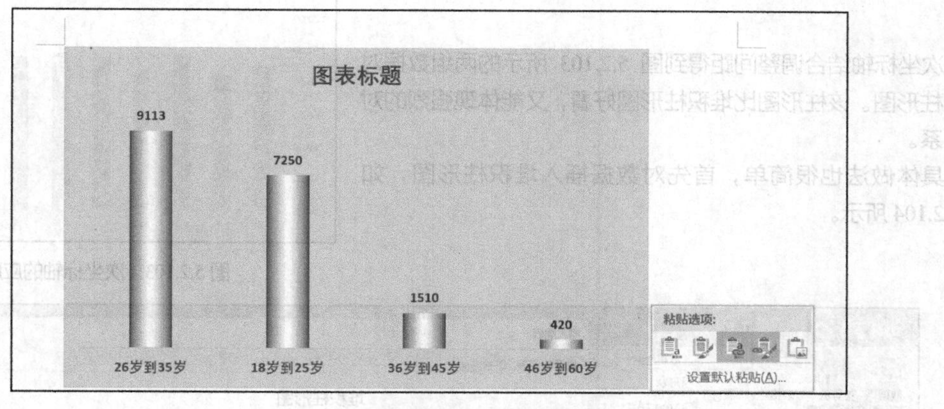

图 5.2.100　图表粘贴时保留原格式

6. 次坐标轴的应用

想要用一张图体现两种数值差异较大的数据情况时，可以用次坐标轴来实现。图 5.2.101 中的用户数的数据是图表中的柱形图，而用户数的占比则用折线图来展示。

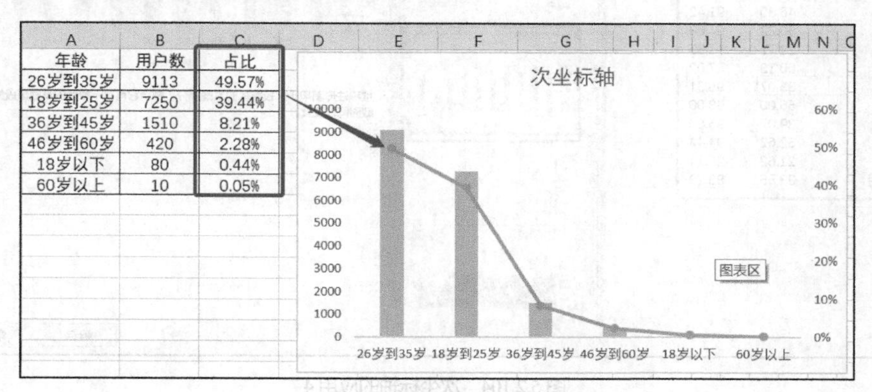

年龄	用户数	占比
26岁到35岁	9113	49.57%
18岁到25岁	7250	39.44%
36岁到45岁	1510	8.21%
46岁到60岁	420	2.28%
18岁以下	80	0.44%
60岁以上	10	0.05%

图 5.2.101　次坐标轴的应用 1

具体可在系列选项中勾选【次坐标轴】复选框，如图 5.2.102 所示，或对想要设置为次坐标的数据右击，选择【设置数据系列格式】选项，将系列绘制在次坐标轴，这样就得到了一个柱形图与折线图的组合图表来同时展示用户数和年龄占比。

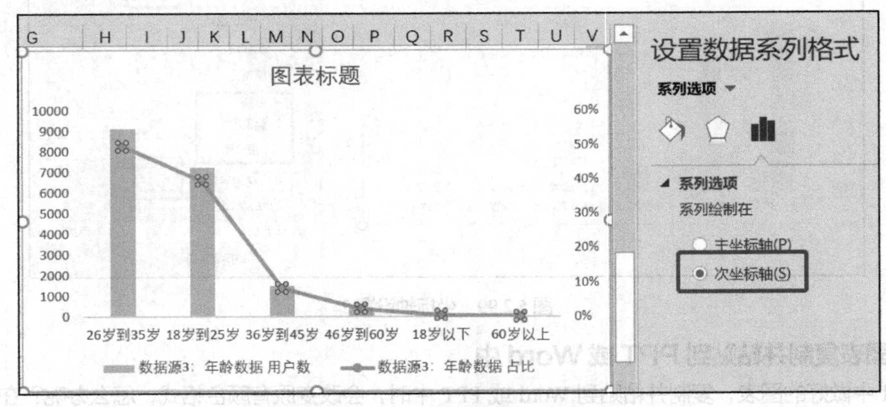

图 5.2.102 次坐标轴的应用 2

次坐标轴结合调整间距得到图 5.2.103 所示的两组数据对比的柱形图。该柱形图比堆积柱形图好看，又能体现强烈的对比关系。

具体做法也很简单，首先对数据插入堆积柱形图，如图 5.2.104 所示。

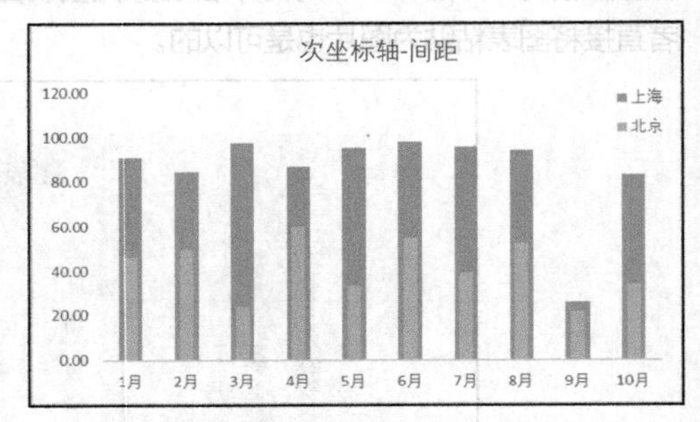

图 5.2.103 次坐标轴的应用 3

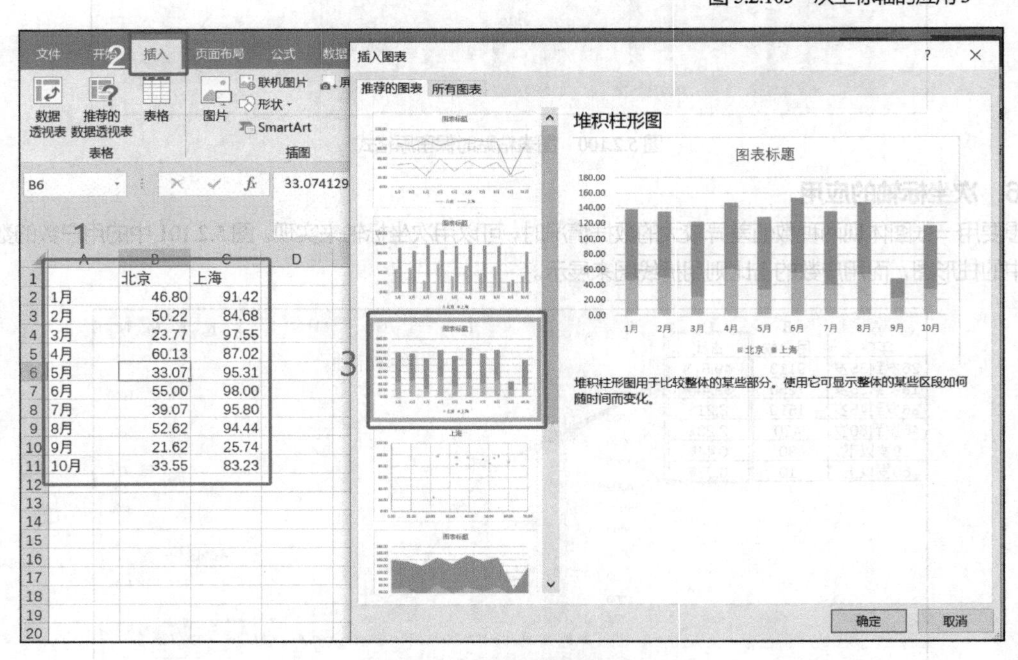

图 5.2.104 次坐标轴的应用 4

然后选中黄色柱形图列右击，在弹出的快捷菜单中选择【设置数据系列格式】选项，将系列绘制在次坐标轴上，如图 5.2.105 所示。

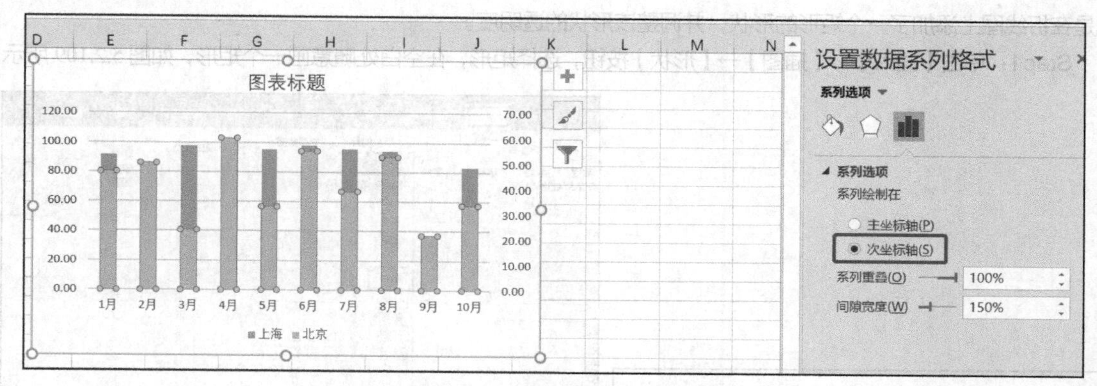

图 5.2.105　次坐标轴的应用 5

这时发现主次坐标轴的数值不一致，因此需要设置次坐标轴的最大值和主坐标轴一致。右击右边的次坐标轴，在弹出的快捷菜单中选择【设置坐标轴格式】选项，将边界的最大值改为 120.0，如图 5.2.106 所示。

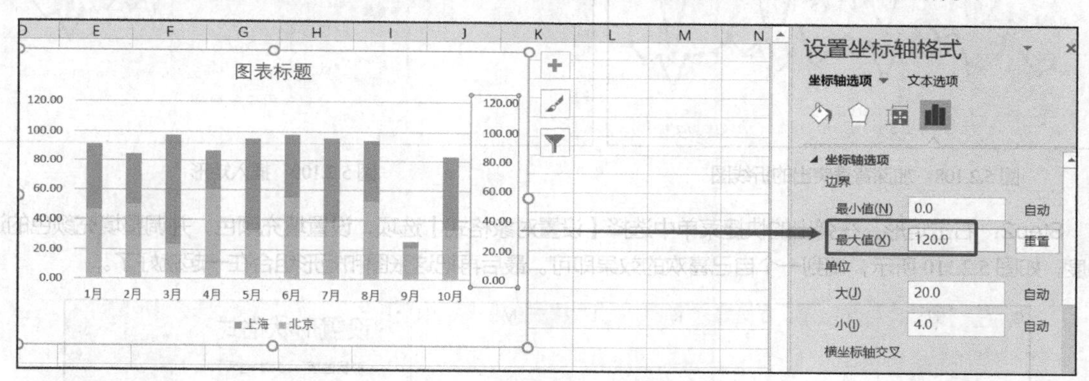

图 5.2.106　次坐标轴的应用 6

最后再回到对黄色柱形图的设置上，将它的间隙宽度调整为 326%。这样就得到了美化后的堆积柱形图，如图 5.2.107 所示。

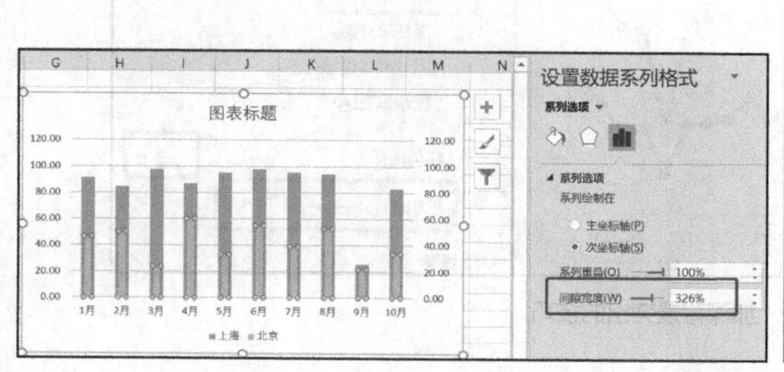

图 5.2.107　次坐标轴的应用 7

Tips2：5 个图表美化的技巧

下面介绍几个图表美化技巧，灵活使用这些技巧能让你的图表和别人报告中的图表一样好看。

1. 重点突出

在看别人的分析报告时，经常能看见图 5.2.108 所示的这种为了重点突出某个指标而背景被加深的图。这其实就是在折线图上添加了一个矩形的形状，并调整该形状的透明度。

Step1：单击【插入】→【插图】→【形状】按钮，选择矩形，在空白处随意画一个矩形，如图 5.2.109 所示。

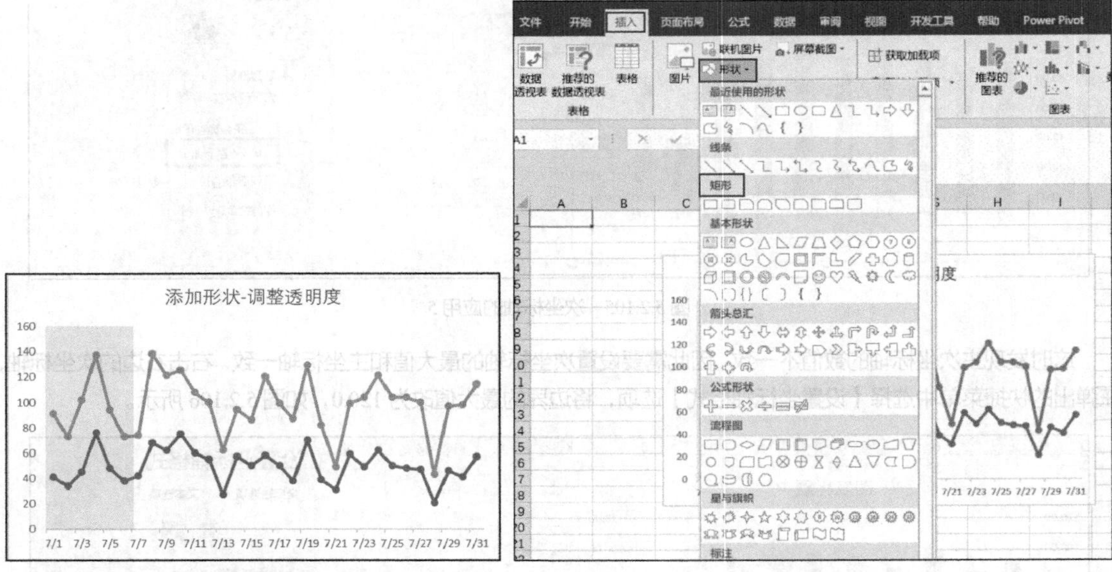

图 5.2.108　加深背景突出的折线图　　图 5.2.109　插入矩形

Step2：右击矩形，在弹出的快捷菜单中选择【设置对象格式】选项，设置填充颜色，并调整填充颜色的透明度，如图 5.2.110 所示，调到一个自己喜欢的效果即可。最后再把这张图和矩形组合在一起就好了。

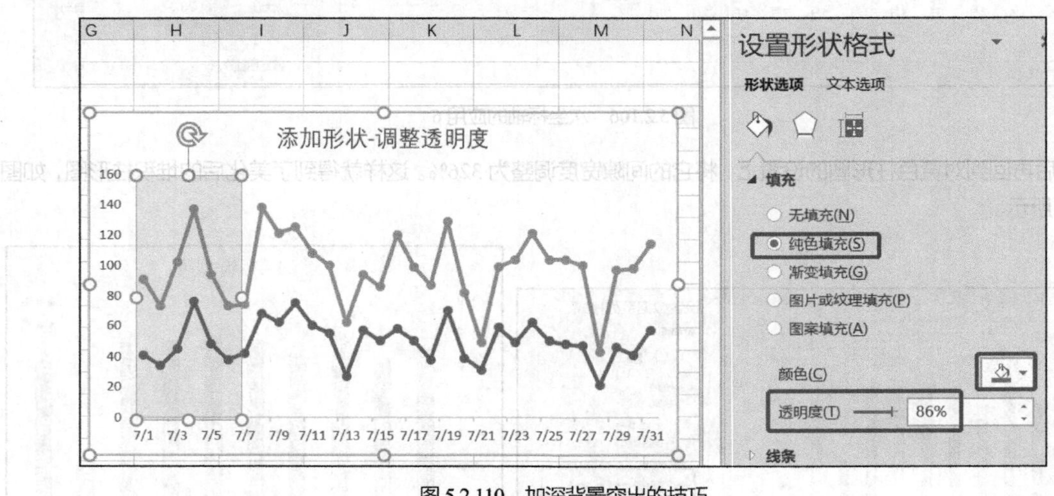

图 5.2.110　加深背景突出的技巧

2. 折线图美化

不做任何美化修饰的折线图，和美化后的折线图的对比如图 5.2.111 所示。明明结果是一样的，却输在了展示上。细节是很重要的。

Step1：在图表上右击，在弹出的快捷菜单中选择【设置数据系列格式】选项，如图 5.2.112 所示，在【标记】→【填充】区域选择【纯色填充】，将填充颜色设置为白色，这样做的目的是使线条不至于穿过空心标记。

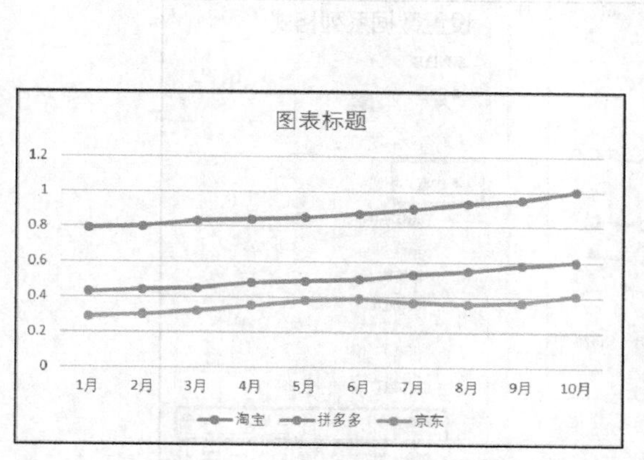

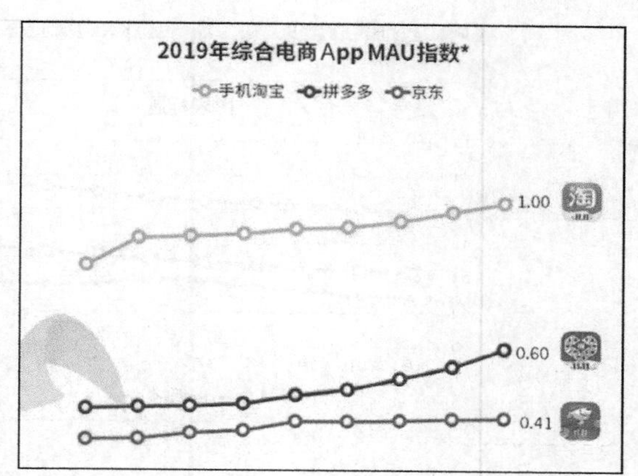

图 5.2.111　不同折线图对比

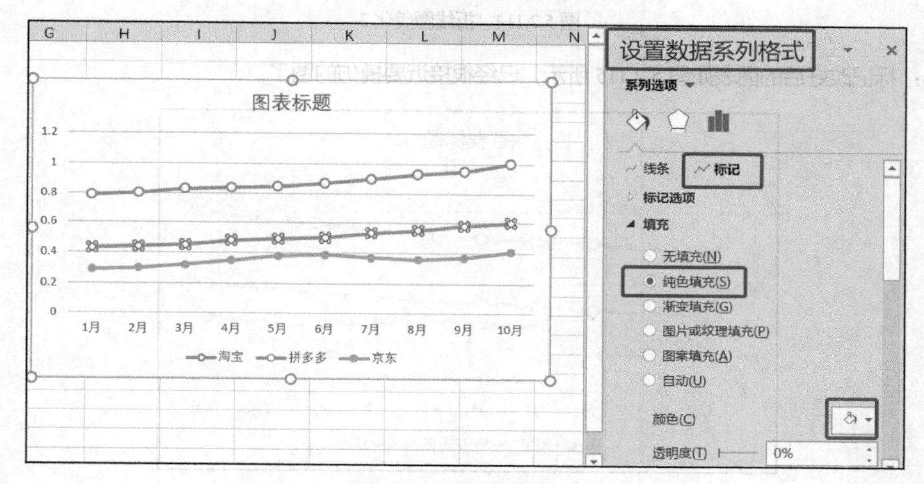

图 5.2.112　折线图美化 1

Step2：这时标记有点小，调大一些。在【标记】→【标记选项】区域中选择【内置】，并将大小改为 7，如图 5.2.113 所示。

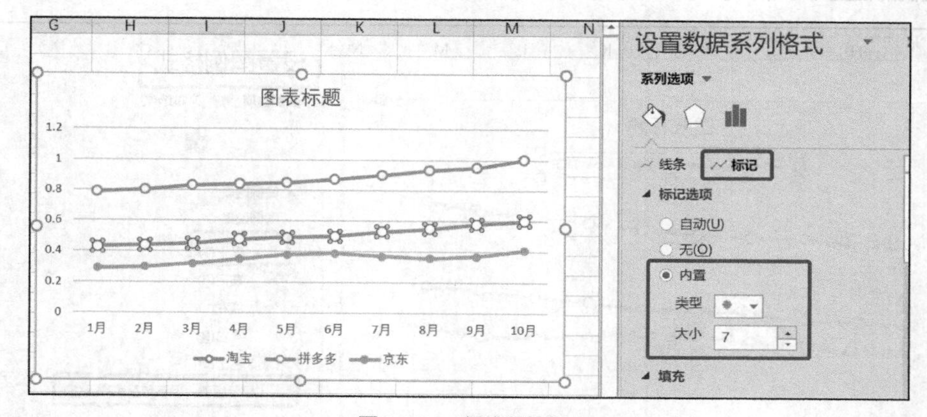

图 5.2.113　折线图美化 2

Step3：这时感觉标记有点浅，可以把标记的线条调粗一些。在【标记】→【边框】区域中，将宽度调整为【1.5 磅】，如图 5.2.114 所示。

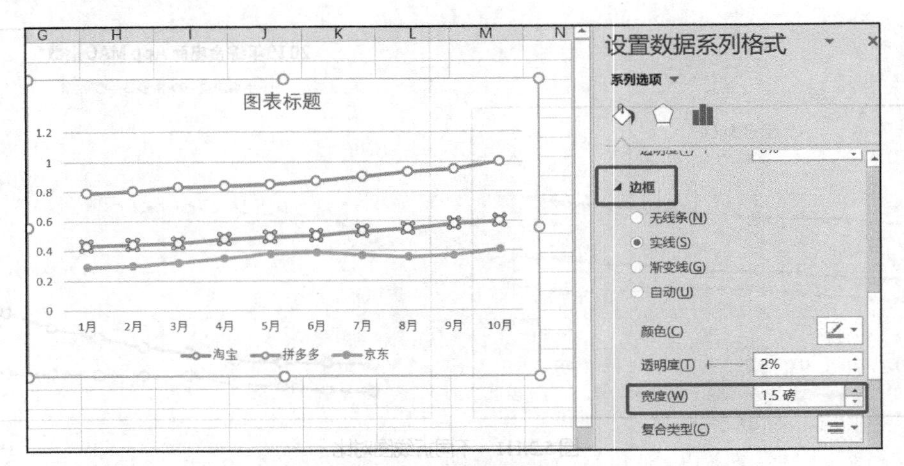

图 5.2.114　折线图美化 3

Step4：标记改好后的图表如图 5.2.115 所示，已经很接近要模仿的图了。

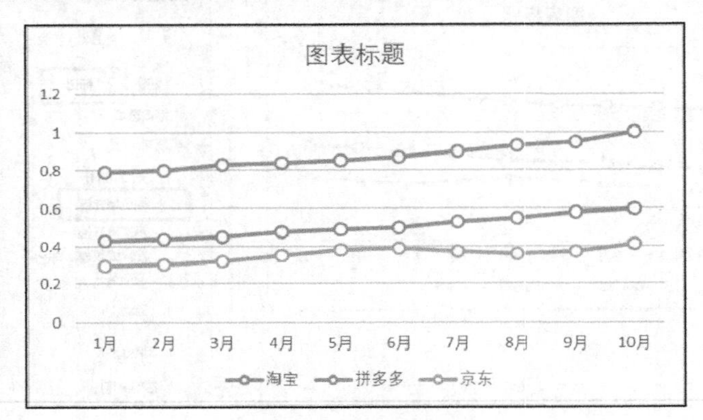

图 5.2.115　折线图美化 4

Step5：去掉网格线和坐标轴，如图 5.2.116 所示，右击图例，在弹出的快捷菜单中选择【设置图例格式】选项，设置图例的位置为【靠上】，不勾选【显示图例，但不与图表重叠】复选框。

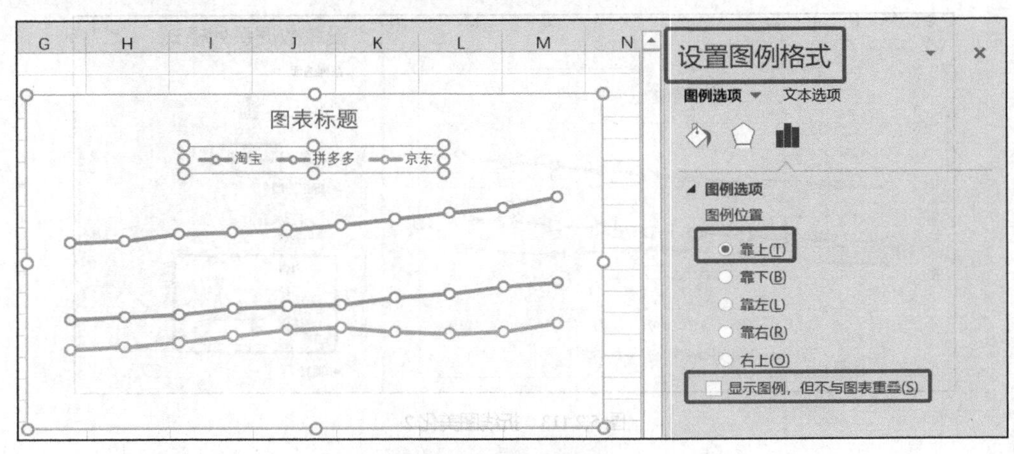

图 5.2.116　折线图美化 5

Step6：对每一个类别的最后一个数值添加数据标签，如图 5.2.117 所示。

Step7：对比一下目标图，还差各个 App 的图标，把从网上找的图标粘贴到图表旁，如图 5.2.118 所示。

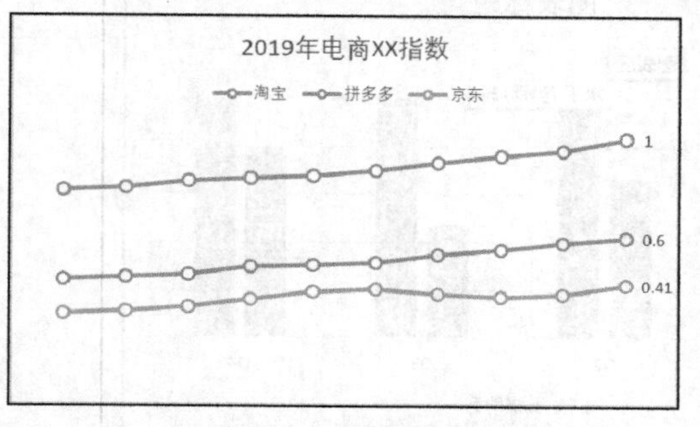

图 5.2.117　折线图美化 6

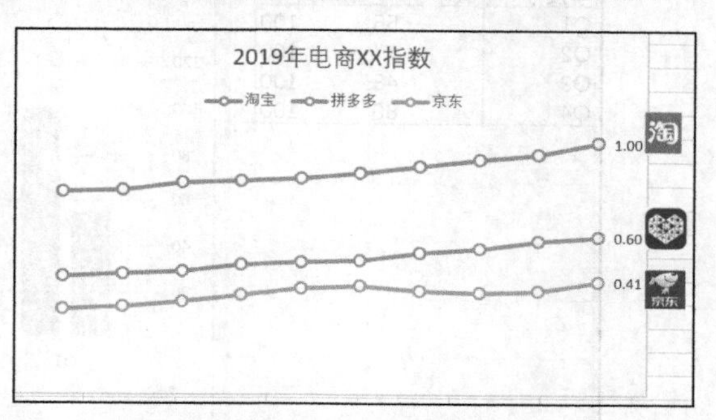

图 5.2.118　折线图美化 7

Step8：看着还是有点别扭，选择图表，在上方的【格式】选项卡处，将形状填充设置为无填充，形状轮廓设置为无轮廓，再选择图表和 3 个图标，把它们组合到一起，如图 5.2.119 所示。

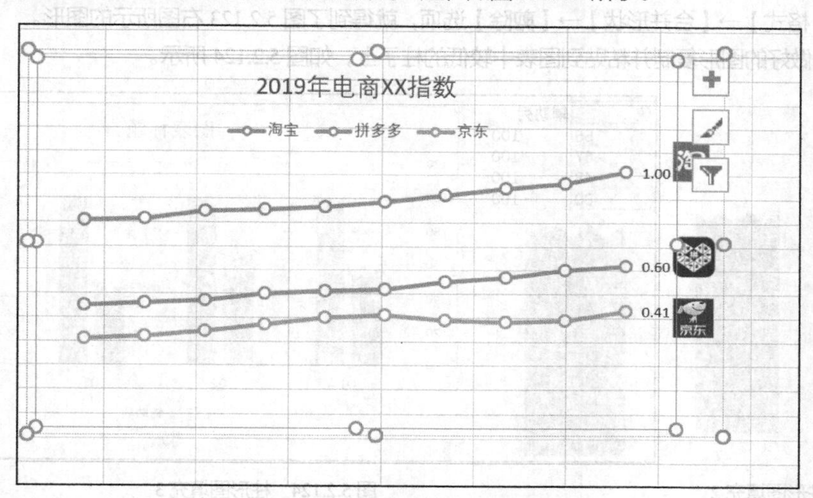

图 5.2.119　折线图美化 8

Step9：将图表复制并粘贴到 Word 或 PPT 中，就得到了图 5.2.120 所示的美化后的最终图表。

3. 柱形图填充

很多 PPT 图表模板里会有图 5.2.121 所示的带背景框的柱形图，在 Excel 中制作这样的图其实也很简单。

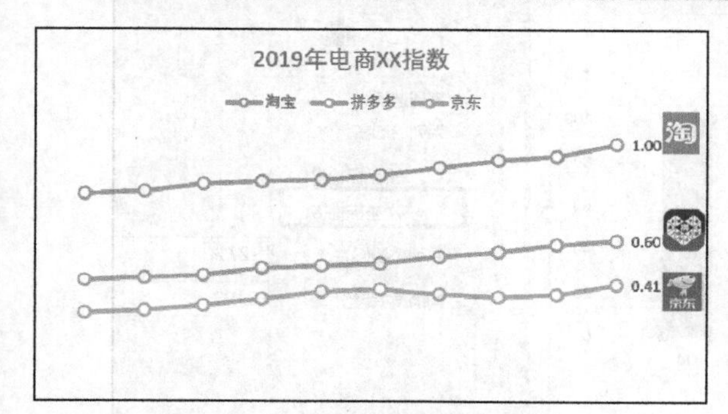

图 5.2.120　折线图美化 9

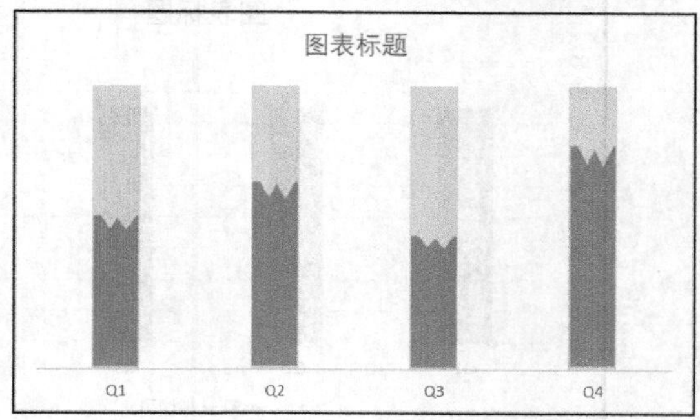

图 5.2.121　带背景框的柱形图

Step1：对原数据添加一列辅助列，辅助列的值是 100，也就是背景框的值，如图 5.2.122 所示。

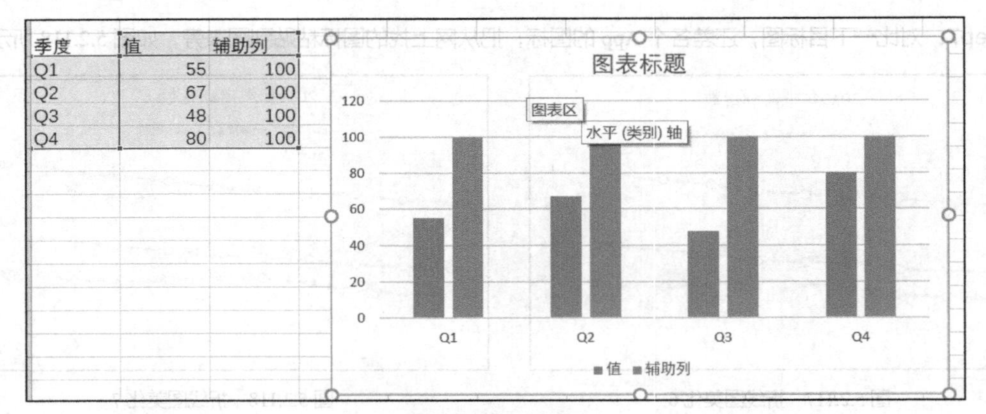

图 5.2.122 柱形图填充 1

Step2：在 PPT 中用【形状】画了 1 个柱形和 3 个菱形，将它们叠加成图 5.2.123 左图所示的效果；选择这几个形状，选择【格式】→【合并形状】→【剪除】选项，就得到了图 5.2.123 右图所示的图形。

Step3：将做好的图形复制并粘贴到图表中较低的柱子上，如图 5.2.124 所示。

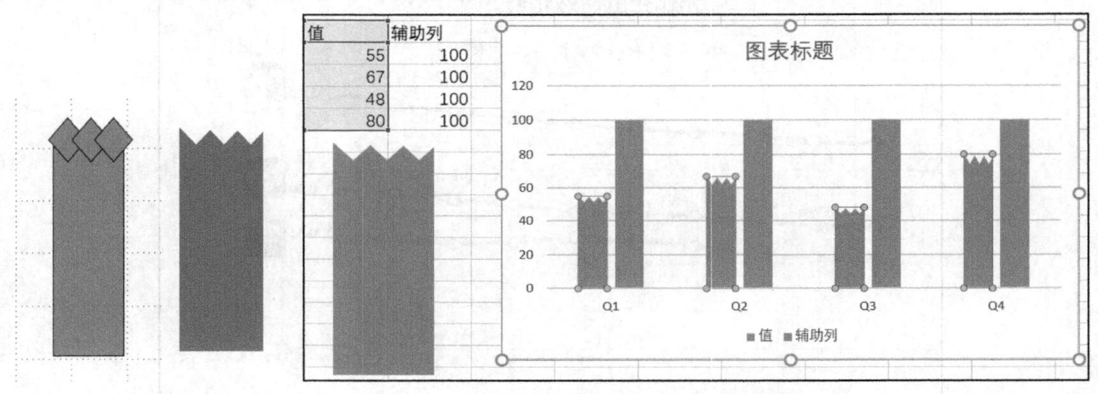

图 5.2.123 柱形图填充 2　　图 5.2.124 柱形图填充 3

Step4：将辅助列设置为次坐标轴，并将填充色的透明度调整为 80%，如图 5.2.125 所示。

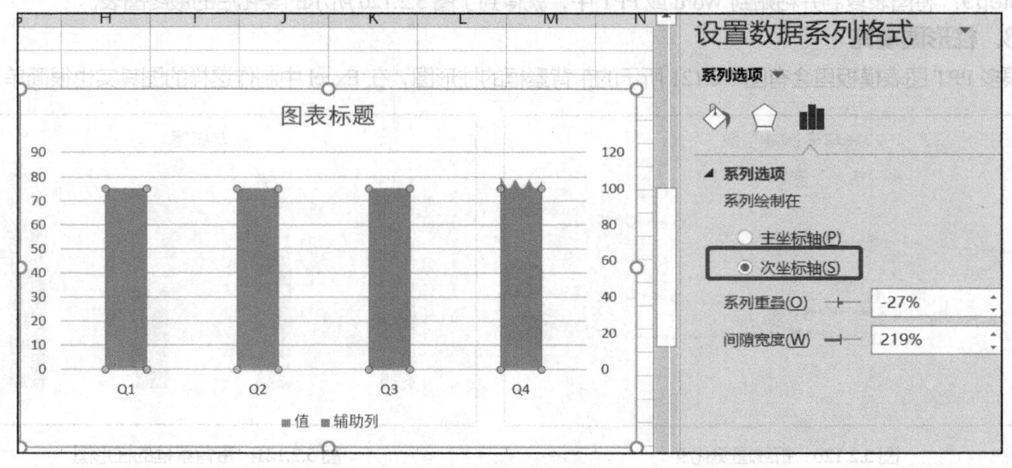

图 5.2.125 柱形图填充 4

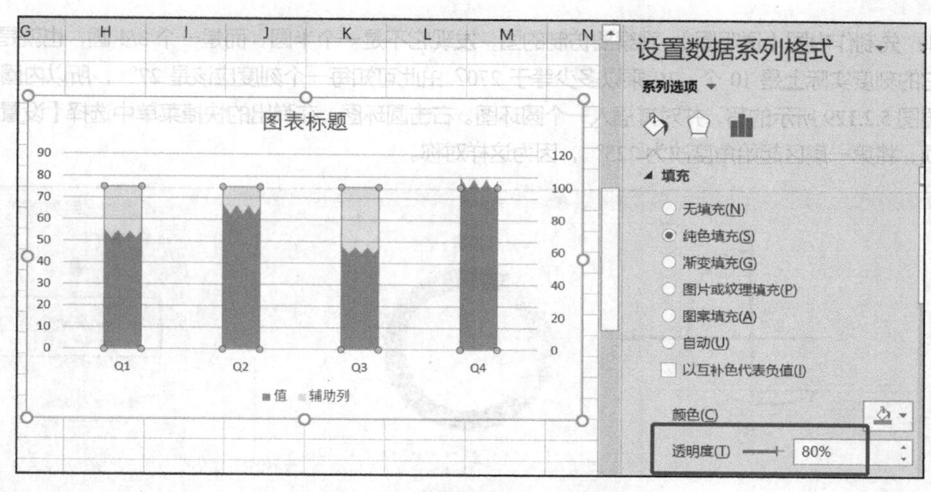

图 5.2.125　柱形图填充 4（续）

Step5：设置主次纵坐标轴的范围为[0,100]，如图 5.2.126 所示。

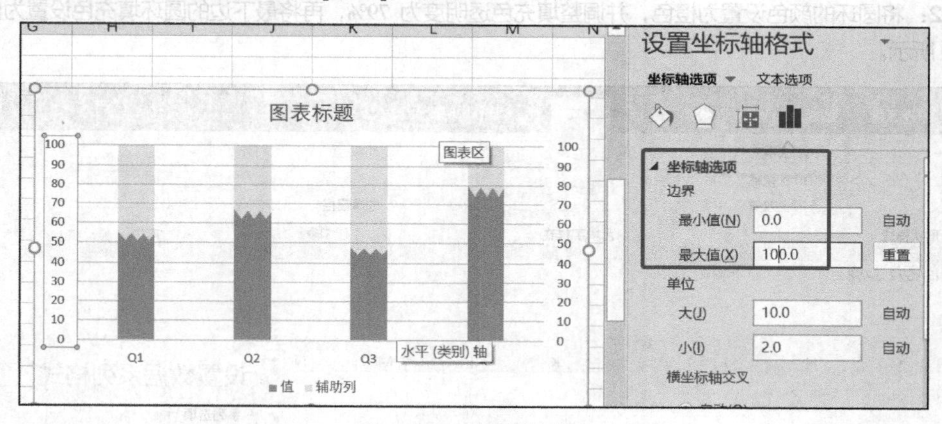

图 5.2.126　柱形图填充 5

Step6：去掉网格线、坐标轴，得到最终的结果如图 5.2.127 所示。

4. 仪表盘制作

经常在动态图表或报告中看到图 5.2.128 所示的这种仪表盘，用 Excel 也是可以仿制的，具体来说，是用圆环图做的。

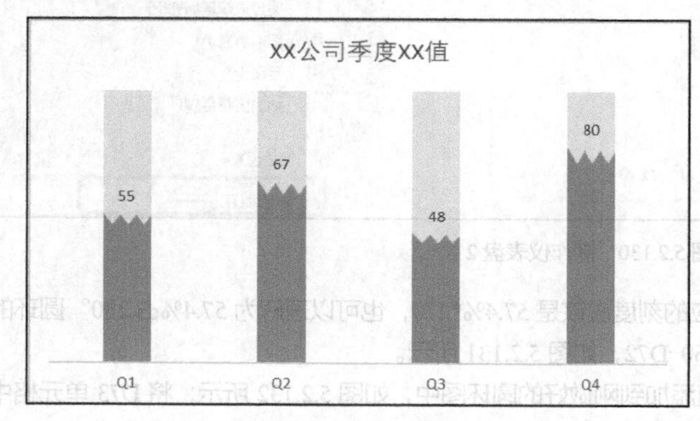

图 5.2.127　柱形图填充 6

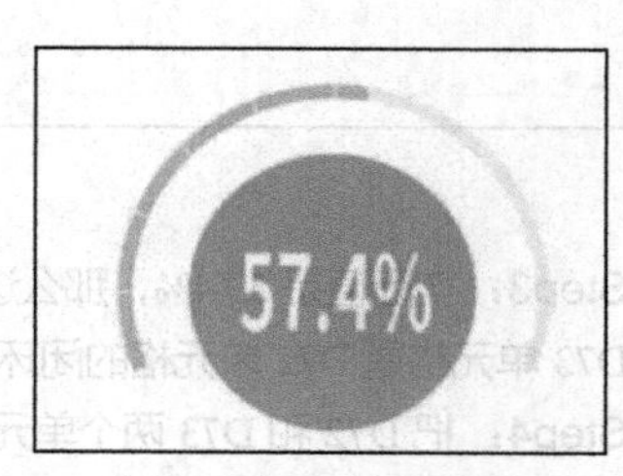

图 5.2.128　仪表盘图

Step1：先制作内圈（透明圈）。观察要仿制的图，发现它不是一个半圆，而是一个 3/4 圆，也就是 270°，又观察到它的刻度实际上是 10 个，10 乘以多少等于 270？由此可知每一个刻度应该是 27°，所以内圈的刻度数就可以按照图 5.2.129 所示的写，并对其插入一个圆环图。右击圆环图，在弹出的快捷菜单中选择【设置数据系列格式】选项，将第一扇区起始角度改为 225°，因为这样对称。

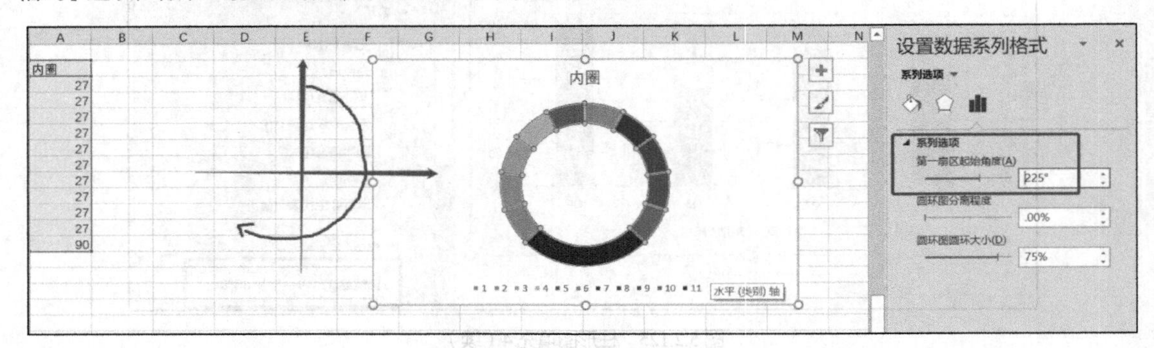

图 5.2.129　制作仪表盘 1

Step2：将圆环的颜色设置为橙色，并调整填充色透明度为 79%，再将最下边的圆环填充色设置为白色，如图 5.2.130 所示。

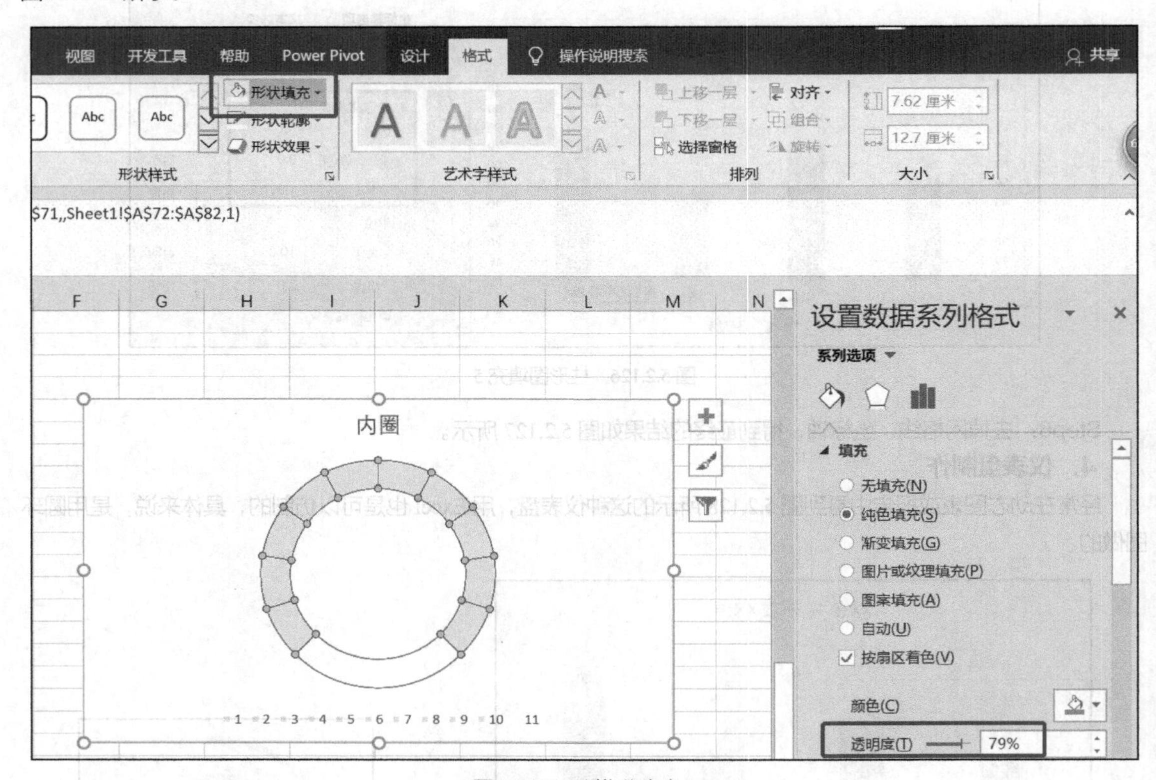

图 5.2.130　制作仪表盘 2

Step3：实际值是 57.4%，那么这个值对应的刻度应该是 57.4%*270，也可以理解为 57.4%占 270° 圆环的多少，D73 单元格是 D72 单元格的闭环值，即 360-D72，如图 5.2.131 所示。

Step4：把 D72 和 D73 两个单元格中的值添加到刚做好的圆环图中，如图 5.2.132 所示；将 D73 单元格中的值对应的圆环填充色设置为白色，D72 设置为橙色。

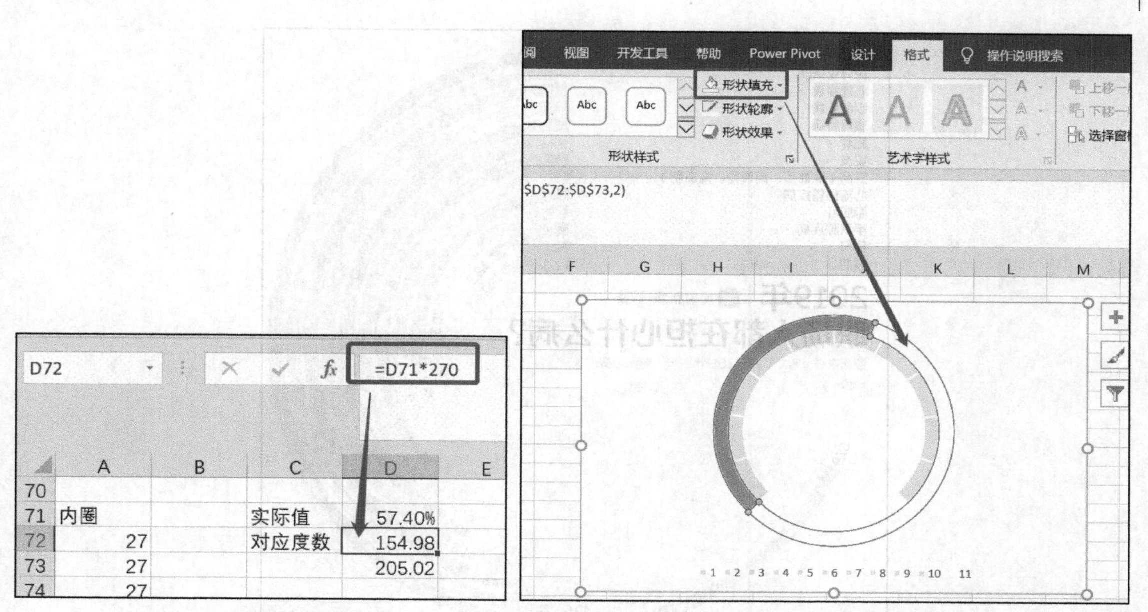

图 5.2.131　制作仪表盘 3　　　　图 5.2.132　制作仪表盘 4

Step5：在【插入】→【插图】→【形状】选项中选择相应形状，插入一个圆形，并将圆形链接到实际值，这样实际值改变的时候，图也就变了，如图 5.2.133 所示。

Step6：再调整一下圆形的填充色和字体就得到了最终的仪表盘，如图 5.2.134 所示。

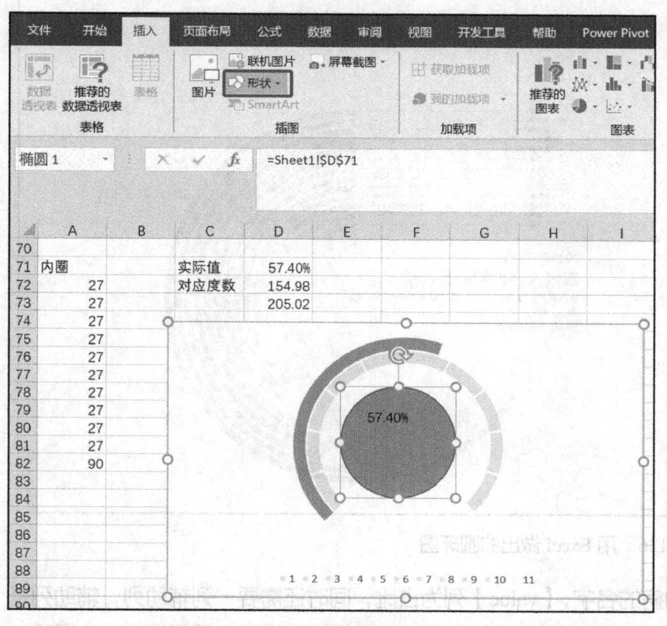

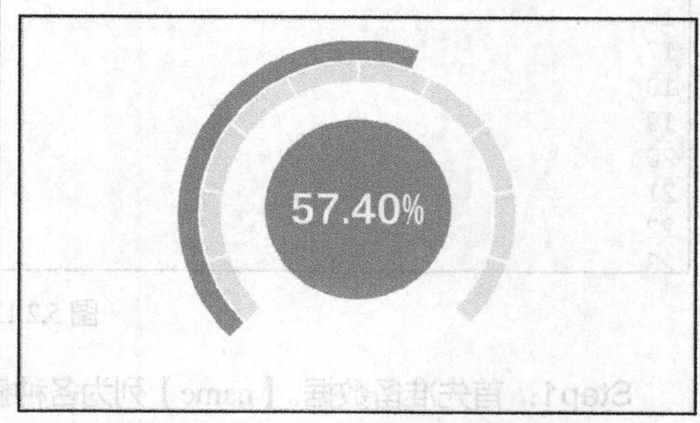

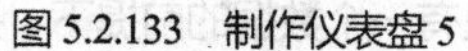

图 5.2.133　制作仪表盘 5　　　　图 5.2.134　制作仪表盘 6

5. 好看的圆环图

在数据分析报告中，经常会出现图 5.2.135 这种好看的圆环图，这其实不就是一个条形图吗？只不过是变成了圆环的样子，效果却比单纯的条形图好看不少。Excel 功能强大，当然可以做出这个效果。图 5.2.136 所示就是用 Excel 模仿做出的效果。

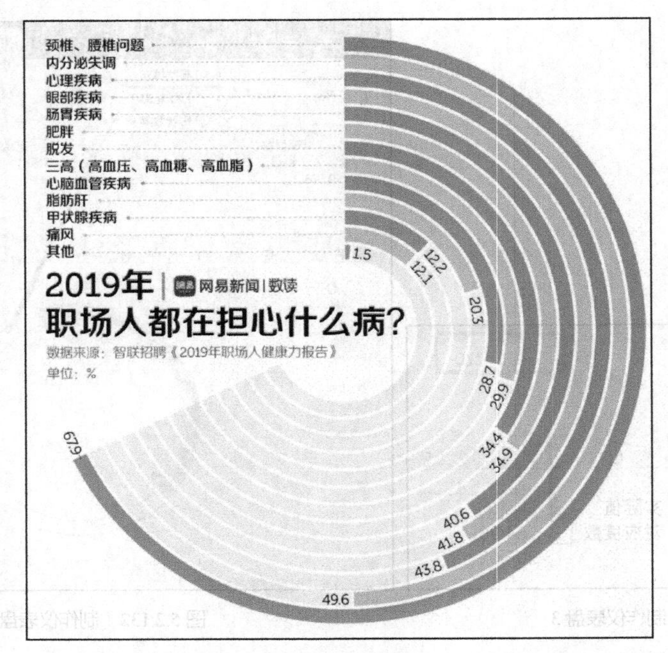

图 5.2.135　圆环图

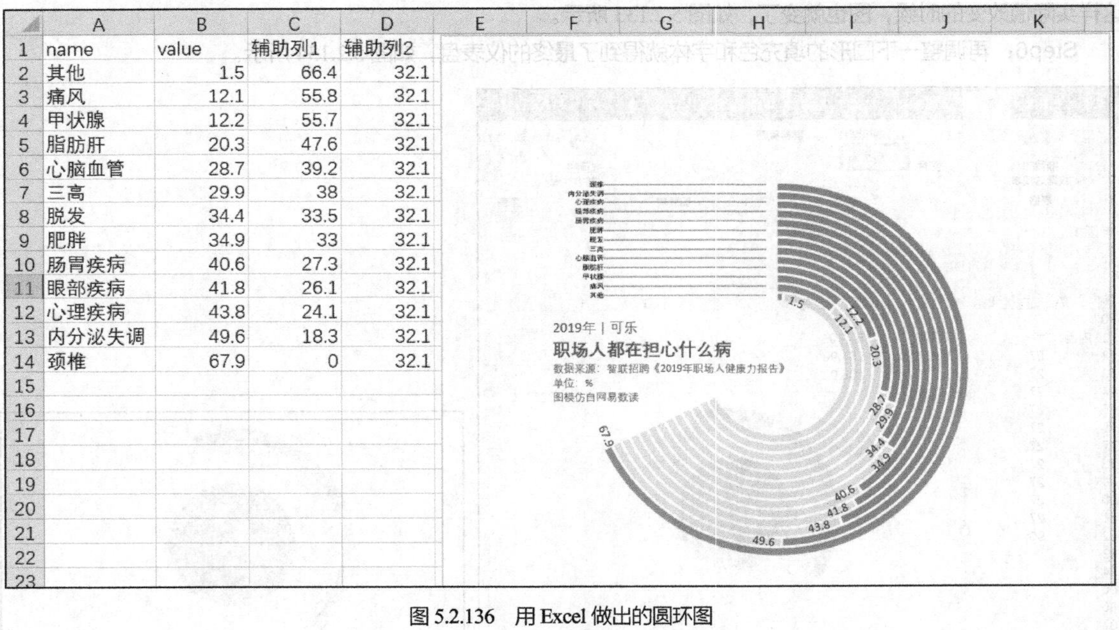

	A	B	C	D
1	name	value	辅助列1	辅助列2
2	其他	1.5	66.4	32.1
3	痛风	12.1	55.8	32.1
4	甲状腺	12.2	55.7	32.1
5	脂肪肝	20.3	47.6	32.1
6	心脑血管	28.7	39.2	32.1
7	三高	29.9	38	32.1
8	脱发	34.4	33.5	32.1
9	肥胖	34.9	33	32.1
10	肠胃疾病	40.6	27.3	32.1
11	眼部疾病	41.8	26.1	32.1
12	心理疾病	43.8	24.1	32.1
13	内分泌失调	49.6	18.3	32.1
14	颈椎	67.9	0	32.1

2019年 | 可乐
职场人都在担心什么病
数据来源：智联招聘《2019年职场人健康力报告》
单位：%
图模仿自网易数读

图 5.2.136　用 Excel 做出的圆环图

Step1：首先准备数据。【name】列为各种病的名字，【value】列为占比，同时还需要一列辅助列，辅助列是 100 减去 value 的值，如图 5.2.137 所示。做辅助列的原因是，已知只有一个数据的前提下，要想组成一个圆环，需要互补。

Step2：选中这组数据，插入一个圆环图，得到图 5.2.138 所示的圆环图。这时发现只有两层环，和要模仿的效果不太像，没关系，接着绘制。

Step3：选中图片，单击【设计】→【数据】→【切换行/列】按钮，如图 5.2.139 所示，几层环已经出来了。

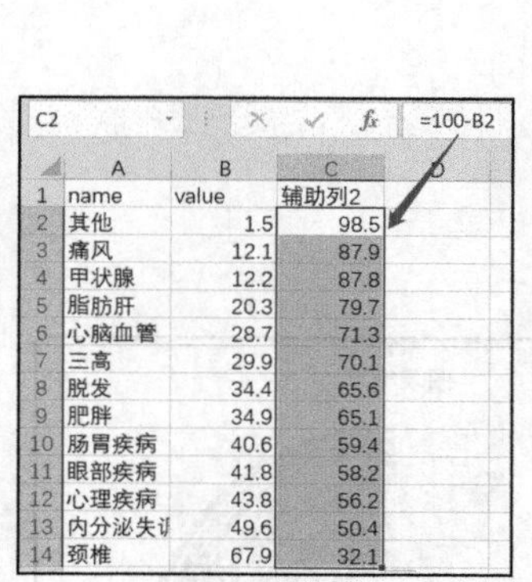

	A	B	C
1	name	value	辅助列2
2	其他	1.5	98.5
3	痛风	12.1	87.9
4	甲状腺	12.2	87.8
5	脂肪肝	20.3	79.7
6	心脑血管	28.7	71.3
7	三高	29.9	70.1
8	脱发	34.4	65.6
9	肥胖	34.9	65.1
10	肠胃疾病	40.6	59.4
11	眼部疾病	41.8	58.2
12	心理疾病	43.8	56.2
13	内分泌失调	49.6	50.4
14	颈椎	67.9	32.1

图 5.2.137　准备数据

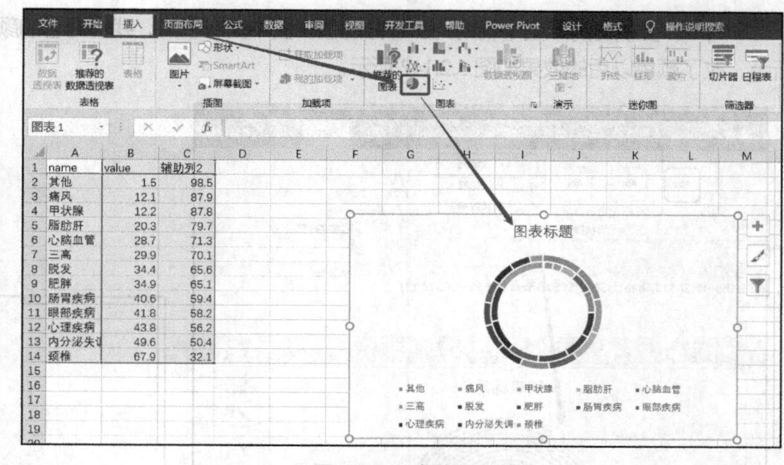

图 5.2.138　插入圆环图

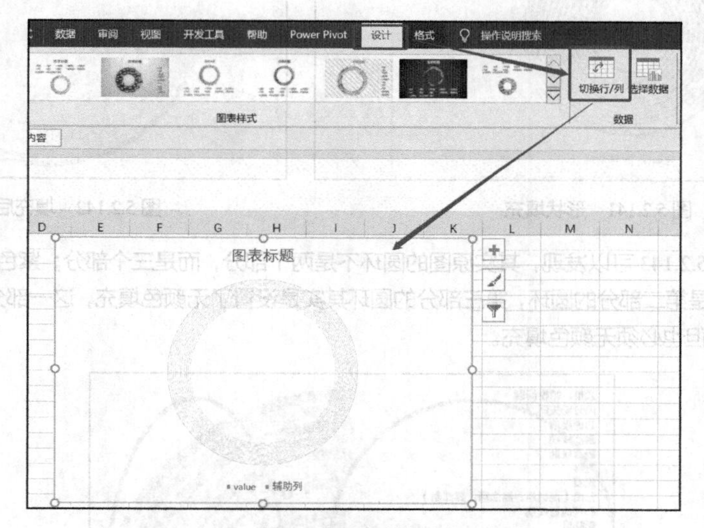

图 5.2.139　切换行/列

Step4：选择图片并右击，在弹出的快捷菜单中选择【设置数据系列格式】选项，将圆环图圆环大小改为 35%，如图 5.2.140 所示。

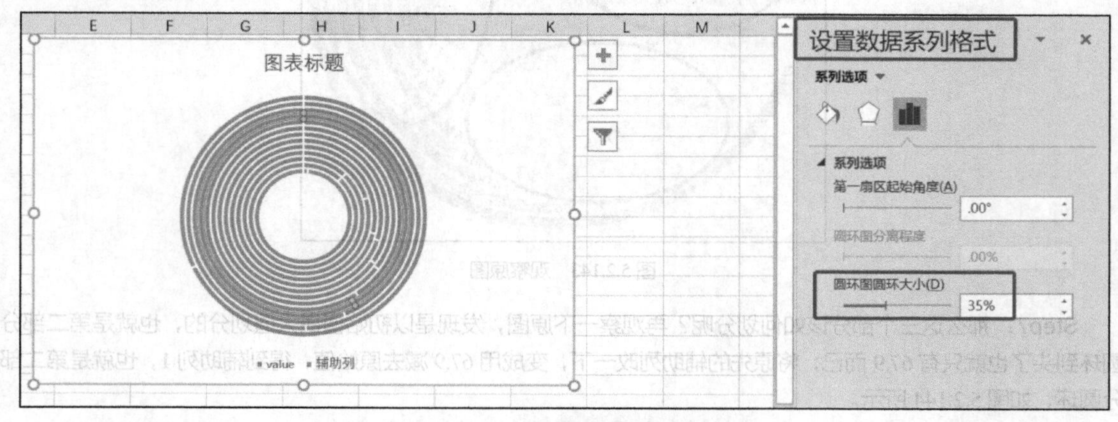

图 5.2.140　设置数据系列格式

Step5：要模仿的原图中辅助列那部分的值在图中是灰色的，我们把它的颜色改成最浅的蓝色，如图 5.2.141 所示，改了颜色以后的效果如图 5.2.142 所示。

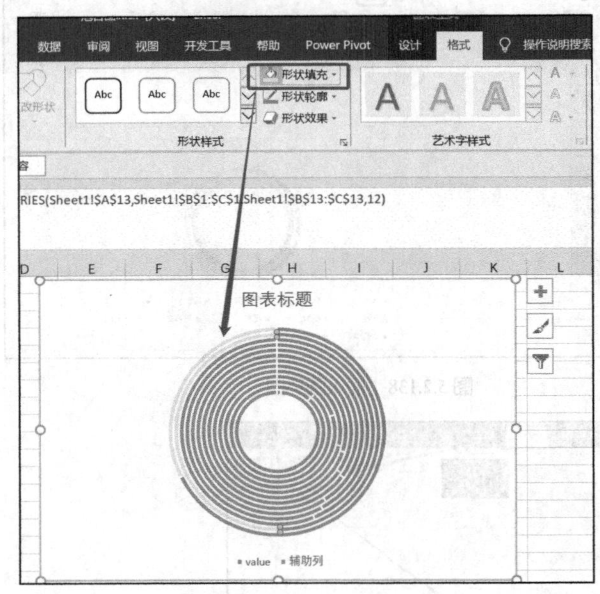

图 5.2.141 形状填充

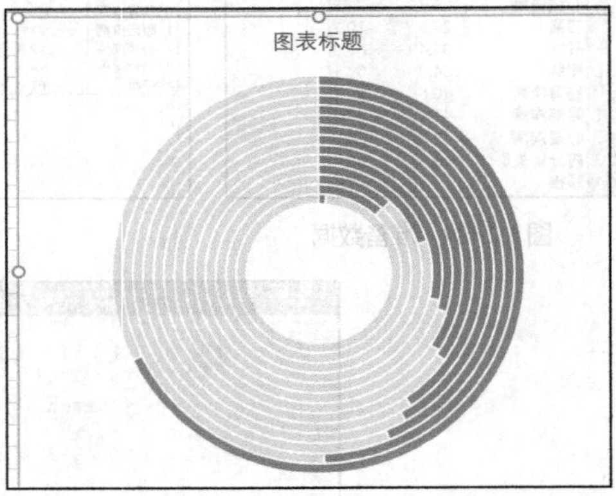

图表标题

图 5.2.142 填充后的效果

Step6：观察图 5.2.143 可以发现，其实原图的圆环不是两个部分，而是三个部分；紫色填充的是第一部分的圆环，浅紫色填充的是第二部分的圆环，第三部分的圆环其实是设置了无颜色填充，这一部分是给图例留空间的，因此不能没有数值，但也必须无颜色填充。

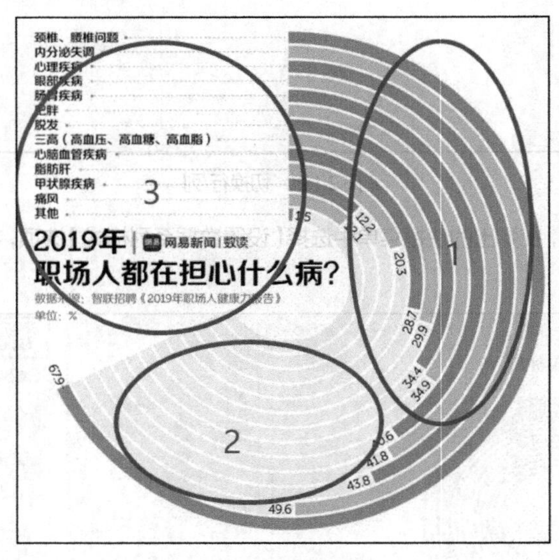

图 5.2.143 观察原图

Step7：那么这三个部分该如何划分呢？再观察一下原图，发现是以初始值最大值划分的，也就是第二部分圆环到头了也就只有 67.9 而已；将原先的辅助列改一下，变成用 67.9 减去原始值，得到辅助列 1，也就是第二部分圆环，如图 5.2.144 所示。

Step8：用 100 减去原始值和辅助列 1，使得圆环闭环，这是辅助列 2，如图 5.2.145 所示。

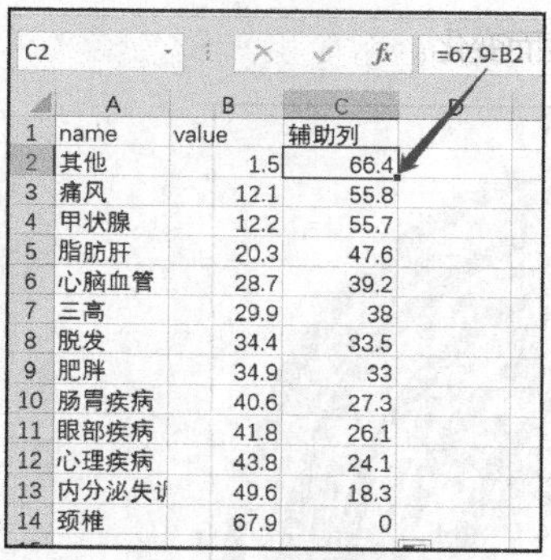

C2 =67.9-B2

	A	B	C
1	name	value	辅助列
2	其他	1.5	66.4
3	痛风	12.1	55.8
4	甲状腺	12.2	55.7
5	脂肪肝	20.3	47.6
6	心脑血管	28.7	39.2
7	三高	29.9	38
8	脱发	34.4	33.5
9	肥胖	34.9	33
10	肠胃疾病	40.6	27.3
11	眼部疾病	41.8	26.1
12	心理疾病	43.8	24.1
13	内分泌失调	49.6	18.3
14	颈椎	67.9	0

图 5.2.144　修改数据

D2 =100-B2-C2

	A	B	C	D
1	name	value	辅助列1	辅助列2
2	其他	1.5	66.4	32.1
3	痛风	12.1	55.8	32.1
4	甲状腺	12.2	55.7	32.1
5	脂肪肝	20.3	47.6	32.1
6	心脑血管	28.7	39.2	32.1
7	三高	29.9	38	32.1
8	脱发	34.4	33.5	32.1
9	肥胖	34.9	33	32.1
10	肠胃疾病	40.6	27.3	32.1
11	眼部疾病	41.8	26.1	32.1
12	心理疾病	43.8	24.1	32.1
13	内分泌失调	49.6	18.3	32.1
14	颈椎	67.9	0	32.1

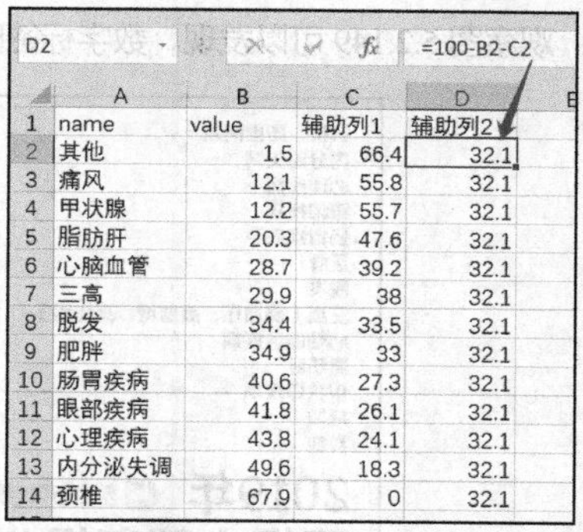

图 5.2.145　制作辅助列

Step9：将辅助列 2 的数据添加进圆环图中，如图 5.2.146 所示。

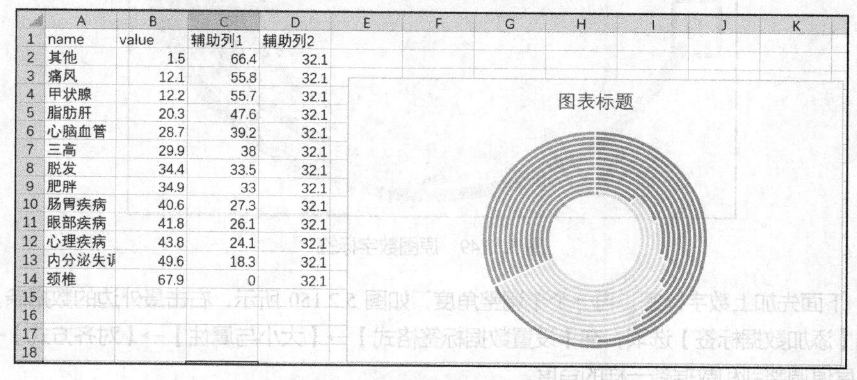

	A	B	C	D
1	name	value	辅助列1	辅助列2
2	其他	1.5	66.4	32.1
3	痛风	12.1	55.8	32.1
4	甲状腺	12.2	55.7	32.1
5	脂肪肝	20.3	47.6	32.1
6	心脑血管	28.7	39.2	32.1
7	三高	29.9	38	32.1
8	脱发	34.4	33.5	32.1
9	肥胖	34.9	33	32.1
10	肠胃疾病	40.6	27.3	32.1
11	眼部疾病	41.8	26.1	32.1
12	心理疾病	43.8	24.1	32.1
13	内分泌失调	49.6	18.3	32.1
14	颈椎	67.9	0	32.1

图 5.2.146　辅助列添加进圆环图

Step10：将灰色区域填充为无颜色，如图 5.2.147 所示；需要注意的是，无颜色和白色是有区别的。

Step11：填充后的效果如图 5.2.148 所示，已经初具规模了！

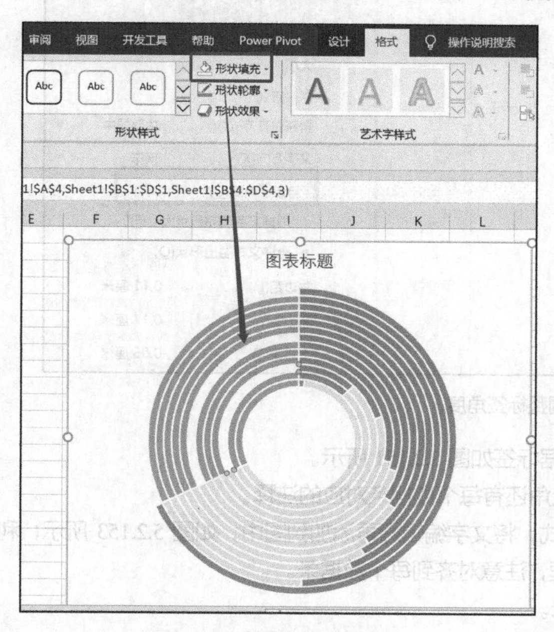

图 5.2.147　填充颜色为无色

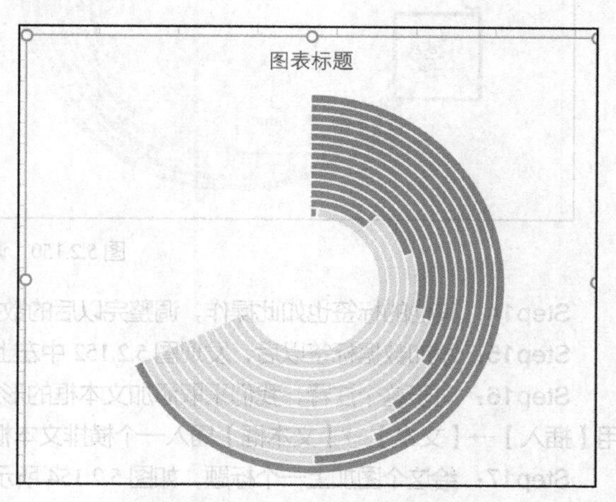

图 5.2.148　填充后的效果

Step12：观察图 5.2.149 可以发现，数字标签随着圆环的角度而变化。

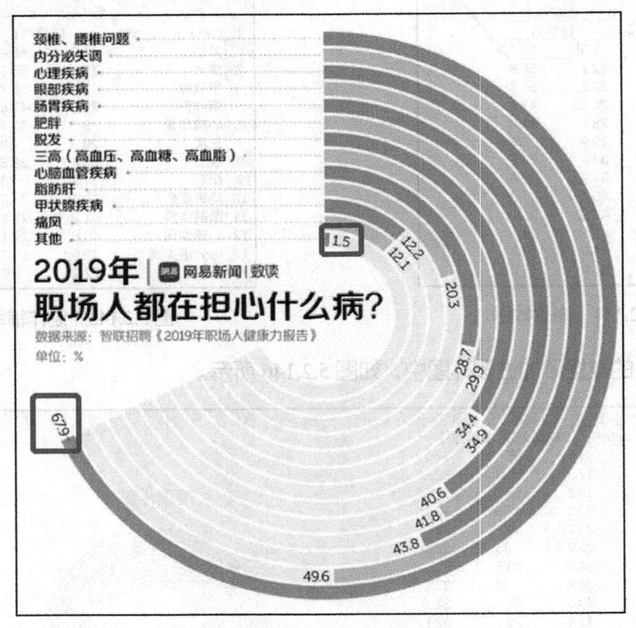

图 5.2.149　原图数字标签

Step13：下面先加上数字标签，再一个个调整角度，如图 5.2.150 所示，右击最外边的数据条，在弹出的快捷菜单中选择【添加数据标签】选项，在【设置数据标签格式】→【大小与属性】→【对齐方式】→【自定义角度】中，将角度值调整到和数据条一样的角度。

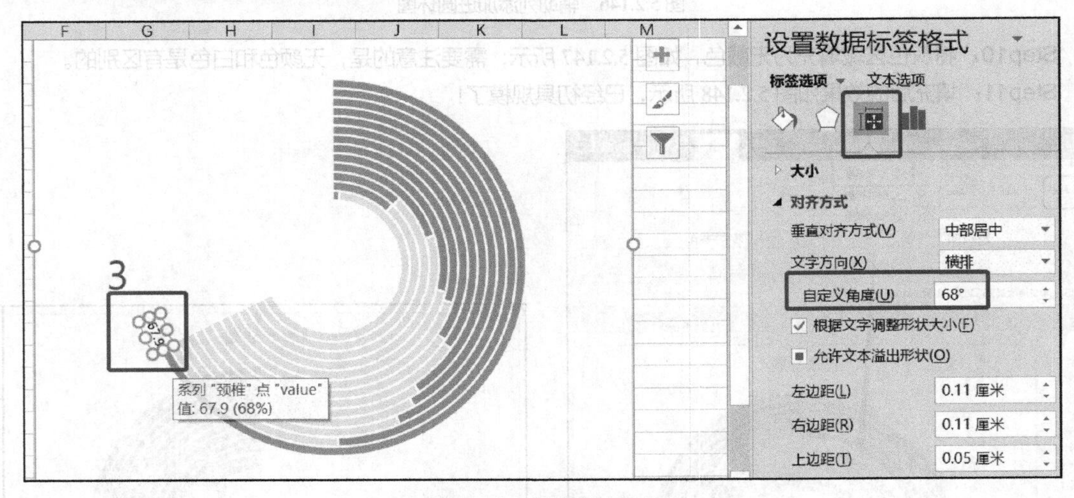

图 5.2.150　调整标签角度

Step14：其他的标签也如此操作，调整完以后的数据标签如图 5.2.151 所示。

Step15：添加数据标签以后，发现图 5.2.152 中左上角还有每个数据条对应的注释。

Step16：对于这个注释，我们采取添加文本框的形式，将文字编辑好再添加到图中，如图 5.2.153 所示；利用【插入】→【文本】→【文本框】插入一个横排文本框，注意对齐到每个数据条。

Step17：给这个图加上一个标题，如图 5.2.154 所示。

Step18：直接将图片的标题行拖动到中间位置，最后的效果如图 5.2.155 所示。

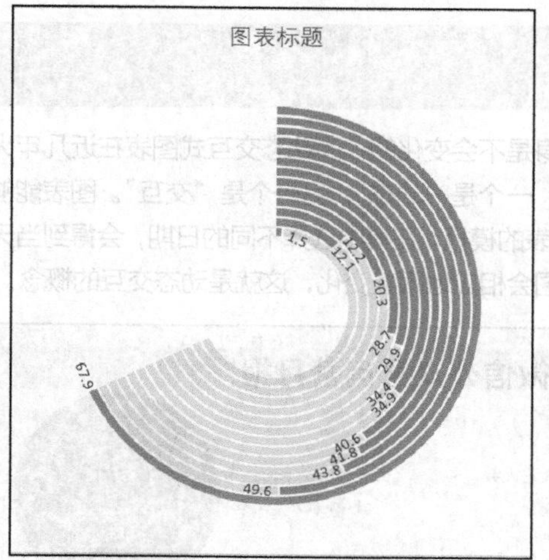

图 5.2.151 调整后的效果

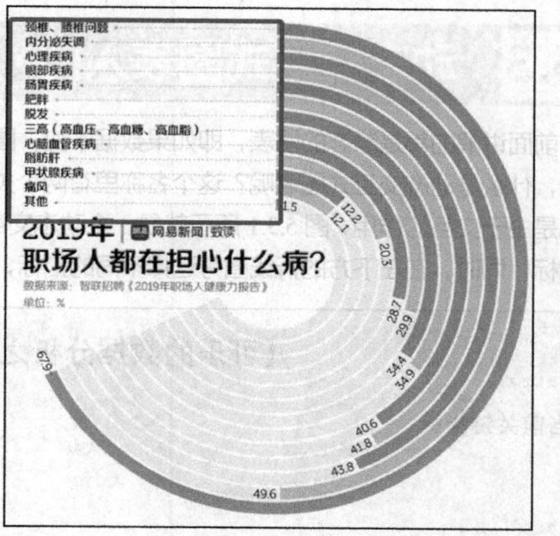

图 5.2.152 原图图例

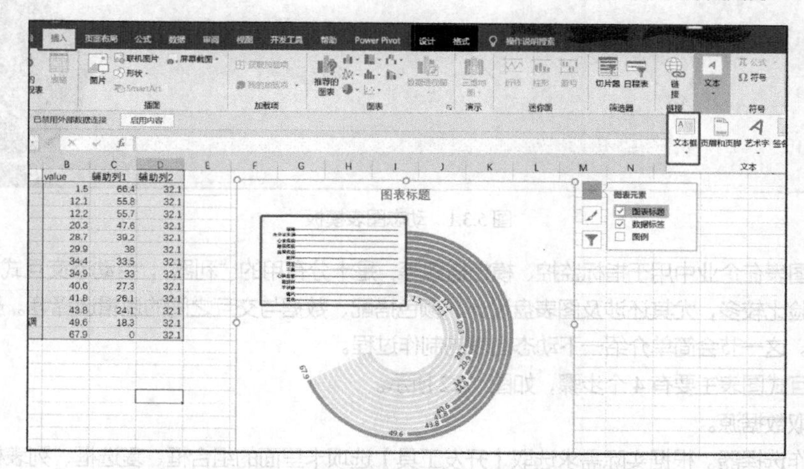

图 5.2.153 插入文本框

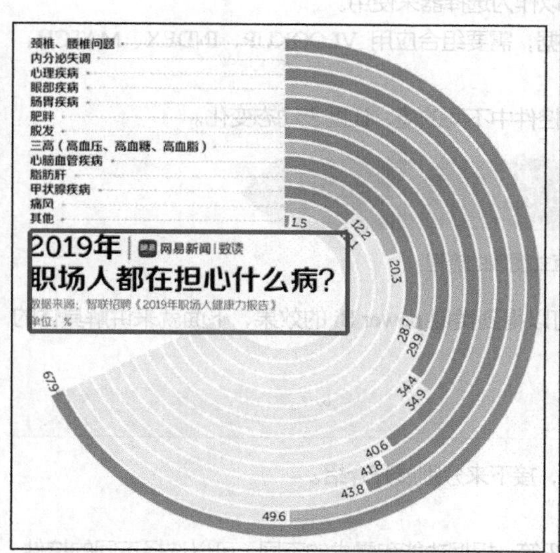

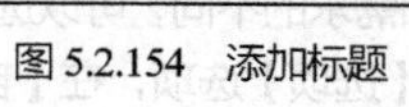

图 5.2.154 添加标题

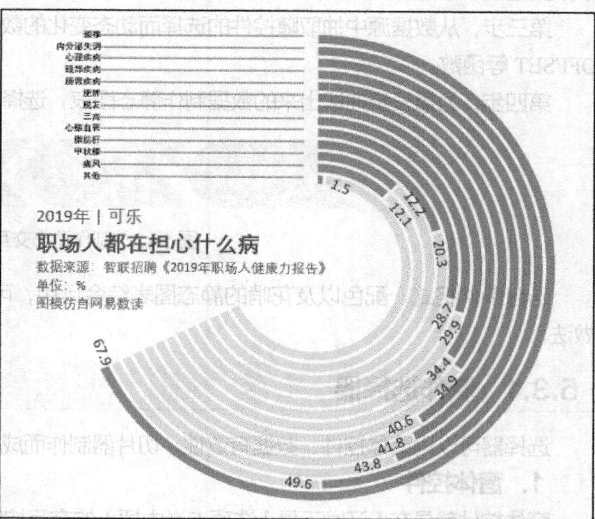

图 5.2.155 圆环图效果

5.3 动态交互式图表入门

前面讲解的都是静态的图表，即如果数据不变，图表本身是不会变化的。而动态交互式图表在近几年火热了起来，什么是动态交互式图表呢？这个名称里有两个关键词：一个是“动态”；另一个是“交互”。图表能够动态变化是由于交互的作用，图 5.3.1 所示就是一个动态交互式图表的模板。在其中选择不同的日期，会得到当天相应的指标，同时，在左下方的折线图旁选择不同的指标，折线图会相应地跟着变化，这就是动态交互的概念。

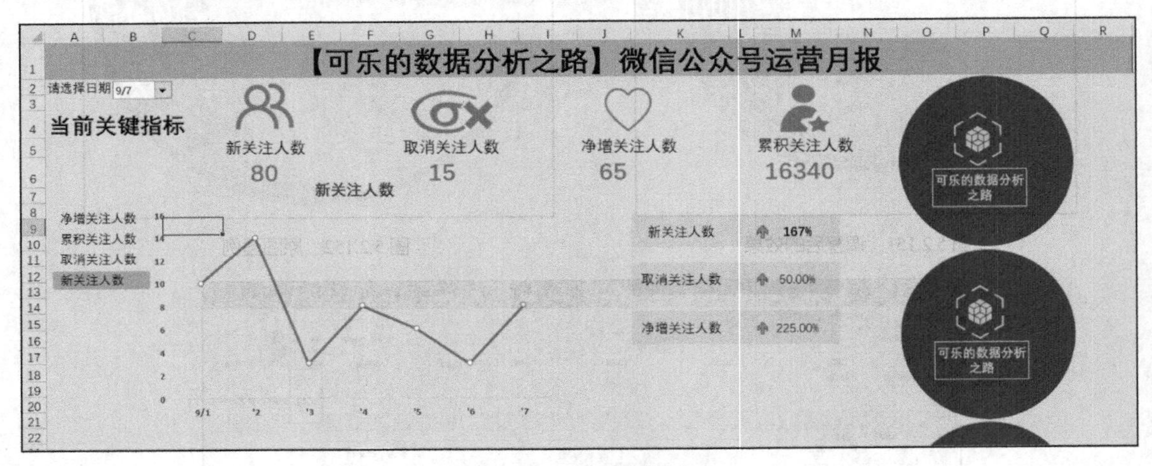

图 5.3.1 动态图表模板

动态交互式图表在企业中用于指标监控、模板搭建等，是十分有用的“利器”，且动态交互式图表对 Excel 综合技能的应用考验比较多，尤其还涉及图表盘设计、颜色搭配、数据与交互之间的逻辑选择等。虽然并不难，但想做好也不简单。这一节会简单介绍一下动态图表的制作过程。

制作动态交互式图表主要有 4 个步骤，如图 5.3.2 所示。

第一步，获取数据源。

第二步，制作选择器。根据实际需求选取【开发工具】选项卡里面的组合框、复选框、列表框等控件，或选取数据透视表中的切片器，抑或数据有效性功能，它们都可以作为选择器来使用。

第三步，从数据源中抽取随控件的选择而动态变化的数据，需要组合应用 VLOOKUP、INDEX、MATCH、OFFSET 等函数。

第四步，为第三步抽取出来的数据制作静态图表，选择控件中不同的值，让图表动态变化。

图 5.3.2 制作动态交互式图表的流程

结合条件格式、配色以及花哨的静态图表综合运用，可以得到类似 power Bi 的效果，下面就来讲解具体的做法。

5.3.1 制作选择器

选择器可以用窗体控件、数据有效性、切片器制作而成，接下来分别展开介绍。

1. 窗体控件

窗体控件就是在【开发工具】选项卡当中插入的交互按钮等。根据功能和需求的不同，可以选择不同的控件。

如果你的 Excel 中没有【开发工具】这个选项卡，可以选择【文件】→【选项】选项，在【自定义功能区】

中勾选【开发工具】复选框，单击【确定】按钮，如图 5.3.3 所示。这时再看 Excel 的界面，就会出现【开发工具】选项卡了。

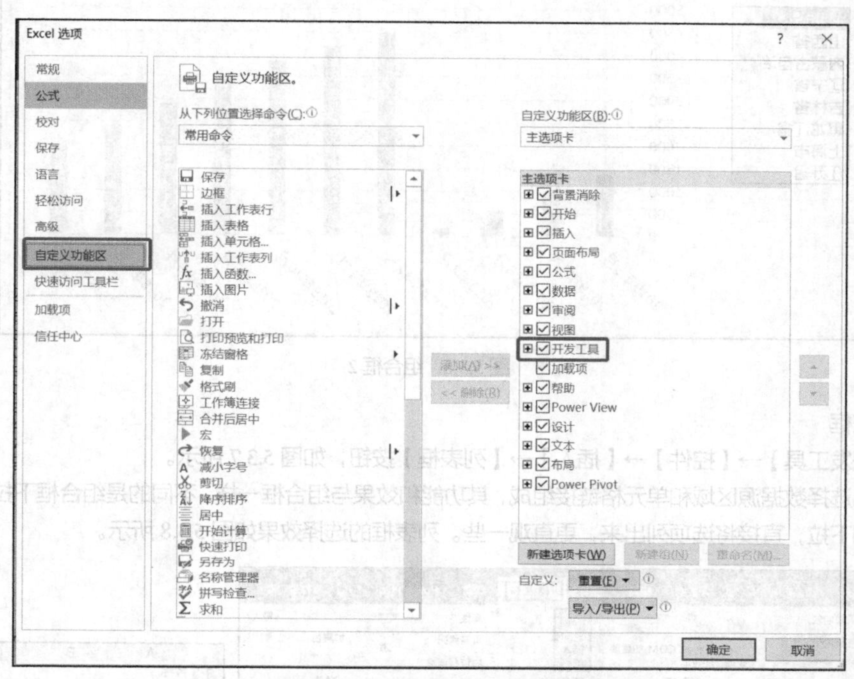

图 5.3.3 勾选【开发工具】复选框

（1）组合框

单击【开发工具】→【控件】→【插入】→【组合框】按钮，鼠标指针变成十字图标，在页面空白处画一个大小适宜的组合框，如图 5.3.4 所示。

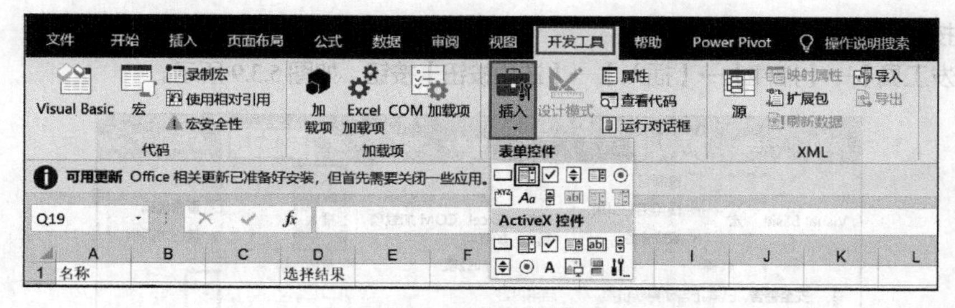

图 5.3.4 插入组合框

在组合框上右击，在弹出的快捷菜单中选择【设置控件格式】选项，选择数据源区域和单元格链接。组合框由数据源区域和单元格链接两部分组成。

① 数据源区域必须为列区域，行区域可以转置为列再作为数据源区域。

② 单元格链接是选择控件中的值以后，显示结果的位置。

组合框选择的结果是显示数据源区域对应的第几个值，如图 5.3.5 所示，数据源区域为 1 月～9 月，组合框选择 1 月，对应的结果为数字 1，2 月则为数字 2，依此类推。

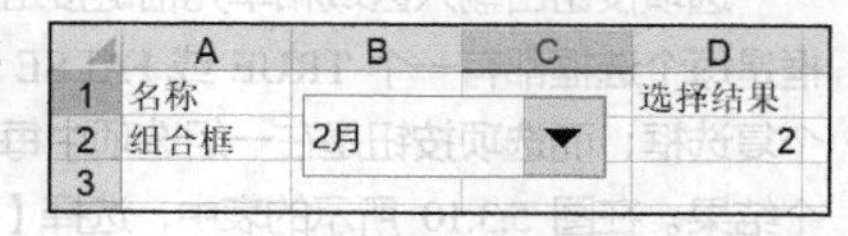

图 5.3.5 组合框 1

组合框在动态图表中多用于选择一项指标，显示相应的数据图表。如图 5.3.6 所示，组合框选择不同的省份/自治区，就会出现该省/自治区每个月数据的柱形图。

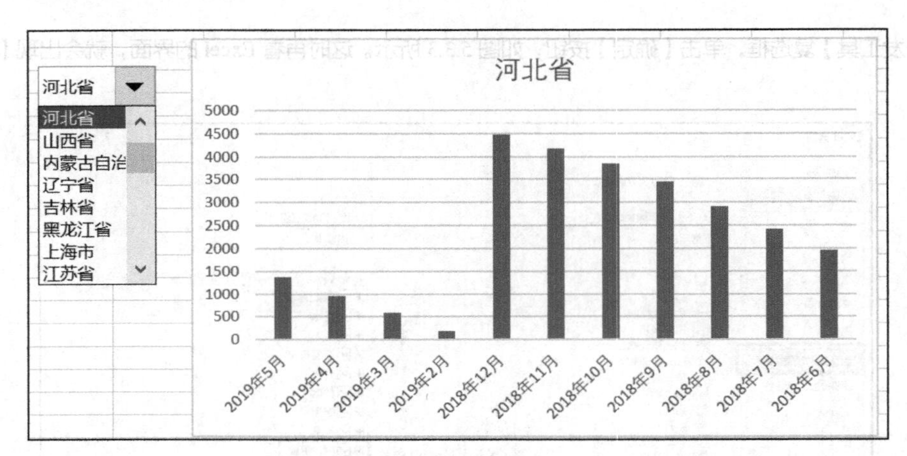

图 5.3.6 组合框 2

（2）列表框

单击【开发工具】→【控件】→【插入】→【列表框】按钮，如图 5.3.7 所示。

列表框由选择数据源区域和单元格链接组成，其功能和效果与组合框一样。不同的是组合框下拉后才有选项，而列表框不用下拉，直接将选项列出来，更直观一些。列表框的选择效果如图 5.3.8 所示。

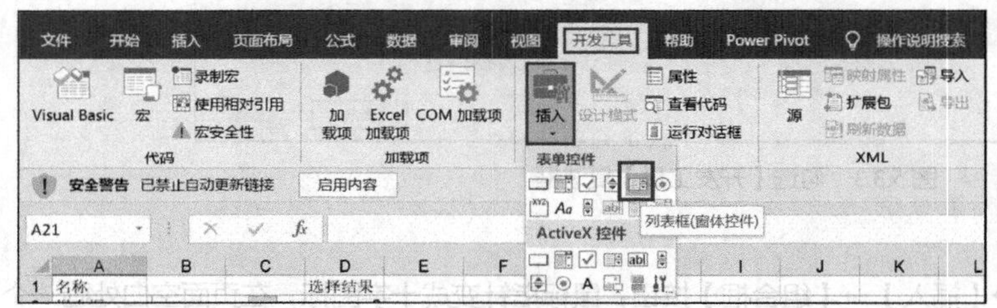

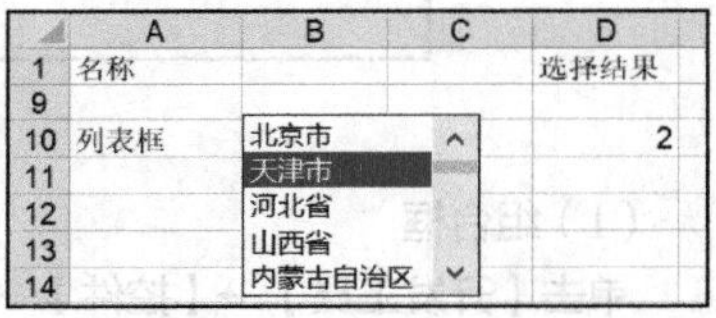

图 5.3.7 插入列表框

	A	B	C	D
1	名称			选择结果
9				
10	列表框	北京市		2
11		天津市		
12		河北省		
13		山西省		
14		内蒙古自治区		

图 5.3.8 列表框

（3）选项按钮

单击【开发工具】→【控件】→【插入】→【选项按钮】按钮，如图 5.3.9 所示。

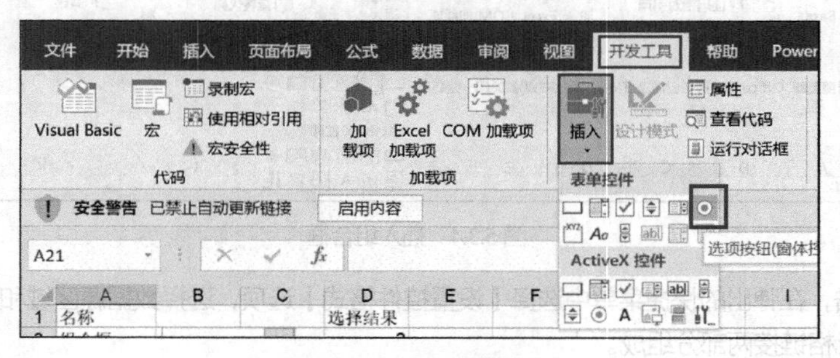

图 5.3.9 插入选项按钮

选项按钮由输入区域和单元格链接组成，同复选框一样。复选框是每个选框都有一个 TRUE 或 FALSE 的结果，可以同时勾选多个复选框；而选项按钮是在一组选项中每次只能选一个，并对应一个结果。在图 5.3.10 所示的表中，选择【男】选项按钮，显示结果为 1；选择【女】选项按钮，显示结果为 2。

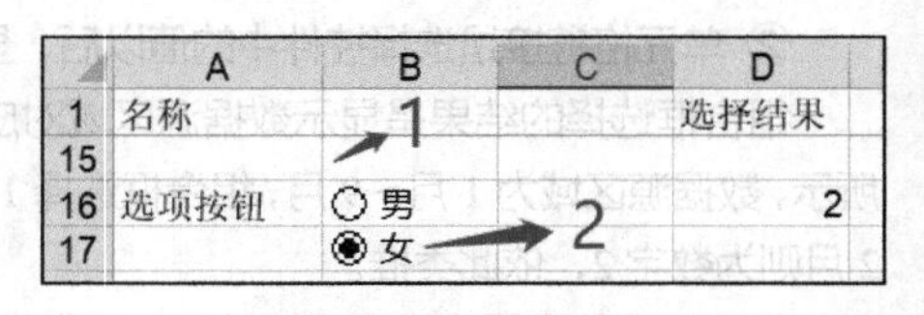

图 5.3.10 选项按钮

选择【北京】前的选项按钮，则右边图表变为北京的数据，如图 5.3.11 所示，效果同组合框差不多。

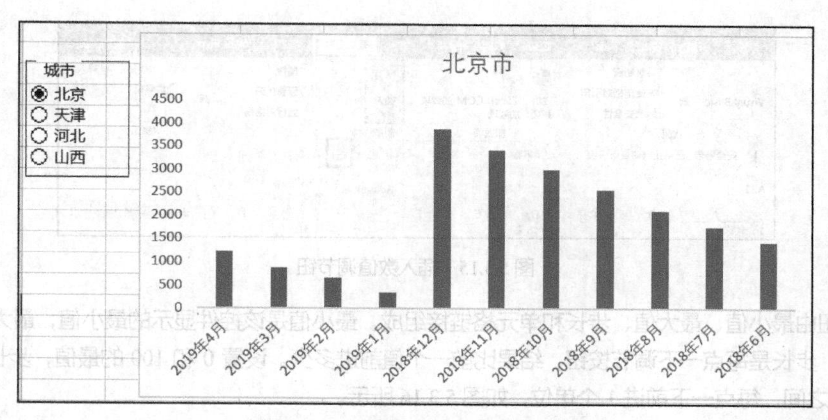

图 5.3.11　选择【北京】后的效果

（4）复选框

单击【开发工具】→【控件】→【插入】→【复选框】按钮，如图 5.3.12 所示。

图 5.3.12　插入复选框

复选框由输入区域和单元格链接组成，输入区域可自行输入勾选的内容。单元格链接同组合框的规则，可以进行多项选择。如图 5.3.13 所示，勾选后选择结果即为 TRUE，未勾选就显示 FALSE。

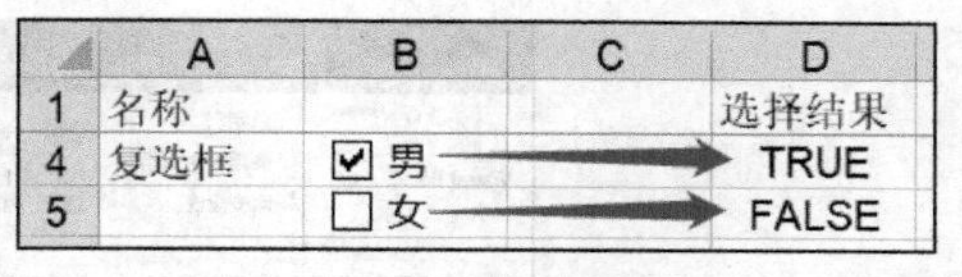

	A	B	C	D
1	名称			选择结果
4	复选框	☑ 男		TRUE
5		☐ 女		FALSE

图 5.3.13　复选框 1

在动态图表中多用复选框来达到勾选前已有数据图表，勾选后显示同一指标不同值的效果。如图 5.3.14 所示，勾选【去年】复选框，则图表显示今年和去年两年的数据；不勾选时，只显示今年的数据。

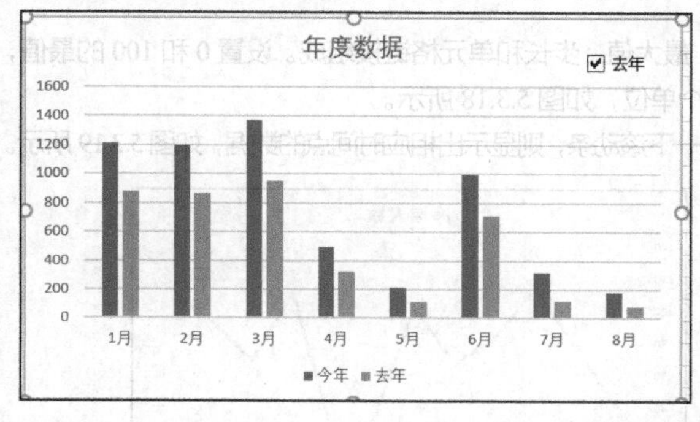

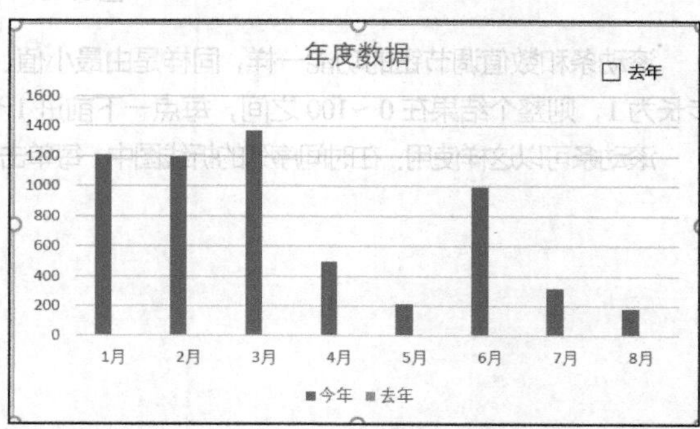

图 5.3.14　复选框 2

（5）数值调节钮

单击【开发工具】→【控件】→【插入】→【数值调节钮】按钮，如图 5.3.15 所示。

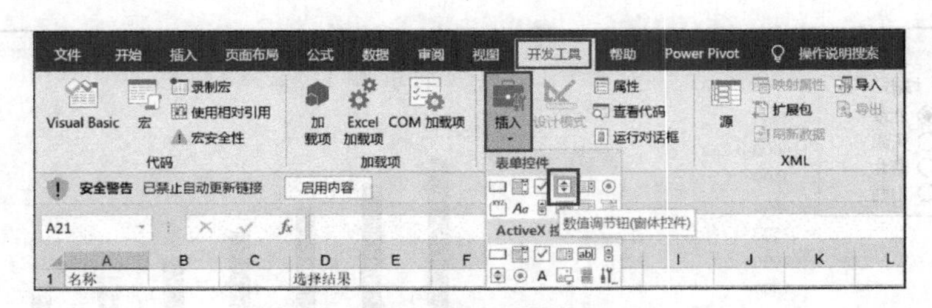

图 5.3.15　插入数值调节钮

数值调节钮由最小值、最大值、步长和单元格链接组成。最小值是该控件显示的最小值；最大值是该控件能显示的最大值；步长是每点一下调节按钮，结果比前一个值前进多少。设置 0 和 100 的最值，步长为 1，则整个结果在 0～100 之间，每点一下前进 1 个单位，如图 5.3.16 所示。

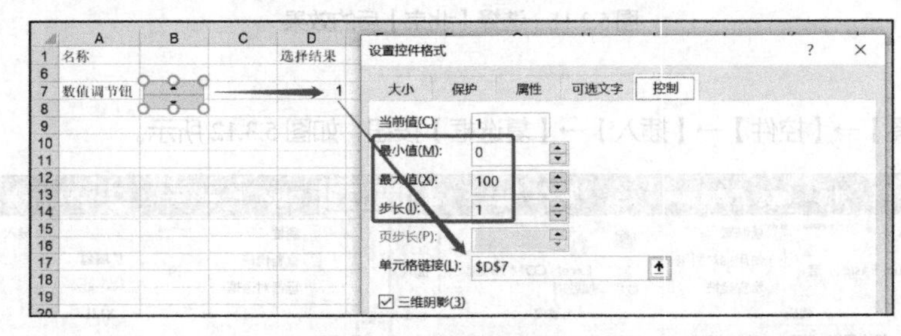

图 5.3.16　数值调节钮

数值调节钮在动态交互式图表中用得不多，且它的功能可以被其他控件所替代，因此这里就不过多地阐述了。

（6）滚动条

单击【开发工具】→【控件】→【插入】→【滚动条】按钮，如图 5.3.17 所示。

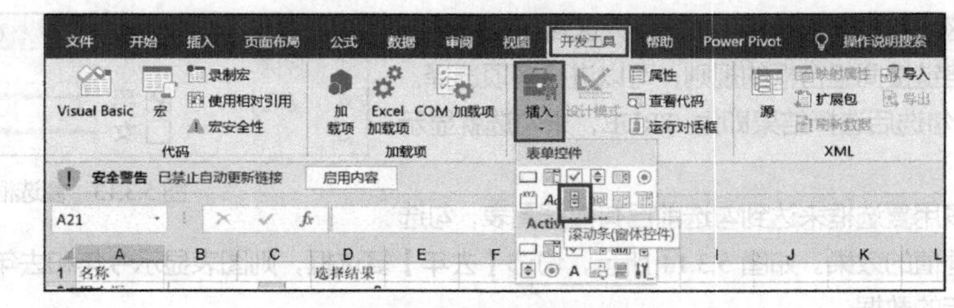

图 5.3.17　插入滚动条

滚动条和数值调节钮的功能一样，同样是由最小值、最大值、步长和单元格链接组成。设置 0 和 100 的最值，步长为 1，则整个结果在 0～100 之间，每点一下前进 1 个单位，如图 5.3.18 所示。

滚动条可以这样使用：在时间序列的折线图中，每单击一下滚动条，则显示出相应时间点的数据，如图 5.3.19 所示。

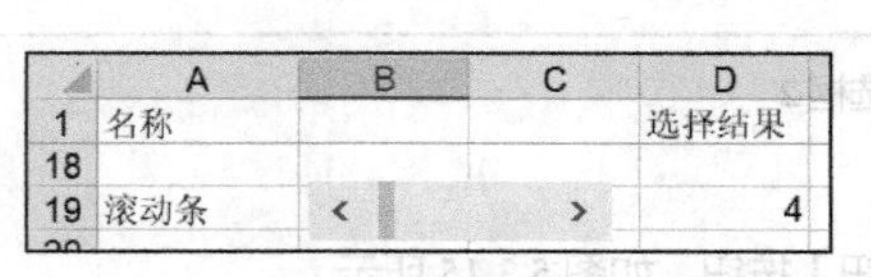

图 5.3.18　滚动条 1

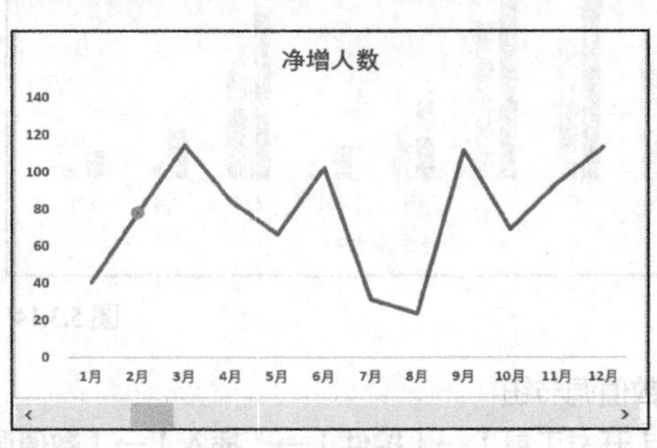

图 5.3.19　滚动条 2

2. 数据有效性（数据验证）

数据有效性也可以用来当成选择器。如图 5.3.20 所示，选中一个空白的单元格，单击【数据】→【数据工具】→【数据验证】按钮，在弹出的对话框中，验证条件选择【序列】，来源选择月份所在的区域。

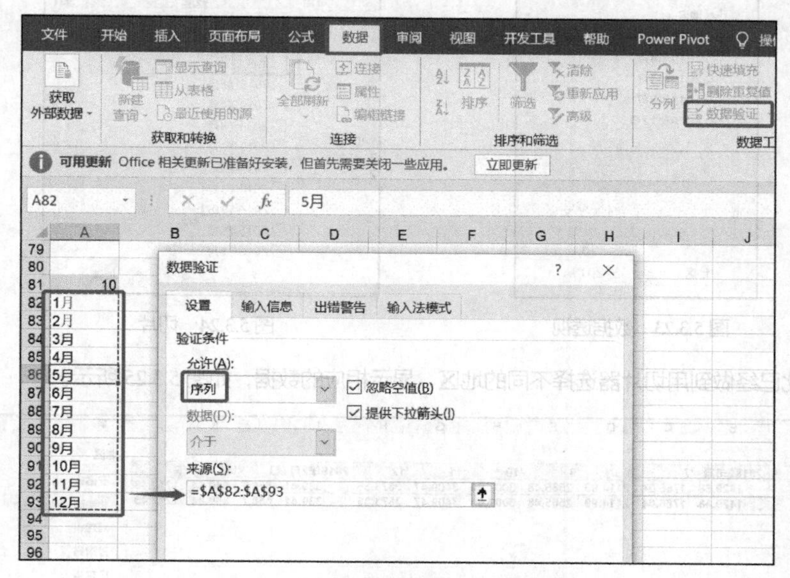

图 5.3.20　数据有效性

这样，在单元格中就得到了一个下拉后显示月份区域的下拉列表框，如图 5.3.21 所示。数据有效性同组合框有以下两点不同。

① 数据有效性制作出来的选框和普通单元格没有区别，不选择的时候是看不出来的，而组合框能明显地看出来是一个提供选项的控件。

② 组合框是单元格链接，且选择的结果是一个数字，而数据有效性没有单元格链接，选择的结果就是单元格本身的结果。

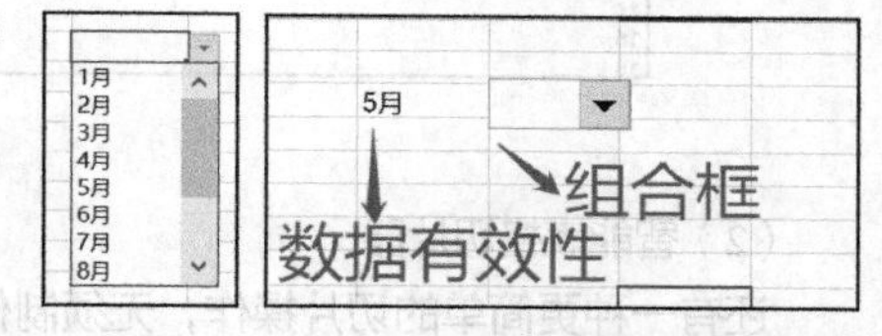

图 5.3.21　数据有效性及其与组合框的区别

3. 切片器

切片器是最简单地用来制作选择器的工具。在 Excel 中有两种切片器，分别是数据透视表的切片器和智能表格的切片器。

（1）数据透视表切片器

Step1：对各省月度数据插入数据透视表，如图 5.3.22 所示。

	A	B	C	D	E	F	G	H	I	J
1	地区	2019年5月	2019年4月	2019年3月	2019年2月	2018年12月	2018年11月	2018年10月	2018年9月	2018年8月
2	北京市	1212.43	880.84	658.7	339.41	3873.35	3409.47	3002.94	2565.48	2114.99
3	天津市	1198.52	866.09	587.09	220.45	2424.49	2231.18	2087.52	1893.4	1651.63
4	河北省	1369.99	953.89	591.67	177.61	4476.4	4182.55	3844.95	3438.03	2905.76
5	山西省	495.42	324.58	197.09	60.73	1376.59	1267.76	1167.14	1055.66	921.22
6	内蒙古自治区	210.34	110.78	46.44	5.61	882.85	875.14	827.04	744.38	605.64
7	辽宁省	992.73	713.3	473.64	132.81	2599.27	2502.16	2365.28	2169.2	1883.46
8	吉林省	319.06	118.86	45.9	11.88	1175.88	1129.86	1007.45	869.32	696.86
9	黑龙江省	184.46	82.38	27.06	2.02	944.4	901.51	807.38	686.83	533.88
10	上海市	1536.63	1230.08	937.11	626.88	4033.18	3573.56	3201.44	2853.66	2491.14
11	江苏省	4927.49	3803.35	2732.1	1511.82	10982.34	10300.57	9447.66	8625.22	7580.55

图 5.3.22　插入数据透视表

Step2：将【地区】列拖到数据透视表的行标签中，其余数据拖到值区域中，如图 5.3.23 所示。

Step3：单击【分析】→【筛选】→【插入切片器】按钮，勾选【地区】复选框进行切片，如图 5.3.24 所示。

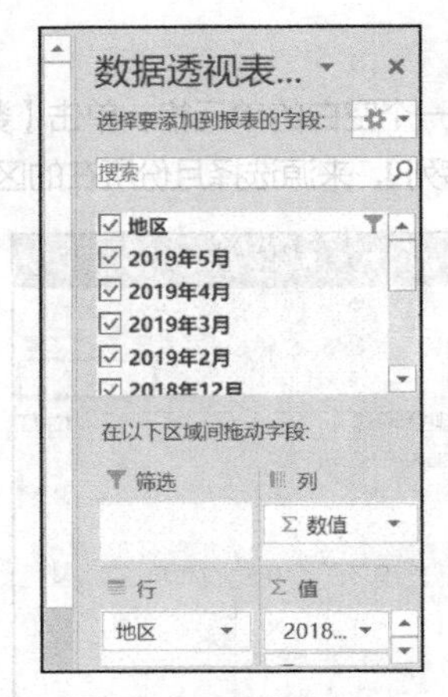

图 5.3.23　数据透视

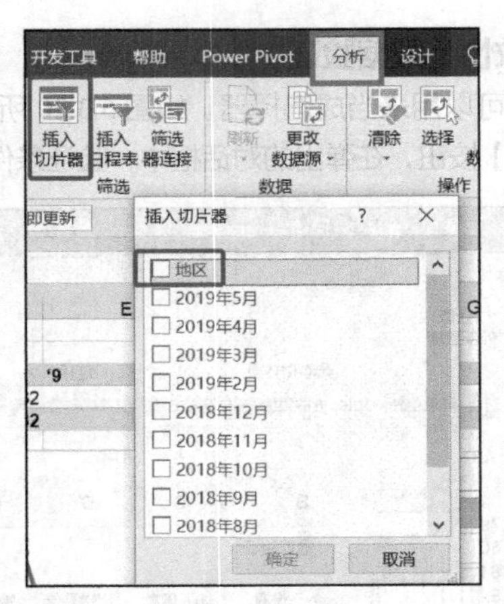

图 5.3.24　切片

Step4：至此已经做到用切片器选择不同的地区，显示相应的数据，如图 5.3.25 所示。

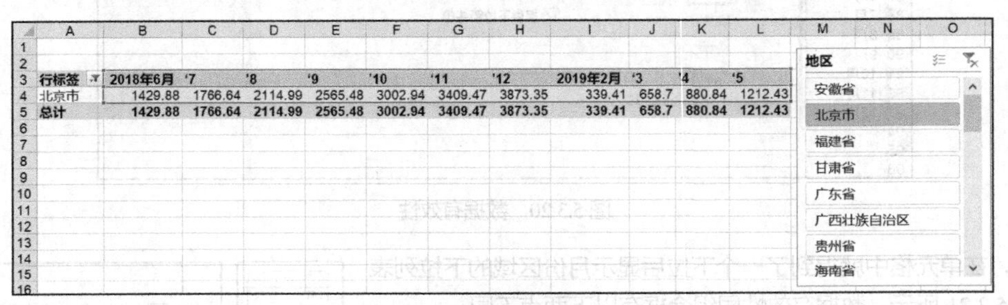

图 5.3.25　切片结果

（2）智能表格切片器

还有一种更简单的切片操作，无须制作数据透视表，直接对数据源区域插入表格。单击【设计】→【工具】→【插入切片器】按钮，如图 5.3.26 所示。

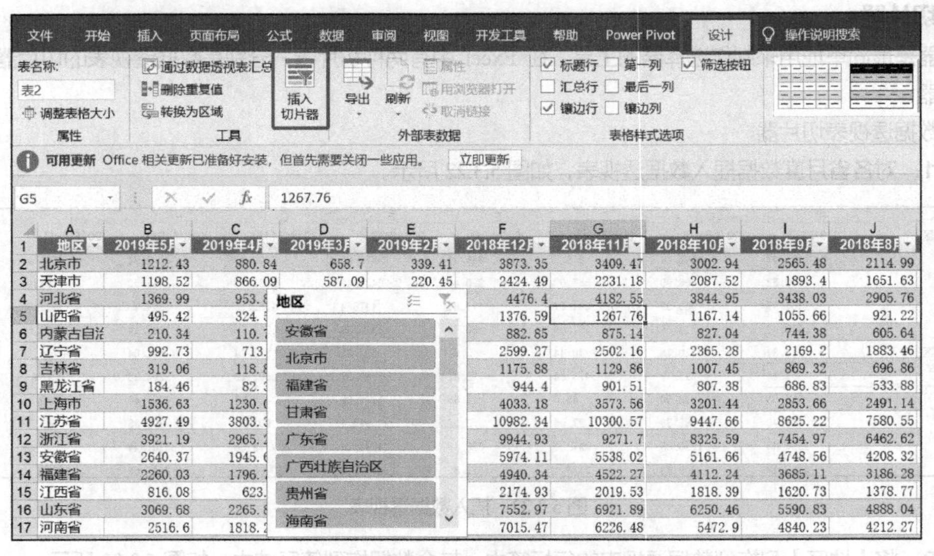

图 5.3.26　插入智能表格切片器

5.3.2 取数

制作好切片器以后，就是动态交互图表制作的核心内容——取数了。首先要理解“图表能动起来”是因为图表的这部分数据在动态变化，所以我们所说的动态图表其实是动态数据。数据动起来了，图表自然而然就跟着变化了。

1. 取数区域

不要破坏原数据，在原数据的基础上建立一个取数区域，如图 5.3.27 所示。取数区域是根据取数函数动态取数的。

	A	B	C	D	E	F	G	H	I	J
1	地区	2019年5月	2019年4月	2019年3月	2019年2月	2018年12月	2018年11月	2018年10月	2018年9月	2018年8月
2	北京市	1212.43	880.84	658.7	339.41	3873.35	3409.47	3002.94	2565.48	2114.99
3	天津市	1198.52	866.09	587.09	220.45	2424.49	2231.18	2087.52	1893.4	1651.63
4	河北省	1369.99	953.89	591.67	177.61	4476.4	4182.55	3844.95	3438.03	2905.76
5	山西省	495.42	324.58	197.09	60.73	1376.59	1267.76	1167.14	1055.66	921.22

	A	B	C	D	E	F	G	H	I	J	K
46											
47	取数区域	2019年5月	2019年4月	2019年3月	2019年2月	2018年12月	2018年11月	2018年10月	2018年9月	2018年8月	2018年
48	河北省	1369.99	953.89	591.67	177.61	4476.4	4182.55	3844.95	3438.03	2905.76	2423

图 5.3.27　取数区域

2. 取数函数

（1）VLOOKUP()函数

这个函数前面已经介绍过，下面是使用 VLOOKUP()函数取数的完整步骤。

Step1：做选择器和固定表头。先做一个组合框，组合框选择的是城市，将单元格链接到 D50 单元格如图 5.3.28 所示。表头是日期，要取的是日期固定下的不同城市的值。

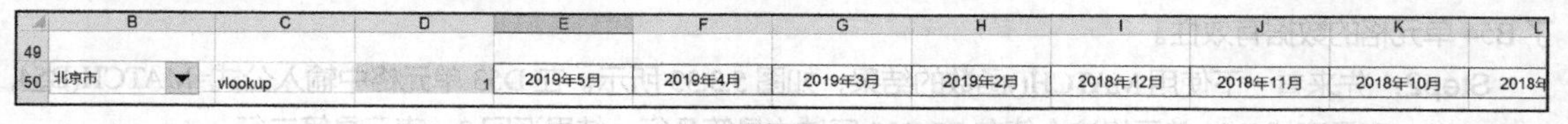

	B	C	D	E	F	G	H	I	J	K	L
49											
50	北京市	vlookup	1	2019年5月	2019年4月	2019年3月	2019年2月	2018年12月	2018年11月	2018年10月	2018年

图 5.3.28　VLOOKUP()函数取数

Step2：取数。再来回顾一下制作选择器的内容，选择器制作完，选择的结果通常是数字（1、2、3 等）或逻辑值（TRUE/FALSE）。我们知道使用 VLOOKUP()函数连接两张表的时候，两张表必然有一个公共字段，所以要在原数据中添加一列序号值，作为公共字段。添加了【序号】列的原数据如图 5.3.29 所示。

	A	B	C	D	E	F
1	序号	地区	2019年5月	2019年4月	2019年3月	2019年2月
2	1	北京市	1212.43	880.84	658.7	339.41
3	2	天津市	1198.52	866.09	587.09	220.45
4	3	河北省	1369.99	953.89	591.67	177.61
5	4	山西省	495.42	324.58	197.09	60.73
6	5	内蒙古自治区	210.34	110.78	46.44	5.61
7	6	辽宁省	992.73	713.3	473.64	132.81
8	7	吉林省	319.06	118.86	45.9	11.88
9	8	黑龙江省	184.46	82.38	27.06	2.02
10	9	上海市	1536.63	1230.08	937.11	626.88
11	10	江苏省	4927.49	3803.35	2732.1	1511.82
12	11	浙江省	3921.19	2965.27	2133.88	1205.26

图 5.3.29　添加【序号】列

在 D51 单元格中输入公式=VLOOKUP($D$50,$A$1:$M$32,2,0)，如图 5.3.30 所示。VLOOKUP 的第一个参数要查找的单元格肯定是选择器的结果，即 D50 单元格；第二个参数在原数据中找，即$A$1:$M$32 区域；第三个参数设为找第二列；最后一个参数是精确查找。至此已经完成一个数据的动态变化了，选择器选择不同的城市，在 D51 单元格中就显示相应的城市。

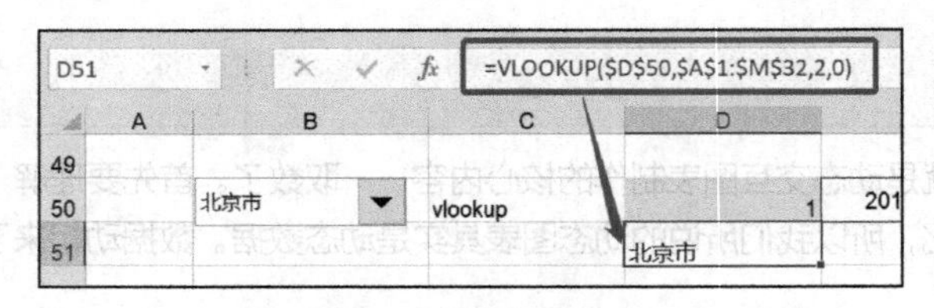

图 5.3.30　输入公式

（2）INDEX()函数

INDEX()函数也可以用来取数。如图 5.3.31 所示，在 D52 单元格中输入公式=INDEX(B2:B32,$D$50)，从 B2:B32 区域中找$D$50 的值。注意 B2:B32 区域只有一列，所以就不填第几列这个参数了，$D$50 依旧是组合框选择的值。这个函数可以右拖，比 VLOOKUP()函数方便一些。

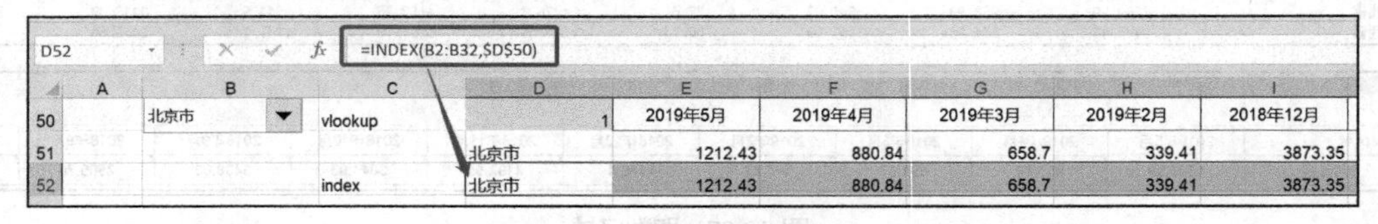

图 5.3.31　INDEX()函数取数

（3）INDEX()函数+MATCH()函数

INDEX()函数还可以和 MATCH()函数结合来取数。INDEX()函数是取一个精确坐标下对应的值，而 MATCH()函数是用来确定一个值的坐标，返回指定范围内值所在的序号。取数步骤如下。

Step1：制作选择器，这里用数据有效性来制作。选中 B54 单元格，单击【数据】→【数据工具】→【数据验证】按钮，如图 5.3.32 所示。验证条件选择允许序列，来源是原数据的【城市】列，单击【确定】按钮就得到了 B54 单元格的数据有效性。

Step2：先来看一下使用 MATCH()函数的结果，如图 5.3.33 所示。在 D53 单元格中输入公式=MATCH(B54, B2:B32,0)，表示查找 B54 单元格这个值在 B2:B32 区域中是第几行，结果返回 2，表示是第二行。

图 5.3.32　数据有效性

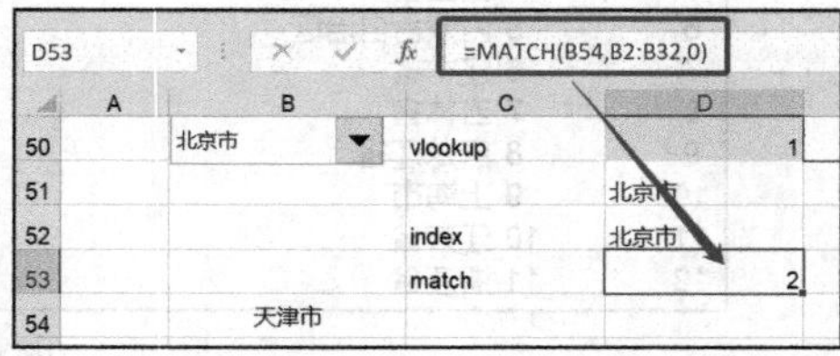

图 5.3.33　MATCH()函数

Step3：用 INDEXT()+MATCH()函数结合取数。在 D54 单元格中输入公式=INDEX(B2:B32,MATCH($B$54, $B$2:$B$32,0))，表示在 B2:B32 这一列中取第几行的值，第几行由 MATCH()函数算出。做好相对引用和绝对引用后可以右拉这个公式，如图 5.3.34 所示。注意，这两个函数结合取数的方式用在对一个值直接取数，而不是选择值对应的数字取数。

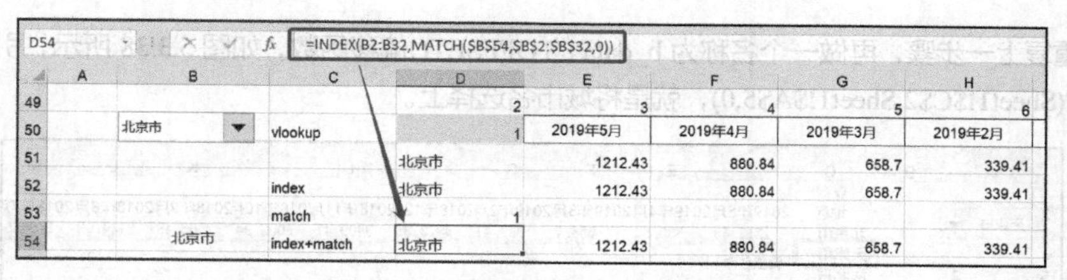
图 5.3.34　INDEX()+MATCH()函数

（4）OFFSET()函数

函数：OFFSET(Reference,Rows,Cols,Height,Width)。

作用：以指定的引用为参照系，返回新的引用。

参数解释：Reference 为指定参照系起始位置，表示从哪个位置开始引用；Rows 为相对于起始位置，向下偏移几行；Cols 为相对于起始位置，向右偏移几列；Height 为新区域选中几行；Width 为新区域选中几列。

同其他几个取数函数一样，先制作选择器，如图 5.3.35 所示，组合框选择的结果在 D50 单元格中显示，在 D55 单元格中输入公式=OFFSET(B1,$D$50,0)。这个公式的意思是，从图 5.3.36 所示的 B1 单元格开始，向下偏移 $D$50 单元格中显示的行数，向右偏移 0 行，得到的值即为取出的值。B1 单元格是【城市】列字段最开头的单元格，$D$50 是选择器显示的结果，后两个参数不写也可以。

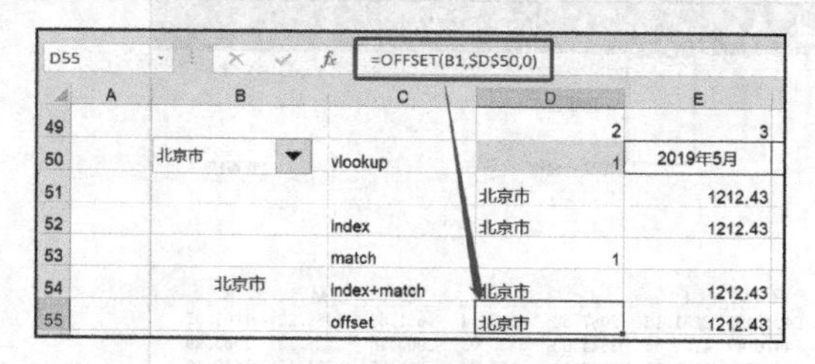
图 5.3.35　OFFSET()函数

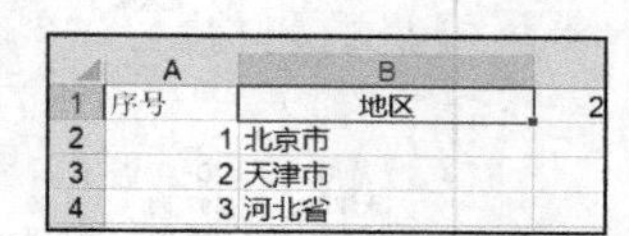
图 5.3.36　原数据

（5）OFFSET 动态定义名称

如果想不制作取数区域，制作完选择器直接画出动态图表，就要用到 OFFSET 动态定义名称这个功能来实现了。

Step1：单击【公式】→【定义的名称】→【定义名称】按钮，将名称设置为 t_data，就是要画图的数，如图 5.3.37 所示；在引用位置处填写公式=OFFSET(Sheet1!$C$2,Sheet1!$A$5,1,1,11)，表示从 C2 单元格开始，向下偏移 A5 单元格所显示的行数（A5 是选择器的单元格链接，这里组合框选择了天津，显示 2，就是向下偏移两行），向右偏移 1 列，选择 1 行，选择 11 列（因为整个数据源有 11 列），这时就选择了天津市对应的数据。

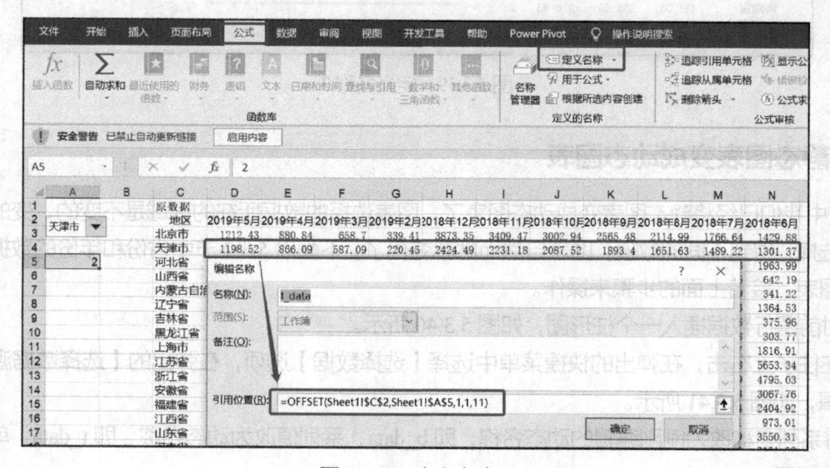
图 5.3.37　定义名称 1

Step2：重复上一步骤，再做一个名称为 b_data 的 OFFSET()偏移函数，如图 5.3.38 所示，引用位置处的公式为=OFFSET(Sheet1!$C$2,Sheet1!$A$5,0)，就是将城市名选择上。

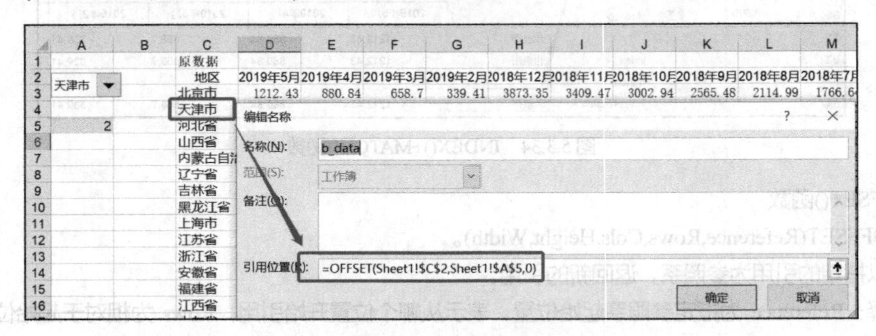

图 5.3.38　定义名称 2

Step3：如何验证这个公式是否写对了呢？打开【公式】选项卡中的名称管理器，选择刚刚定义的 t_data，如图 5.3.39 所示；将鼠标指针移动到【引用位置】下的公式里，可以看到【内蒙古自治区】行的数据被虚线框了出来，这是我们想要的数据，所以这个公式写对了。

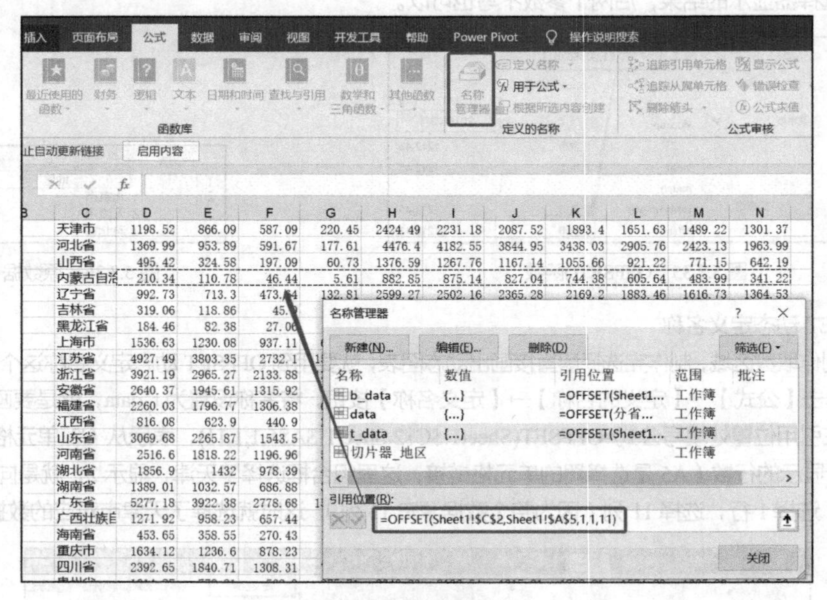

图 5.3.39　定义名称 3

5.3.3　将静态图表变成动态图表

在 5.3.2 节中我们已经将静态图表变成动态图表了，图表选择的数据所在的区域是不变的，变的是数值。通过选择器的不同选择，得到不同的数值，图表自然而然就变化了。下面以 5.3.2 节中省份和年份的数据为例，将静态图表变成动态图表，接着上面的步骤来操作。

Step1：对前两行数据插入一个柱形图，如图 5.3.40 所示。

Step2：在柱子上右击，在弹出的快捷菜单中选择【选择数据】选项，在弹出的【选择数据源】对话框中对图例项进行编辑，如图 5.3.41 所示。

Step3：将系列名称改为刚刚编辑的动态名称，即 b_data，系列值改为动态名称，即 t_data，单击【确定】按钮，如图 5.3.42 所示。

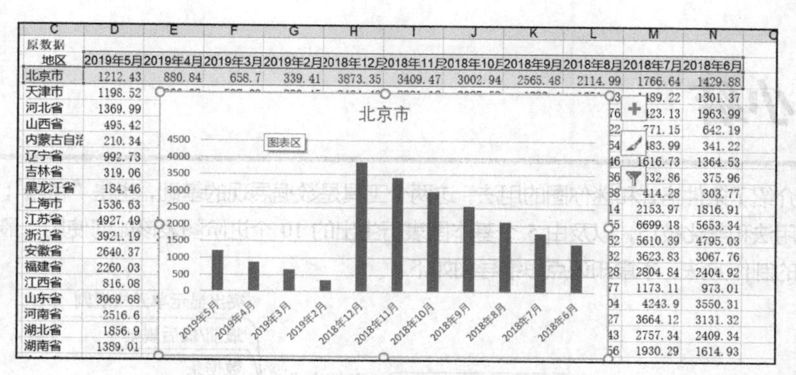

图 5.3.40　插入柱形图

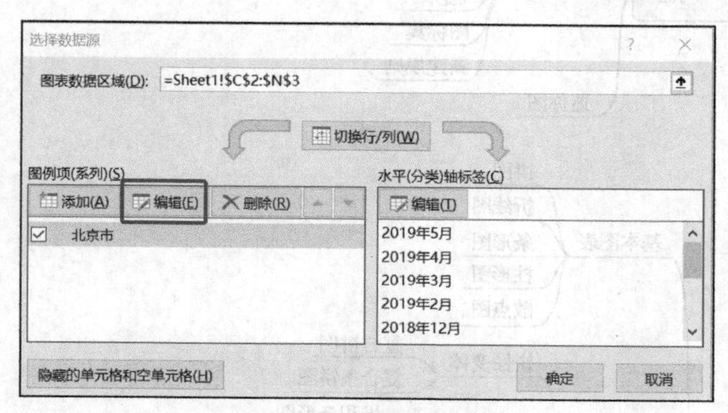

图 5.3.41　编辑图例项

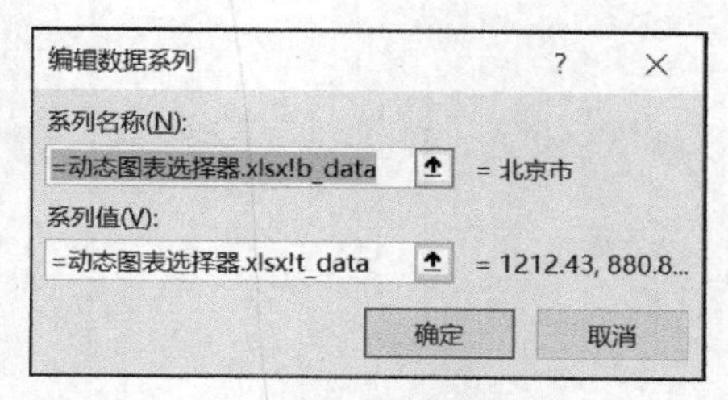

图 5.3.42　编辑数据系列

组合框选择不同的值，图表就跟着动态变化，如图 5.3.43 所示。本例没有另做辅助区域，是很简化的操作，需要在脑海中构想出 OFFSET()函数偏移的过程。

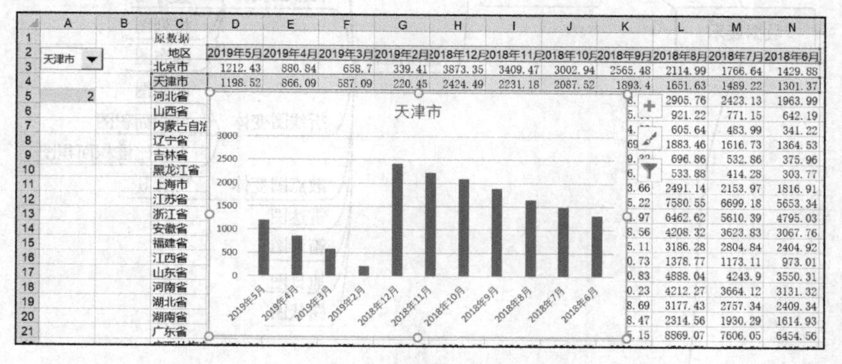

图 5.3.43　图表动态变化

练一练

图 5.3.44 所示是 2011 年、2012 年我国各省 GDP 前十的数据，如何用图表展示使其更直观、具体？

提示 1：思考不同的字段可以用什么图表来展示，如 GDP 可以用条形图或柱形图来展示，那么增速如何展示？

提示 2：同一年的 GDP 和增速可以放在一起展示吗？不同年份的呢？

	A	B	C	D	E	F
1	名次	地区	2012年GDP（亿元）	2012年GDP增速	2011年GDP（亿元）	2011年同比增长率
2	1	广东	57067.92	8.20%	52673.59	10.00%
3	2	江苏	54058.22	10.10%	48604.3	11.00%
4	3	山东	50013.24	9.80%	45429.2	10.90%
5	4	浙江	34606.3	8.00%	32000	9.00%
6	5	河南	29810.14	10.10%	27232.04	11.60%
7	6	河北	26575.01	9.60%	24228.2	11.30%
8	7	辽宁	24801.3	9.50%	22025.9	12.10%
9	8	四川	23849.8	12.60%	21026.7	15.00%
10	9	湖北	22250.16	11.30%	19195.69	13.80%
11	10	湖南	22154.2	11.30%	19635.19	12.80%

图 5.3.44　GDP 前十数据

小结

本章首先介绍了条件格式和迷你图的用法，这两个工具是数据展现的基础，也是“利器”；接着讲解了 5 个基本图表的用法和美化技巧，以及由 5 个基本图表衍生出的 10 个进阶图表该如何使用；最后简单介绍了动态交互图表的制作方法。本章知识点思维导图如下。

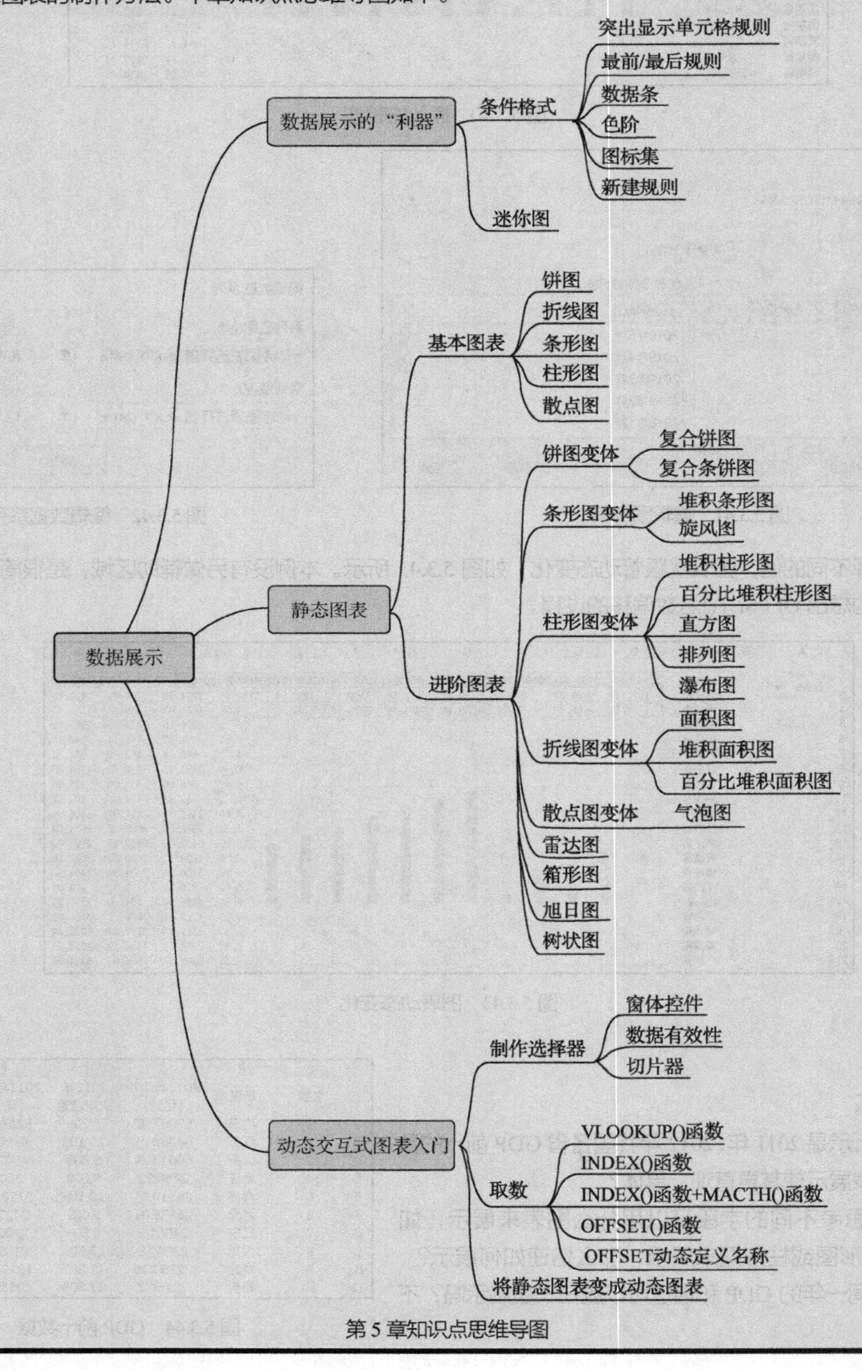

第 5 章知识点思维导图

第 6 章

数据分析报告

至此，整个数据分析的流程就已经结束了，但我们还需要将分析的结果形成报告，这样才有意义。本章就来讲解如何撰写一个完整的数据分析报告。

6.1 正确认识数据分析报告

撰写数据分析报告同样是重要的一环。分析了那么多，如何展示出来，这也是非常不容易的。有一句话很流行，“用 Word 的不如用 Excel 的，用 Excel 的不如用 PPT 的”，职场老人最后的阶段是用 PPT 做汇报，职场新人当然是从 Word 和 Excel 开始用起。放在我们的数据分析里同样很适用，“处理数据的不如分析数据的，分析的不如展示的，展示的不如做汇报的”，其实都说明了最终汇报的重要性。“行百里者半九十”，前面的所有分析工作也只不过是做了一半工作而已，而数据分析报告就是这样一个重要的角色。

6.1.1 写数据分析报告的步骤

做任何一件事情都要有所准备，在分析数据前我们要做足够的市场调研、背景研究等。同样，在写数据分析报告前，我们也要明确目的、类型、内容等，用 4W1H 的模型来分析撰写数据分析报告应注意的事项。

① Why。为什么要写数据分析报告？目的是什么？是年终总结还是给客户的竞品分析？不同的目的所要展示的内容肯定不一样，形式也不一样。例如年终总结就要写得实务一些，而竞品分析在形式上肯定要花哨一些。

② What。这份报告是什么类型的？是描述型的，还是预测型的？是在阐述一个事实，还是在预测一项指标？

③ Who。这份报告是写给谁看的？是给上司汇报，还是和同事交流？是给客户展示，还是网络公开？写给不同的人，措辞、形式都是不一样的。

④ When。数据报告涉及的时间周期是多久？

⑤ How。怎么写？步骤如何？这也是这节的重点。数据分析报告与论文相似。论文主要由标题、摘要、正文、小结组成，数据分析报告同样如此。不仅数据分析报告，所有的报告都是这个模式。下面我们按照模式，一个步骤一个步骤地写。

1. 标题

标题很重要，标题是数据分析报告最先呈现出来的部分，它决定了整个数据分析报告给人的第一印象。一个好的标题应当是简洁、明了、准确的，而不是复杂、晦涩、有歧义的。

① 简洁的意思是简单，标题应当是对全文内容的一个高度精炼的概括。如《对中国 5000 名留学生在欧洲、大洋洲和美洲的生活学习的分析》，这就是一个比较烦琐的标题，概括一下，改成《中国留学生现状分析》。

② 明了就是一目了然、开门见山，能让人一下子就抓住重点，知道报告讲的是什么。如《交换过歌单，我遇见对的人》，单看标题，请问这篇文章讲的是什么？读者可能能猜出来是音乐类产品的竞品分析报告，但《2019 年音乐类 App 竞品分析报告》不是更直接吗？拐弯抹角、犹抱琵琶不是不可以，但还是请读者在熟练掌握基本原则的基础上再做创新式的改变。

③ 准确就是没有语病、文题相符。语病是大忌，如果标题里就有语病，那文章的准确性就可想而知了，这不是以偏概全，而是第一印象有多重要的客观表述。文章和标题要做到一致，如标题为《2019 年中国通信行业 5G 产业研究报告》，而文章内容却没有我国运营商，而是国外运营商的内容，这就犯了大错。这种文不对题的情况一旦发生，就是大错误。

例如在下一章中要实操的《数据分析岗位招聘分析》，这个标题就很符合上述 3 个基本原则。

2. 摘要

摘要，也可以说是前言，通常写在一份报告的最开端，是对报告整体内容的一个概述，说明为什么要做这项分析、怎么分析的、结果如何。在这部分还会写一些行业发展概况，让不是本行业的人也能对一份数据分析报告有个大概的了解，而报告中具体的细节会在正文中详细描述。图 6.1.1 所示是《数据分析岗位招聘分析》的摘要部分。

数据分析岗位招聘分析

近年来，数据分析师的岗位逐渐火起来，甚至校招也开设了该岗位。数据分析岗位的行情究竟如何？为了对该岗位有更好地了解，为从业者提供良好的决策支撑，这里选取了2020年3月30日某招聘网站发布的深圳地区数据分析岗位招聘信息的数据作为本次分析的数据源，并从求职者和企业两个角度出发，构建目标画像，对数据分析岗位做一个深入的分析。

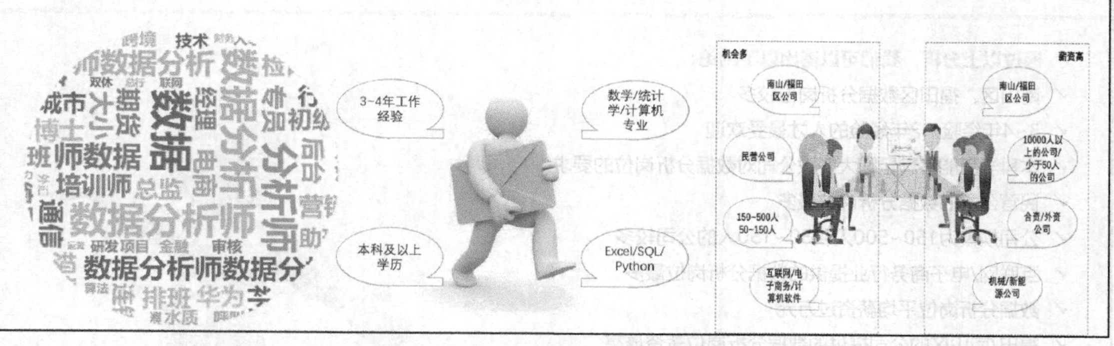

图 6.1.1 《数据分析岗位招聘分析》的摘要

3. 正文

正文就要罗列数据、展示图表、写出结论了。当然不是将分析的结果毫无头绪地罗列，而是要做到有理有据、逻辑清晰、层次清楚。如何撰写正文，给大家如下几个建议。

① 明确正文中各部分（段落）之间的关系，是“总—分—总”的结构，还是一层一层逐渐展开的结构等。

② 数据、图表、文字的结合要恰到好处。有的部分光用图片不能很好地表达，需要借助文字描述，有的部分文字描述过多又会显得多余，这种度的拿捏需要多多练习。

③ 文字部分要讲客观事实，多用数据说话，体现严谨的态度，类似“我觉得”“大约”“可能”等表示主观情感的词汇，尽量不要使用。

图 6.1.2 所示是《数据分析岗位招聘分析》实例报告中的部分正文，详细内容可查看下一章。

1.1 公司画像——地域分布

□ **南山/福田区拥有更多的就业机会。对招聘数据分析岗位的地域做一个划分，南山、福田属于第一梯队，龙岗、龙华属于第二梯队，宝安、罗湖属于第三梯队。第一梯队能够提供的岗位远远超过第二和第三梯队；**

□ **南山/福田区薪资高。从公司所在地域平均薪资的关系来看，第一梯队（南山区/福田区）公司提供的薪资也最高；**

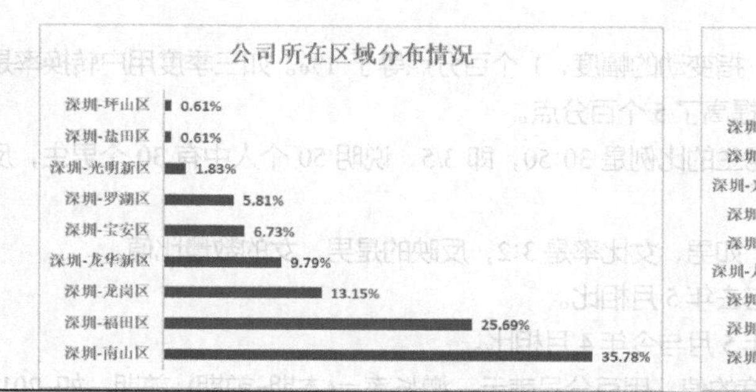

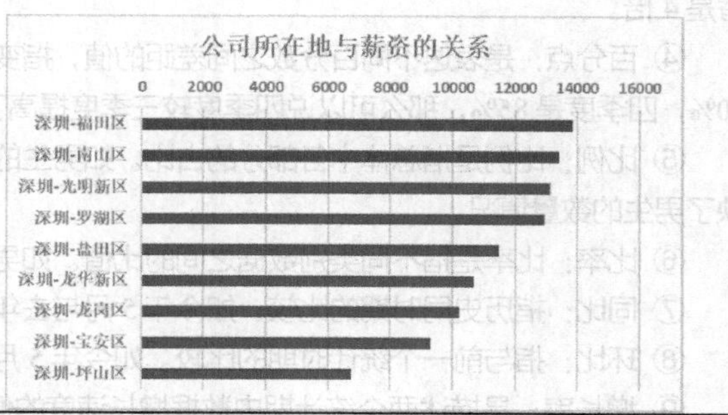

图 6.1.2 《数据分析岗位招聘分析》部分正文

4. 小结

小结部分是对报告整体观点结论的一个描述性概述。它和摘要不同，摘要主要写前期的准备工作，而小结主要将报告的观点罗列出来，图 6.1.3 所示是《数据分析岗位招聘分析》的小结部分。

4 小结

通过以上分析，我们可以得出以下结论：

- ✓ 南山区、福田区数据分析岗位较多
- ✓ 3~4年经验、2年经验的人才最受欢迎
- ✓ 本科学历能够满足绝大多数公司对数据分析岗位的要求
- ✓ 民营公司的数据分析岗位最多
- ✓ 公司规模为150~500人和50~150人的公司较多
- ✓ 互联网/电子商务行业提供的数据分析岗位最多
- ✓ 数据分析岗位平均薪资过万元
- ✓ 福田/南山区的公司提供的数据分析岗位薪资最高
- ✓ 两年以上工作经验的数据分析师，平均薪资可破万元
- ✓ 本科学历薪资也能过万元
- ✓ 大公司和创业公司给的薪资最高
- ✓ 互联网/计算机行业招聘人数虽多，薪资却不高。

图 6.1.3 《数据分析岗位招聘分析》的小结

6.1.2 报告中常见的专业术语

数据分析报告中会涉及一些统计专业术语，我们只有读懂这些术语，才能做到“内行看门道”。下面来介绍一些常见的术语。

① 倍数：数学中倍数的定义是“一个整数能够被另一个整数整除，这个整数就是另一个整数的倍数”。举例来说，100÷25=4，那么 100 就是 25 的 4 倍，这个 4 就是倍数。

② 成数：几成表示一个数是另一个数的百分之几十或十分之几。如 1 成表示 10%（10/100 或 1/10），2 成表示 20%，这里的 1 成就是一个成数。“成”和平时所说的“折”是一个概念，如商品打 9 折出售的意思是现价是原价的 90%。

③ 番数：指原来数量的 2 的 *N* 次方倍。如今年的产量较去年翻一番，意思是今年是去年数量的 2 倍，翻两番是 4 倍。

④ 百分点：是表达不同百分数之间差距的值，指变动的幅度，1 个百分点等于 1%。如三季度用户转换率是 80%，四季度是 85%，那么可以说四季度较三季度提高了 5 个百分点。

⑤ 比例：比例是指总体中各部分的占比。如男生的比例是 30:50，即 3/5，说明 50 个人中有 30 个男生，反映了男生的数量情况。

⑥ 比率：比率是指不同类别数据之间的比值。如男、女比率是 3:2，反映的是男、女的数量比值。

⑦ 同比：指历史同时期的比较。如今年 5 月与去年 5 月相比。

⑧ 环比：指与前一个统计时期的比较。如今年 5 月与今年 4 月相比。

⑨ 增长率：是描述两个统计期内数据增长速度的值，用百分号表示。增长率=(本期−前期)÷前期，如 2019 年 5 月的用户增长率是 75%，4 月是 66%，那么 5 月环比 4 月增长率为(75%−66%)÷66%≈13.64%。

练一练

请写一份《2019 中国移动互联网行业用户画像分析报告》，该如何着手？（仅列出目录即可）

提示

按照"总—分—总"的结构，从行业发展概况出发，到行业趋势预测。

6.2 用 Excel 写分析报告

工作中，更多的时候需要数据分析师监控相应的指标，并给出日报、周报和月报等。用 Excel 统计数据的同时，可以直接写出日报，而且用 Excel 也可以做得像 Word 和 PPT 一样直观。下面就来讲解一下在 Excel 里怎样写分析报告。

6.2.1 日报案例

在初级的数据分析中都会涉及指标监控的工作，每日提取数据、分析数据、生成日报。日报可以是文字，也可以是文字搭配图片。这个案例是用 Excel 写日报，并实现输入数据就自动生成日报的自动化功能，以提高工作效率、提升技能。

1. 准备数据

原始数据的来源是某产品每日用户数的监控。如图 6.2.1 所示，该数据包含【日期】、【全量用户数累计】、【消费用户数（累计）】、【潜在用户数（累计）】4 个字段。

B	C	D	E
日期	全量用户数累计	消费用户数(累计)	潜在用户数（累计）
5/1	917	198	158
5/2	1786	309	346
5/3	2622	438	516
5/4	3380	541	670
5/5	4423	752	868
5/6	5285	919	1009
5/7	6010	1086	1110
5/8	7037	1271	1317
5/9	8538	1537	1602
5/10	9690	1795	1882
5/11	11027	2088	2165
5/12	12479	2418	2433
5/13	13765	2848	2700
5/14	14884	3075	2912
5/15	16184	3545	3160
5/16	17288	3742	3390
5/17			
5/18			
5/19			
5/20			
5/21			

图 6.2.1　日报数据

根据要汇报内容的实际情况，在原始数据的基础上新增【消费用户数累计占比】、【潜在用户数累计占比】、【价值用户数累计占比】、【全量用户数每日】、【消费用户数每日】、【潜在用户数每日】6 个字段。

① 消费用户数累计占比：用累计消费用户数除以累计全量用户数，得到消费用户数累计占比的值。如图 6.2.2 所示，在 F2 单元格中输入公式=D2/C2。

=D2/C2

B	C	D	E	F
日期	全量用户数累计	消费用户数(累计)	潜在用户数（累计）	消费用户数累计占比
5/1	917	198	158	21.59%
5/2	1786	309	346	17.30%

图 6.2.2　消费用户数累计占比

② 潜在用户数累计占比：用累计潜在用户数除以累计全量用户数，得到潜在用户数累计占比的值。如图 6.2.3 所示，在 G2 单元格中输入公式=E2/C2。

=E2/C2

B	C	D	E	F	G
日期	全量用户数累计	消费用户数(累计)	潜在用户数（累计）	消费用户数累计占比	潜在用户数累计占比
5/1	917	198	158	21.59%	17.23%
5/2	1786	309	346	17.30%	19.37%

图 6.2.3　潜在用户数累计占比

③ 价值用户数累计占比：用消费用户数累计占比加上潜在用户数累计占比，得到价值用户数累计占比的值。如图 6.2.4 所示，在 H2 单元格中输入公式=F2+G2。

=F2+G2

日期	全量用户数累计	消费用户数(累计)	潜在用户数（累计）	消费用户数累计占比	潜在用户数累计占比	价值用户数累计占比
5/1	917	198	158	21.59%	17.23%	38.82%
5/2	1786	309	346	17.30%	19.37%	36.67%

图 6.2.4　价值用户数累计占比

④ 全量用户数每日：5 月 2 日的全量用户数每日的值等于 5 月 2 日的全量用户数累计减去 5 月 1 日的全量用户数累计，依此类推。如图 6.2.5 所示，在 I2 单元格中输入公式=C3−C2。

=C3-C2

日期	全量用户数累计	消费用户数(累计)	潜在用户数（累计）	消费用户数累计占比	潜在用户数累计占比	价值用户数累计占比	全量用户数每日
5/1	917	198	158	21.59%	17.23%	38.82%	917
5/2	1786	309	346	17.30%	19.37%	36.67%	869
5/3	2622	438	516	16.70%	19.68%	36.38%	836

图 6.2.5　全量用户数每日

⑤ 消费用户数每日：同全量用户数每日的算法，如图 6.2.6 所示，在 J2 单元格中输入公式=D3−D2。

⑥ 潜在用户数每日：同全量用户数每日的算法，如图 6.2.6 所示，在 K2 单元格中输入公式=E3−E2。

=D3-D2

日期	全量用户数累计	消费用户数(累计)	潜在用户数（累计）	消费用户数累计占比	潜在用户数累计占比	价值用户数累计占比	全量用户数每日	消费用户数每日	潜在用户数每日
5/1	917	198	158	21.59%	17.23%	38.82%	917	198	158
5/2	1786	309	346	17.30%	19.37%	36.67%	869	111	188
5/3	2622	438	516	16.70%	19.68%	36.38%	836	129	170

图 6.2.6　消费/潜在用户数每日

2. 制作选择器

选择器是让日报自动化的重要工具，其功能就是选择特定的指标、数值、日期，得到相应的数据。可根据实际需求选取【开发工具】里面的组合框、复选框、列表框等控件，或数据透视表中的切片器，甚至数据有效性功能作为选择器，在 5.3 节中也详细介绍过。

本案例中用到的选择器是开发工具中的组合框控件。单击【开发工具】→【控件】→【插入】→【组合框】按钮，如图 6.2.7 所示，当鼠标指针变为十字的时候，在空白区画一个大小适宜的选框。

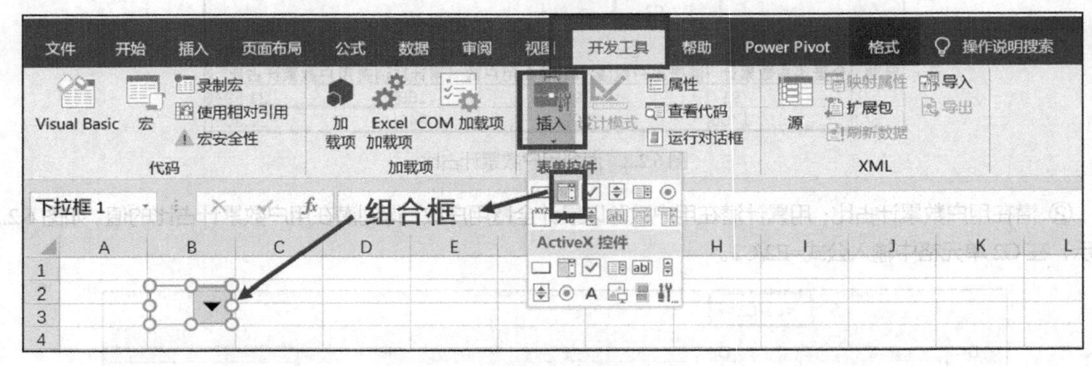

图 6.2.7　插入组合框

右击选框，在弹出的快捷菜单中选择【设置控件格式】选项，数据源区域选择原始数据中的【日期】列，单元格链接随便选一个空白区域，如图 6.2.8 所示。这里链接到 I1 单元格，下拉显示项数保持默认设置即可。

这样，选择器就做好了，如图 6.2.9 所示。当在组合框中选择【5/1】(5月1日)时，则在I1单元格中出现数字“1”；选择【5/2】(5月2日)，出现数字“2”。

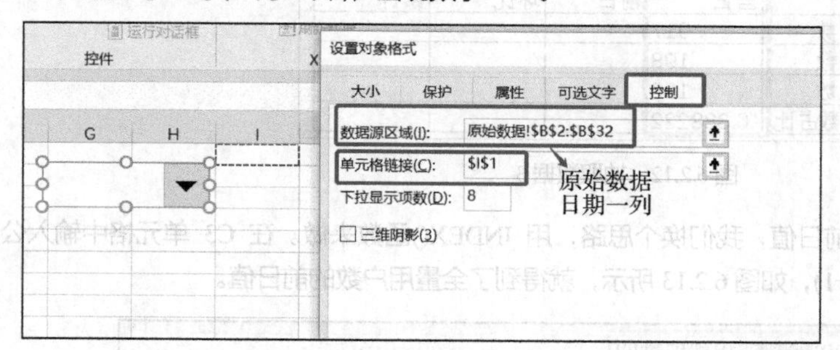

图 6.2.8 设置组合框

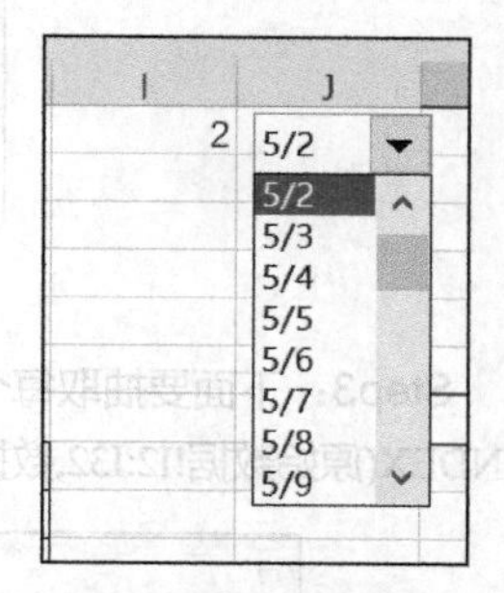

图 6.2.9 组合框效果

3. 抽取数据

选择器做好后，接下来要实现选择一个日期，就从原始数据中抽取相应的数据的效果。抽取数据的方法之前详细介绍过，这里我们使用 VLOOKUP()和 INDEX()函数来实现。

Step1：新建一个数据通报表，行字段包含要观察的指标，如【全量用户数】、【消费用户数】、【潜在用户数】和【价值用户数占比】，列字段包含求每个指标当日的值、前日的值、两日环比值和累计值的字段名，如图 6.2.10 所示。

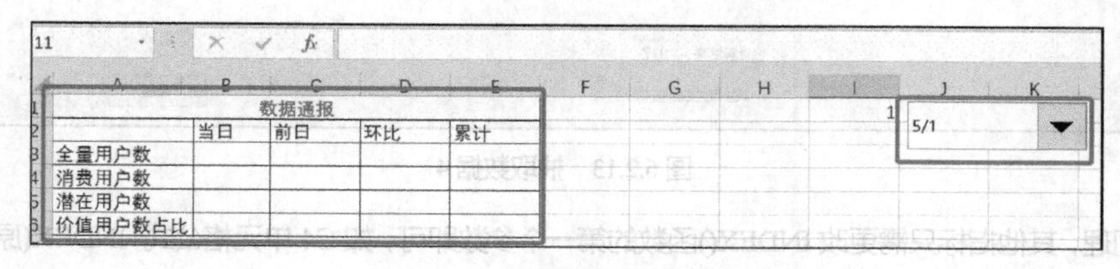

图 6.2.10 抽取数据 1

Step2：用 VLOOKUP()函数实现抽取每个指标当日的值。观察发现，下拉日期后，会在I1单元格显示日期对应的天数，那么我们就以I1单元格为 VLOOKUP()函数的第一个参数，因此就需要在原始数据中新增一列【序号】辅助列以匹配 VLOOKUP()函数。在 B3 单元格中输入公式=VLOOKUP(I1,原始数据! A:M,9,0)，如图 6.2.11 所示，同样，消费用户数当日的值需将第三个参数改为 10，在 B4 单元格中输入公式=VLOOKUP($I$1,原始数据!$A:$M,10,0)。其他两个指标当日的值抽取同理，抽取好的结果如图 6.2.12 所示。

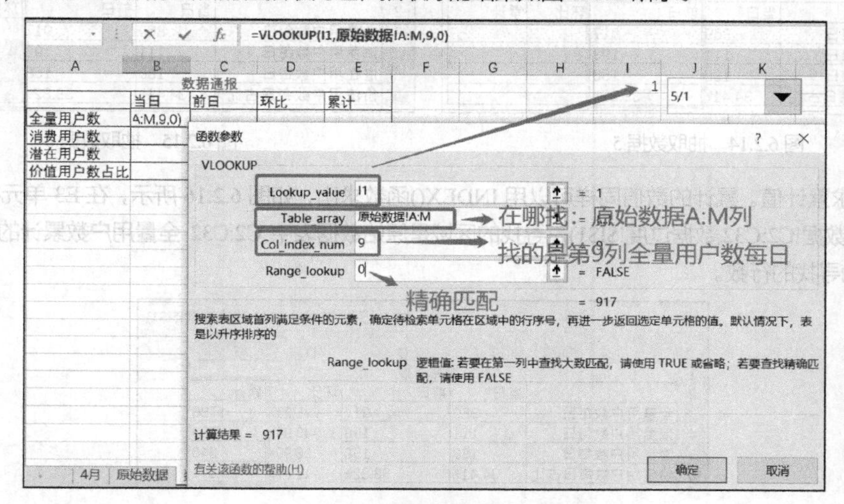

图 6.2.11 抽取数据 2

A	B	C	D	E
	数据通报			
	当日	前日	环比	累计
全量用户数	917			
消费用户数	198			
潜在用户数	158			
价值用户数占比	0.388222			

图 6.2.12　抽取数据 3

Step3：下面要抽取每个指标的前日值，我们换个思路，用 INDEX()函数来做。在 C3 单元格中输入公式=INDEX(原始数据!I2:I32,数据过度!I1-1)，如图 6.2.13 所示，就得到了全量用户数的前日值。

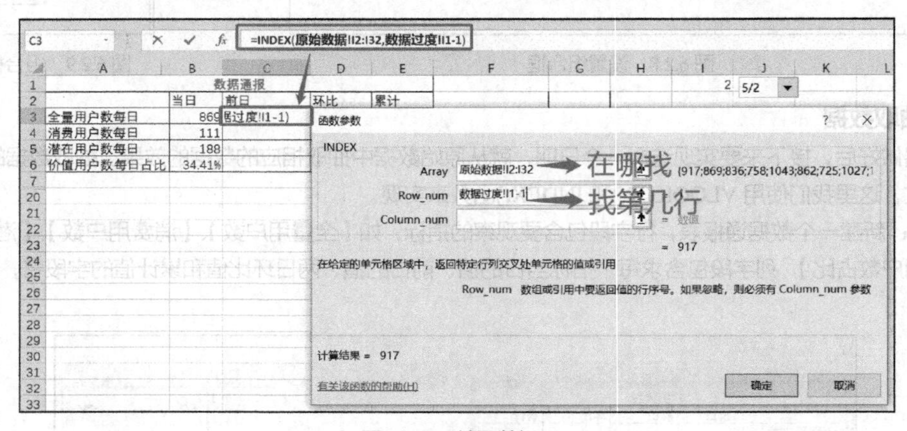

图 6.2.13　抽取数据 4

Step4：同理，其他指标只需更改 INDEX()函数的第一个参数即可，如 C4 单元格公式=INDEX(原始数据!J2:J32,数据过度!I1-1)，最后前日取数的结果如图 6.2.14 所示。

Step5：求环比值。今天的环比 =(今天-昨天)/昨天，因此在 D3 单元格中输入公式=(B3-C3)/C3，如图 6.2.15 所示，下拉选框得到所有指标相应的环比值。

A	B	C	D	E
	数据通报			
	当日	前日	环比	累计
全量用户数每日	869	917		
消费用户数每日	111	198		
潜在用户数每日	188	158		
价值用户数每日占比	34.41%	38.82%		

图 6.2.14　抽取数据 5

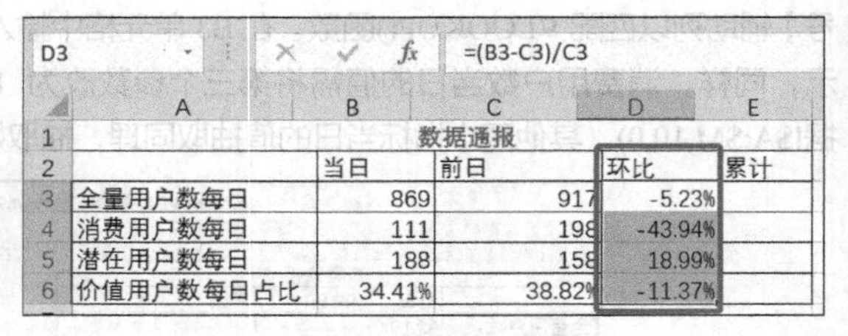

D3 =(B3-C3)/C3

A	B	C	D	E
	数据通报			
	当日	前日	环比	累计
全量用户数每日	869	917	-5.23%	
消费用户数每日	111	198	-43.94%	
潜在用户数每日	188	158	18.99%	
价值用户数每日占比	34.41%	38.82%	-11.37%	

图 6.2.15　抽取数据 6

Step6：求累计值。累计的数值同样可以用 INDEX()函数求出，如图 6.2.16 所示，在 E3 单元格中输入公式=INDEX(原始数据!C2:C32,数据过度!$I$1)，寻找的区域是原始数据表中 C2:C32 全量用户数累计的列区域，取选择器 I1 的值为寻找的行数。

E3 =INDEX(原始数据!C2:C32,数据过度!$I$1)

A	B	C	D	E
	数据通报			
	当日	前日	环比	累计
全量用户数每日	869	917	-5.23%	1786
消费用户数每日	111	198	-43.94%	309
潜在用户数每日	188	158	18.99%	346
价值用户数每日占比	34.41%	38.82%	-11.37%	36.67%

图 6.2.16　抽取数据 7

4. 制作日报

利用选择器抽取数据成功，接下来制作日报。为什么叫制作日报而不是直接写日报呢？这是因为每天自动生成的日报是由多个单元格拼接而成的。下面就是来制作这些要被拼接起来的单元格。

Step1：在 A9、B9、C9 单元格中分别输入"1. 当日全量用户数""=B3""户，环比前日"，如图 6.2.17 所示，让它们读起来是一个完整的句子"1. 当日全量用户数 869 户，环比前日"。

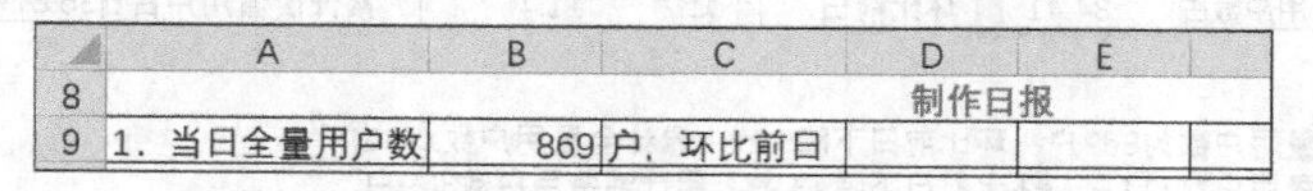

	A	B	C	D	E
8				制作日报	
9	1. 当日全量用户数	869	户，环比前日		

图 6.2.17　制作日报 1

Step2：在 D9 单元格中判断环比是上升、下降还是持平。应用 IF 嵌套条件判断，如果 D3 单元格也就是环比的值大于 0，则显示"上升"，否则继续判断；如果小于 0，显示"下降"；如果等于 0，则显示"持平"，如图 6.2.18 所示。在 D9 单元格中输入公式=IF(D3＞0,"上升",IF(D3＜0,"下降","持平"))。

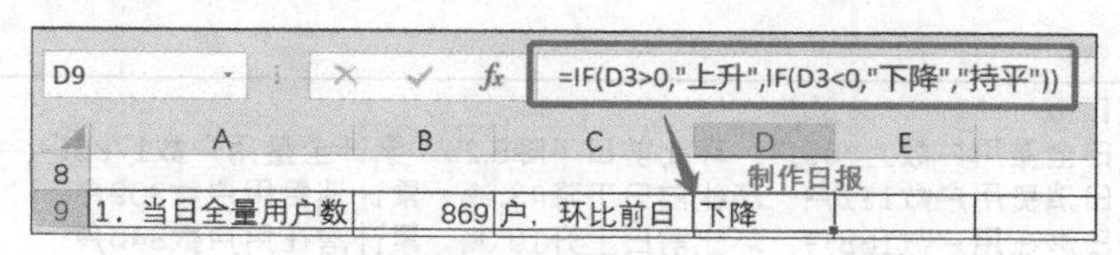

D9　=IF(D3>0,"上升",IF(D3<0,"下降","持平"))

	A	B	C	D	E
8				制作日报	
9	1. 当日全量用户数	869	户，环比前日	下降	

图 6.2.18　制作日报 2

Step3：在 E9 单元格中输入公式=TEXT(ABS(D3),"0.0%")。TEXT()函数是将数值转换成文本格式的函数，D3 单元格是要转换的数值，也就是环比的数值。0.0%是希望转换的格式，格式要用双引号引起来，这里我们希望转换成一位小数显示的百分比格式，则写成"0.0%"。在 F9 单元格中输入"，累计全量用户数"，G9 单元格中输入"=E3"，H9 单元格中输入"户"，如图 6.2.19 所示。

	A	B	C	D	E	F	G	H
8				制作日报				
9	1. 当日全量用户数	869	户，环比前日	下降	5.2%	，累计全量用户数	1786	户
10	2. 当日消费用户数	111	户，环比前日	下降	43.9%	，累计消费用户数	309	户
11	3. 当日潜在用户数	188	户，环比前日	上升	19.0%	，累计潜在用户数	346	户
12	4. 当日价值用户数占	34.41%	，环比前日	下降	11.4%	，累计价值用户占比	36.67%	

图 6.2.19　制作日报 3

5. 生成日报

生成日报时需要使用 CONCATENATE()函数连接制作日报时的每一行单元格，使其成为一句通顺的话。在 A15 单元格中输入公式=CONCATENATE(A9,B9,C9,D9,E9,F9,G9,H9)，如图 6.2.20 所示。

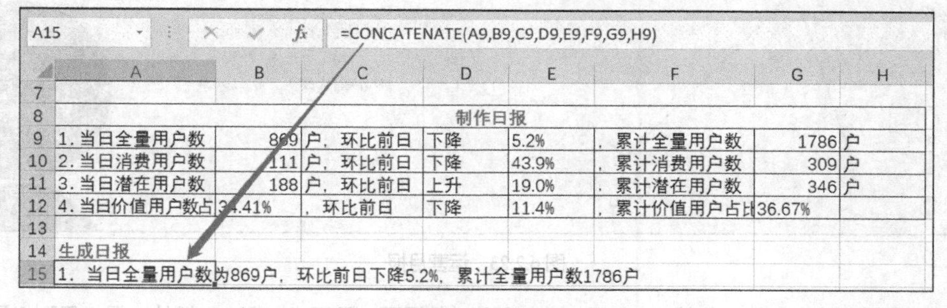

A15　=CONCATENATE(A9,B9,C9,D9,E9,F9,G9,H9)

	A	B	C	D	E	F	G	H
7								
8				制作日报				
9	1.当日全量用户数	869	户，环比前日	下降	5.2%	，累计全量用户数	1786	户
10	2.当日消费用户数	111	户，环比前日	下降	43.9%	，累计消费用户数	309	户
11	3.当日潜在用户数	188	户，环比前日	上升	19.0%	，累计潜在用户数	346	户
12	4.当日价值用户数占	34.41%	，环比前日	下降	11.4%	，累计价值用户占比	36.67%	
13								
14	生成日报							
15	1. 当日全量用户数为869户，环比前日下降5.2%，累计全量用户数1786户							

图 6.2.20　生成日报 1

如果在制作日报时没有用 TEXT()函数处理数值，生成日报时就会出现图 6.2.21 所示的效果，而我们通常希望小数显示为小数点后两位。

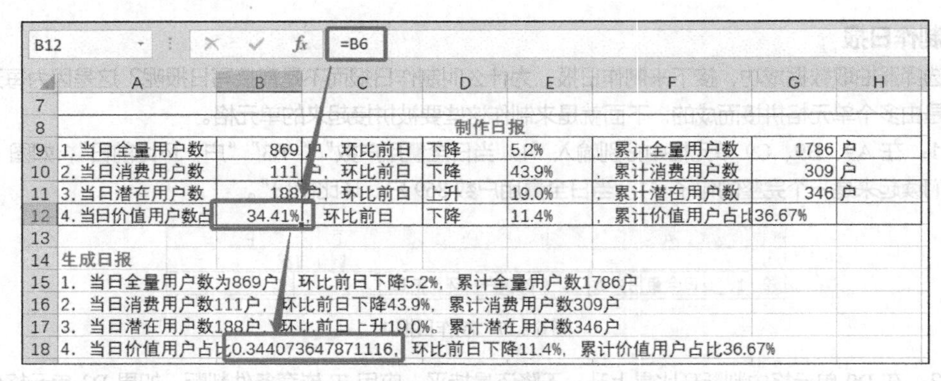

图 6.2.21　生成日报 2

生成的日报最后效果如图 6.2.22 所示，当选择不同的日期时，文字内容自动变化。至此，便实现了日报自动化的功能。

生成日报
1.当日全量用户数为869户，环比前日下降5.2%，累计全量用户数1786户
2.当日消费用户数111户，环比前日下降43.9%，累计消费用户数309户
3.当日潜在用户数188户，环比前日上升19.0%，累计潜在用户数346户
4.当日价值用户数占比34.41%，环比前日下降11.4%，累计价值用户占比36.67%

图 6.2.22　生成日报 3

6.2.2　月报案例

下面介绍使用 Excel 制作动态交互图表的运营月报案例。图 6.2.23 所示是运营月报的模板，在其中选择不同的日期或不同的指标会出现相应的数据，同时折线图跟随日期变化。这些相应的交互如何实现，我们在第 5 章中已经详细介绍过了，这里来综合运用。

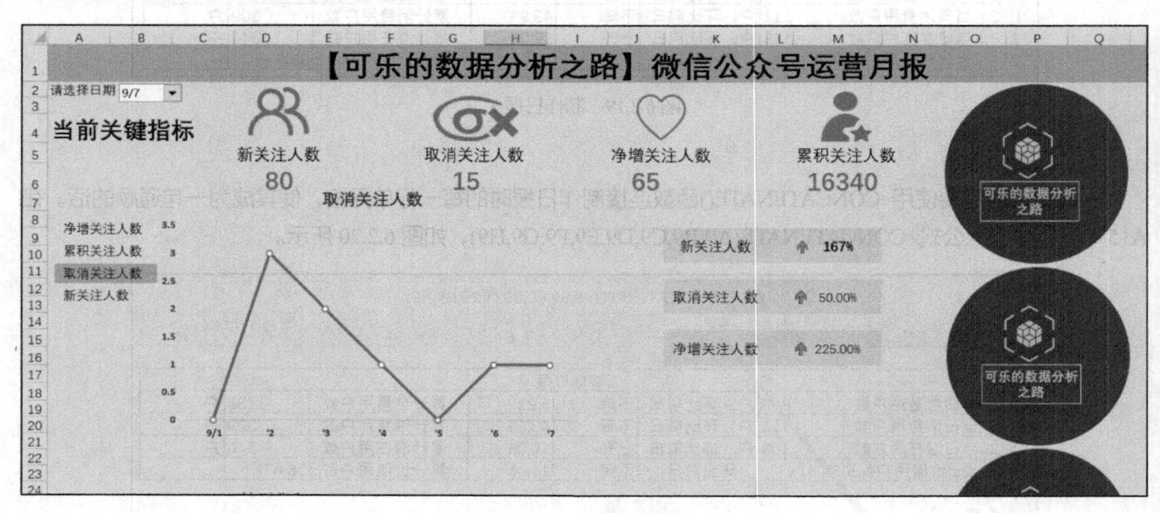

图 6.2.23　运营月报

数据源是某微信公众号的运营数据。如图 6.2.24 所示，数据源 1 是用户数据，包括从 9 月 1 日到 9 月 29 日的【新关注人数】、【取消关注人数】、【净增关注人数】和【累积关注人数】数值。

图 6.2.25 所示的数据源 2 是该公众号用户性别数据，包括男女用户数及占比。

图 6.2.26 所示的数据源 3 是用户年龄数据，包括各年龄段用户数及占比。

	A	B	C	D	E
1	数据源1：用户数据				
2	时间	新关注人数	取消关注人数	净增关注人数	累积关注人数
3	9/1	100	10	90	15920
4	9/2	140	30	110	16060
5	9/3	30	12	18	16090
30	9/28	121	1	120	18250
31	9/29	133	11	122	18383

图 6.2.24　数据源 1

	A	B	C	D	E
34	数据源2：性别数据				
35	性别	用户数	占比		
36	男	9200	50.05%		
37	女	9183	49.95%		
38					

图 6.2.25　数据源 2

	A	B	C
39	数据源3：年龄数据		
40	年龄	用户数	占比
41	26岁到35岁	9113	49.57%
42	18岁到25岁	7250	39.44%
43	36岁到45岁	1510	8.21%
44	46岁到60岁	420	2.28%
45	18岁以下	80	0.44%
46	60岁以上	10	0.05%

图 6.2.26　数据源 3

1. 组合框动态交互

制作组合框以选择不同日期，4 个关键指标（【新关注人数】、【取消关注人数】、【净增关注人数】、【累积关注人数】）的值随着变化的交互效果。整个交互流程同日报案例一样，先制作选择器，后取数，步骤如下。

Step1：插入组合框。新建一个 Sheet 表，命名为“展示”，在展示 Sheet 表中做一个日期选择的组合框，单击【开发工具】→【控件】→【插入】→【组合框】按钮，如图 6.2.27 所示。插入组合框完成后右击，选择【设置控件格式】选项，在弹出的【设置对象格式】对话框中，数据源区域选择$A$3:$A$31 区域，也就是数据源 1 的【时间】列，单元格链接选择 H1 单元格。

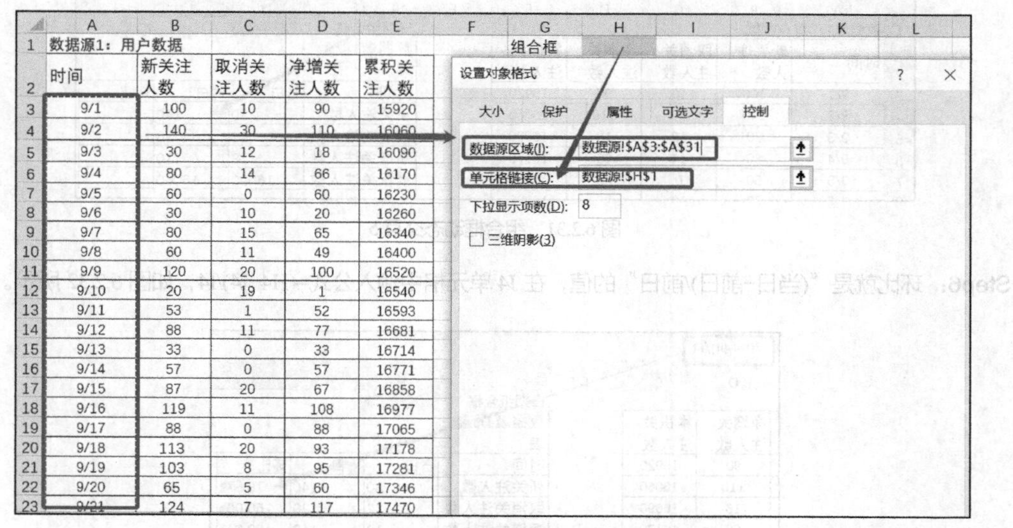

	A	B	C	D	E
1	数据源1：用户数据				
2	时间	新关注人数	取消关注人数	净增关注人数	累积关注人数
3	9/1	100	10	90	15920
4	9/2	140	30	110	16060
5	9/3	30	12	18	16090
6	9/4	80	14	66	16170
7	9/5	60	0	60	16230
8	9/6	30	10	20	16260
9	9/7	80	15	65	16340
10	9/8	60	11	49	16400
11	9/9	120	20	100	16520
12	9/10	20	19	1	16540
13	9/11	53	1	52	16593
14	9/12	88	11	77	16681
15	9/13	33	0	33	16714
16	9/14	57	0	57	16771
17	9/15	87	20	67	16858
18	9/16	119	11	108	16977
19	9/17	88	0	88	17065
20	9/18	113	20	93	17178
21	9/19	103	8	95	17281
22	9/20	65	5	60	17346
23	9/21	124	7	117	17470

图 6.2.27　组合框动态交互 1

Step2：这时在组合框中选中一个值，会呈现该值在这组数据中是第几个，因此显示的是一个数字。如图 6.2.28 所示，组合框选择【9/3】（9 月 3 日），在相应的单元格链接中会显示“3”。

Step3：抽取数据。我们要抽取 4 个指标下当日和前日的数据，并算出环比值。这一过程和日报案例类似，先做一个数据源 1 的取数表，如图 6.2.29 所示。

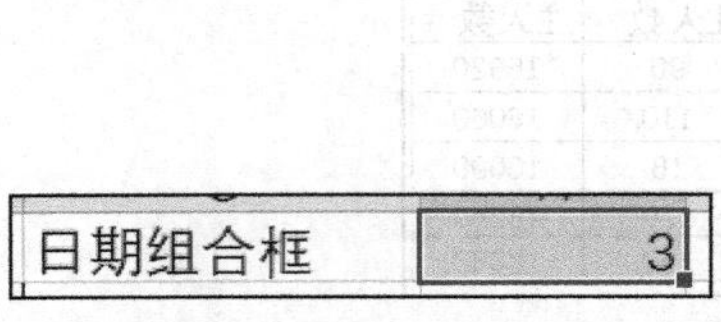

图 6.2.28　组合框动态交互 2

	G	H	I	J
	组合框	3		
	数据源1取数表			
	时间	当日	前日	环比
	新关注人数			
	取消关注人数			
	净增关注人数			
	累积关注人数			

图 6.2.29　组合框动态交互 3

Step4：当日的数据用 INDEX()函数抽取。在 H4 单元格中输入公式=INDEX(B$3:B$31,$H$1)，如图 6.2.30 所示，该公式的意思是取 B$3:B$31 这组数据中的第$H$1 个值，H1 是日期组合框的值。

H4　=INDEX(B$3:B$31,$H$1)

	A	B	C	D	E	F	G	H	I	J
1	数据源1：用户数据						日期组合框	3		
2	时间	新关注人数	取消关注人数	净增关注人数	累积关注人数		数据源1取数表			
3	9/1	100	10	90	15920		时间	当日	前日	环比
4	9/2	140	30	110	16060		新关注人数	30		
5	9/3	30	12	18	16090		取消关注人数	12		
6	9/4	80	14	66	16170		净增关注人数	18		
7	9/5	60	0	60	16230		累积关注人数	16090		
8	9/6	30	10	20	16260					

图 6.2.30　组合框动态交互 4

Step5：当日数据抽取出来后，抽取前日的数据就简单许多。同样也是用 INDEX()函数，只需把第二个参数改成“日期组合框-1”即可，如图 6.2.31 所示，在 I4 单元格中输入公式=INDEX(B$3:B$31,$H$1-1)。

I4　=INDEX(B$3:B$31,$H$1-1)

	A	B	C	D	E	F	G	H	I	J
1	数据源1：用户数据						日期组合框	3		
2	时间	新关注人数	取消关注人数	净增关注人数	累积关注人数		数据源1取数表			
3	9/1	100	10	90	15920		时间	当日	前日	环比
4	9/2	140	30	110	16060		新关注人数	30	140	
5	9/3	30	12	18	16090		取消关注人数	12	30	
6	9/4	80	14	66	16170		净增关注人数	18	110	
7	9/5	60	0	60	16230		累积关注人数	16090	16060	

图 6.2.31　组合框动态交互 5

Step6：环比就是“(当日-前日)/前日”的值，在 J4 单元格中输入公式=(H4-I4)/I4，如图 6.2.32 所示。

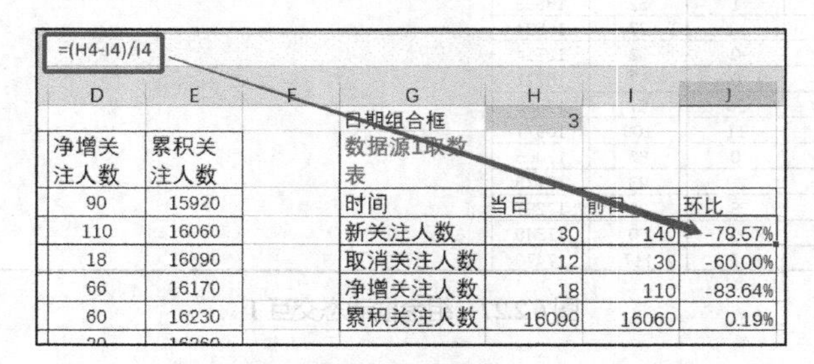

=(H4-I4)/I4

D	E	F	G	H	I	J
			日期组合框	3		
净增关注人数	累积关注人数		数据源1取数表			
90	15920		时间	当日	前日	环比
110	16060		新关注人数	30	140	-78.57%
18	16090		取消关注人数	12	30	-60.00%
66	16170		净增关注人数	18	110	-83.64%
60	16230		累积关注人数	16090	16060	0.19%

图 6.2.32　组合框动态交互 6

Step7：回到展示 Sheet 表，在新关注人数下方输入公式=数据源!H4，即把数据源 1 取数表中 H4 单元格当日新关注人数的值链接过来，如图 6.2.33 所示，其余同理。这样，就实现了开头的随日期变化，4 个指标也变化的效果。

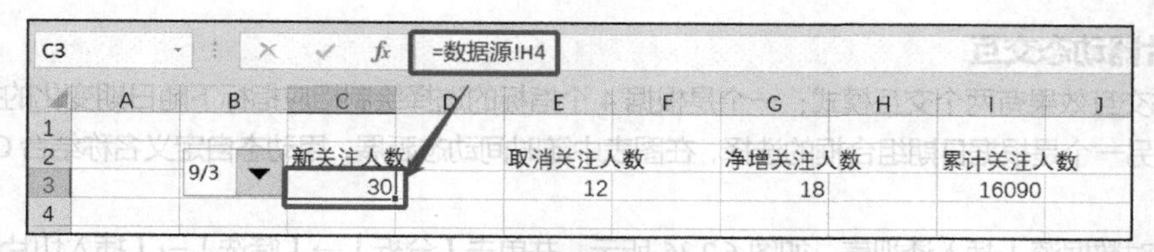

图 6.2.33　组合框动态交互 7

2. 组合框与条件格式动态交互

接下来做第二个动态交互效果，随着组合框日期选择的变化，用颜色和箭头显示 4 个指标的环比结果，这里用条件格式来实现。

Step1：和上一步一样，在新关注人数旁边输入公式=数据源!J4，即把数据源 1 取数表中 J4 单元格新关注人数的环比值链接过来，如图 6.2.34 所示，其余同理。

I6　=数据源!J4

	A	B	C	D	E	F	G	H	I	J
1										
2		9/6	新关注人数		取消关注人数		净增关注人数		累计关注人数	
3			30		10		20		16260	
4										
5										
6							新关注人数		-50.00%	
7										
8										
9							取消关注人数		0.00%	
10										
11										
12							净增关注人数		-66.67%	
13										

图 6.2.34　组合框与条件格式动态交互 1

Step2：用条件格式实现大于 0 的值标记为绿色向上箭头，小于 0 的值标记为红色向下箭头，等于 0 的值标记为黄色向右箭头。选中要进行条件格式的区域，选择【开始】→【样式】→【条件格式】→【新建规则】选项，选择【基于各自值设置所有单元格的格式】选项，图标样式选择三箭头的类型，值就按大于 0、等于 0、小于 0 设置，类型选择【数字】。这样就实现了随着组合框日期选择的不同，3 个指标的环比值有着不同的格式变化效果，如图 6.2.35 所示。

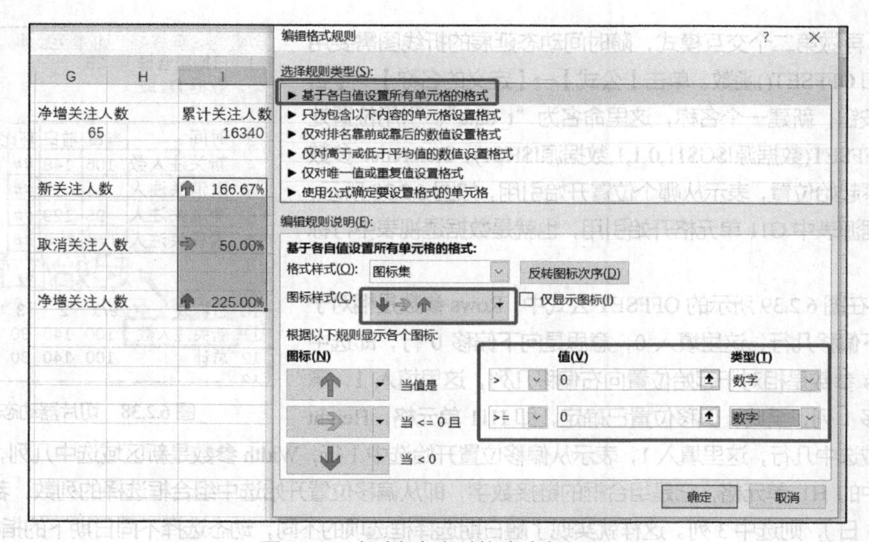

图 6.2.35　组合框与条件格式动态交互 2

3. 切片器动态交互

这个动态交互效果有两个交互模式：一个是根据 4 个指标的选择绘制相应指标下随日期变化的折线图，用切片器来实现；另一个是根据日期组合框的选择，在图表中随时间动态延展，用动态自定义名称结合 OFFSET()函数来实现。

Step1：对数据源 1 插入透视表，如图 6.2.36 所示，并单击【分析】→【筛选】→【插入切片器】按钮，这样就能实现随着切片器选择不同的指标，数据透视表中的数值也随着变化的效果。

时间
净增关注人数
累积关注人数
取消关注人数
新关注人数

行标签	求和项:9/1	求和项:9/2	求和项:9/3	求和项:9/4	求和项:9/5	求和项:9/6
净增关注人数	90	110	18	66	60	20
累积关注人数	15920	16060	16090	16170	16230	16260
取消关注人数	10	30	12	14	0	10
新关注人数	100	140	30	80	60	30
总计	16120	16340	16150	16330	16350	16320

图 6.2.36　切片器动态交互 1

Step2：对相应的值插入折线图，这样随着切片器指标选择的不同，图表也会动态变化，如图 6.2.37 所示。

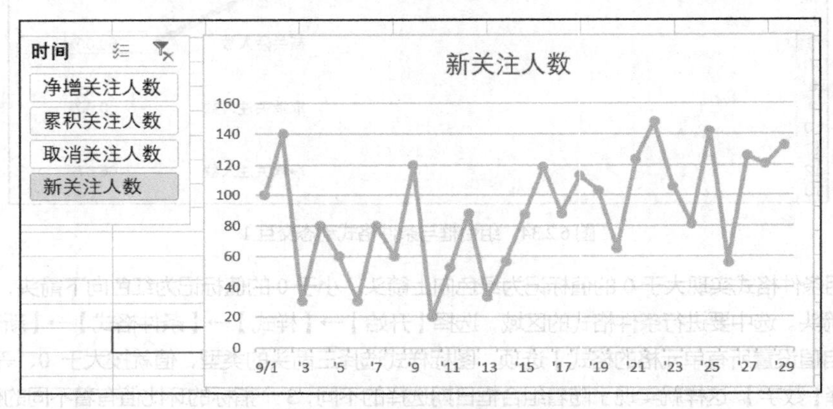

图 6.2.37　切片器动态交互 2

Step3：再做第二个交互模式，随时间动态延展的折线图需要用到动态名称和 OFFSET()函数。单击【公式】→【定义的名称】→【名称管理器】按钮，新建一个名称，这里命名为"t_data"。引用位置处输入公式=OFFSET(数据源!$G$11,0,1,1,数据源!$H$1)，Reference 参数是指定参照系起始位置，表示从哪个位置开始引用，如图 6.2.38 所示，这里是从数据源表中 G11 单元格开始引用，也就是数据透视表中行标签的位置。

	G	H	I	J	K	L	M	N
1	日期组合框	23						
2	数据源1取数表							
3	时间	当日	前日	环比		时间	9/1	9/2
4	新关注人数	106	148	##		新关	##	##
5	取消关注人	11	19	##		取消	10	30
6	净增关注人	95	129	##		净增	90	##
7	累积关注人	###	###	##		累积	##	##
8								
9		起始位置						
10	行标签	9/1	'2	'3	'4	'5	'6	'7
11	新关注人数	100	140	30	80	60	30	80
12	总计	100	140	30	80	60	30	80

图 6.2.38　切片器动态交互 3

Step4：在图 6.2.39 所示的 OFFSET 公式中，Rows 参数是相对于起始位置向下偏移几行，这里填入 0，意思是向下偏移 0 行，即选中这一行；Cols 参数是相对于起始位置向右偏移几列，这里填入 1，意思是向右偏移 1 列，至此，偏移位置已确定，即 H11 单元格；Height 参数是新区域选中几行，这里填入 1，表示从偏移位置开始选中 1 行；Width 参数是新区域选中几列，这里填入数据源区域表中的 H1 单元格，它是组合框的链接数字，即从偏移位置开始选中组合框选择的列数，若组合框选择【9/3】(9 月 3 日)，则选中 3 列。这样就实现了随日期选择框选项的不同，动态选择不同日期下的指标效果。

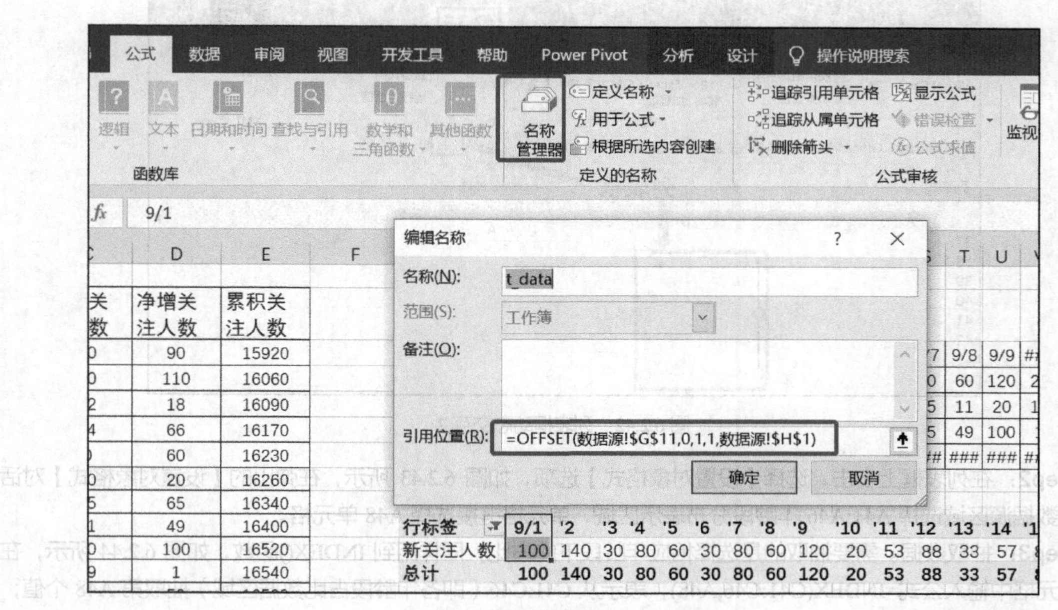

图 6.2.39　切片器动态交互 4

Step5：再回到展示 Sheet 表，将折线图的数据引用区改成刚刚命名的 t_data，如图 6.2.40 所示。这样，组合框每选择一个日期，折线图便进行动态延展，选择不同的指标则显示相应折线图。

4. 列表框动态交互

列表框动态交互的效果是选择列表框中不同的年龄段，就使用圆环图动态显示该年龄段下人数的占比情况，如图 6.2.41 所示。列表框和组合框效果是一样的，不同的是组合框不会展示下拉项，而列表框是将下拉项显示出来。

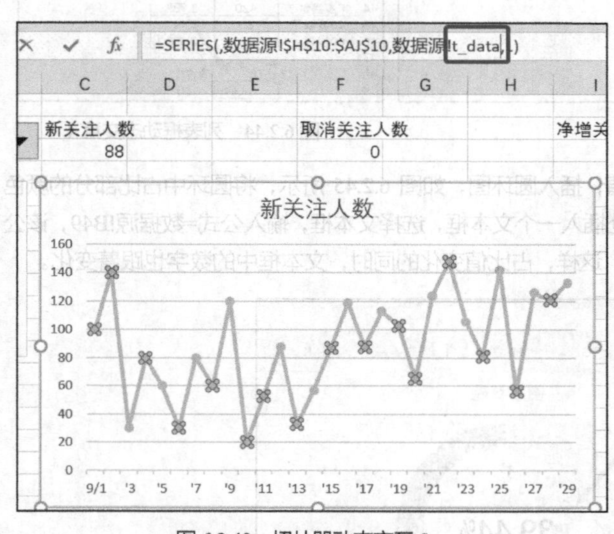

图 6.2.40　切片器动态交互 5

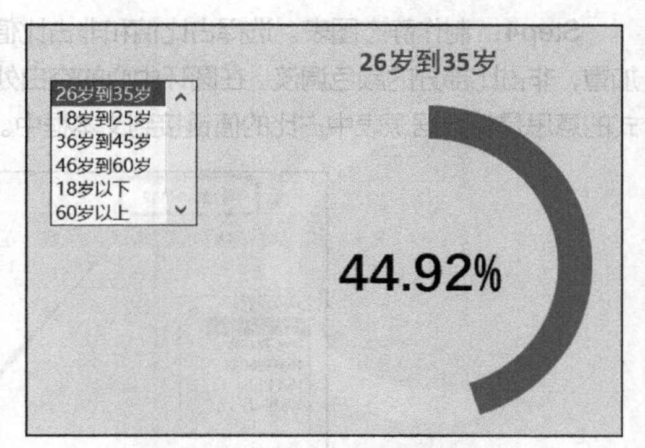

图 6.2.41　列表框动态交互 1

制作该交互效果的步骤如下。

Step1：插入列表框。在展示 Sheet 表中单击【开发工具】→【控件】→【插入】→【列表框】按钮，插入列表框，如图 6.2.42 所示。

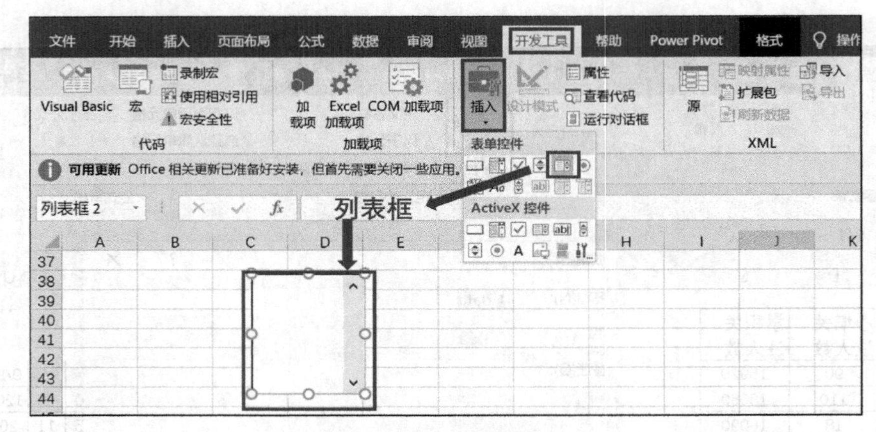

图 6.2.42　列表框动态交互 2

Step2：在列表框上右击，选择【设置对象格式】选项，如图 6.2.43 所示，在弹出的【设置对象格式】对话框中，数据源区域选择 A41:A46 年龄段分布表示区域，单元格链接选择 A48 单元格。

Step3：抽取数据。需要抽取的是选择相应年龄段下的占比，同样用到 INDEX()函数，如图 6.2.44 所示，在 B49 单元格中输入公式=INDEX(C41:C46,A48)，表示从 C41:C46（即各年龄段占比数据区域）抽取第 A48 个值；A48 单元格中显示的是几，就抽取第几个值，A48 是由列表框单元格链接过去的。用“1-占比”的值得到非占比的值，需要明确的是，占比值加上非占比值应等于 100%。

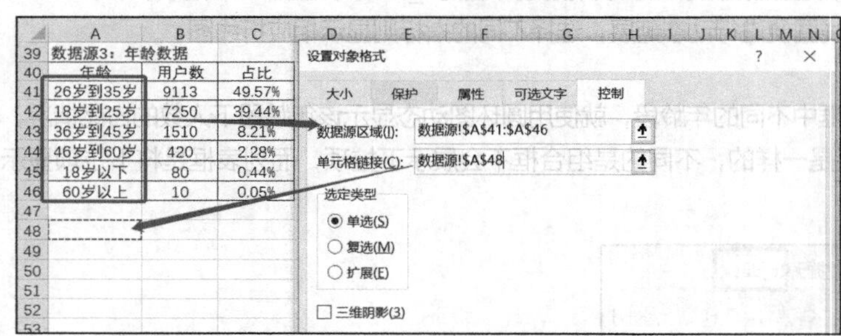

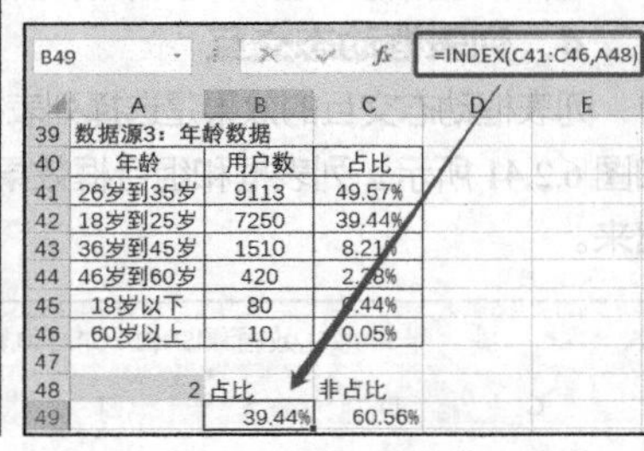

B49
=INDEX(C41:C46,A48)
数据源3：年龄数据
年龄
用户数
占比
26岁到35岁
9113
49.57%
18岁到25岁
7250
39.44%
36岁到45岁
1510
8.21%
46岁到60岁
420
2.28%
18岁以下
80
0.44%
60岁以上
10
0.05%
2
占比
非占比
39.44%
60.56%

图 6.2.43　列表框动态交互 3　　　　图 6.2.44　列表框动态交互 4

Step4：制作静态图表。选择占比值和非占比值，插入圆环图，如图 6.2.45 所示，将圆环中占比部分的颜色加重，非占比部分的颜色调淡。在圆环中心的空白处插入一个文本框，选择文本框，输入公式=数据源!B49，该公式的意思是将数据源表中占比的值链接到文本框中。这样，占比值变化的同时，文本框中的数字也跟着变化。

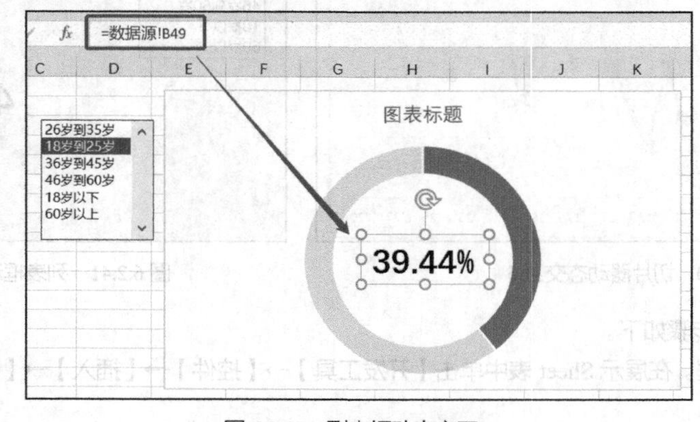

图 6.2.45　列表框动态交互 5

Step5：制作图表的动态标题。至此，基于列表框的图表动态交互基本结束，但我们发现，图表是动态变化了，但标题仍然没有变，怎么样才能让标题也跟着变呢？用 INDEX()函数先取列表框动态变化下各年龄段选择的值，在 B50 单元格中输入公式=INDEX(A41:A46,A48)，如图 6.2.46 所示。

Step6：再用&符号组合成一个合适的标题，如图 6.2.47 所示，在 C50 单元格中输入公式=B50&"占比"，C50 单元格就显示“26 岁到 35 岁占比”，且随着列表框选择年龄段的不同会相应变化。

B50　=INDEX(A41:A46,A48)

	A	B	C	D	E
39	数据源3：年龄数据				
40	年龄	用户数	占比		
41	26岁到35岁	9113	49.57%		
42	18岁到25岁	7250	39.44%		
43	36岁到45岁	1510	8.21%		
44	46岁到60岁	420	2.28%		
45	18岁以下	80	0.44%		
46	60岁以上	10	0.05%		
47					
48		1	占比	非占比	
49		49.57%		50.43%	
50	标题	26岁到35岁	26岁到35岁占比		

图 6.2.46　列表框动态交互 6

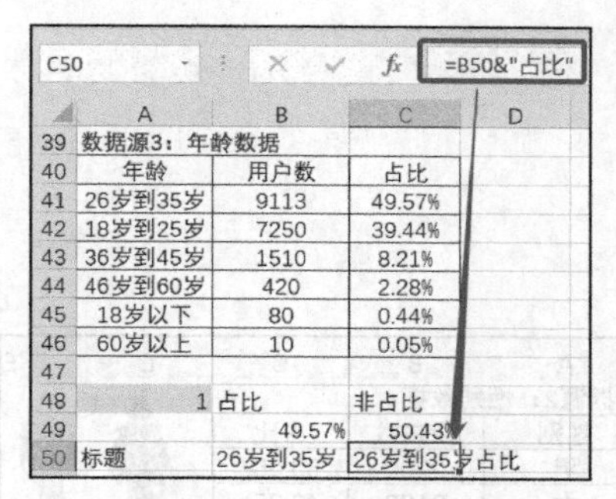
C50　=B50&"占比"

	A	B	C	D
39	数据源3：年龄数据			
40	年龄	用户数	占比	
41	26岁到35岁	9113	49.57%	
42	18岁到25岁	7250	39.44%	
43	36岁到45岁	1510	8.21%	
44	46岁到60岁	420	2.28%	
45	18岁以下	80	0.44%	
46	60岁以上	10	0.05%	
47				
48		1	占比	非占比
49		49.57%	50.43%	
50	标题	26岁到35岁	26岁到35岁占比	

图 6.2.47　列表框动态交互 7

Step7：选择圆环图的图表标题，输入公式=数据源!$C$50，即将刚刚输入的 C50 单元格链接过来，如图 6.2.48 所示。

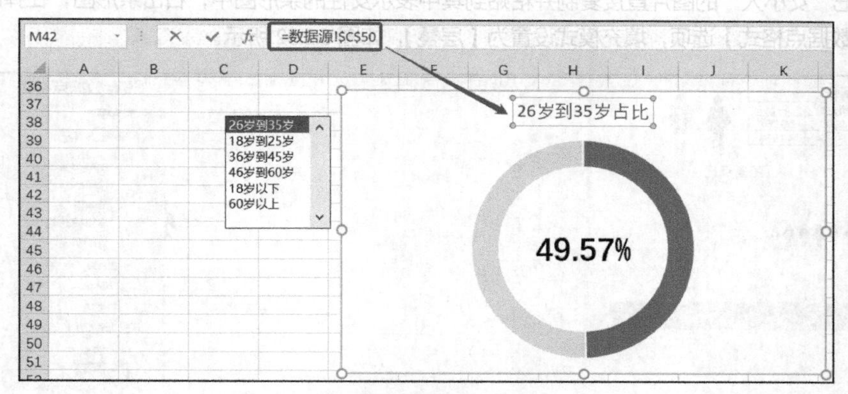

图 6.2.48　列表框动态交互 8

5. 制作小人填充的条形图

下面用第二个数据源性别数据，来制作图 6.2.49 所示的有图片填充的“小人”条形图。

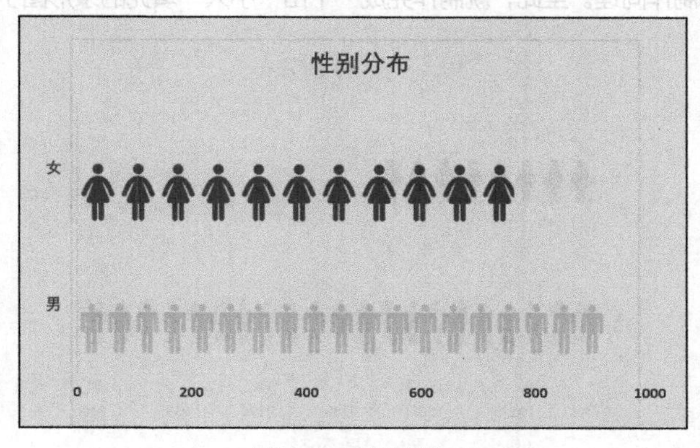

图 6.2.49　条形图 1

Step1：首先要明确，“小人”是填充到条形图当中的提前下载好的图片。准备好数据和男、女小人的图片，如图 6.2.50 所示。

Step2：对用户数插入条形图，如图 6.2.51 所示。

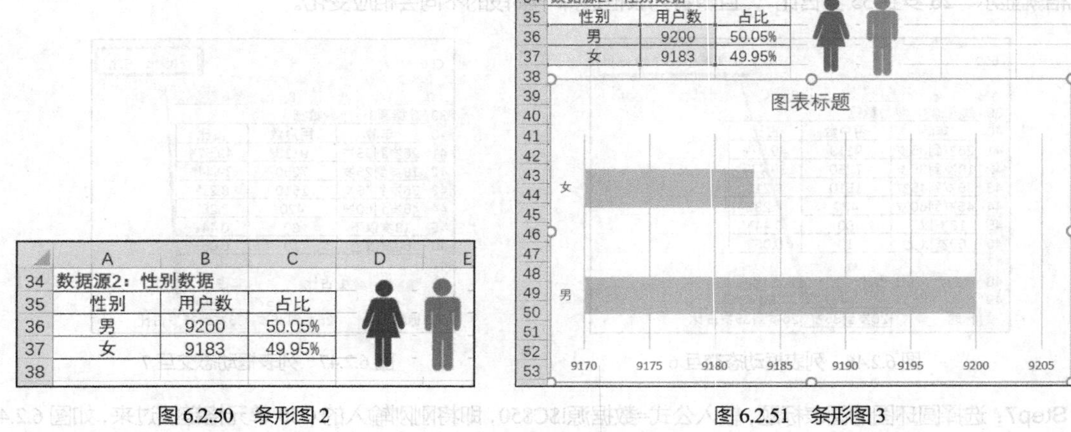

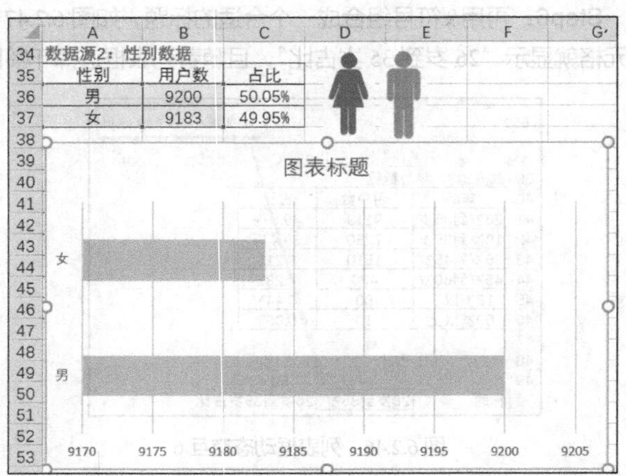

图 6.2.50　条形图 2　　　图 6.2.51　条形图 3

Step3：把“女小人”的图片直接复制并粘贴到其中表示女性的条形图中，右击条形图，在弹出的快捷菜单中选择【设置数据点格式】选项，填充模式设置为【层叠】，如图 6.2.52 所示。

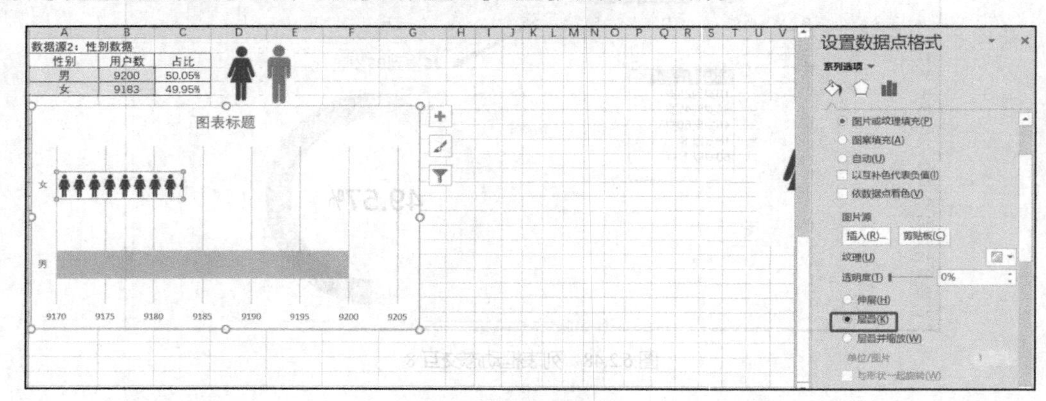

图 6.2.52　条形图 4

Step4：“男小人”的制作同理。至此，就制作完成一个由“小人”填充的条形图了，如图 6.2.53 所示。

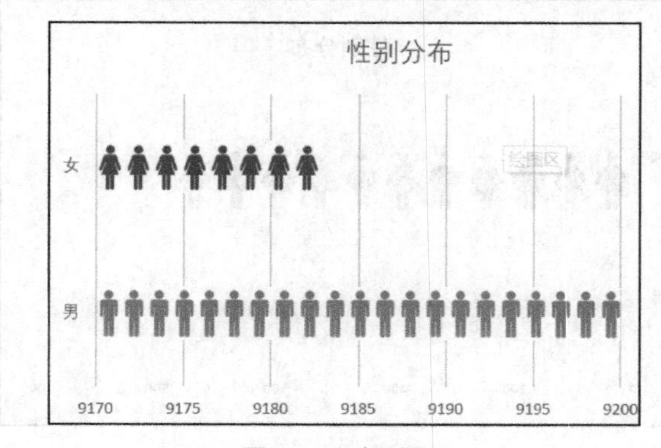

图 6.2.53　条形图 5

练一练

尝试将你每日获取的数据用 Excel 自动化处理出来。

小结

本章首先介绍了数据分析报告要怎么写，有哪些步骤，以及常出现在报告中的术语；接着介绍了一个自动化日报的案例的制作，重点是如何在 Excel 中实现每日通报指标的自动化出数；然后介绍了一个动态图表交互的月报案例的制作，重点是如何在 Excel 中实现运营月报的动态交互模板。本章知识点思维导图如下。

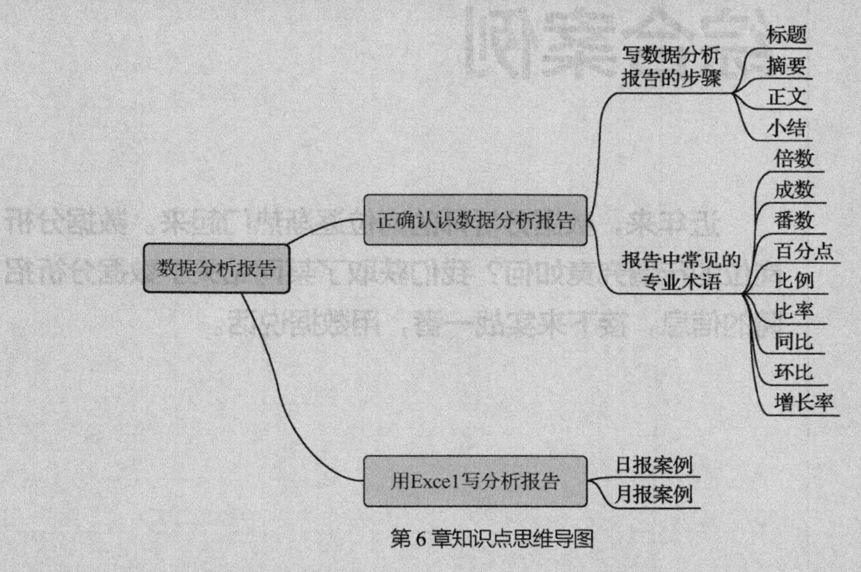

第 6 章知识点思维导图

第7章

综合案例

近年来，数据分析师的岗位逐渐热门起来。数据分析岗位的行情究竟如何？我们获取了某网站关于数据分析招聘的信息，接下来实战一番，用数据说话。

7.1 明确目的

7.1.1 构建 5W2H 模型

首先要明确分析的目的，可以运用 5W2H 模型来思考。

① What：要分析什么？

分析的是某网站关于数据分析岗位的招聘信息数据。

② Why：为什么要分析？

分析数据分析岗位招聘信息的数据是为了对该岗位有个大致的了解，为我们从业提供良好的决策支撑。

③ Who：给谁做的分析？目标受众是谁？

为求职者做的分析。

④ When：分析的是什么时候的数据？

分析的是 2020 年 3 月 30 日某招聘网站发布的深圳地区数据分析岗位招聘信息的数据。

⑤ How：怎么分析？

运用结构化的思维，从求职者和企业两个角度出发，构建目标画像。同时运用分组、平均和交叉的方法对整体薪资进行分析。

⑥ How Much、Where：本例中暂时用不到。

7.1.2 提出问题

在明确目的的同时，我们也可以带着以下这几个问题来分析。

① 数据分析岗位的薪资分布如何？

② 薪资高的岗位对应聘者的要求是什么样的？

③ 学历越高薪资越高吗？

④ 哪个行业最吃香？

⑤ 没有相关工作经验也可以应聘数据分析岗吗？

7.2 获取数据

本例的数据来源于某网站 3 月 30 日发布的含有关键词“数据分析”的招聘信息，同时城市定位为“深圳”，共采集到 2880 条数据（含 20 个字段）。部分原始数据预览如图 7.2.1 所示，各字段名及含义如下。

城市：岗位所在城市。

页码：爬取网页的页码。

城市网址：招聘网站所选城市所在的网址。

招聘岗位：岗位名称。

薪资：招聘岗位的薪资。

所在地：招聘岗位所在的城市区域。

工作经验：应聘该岗位所需的工作经验。

学历：招聘岗位要求的学历。

所招人数：该岗位所需几人。

发布时间：该招聘信息发布的时间。

专业要求：该岗位所需的专业技能要求。

福利标签：该公司所提供的福利。

职位信息：招聘岗位的工作内容、职责等。

上班地址：公司所在地址。

公司：公司名称。

公司介绍链接：公司介绍的链接。

公司信息：公司简介。

公司类型：该公司属于国企、民企、外企等类型。

公司规模：公司人数规模。

所属行业：公司所属的行业。

	A	B	C	D	E	F	G	H	I	J	K	L	M	N	O	P	Q	R
1	城市	页码	城市网址	招聘岗位	薪资	所在地	工作经验	学历	所招人数	发布时间	专业要求	福利标签	职位信息	上班地址	公司	公司介绍	公司信息	公司类
2	深圳	1	https://	数据分析	1-1.5万/	深圳-龙岗	2年经验	大专	若干	03-30		五险一金	位职责：	五和中路	深圳市公	https://	深圳市公	民营公
3	深圳	1	https://	【商业】		深圳		本科	若干	03-30			工作内容		华润置地	https://	华润置地	国企
4	深圳	1	https://	数据分析		深圳		本科	5	03-30			??1.全日		深圳市深	https://	深圳市深	国企
5	深圳	1	https://	数据分析		深圳		本科	若干	03-30	计算机网		岗位要求		深圳市索	https://	深圳市索	民营公
6	深圳	1	https://	审核数据	4.5-6千/	深圳		本科	1	03-30	数学与应		职位描述		深圳市高	https://	2000年，	民营公
7	深圳	1	https://	数据分析		深圳		本科	若干	03-30			岗位描述		深圳出海	https://	无	民营公
8	深圳	1	https://	数据分析		深圳		本科	2	03-30			中电港管		深圳中电	https://	中电港简	国企
9	深圳	1	https://	赛事数据	3-4.5千/	深圳		本科	若干	03-30			1、协助		深圳市前	https://	深圳市前	创业公
10	深圳	1	https://	数据分析		深圳		大专	若干	03-30			岗位一：		深圳市钱	https://	无	民营公
11	深圳	1	https://	数据分析		深圳		本科	1	03-30			岗位职责		深圳市新	https://	新蕾电子	民营公
12	深圳	1	https://	数据分析		深圳		硕士	若干	03-30			工作内容		深圳市科	https://	深圳市科	民营公
13	深圳	1	https://	金融数据	6-8千/月	深圳-罗湖	2年经验	大专	3	03-30		周末双休	疫情期间	和平路11	深圳市隆	https://	公司简介	民营公
14	深圳	1	https://	26699-智		深圳	3-4年经验	硕士	1	03-30			岗位职责		深圳市腾	https://	腾讯成立	民营公
15	深圳	1	https://	自建站-网	1.2-1.5万	深圳	2年经验	大专	1	03-30		五险一金	技能要求	龙岗区坂	深圳市易	https://	深圳市易	民营公
16	深圳	1	https://	数据分析		深圳		本科	1	03-30	数学与应		岗位职责		深圳市交	https://	深圳市交	国企
17	深圳	1	https://	数据分析	4.5-6千/	深圳		本科	3	03-30	统计学		岗位职责		深圳森香	https://	无	民营公
18	深圳	1	https://	数据分析		深圳	1年经验	本科	2	03-30	数学与应		1.负责亚		广州徕伊	https://	广州徕伊	民营公
19	深圳	1	https://	优你互联		深圳		本科	若干	03-30			统计学、		中海物业	https://	中海物业	外资（

图 7.2.1　部分原始数据预览

7.3 数据预处理

首先剔除不必要的字段，如【页码】、【城市网址】、【发布时间】、【公司介绍链接】，这些字段对我们的分析没有明显的帮助，直接删掉即可。

7.3.1 缺失值处理

筛选【招聘岗位】字段为空的数据，发现有 13 个缺失值，且所有的字段都缺失，如图 7.3.1 所示，因此直接删除整行。

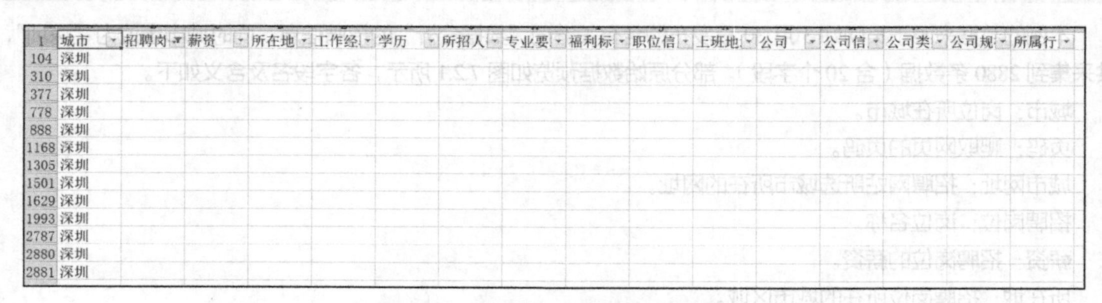

1	城市	招聘岗	薪资	所在地	工作经	学历	所招人	专业要	福利标	职位信	上班地	公司	公司信	公司类	公司规	所属行
104	深圳															
310	深圳															
377	深圳															
778	深圳															
888	深圳															
1168	深圳															
1305	深圳															
1501	深圳															
1629	深圳															
1993	深圳															
2787	深圳															
2880	深圳															
2881	深圳															

图 7.3.1　【招聘岗位】字段缺失值查找

将【薪资】、【工作经验】、【学历】均缺失的数据筛选出来，有一条数据，如图 7.3.2 所示。这条数据对分析不能提供很大的帮助，因此我们也将它删除。

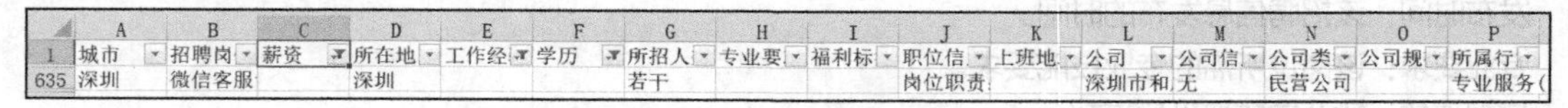

	A	B	C	D	E	F	G	H	I	J	K	L	M	N	O	P
1	城市	招聘岗	薪资	所在地	工作经	学历	所招人	专业要	福利标	职位信	上班地	公司	公司信	公司类	公司规	所属行
635	深圳	微信客服		深圳			若干			岗位职责		深圳市和	无	民营公司		专业服务(

图 7.3.2　缺失值删除

对于【工作经验】一列缺失的 521 个数据，如图 7.3.3 所示，我们不知道是发布信息的人忘了填写，还是这份工作无需经验。虽然这一列缺失，但其他列还是有数据的，因此就先保留这种缺失值的数据，它们对后续分析不会造成太大的影响。同样对于缺失【薪资】和【学历】的数据也先做保留处理。

	A	B	C	D	E	F
1	城市	招聘岗	薪资	所在地	工作经	学历
3	深圳	【商业】-		深圳		本科
4	深圳	数据分析		深圳		本科
5	深圳	数据分析		深圳		本科
6	深圳	审核数据	4.5-6千/	深圳		本科
7	深圳	数据分析		深圳		本科
8	深圳	数据分析		深圳		本科
9	深圳	赛事数据	3-4.5千/	深圳		本科
10	深圳	数据分析		深圳		大专
11	深圳	数据分析		深圳		本科
12	深圳	数据分析		深圳		硕士
16	深圳	数据分析		深圳		本科
17	深圳	数据分析	4.5-6千/	深圳		本科
19	深圳	优你互联		深圳		本科
23	深圳	数据分析		深圳		本科
32	深圳	数据分析	6-8千/月	深圳-坪山		大专
37	深圳	数据分析	4.5-6千/	深圳-龙岗		大专
40	深圳	数据分析	0.7-1.2万	深圳-龙华		
41	深圳	数据分析	1.5-2万/	北京-海淀		硕士

原数据　Sheet3

在 2866 条记录中找到 521 个

图 7.3.3　缺失值保留

7.3.2　重复值处理

原始数据中没有一列用于标记一条记录是否唯一的序列，因此我们可以这么判断该招聘信息是否重复出现：如果【招聘岗位】、【薪资】、【所在地】、【工作经验】这 4 个字段的值都一致，说明这条数据重复出现了。

可以先查看一下有无这样的重复值。单击【数据】→【排序和筛选】→【排序】按钮，在弹出的【排序】对话框中，依次添加【招聘岗位】、【薪资】、【所在地】、【工作经验】4 个字段，次序均为【升序】，单击【确定】按钮，如图 7.3.4 所示。

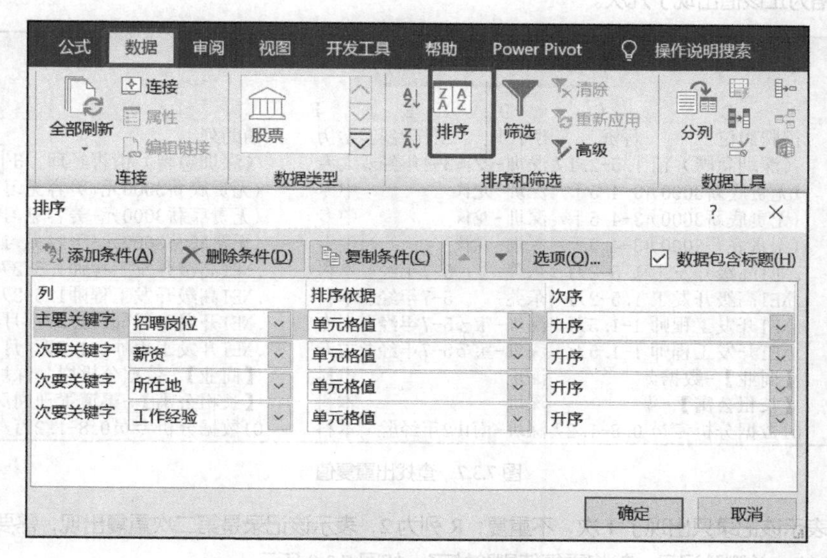

图 7.3.4　排序查找重复值

按照上述规则排序后，可以看到第 3、4、5 条记录和第 8、9 条记录的这 4 个字段都是相同的，如图 7.3.5 所示。由此可以断定这个数据源是有重复值的，接下来我们只需要保留重复的第一条记录，将其余重复记录删除。

	A	B	C	D	E	F
1	城市	招聘岗位	薪资	所在地	工作经验	学历
2	深圳	（深圳急聘）销	1.5-2.1万	深圳-罗湖	3-4年经验	大专
3	深圳	(无责底薪3000元	3-4.5千/	深圳-龙岗		中专
4	深圳	(无责底薪3000元	3-4.5千/	深圳-龙岗		中专
5	深圳	(无责底薪3000元	3-4.5千/	深圳-龙岗		中专
6	深圳	.NET高级开发工	1.5-2万/	东莞	5-7年经验	本科
7	深圳	.NET高级开发工	1.5-2万/	东莞	5-7年经验	本科
8	深圳	.NET开发工程师	1-1.5万/	深圳-宝安	5-7年经验	大专
9	深圳	.NET开发工程师	1-1.5万/	深圳-宝安	5-7年经验	大专
10	深圳	【商业】-数据分		深圳		本科
11	深圳	【长租公寓】-渠		深圳		本科
12	深圳	01数据分析专员	0.8-1.2万	深圳-南山	2年经验	本科

图 7.3.5　排序查找出的重复值

在数据表的最后一列 Q 列做一列辅助列，在 Q2 单元格中输入公式=CONCATENATE(B2,C2,D2,E2)，如图 7.3.6 所示，将 B2、C2、D2、E2 这 4 个字段合并在一起。

Q2　=CONCATENATE(B2,C2,D2,E2)

	A	B	C	D	E	F	Q
1	城市	招聘岗位	薪资	所在地	工作经验	学历	辅助列
2	深圳	（深圳急聘）销	1.5-2.1万	深圳-罗湖	3-4年经验	大专	（深圳急聘）销售经理1.5-
3	深圳	(无责底薪3000元	3-4.5千/	深圳-龙岗		中专	(无责底薪3000元+美容见习
4	深圳	(无责底薪3000元	3-4.5千/	深圳-龙岗		中专	(无责底薪3000元+美容见习
5	深圳	(无责底薪3000元	3-4.5千/	深圳-龙岗		中专	(无责底薪3000元+美容见习

图 7.3.6　做辅助列合并字段

然后对已合并 4 个字段的 Q 列用 COUNTIF()函数计数，统计它是第几次重复出现。在 R2 单元格中输入公式=COUNTIF($Q$2:Q2,Q2)，如图 7.3.7 所示，这个公式的意思是对 Q 列中的每个单元格都从 Q2 开始计数，统计从 Q2 到这个单元格为止该值出现了几次。

R2　=COUNTIF($Q$2:Q2,Q2)

	A	B	C	D	E	F	Q	R
1	城市	招聘岗位	薪资	所在地	工作经验	学历	辅助列	标记
2	深圳	（深圳急聘）销	1.5-2.1万	深圳-罗湖	3-4年经验	大专	（深圳急聘）销售经理1.5-	1
3	深圳	(无责底薪3000元	3-4.5千/	深圳-龙岗		中专	(无责底薪3000元+美容见习	1
4	深圳	(无责底薪3000元	3-4.5千/	深圳-龙岗		中专	(无责底薪3000元+美容见习	2
5	深圳	(无责底薪3000元	3-4.5千/	深圳-龙岗		中专	(无责底薪3000元+美容见习	3
6	深圳	.NET高级开发工	1.5-2万/	东莞	5-7年经验	本科	.NET高级开发工程师1.5-2万	1
7	深圳	.NET高级开发工	1.5-2万/	东莞	5-7年经验	本科	.NET高级开发工程师1.5-2万	2
8	深圳	.NET开发工程师	1-1.5万/	深圳-宝安	5-7年经验	大专	.NET开发工程师1-1.5万/月	1
9	深圳	.NET开发工程师	1-1.5万/	深圳-宝安	5-7年经验	大专	.NET开发工程师1-1.5万/月	2
10	深圳	【商业】-数据分		深圳		本科	【商业】-数据分析岗（深圳	1
11	深圳	【长租公寓】-渠		深圳		本科	【长租公寓】-渠道管理岗深	1
12	深圳	01数据分析专员	0.8-1.2万	深圳-南山	2年经验	本科	01数据分析专员0.8-1.2万/	1

图 7.3.7　查找出重复值

R 列为 1，表示该记录只出现了 1 次，不重复；R 列为 2，表示该记录是第二次重复出现，需要删除。只需筛选出 R 列不为 1 的，并删除记录，就将重复值剔除掉了，如图 7.3.8 所示。

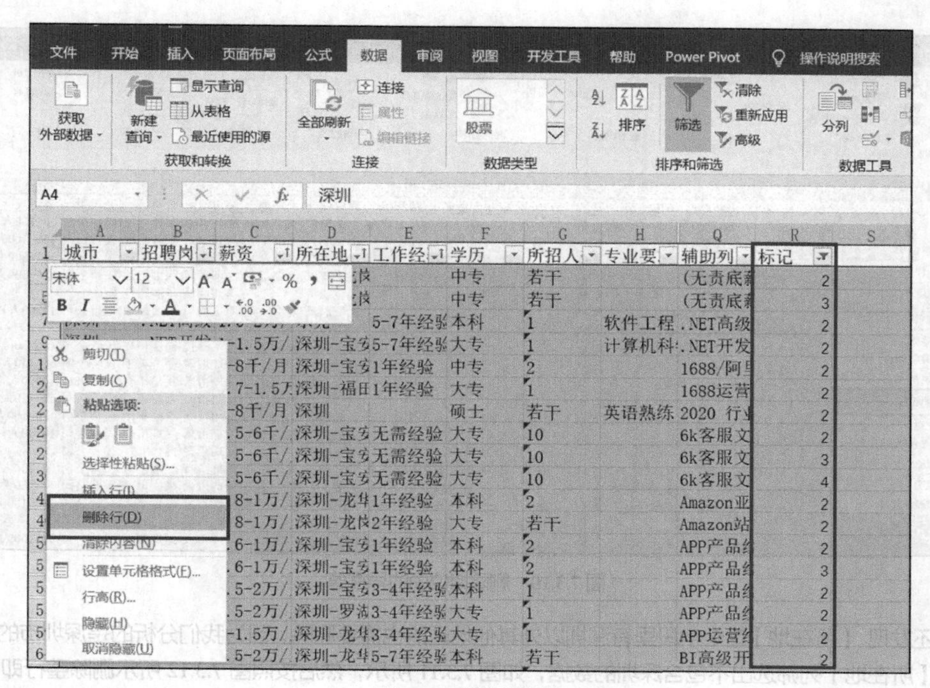

图 7.3.8　删除重复值

7.3.3 异常值处理

观察数据发现，【招聘岗位】字段里居然有“运营”“客服”“文员”“UI 设计师”“销售”“财务”等岗位，这和我们要分析的“数据分析”岗位差别有点大，因此也需要剔除。

添加一列辅助列，如图 7.3.9 所示，在 C2 单元格中输入公式=IF(COUNT(FIND({"数据","分析","研究"},B2)),1,0)，其中 FIND({"数据","分析","研究"},B2)函数是用来寻找【招聘岗位】中含有“数据”“分析”“研究”关键词的岗位所在的位置，FIND()函数返回的是找到的这个字符是所在字符串中的第几个字符，如第六行数据【商业】-数据分析岗（深圳总部），用 FIND()函数查找后的结果是 6，因为包括符号在内，“数据”关键词是在第 6 个字符位置出现的。

C2　=IF(COUNT(FIND({"数据","分析","研究"},B2)),1,0)

	A	B	C	D	
1	城市	招聘岗位	异常值辅助列	薪资	所在
2	深圳	（深圳急聘）销售经理	0	1.5-2.1万	深圳
3	深圳	(无责底薪3000元+美容见习顾	0	3-4.5千/	深圳
4	深圳	.NET高级开发工程师	0	1.5-2万/	东莞
5	深圳	.NET开发工程师	0	1-1.5万/	深圳
6	深圳	【商业】-数据分析岗（深圳总	1		深圳
7	深圳	【长租公寓】-渠道管理岗	0		深圳
8	深圳	01数据分析专员	1	0.8-1.2万	深圳
9	深圳	100强互联网#高级Java开发工	0	1.3-2.2万	深圳
10	深圳	11210P-数据分析师BI/SA（职	1	40-50万/	深圳

图 7.3.9　判断是否异常值的辅助列

COUNT(FIND({"数据","分析","研究"},B2))函数是用来对该单元格内包含的关键词进行计数。还是以【商业】-数据分析岗（深圳总部）这条数据为例，这个岗位里包含了“数据”和“分析”两个关键词，因此计数结果为 2。最后用 IF()函数判断，不为 0 时记为 1，否则记为 0，那么我们只需要将标记为 0 的数据删除即可，如图 7.3.10 所示。

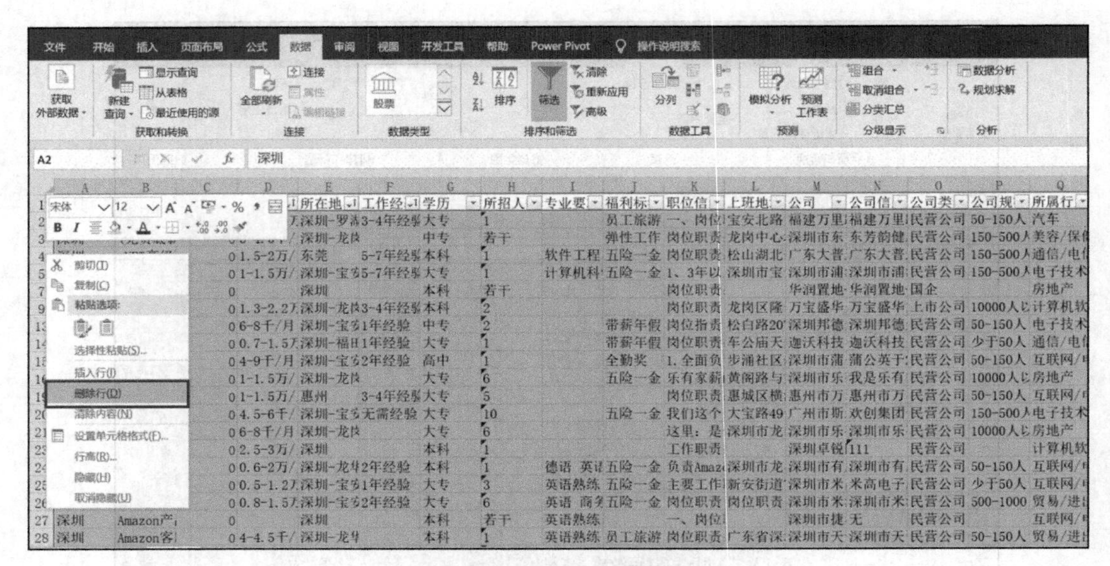

图 7.3.10　删除岗位中的异常值

我们还发现，【所在地】这个字段里有深圳以外其他地区的也需要删除，因为我们分析的是深圳市的数据分析岗位。对【所在地】列筛选出不包含深圳的数据，如图 7.3.11 所示，然后按照图 7.3.12 所示删除整行即可。

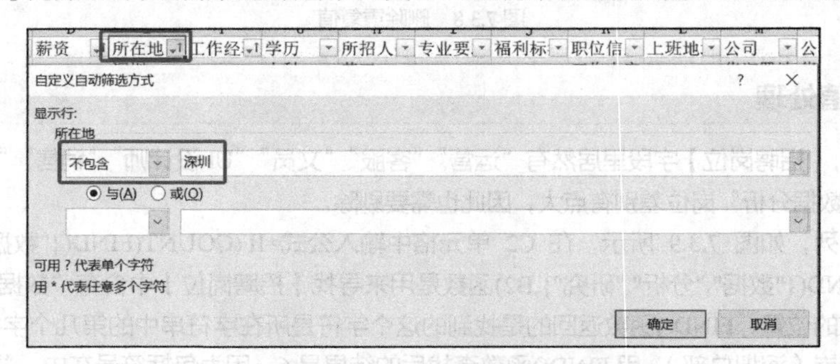

图 7.3.11　筛选出【所在地】列不包含深圳的数据

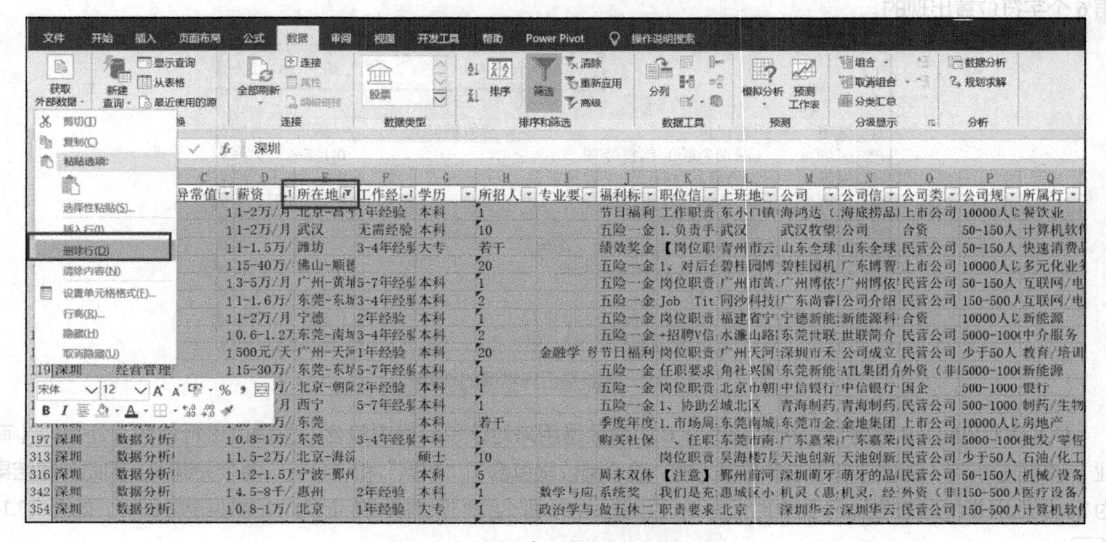

图 7.3.12　删除【所在地】列的异常值

7.3.4 字段拆分

对于【薪资】一列，我们需要的是工资上下限两个数值型的数据，以得到薪资的平均值，而非合并在一起的一个区间值，因此要将这列数据进行拆分处理。

观察发现，薪资下限与上限之间都有-分隔符号，直接用分列功能将薪资拆分会简单许多。将【薪资】这列数据复制并粘贴到表格的最后一列 Q 列中，单击【数据】→【数据工具】→【分列】按钮，在弹出的【文本分列向导】对话框中选择【分隔符号】分列，单击【下一步】按钮，将分隔符号设置为-，单击【下一步】按钮，如图 7.3.13 所示。

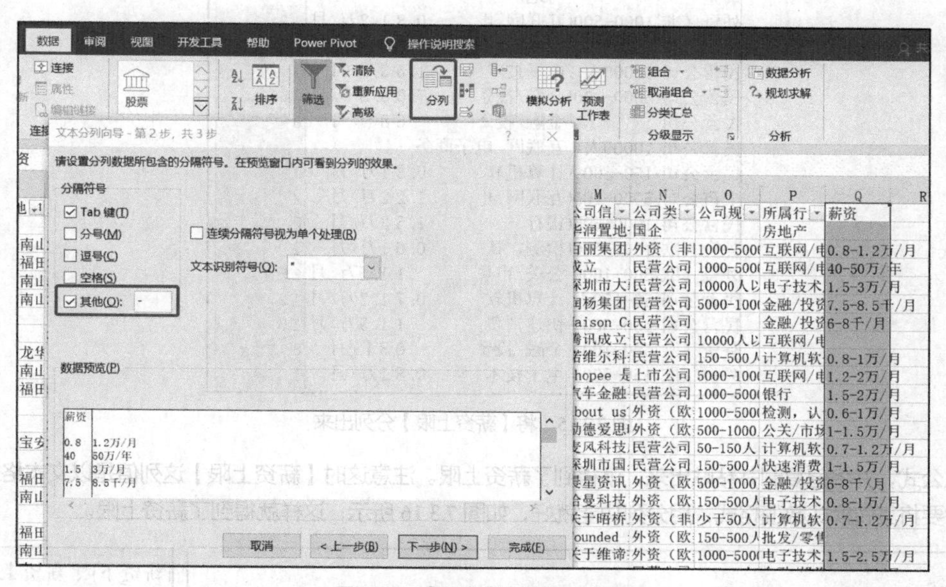

图 7.3.13 【薪资】字段按-分列

列数据格式保持默认即可，单击【完成】按钮，即将薪资下限分列了出来，如图 7.3.14 所示。

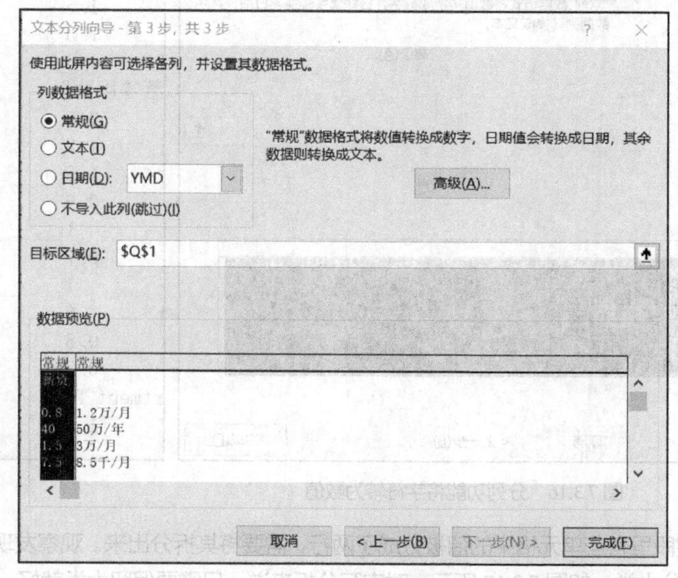

图 7.3.14 将【薪资下限】分列出来

薪资上限用 LEFT()+FIND()函数组合来得到，如图 7.3.15 所示。在 S2 单元格中输入公式=IFERROR(LEFT(R2,FIND("/",R2)-2)," ")，其中 FIND("/",R2)函数用来找到 R2 单元格中斜杠“/”字符所在的位置，然后用 LEFT()函数从左开始取数，取 FIND()函数找到的“/”所处位置的前两个字符（若对具体取几个字符不是很了解，可以一个一个尝试），最后再用 IFERROR()函数将错误值显示为空值。

=IFERROR(LEFT(R2,FIND("/",R2)-2)," ")

N	O	P	Q	R	S
公司类	公司规	所属行	薪资下限		
国企		房地产			
外资（非	1000-500	互联网/电	0.8	1.2万/月	1.2
民营公司	1000-500	互联网/电	40	50万/年	50
民营公司	10000人以	电子技术	1.5	3万/月	3
民营公司	5000-100	金融/投资	7.5	8.5千/月	8.5
民营公司		金融/投资	6	8千/月	8
民营公司	10000人以	互联网/电子商务			
民营公司	150-500人	计算机软	0.8	1万/月	1
上市公司	5000-100	互联网/电	1.2	2万/月	2
民营公司	1000-500	银行	1.5	2万/月	2
外资（欧	1000-500	检测，认	0.6	1万/月	1
外资（欧	500-1000	公关/市场	1	1.5万/月	1.5
民营公司	50-150人	计算机软	0.7	1.2万/月	1.2
民营公司	150-500人	快速消费	1	1.5万/月	1.5
外资（欧	500-1000	金融/投资	6	8千/月	8
外资（欧	150-500人	电子技术	0.8	1万/月	1

图 7.3.15　将【薪资上限】分列出来

下拉公式，并将值复制并粘贴出来，就得到了薪资上限。注意这时【薪资上限】这列值是以文本格式存储的数字，需要将其转换成数值格式，用分列功能就好，如图 7.3.16 所示，这样就得到了薪资上限。

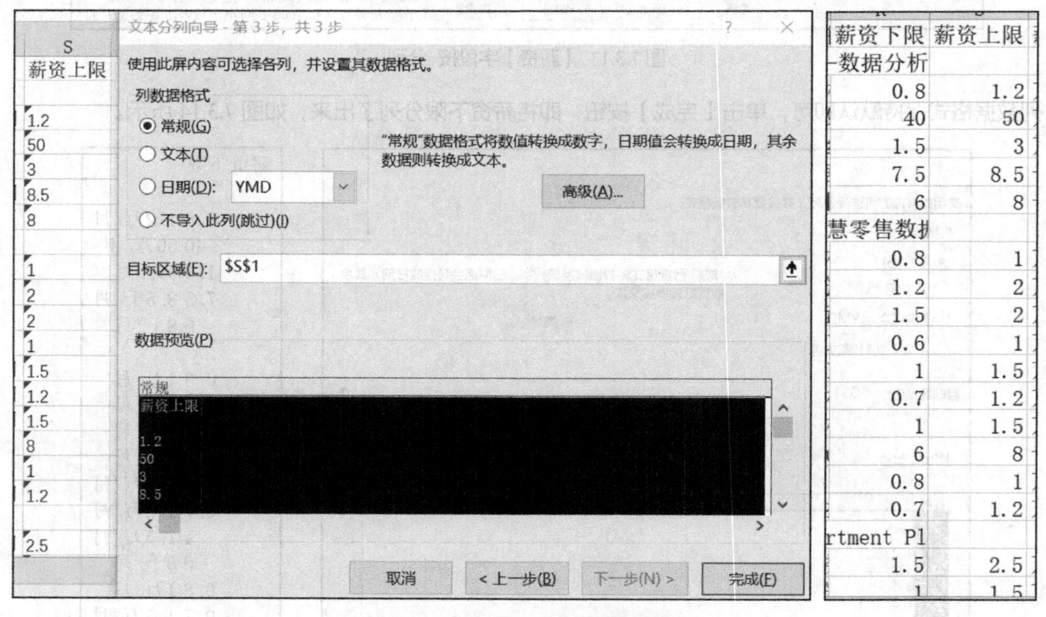

图 7.3.16　分列功能将字符转为数值

观察发现，【所属行业】这个字段里有些单元格中的值被分成了两行，需要将其拆分出来。观察发现前一行是行业大类，换行后的一行是行业细分小类，如图 7.3.17 所示。对实际分析来说，只需要保留大类就好。

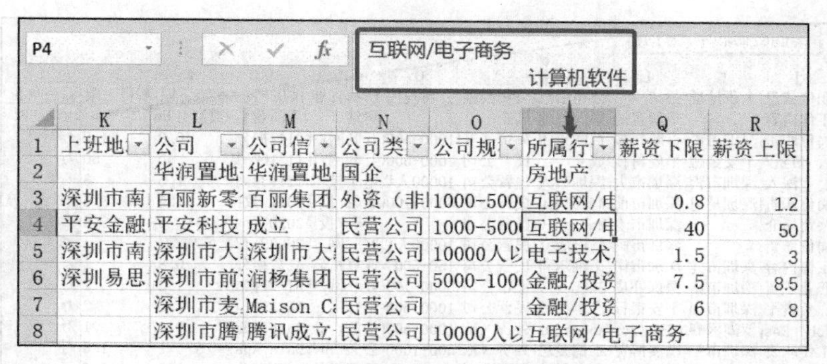

	K	L	M	N	O	P	Q	R
1	上班地	公司	公司信	公司类	公司规	所属行	薪资下限	薪资上限
2		华润置地	华润置地	国企		房地产		
3	深圳市南	百丽新零	百丽集团	外资（非	1000-500	互联网/电	0.8	1.2
4	平安金融	平安科技	成立	民营公司	1000-500	互联网/电	40	50
5	深圳市南	深圳市大	深圳市大	民营公司	10000人以	电子技术	1.5	3
6	深圳易思	深圳市前	润杨集团	民营公司	5000-100	金融/投资	7.5	8.5
7		深圳市麦	Maison C	民营公司		金融/投资	6	8
8		深圳市腾	腾讯成立	民营公司	10000人以	互联网/电子商务		

图 7.3.17 【所属行业】字段需要拆分

按照空格符号进行分隔，得到拆分后的字段【所属行业 2】，如图 7.3.18 所示。

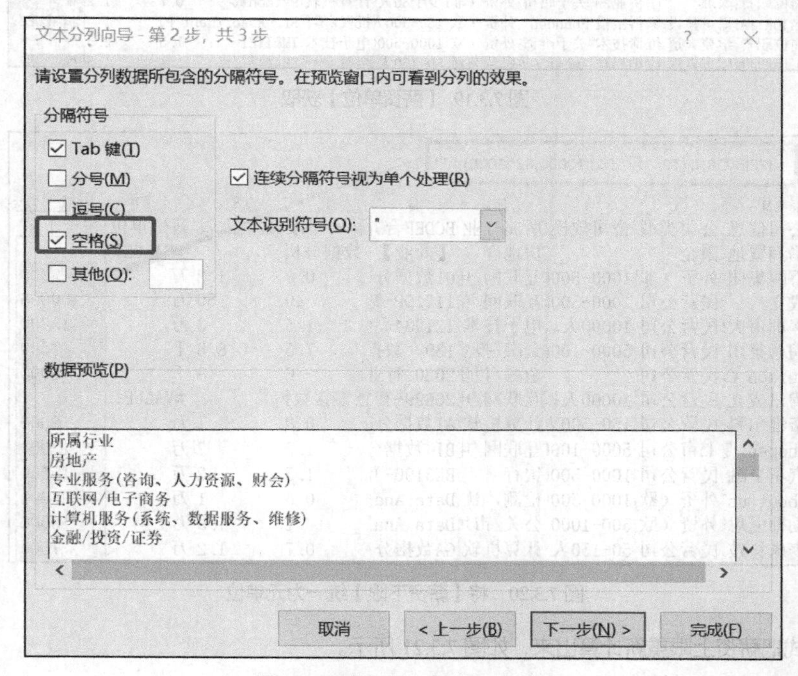

图 7.3.18 【所属行业】字段分列

7.3.5 字段计算

我们还观察到，在描述薪资时，有的是以万为单位，有的则是以千为单位，单位不统一是没法进行分析的，下面将薪资的单位全部统一为千。

首先把薪资单位提取出来，方便后续进行判断计算，如图 7.3.19 所示，在 T2 单元格中输入公式=MID(C2, FIND("/",C2)-1,1)。这个公式的意思是先用 FIND("/",C2)函数找到 C2 单元格中斜杠“/”所在的位置，再用 MID(C2,FIND("/",C2)-1,1)函数从“/”符号前 1 位开始取数，取一个字符，就得到【薪资单位】为万还是千了。

将单位提取出来以后，按照统一的单位元重新计算薪资上下限，如图 7.3.20 所示，在 U2 单元格中输入公式=IFERROR(IF(T2="万",R2*10000,R2*1000)," ")。这个公式的意思是，用 IF()函数判断如果薪资单位为“万”，就将 R2 乘以 10000，否则就乘以 1000；前面再加个 IFERROR()函数处理掉错误值，如果错误就为空，这样就把薪资下限的数值统一为“元”了。

=MID(C2,FIND("/",C2)-1,1)

J	K	L	M	N	O	P	Q	R	S	T
职位信息	上班地址	公司	公司信息	公司类型	公司规模	所属行业	BCDEF合并	薪资下限	薪资上限	薪资单位
工作内容:		华润置地	华润置地	国企		房地产	【商业】-数据分析			#VALUE!
岗位职责:	深圳市南	百丽新零	百丽集团	外资（非	1000-500(	互联网/电	01数据分	0.8	1.2	万
、负责与	平安金融	平安科技	成立	民营公司	1000-500(	互联网/电	11210P-数	40	50	万
. 深入	深圳市南	深圳市大	深圳市大	民营公司	10000人以	电子技术,	121934高	1.5	3	万
岗位职责	深圳易思	深圳市前	润杨集团	民营公司	5000-100(	金融/投资	139、数据	7.5	8.5	千
公司简介:		深圳市麦	Maison C	民营公司		金融/投资	2020 行业	6	8	千
岗位职责:		深圳市腾	腾讯成立	民营公司	10000人以	互联网/电	26699-智慧零售数据			#VALUE!
工作内容:	深圳市龙	深圳市诺	诺维尔科	民营公司	150-500人	计算机软	AI数据分	0.8	1	万
职业职责	深圳市南	深圳虾皮	Shopee 是	上市公司	5000-100(	互联网/电	BI 数据分	1.2	2	万
. 负责平	深圳市福	平安银行	汽车金融	民营公司	1000-500(	银行	BK3196-互	1.5	2	万
Job Resp	罗湖区春	QIMA(for	About us	外资（欧	1000-500(	检测，认	Data Ana	0.6	1	万
工作职责	深圳市福	励展博览	励德爱思	外资（欧	500-1000	公关/市场	Data Ana	1	1.5	万
岗位职责:	西乡街道	深圳麦风	麦风科技	民营公司	50-150人	计算机软	GA数据分	0.7	1.2	万
、运用良	福田北环	深圳市国	深圳市国	民营公司	150-500人	快速消费	IT数据分	1	1.5	万
The Grou	深南大道	晨星资讯	晨星资讯	外资（欧	500-1000	金融/投资	Korean F	6	8	千
Job resp	招商局港	哈曼科技	哈曼科技	外资（欧	150-500人	电子技术,	Pro-Data	0.8	1	万
岗位职责:	深圳	晤桥亚洲	关于晤桥	外资（非	少于50人	计算机软	Python数	0.7	1.2	万
MAJOR TA	嘉里建设	家得宝投	Founded	外资（欧	150-500人	批发/零售	Sr. Assortment Pl			#VALUE!
岗位职责	学苑大道	维谛技术	关于维谛	外资（欧	1000-500(	电子技术,	TM&ITEI-	1.5	2.5	万
工作职责	广东省深	岸柏科技	Amber Gr	民营公司	50-150人	金融/投资	VBA数据分	1	1.5	万

图 7.3.19 【薪资单位】获取

=IFERROR(IF(T2="万",R2*10000,R2*1000)," ")

M	N	O	P	Q	R	S	T	U
公司信息	公司类型	公司规模	所属行业	BCDEF合并	薪资下限	薪资上限	薪资单位	薪资下限
华润置地	国企		房地产	【商业】-数据分析			#VALUE!	
百丽集团	外资（非	1000-500(	互联网/电	01数据分	0.8	1.2	万	8000
成立	民营公司	1000-500(	互联网/电	11210P-数	40	50	万	400000
深圳市大	民营公司	10000人以	电子技术,	121934高	1.5	3	万	15000
润杨集团	民营公司	5000-100(	金融/投资	139、数据	7.5	8.5	千	7500
Maison C	民营公司		金融/投资	2020 行业	6	8	千	6000
腾讯成立	民营公司	10000人以	互联网/电	26699-智慧零售数据			#VALUE!	
诺维尔科	民营公司	150-500人	计算机软	AI数据分	0.8	1	万	8000
Shopee 是	上市公司	5000-100(	互联网/电	BI 数据分	1.2	2	万	12000
汽车金融	民营公司	1000-500(	银行	BK3196-互	1.5	2	万	15000
About us	外资（欧	1000-500(	检测，认	Data Ana	0.6	1	万	6000
励德爱思	外资（欧	500-1000	公关/市场	Data Ana	1	1.5	万	10000
麦风科技	民营公司	50-150人	计算机软	GA数据分	0.7	1.2	万	7000

图 7.3.20 将【薪资下限】统一为元单位

用同样的方式把薪资上限重新计算出来，如图 7.3.21 所示。

=IFERROR(IF(T2="万",S2*10000,S2*1000)," ")

M	N	O	P	Q	R	S	T	U	V
公司信息	公司类型	公司规模	所属行业	BCDEF合并	薪资下限	薪资上限	薪资单位	薪资下限	薪资上限
华润置地	国企		房地产	【商业】-数据分析			#VALUE!		
百丽集团	外资（非	1000-500(	互联网/电	01数据分	0.8	1.2	万	8000	12000
成立	民营公司	1000-500(	互联网/电	11210P-数	40	50	万	400000	500000
深圳市大	民营公司	10000人以	电子技术,	121934高	1.5	3	万	15000	30000
润杨集团	民营公司	5000-100(	金融/投资	139、数据	7.5	8.5	千	7500	8500
Maison C	民营公司		金融/投资	2020 行业	6	8	千	6000	8000
腾讯成立	民营公司	10000人以	互联网/电	26699-智慧零售数据			#VALUE!		
诺维尔科	民营公司	150-500人	计算机软	AI数据分	0.8	1	万	8000	10000
Shopee 是	上市公司	5000-100(	互联网/电	BI 数据分	1.2	2	万	12000	20000
汽车金融	民营公司	1000-500(	银行	BK3196-互	1.5	2	万	15000	20000

图 7.3.21 将【薪资上限】统一为元单位

我们还发现，有些岗位是月薪，还有些岗位提供的是年薪。下面将其统一成以月薪为单位，如图 7.3.22 所示。在 W2 单元格中输入公式=RIGHT(C2,1)，从右开始取 C2 薪资里的第一个字符，这样就将月薪/年薪提取出来了。

W2 =RIGHT(C2,1)

	A	B	C	R	S	T	U	V	W
1	城市	招聘岗	薪资	薪资下	薪资上	薪资单	薪资下	薪资上	月薪/年
2	深圳	【商业】·				#VALUE!			
3	深圳	01数据分	0.8-1.2万/月	0.8	1.2	万	8000	12000	月
4	深圳	11210P-数	40-50万/年	40	50	万	400000	500000	年
5	深圳	121934高	1.5-3万/月	1.5	3	万	15000	30000	月
6	深圳	139、数据	7.5-8.5千/月	7.5	8.5	千	7500	8500	月
7	深圳	2020 行业	6-8千/月	6	8	千	6000	8000	月
8	深圳	26699-智				#VALUE!			
9	深圳	AI数据分	0.8-1万/月	0.8	1	万	8000	10000	月
10	深圳	BI 数据分	1.2-2万/月	1.2	2	万	12000	20000	月
11	深圳	BK3196-互	1.5-2万/月	1.5	2	万	15000	20000	月
12	深圳	Data Ana	0.6-1万/月	0.6	1	万	6000	10000	月
13	深圳	Data Ana	1-1.5万/月	1	1.5	万	10000	15000	月
14	深圳	GA数据分	0.7-1.2万/月	0.7	1.2	万	7000	12000	月
15	深圳	IT数据分	1-1.5万/月	1	1.5	万	10000	15000	月
16	深圳	Korean F	6-8千/月	6	8	千	6000	8000	月
17	深圳	Pro-Data	0.8-1万/月	0.8	1	万	8000	10000	月
18	深圳	Python数	0.7-1.2万/月	0.7	1.2	万	7000	12000	月

图 7.3.22 提取出月薪/年薪

提取出月薪/年薪后，要重新处理一下薪资上下限。如果是年薪，那么薪资下限应该除以 12 均摊到每个月，薪资上限同理。在 X2 单元格中输入公式=IFERROR(ROUND(IF(W2="年",U2/12,U2),0),"")，其中 IF(W2="年",U2/12,U2)函数用来判断 W2 单元格中如果为年薪，那么薪资下限就等于原来的薪资除以 12，否则就还是原来的值；ROUND(IF(W2="年",U2/12,U2),0)函数用来对结果四舍五入到整数位；IFERROR(ROUND(IF(W2="年",U2/12,U2),0),"")函数用来对错误值规避，让错误值变为空值，如图 7.3.23 所示。

X2 =IFERROR(ROUND(IF(W2="年",U2/12,U2),0),"")

	A	B	C	R	S	T	U	V	W	X
1	城市	招聘岗	薪资	薪资下	薪资上	薪资单	薪资下	薪资上	月薪/年	薪资下
2	深圳	【商业】·				#VALUE!				
3	深圳	01数据分	0.8-1.2万/月	0.8	1.2	万	8000	12000	月	8000
4	深圳	11210P-数	40-50万/年	40	50	万	400000	500000	年	33333
5	深圳	121934高	1.5-3万/月	1.5	3	万	15000	30000	月	15000
6	深圳	139、数据	7.5-8.5千/月	7.5	8.5	千	7500	8500	月	7500
7	深圳	2020 行业	6-8千/月	6	8	千	6000	8000	月	6000
8	深圳	26699-智				#VALUE!				
9	深圳	AI数据分	0.8-1万/月	0.8	1	万	8000	10000	月	8000
10	深圳	BI 数据分	1.2-2万/月	1.2	2	万	12000	20000	月	12000
11	深圳	BK3196-互	1.5-2万/月	1.5	2	万	15000	20000	月	15000
12	深圳	Data Ana	0.6-1万/月	0.6	1	万	6000	10000	月	6000
13	深圳	Data Ana	1-1.5万/月	1	1.5	万	10000	15000	月	10000

图 7.3.23 处理【薪资下限】将年薪均摊到月

薪资上限同样处理，如图 7.3.24 所示。

Y2 =IFERROR(ROUND(IF(W2="年",V2/12,V2),0),"")

	A	B	C	R	S	T	U	V	W	X	Y
1	城市	招聘岗	薪资	薪资下	薪资上	薪资单	薪资下	薪资上	月薪/年	薪资下	薪资上
2	深圳	【商业】·				#VALUE!					
3	深圳	01数据分	0.8-1.2万/月	0.8	1.2	万	8000	12000	月	8000	12000
4	深圳	11210P-数	40-50万/年	40	50	万	400000	500000	年	33333	41667
5	深圳	121934高	1.5-3万/月	1.5	3	万	15000	30000	月	15000	30000
6	深圳	139、数据	7.5-8.5千/月	7.5	8.5	千	7500	8500	月	7500	8500
7	深圳	2020 行业	6-8千/月	6	8	千	6000	8000	月	6000	8000
8	深圳	26699-智				#VALUE!					
9	深圳	AI数据分	0.8-1万/月	0.8	1	万	8000	10000	月	8000	10000
10	深圳	BI 数据分	1.2-2万/月	1.2	2	万	12000	20000	月	12000	20000
11	深圳	BK3196-互	1.5-2万/月	1.5	2	万	15000	20000	月	15000	20000
12	深圳	Data Ana	0.6-1万/月	0.6	1	万	6000	10000	月	6000	10000
13	深圳	Data Ana	1-1.5万/月	1	1.5	万	10000	15000	月	10000	15000
14	深圳	GA数据分	0.7-1.2万/月	0.7	1.2	万	7000	12000	月	7000	12000
15	深圳	IT数据分	1-1.5万/月	1	1.5	万	10000	15000	月	10000	15000

图 7.3.24 处理【薪资上限】将年薪均摊到月

我们再将平均薪资求出来，即薪资上限和薪资下限的平均值，如图 7.3.25 所示。在 X2 单元格中输入公式 =IFERROR(AVERAGE(V2:W2),"")，其中 AVERAGE(V2:W2)函数用来求薪资上限和薪资下限的算术平均数，IFERROR(AVERAGE(V2:W2),"")函数用来将错误值规避为空值。

X2 =IFERROR(AVERAGE(V2:W2),"")

	A	B	C	R	S	T	U	V	W	X
1	城市	招聘岗	薪资	薪资下	薪资上	薪资单	月薪/年	薪资下	薪资上	平均薪
2	深圳	【商业】				#VALUE!				
3	深圳	01数据分	0.8-1.2万/月	0.8	1.2	万	月	8000	12000	10000
4	深圳	11210P-数	40-50万/年	40	50	万	年	33333	41667	37500
5	深圳	121934高	1.5-3万/月	1.5	3	万	月	15000	30000	22500
6	深圳	139、数据	7.5-8.5千/月	7.5	8.5	千	月	7500	8500	8000
7	深圳	2020 行业	6-8千/月	6	8	千	月	6000	8000	7000
8	深圳	26699-智				#VALUE!				
9	深圳	AI数据分	0.8-1万/月	0.8	1	万	月	8000	10000	9000
10	深圳	BI 数据分	1.2-2万/月	1.2	2	万	月	12000	20000	16000

图 7.3.25 【平均薪资】的计算

7.3.6 薪资缺失值处理

再回过头来看【薪资下限】中的缺失值，如图 7.3.26 所示。对于有【工作经验】和【学历】的数据来说，可以用均值来进行填充。

	A	B	C	D	E	F	V	W
1	城市	招聘岗	薪资	所在地	工作经	学历	薪资下	薪资上
2	深圳	【商业】		深圳		本科		
8	深圳	26699-智		深圳	3-4年经验	硕士		
19	深圳	Sr. Asso		深圳-福田		本科		
30	深圳	产业分析		深圳		本科		
34	深圳	储备项目		深圳		本科		
39	深圳	大数据分		深圳		本科		
52	深圳	大数据工		深圳		本科		
72	深圳	高级顾问		深圳	2年经验	本科		
76	深圳	高级数据		深圳	5-7年经验	本科		
94	深圳	行情研判		深圳		硕士		
98	深圳	华润银行		深圳-南山	1年经验	本科		
104	深圳	节能分析		深圳		硕士		
115	深圳	零售数据		深圳		本科		
121	深圳	软件工程		深圳		本科		
143	深圳	数据处理		深圳		本科		
144	深圳	数据分析		深圳		本科		
154	深圳	数据分析		深圳		本科		
162	深圳	数据分析		深圳		本科		
164	深圳	数据分析		深圳		本科		
169	深圳	数据分析		深圳		本科		

图 7.3.26 【薪资下限】中的缺失值

筛选出有【工作经验】的 5 条数据，如图 7.3.27 所示，接下来对这 5 条数据进行均值填充。

	A	B	C	D	E	F	V	W	X
1	城市	招聘岗	薪资	所在地	工作经	学历	薪资下	薪资上	平均薪
8	深圳	26699-智		深圳	3-4年经验	硕士			
72	深圳	高级顾问		深圳	2年经验	本科			
76	深圳	高级数据		深圳	5-7年经验	本科			
98	深圳	华润银行		深圳-南山	1年经验	本科			
193	深圳	数据分析		深圳	1年经验	本科			

图 7.3.27 筛选出的要填充的值

首先筛选出有 3～4 年工作经验的硕士，有 6 条数据，如图 7.3.28 所示。其中 1 条缺失值是需要我们填充的，其余 5 条数据【薪资下限】的平均值为 14400，就将这个均值填入缺失的【薪资下限】。同样将 5 条数据【薪资上限】的均值 24600 填入缺失的【薪资上限】。同理，【平均薪资】的缺失值填入 19500。

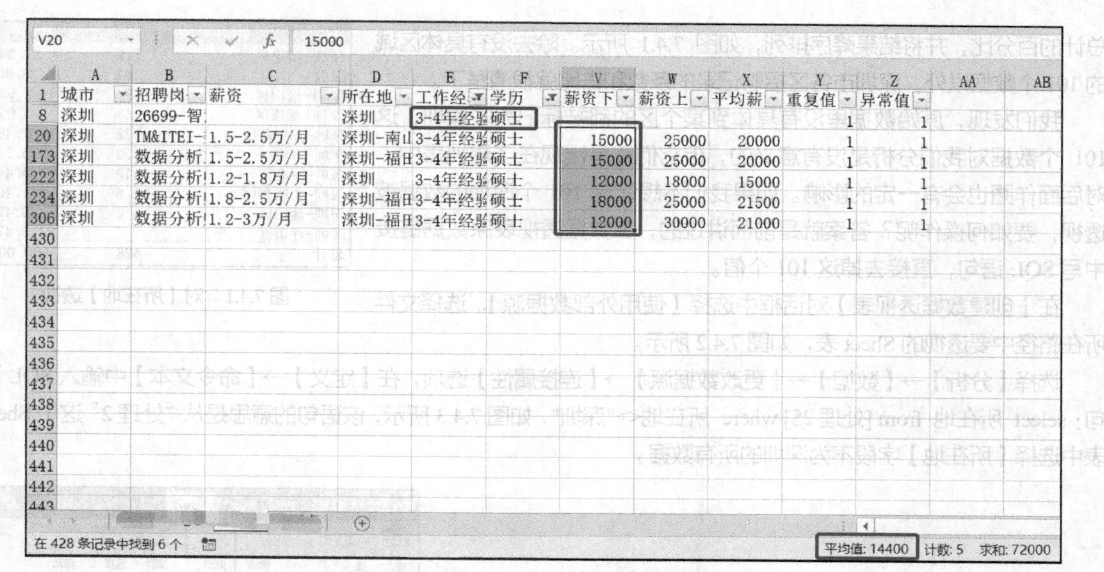

V20 15000

	A	B	C	D	E	F	V	W	X	Y	Z	AA	AB
1	城市	招聘岗	薪资	所在地	工作经	学历	薪资下	薪资上	平均薪	重复值	异常值		
8	深圳	26699-智		深圳	3-4年经验	硕士				1	1		
20	深圳	TM&ITEI-	1.5-2.5万/月	深圳-南山	3-4年经验	硕士	15000	25000	20000	1	1		
173	深圳	数据分析	1.5-2.5万/月	深圳-福田	3-4年经验	硕士	15000	25000	20000	1	1		
222	深圳	数据分析	1.2-1.8万/月	深圳	3-4年经验	硕士	12000	18000	15000	1	1		
234	深圳	数据分析	1.8-2.5万/月	深圳-福田	3-4年经验	硕士	18000	25000	21500	1	1		
306	深圳	数据分析	1.2-3万/月	深圳-福田	3-4年经验	硕士	12000	30000	21000	1	1		

在 428 条记录中找到 6 个　平均值: 14400　计数: 5　求和: 72000

图 7.3.28　用【薪资下限】的均值填充缺失值 1

再筛选有 2 年工作经验的本科，如图 7.3.29 所示，以同样的方法填入缺失值。

	A	B	C	D	E	F	V	W	X
1	城市	招聘岗	薪资	所在地	工作经	学历	薪资下	薪资上	平均薪
3	深圳	高级顾问		深圳	2年经验	本科			
14	深圳	大数据开	2-4万/月	深圳	2年经验	本科	20000	40000	30000
17	深圳	洞察分析	2-2.5万/月	深圳-南山	2年经验	本科	20000	25000	22500
22	深圳	总行信息	2-2.5万/月	深圳-南山	2年经验	本科	20000	25000	22500
29	深圳	人力资源	20.8-45.5万/年	深圳-龙华	2年经验	本科	17333	37917	27625
42	深圳	大数据分	1.5-5万/月	深圳	2年经验	本科	15000	50000	32500
45	深圳	数据分析	1.5-3万/月	深圳-福田	2年经验	本科	15000	30000	22500
47	深圳	数据分析	1.5-2.5万/月	深圳	2年经验	本科	15000	25000	20000
59	深圳	人事数据	1.3-1.7万/月	深圳-福田	2年经验	本科	13000	17000	15000
64	深圳	数据分析	1.3-2万/月	深圳-福田	2年经验	本科	13000	20000	16500
69	深圳	数据分析	15-30万/年	深圳-福田	2年经验	本科	12500	25000	18750
70	深圳	YFX-数据	1.2-2万/月	深圳	2年经验	本科	12000	20000	16000
72	深圳	行业数据	1.2-2万/月	深圳-南山	2年经验	本科	12000	20000	16000
95	深圳	数据分析	1.2-2万/月	深圳	2年经验	本科	12000	20000	16000
118	深圳	数据分析	1.2-2万/月	深圳-福田	2年经验	本科	12000	20000	16000
119	深圳	大数据分	1-2.5万/月	深圳-光明	2年经验	本科	10000	25000	17500
126	深圳	大数据分	1-1.5万/月	深圳-福田	2年经验	本科	10000	15000	12500
141	深圳	风控数据	1-1.5万/月	深圳-南山	2年经验	本科	10000	15000	12500
145	深圳	风控数据	1-2万/月	深圳-南山	2年经验	本科	10000	20000	15000
150	深圳	数据分析	1-1.5万/月	深圳-福田	2年经验	本科	10000	15000	12500

图 7.3.29　用【薪资下限】的均值填充缺失值 2

用同样的方法将有 5～7 年工作经验的本科和有 1 年工作经验的本科的缺失值补充完整。至此，数据处理的过程就结束了。

7.4 数据分析

对每个字段先做对比分析，再交叉分析。

7.4.1 企业画像

1. 地域维度

对公司所在地进行分析。插入数据透视表，将【所在地】字段拖入行标签，对值区域进行计数，显示方式为总计的百分比，并将结果降序排列，如图 7.4.1 所示。除去没有具体区域的 101 个数据以外，深圳市各区招聘记录的条数和占比就很清楚了。

我们发现，原始数据里没有具体到某个区的都被标记为了深圳，这 101 个数据对我们分析是没有意义的，但它们还是出现在了透视表中，对后面作图也会有一定的影响。如果我们不想让这 101 个深圳的数据被透视，要如何操作呢？答案就是前面讲过的，在数据透视表原数据链接中写 SQL 语句，直接去掉这 101 个值。

行标签	计数项:所在地	计数项:所在地2
深圳-南山区	117	27.34%
深圳	101	23.60%
深圳-福田区	84	19.63%
深圳-龙岗区	43	10.05%
深圳-龙华新区	32	7.48%
深圳-宝安区	22	5.14%
深圳-罗湖区	19	4.44%
深圳-光明新区	6	1.40%
深圳-盐田区	2	0.47%
深圳-坪山区	2	0.47%
总计	428	100.00%

图 7.4.1　对【所在地】透视

在【创建数据透视表】对话框中选择【使用外部数据源】，选择文件所在路径中要透视的 Sheet 表，如图 7.4.2 所示。

选择【分析】→【数据】→【更改数据源】→【连接属性】选项，在【定义】→【命令文本】中输入 SQL 语句：select 所在地 from [处理 2$] where 所在地<>"深圳"，如图 7.4.3 所示，该语句的意思是从“处理 2”这个 Sheet 表中选择【所在地】字段不为深圳的所有数据。

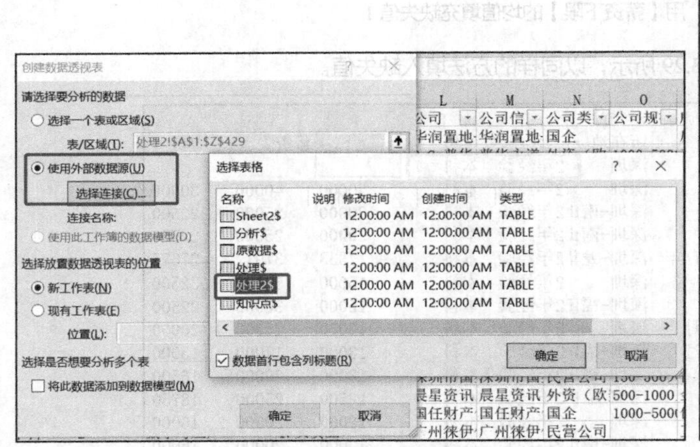

图 7.4.2　数据透视表中使用外部数据源

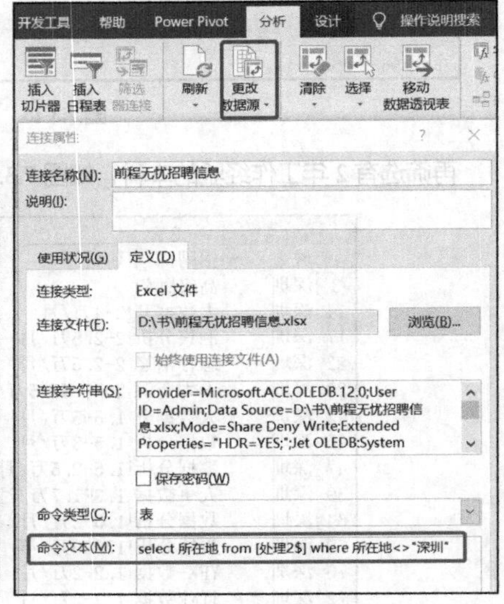

图 7.4.3　写入 SQL 语句

写好 SQL 语句后单击【确定】按钮，再对所在地进行计数和显示方式的统计，就不会出现那 101 个含有“深圳”字样的数据了，如图 7.4.4 所示。

行标签	计数项:所在地	计数项:所在地2
深圳-南山区	117	35.78%
深圳-福田区	84	25.69%
深圳-龙岗区	43	13.15%
深圳-龙华新区	32	9.79%
深圳-宝安区	22	6.73%
深圳-罗湖区	19	5.81%
深圳-光明新区	6	1.83%
深圳-盐田区	2	0.61%
深圳-坪山区	2	0.61%
总计	327	100.00%

图 7.4.4　写入 SQL 语句后透视

2. 公司类型维度

对公司类型进行分析，【公司类型】字段里没有空值，因此可以直接插入数据透视表。将【公司类型】字段拖入行标签，值显示方式为总计的百分比并降序排列，可以看到不同类型的公司所提供的数据分析岗位的数量及占比，如图 7.4.5 所示。

行标签	计数项:公司类型	计数项:公司类型2
民营公司	286	66.82%
上市公司	34	7.94%
国企	29	6.78%
合资	26	6.07%
外资（非欧美）	25	5.84%
外资（欧美）	19	4.44%
创业公司	8	1.87%
非营利组织	1	0.23%
总计	**428**	**100.00%**

图 7.4.5　对【公司类型】透视

3. 公司规模维度

对公司规模进行分析。插入数据透视表，使用外部数据源，选择【分析】→【数据】→【更改数据源】→【连接属性】选项，在【定义】→【命令文本】中输入 SQL 语句：select 公司规模 from [处理 2$] where 公司规模 <>""，如图 7.4.6 所示。将【公司规模】字段拖入行标签，对值区域进行计数，显示方式为总计的百分比，并将结果降序排列，可以看到不同人数规模的公司所提供的数据分析岗位的数量及占比。

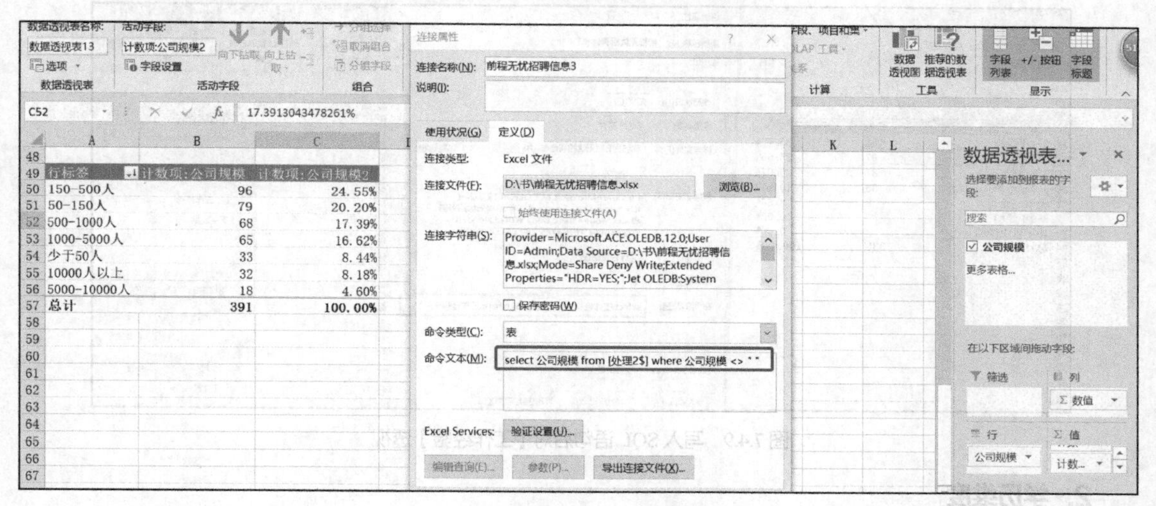

行标签	计数项:公司规模	计数项:公司规模2
150-500人	96	24.55%
50-150人	79	20.20%
500-1000人	68	17.39%
1000-5000人	65	16.62%
少于50人	33	8.44%
10000人以上	32	8.18%
5000-10000人	18	4.60%
总计	391	100.00%

图 7.4.6　写入 SQL 语句后透视

4. 行业维度

对公司所属的行业进行分析。直接插入数据透视表，将【所属行业 2】字段拖入行标签，值显示方式为总计的百分比并降序排列，可以看到不同行业对数据分析岗位的需求量，如图 7.4.7 所示。

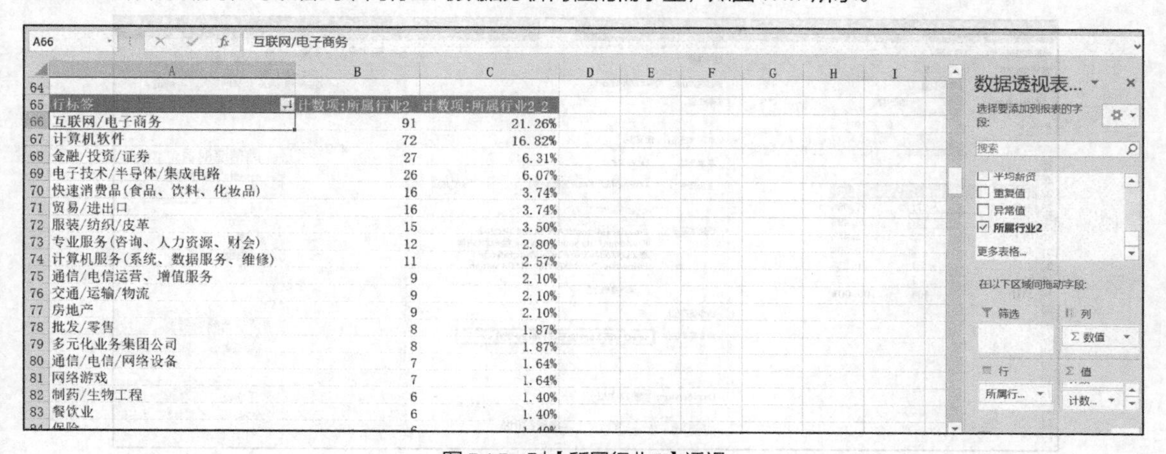

行标签	计数项:所属行业2	计数项:所属行业2 2
互联网/电子商务	91	21.26%
计算机软件	72	16.82%
金融/投资/证券	27	6.31%
电子技术/半导体/集成电路	26	6.07%
快速消费品（食品、饮料、化妆品）	16	3.74%
贸易/进出口	16	3.74%
服装/纺织/皮革	15	3.50%
专业服务（咨询、人力资源、财会）	12	2.80%
计算机服务（系统、数据服务、维修）	11	2.57%
通信/电信运营、增值服务	9	2.10%
交通/运输/物流	9	2.10%
房地产	9	2.10%
批发/零售	8	1.87%
多元化业务集团公司	8	1.87%
通信/电信/网络设备	7	1.64%
网络游戏	7	1.64%
制药/生物工程	6	1.40%
餐饮业	6	1.40%

图 7.4.7　对【所属行业 2】透视

7.4.2 求职者画像

1. 工作经验维度

对招聘所需工作经验进行分析。插入数据透视表，将【工作经验】字段拖入行标签，对值区域进行计数，显示方式为总计的百分比，并将结果降序排列，如图 7.4.8 所示。可以看到，除了 93 个空值外，数据分析岗位对不同工作经验的要求也显而易见了。

行标签	计数项:工作经验	计数项:工作经验2
3-4年经验	103	24.07%
2年经验	97	22.66%
	93	21.73%
1年经验	87	20.33%
5-7年经验	35	8.18%
无须经验	8	1.87%
8-9年经验	3	0.70%
10年以上经验	2	0.47%
总计	428	100.00%

图 7.4.8　写入 SQL 语句后透视结果

同样发现这里会统计出空值，需要用 SQL 语句避免空值被统计。这里的 SQL 语句：select 工作经验 from [处理 2$] where 工作经验 <>" "。因为之前在处理【工作经验】这个字段的时候，我们将空值填充为了空格，所以这里的 SQL 语句要写为 where 工作经验 <>" "，如图 7.4.9 所示，意思是【工作经验】字段不为空格。

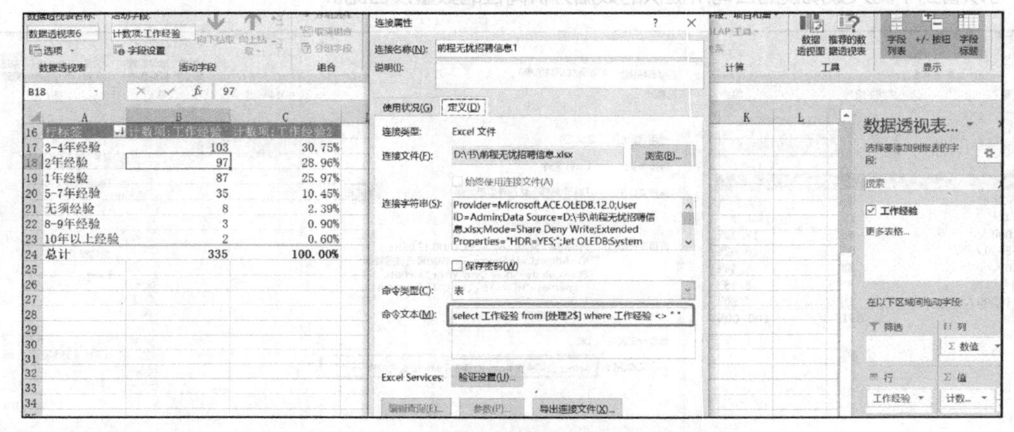

图 7.4.9　写入 SQL 语句后对【工作经验】透视

2. 学历维度

对学历进行分析。【学历】这个字段中也有空值，因此在插入数据透视表时使用外部数据源，选择【分析】→【数据】→【更改数据源】→【连接属性】选项，在【定义】→【命令文本】中写入 SQL 语句：select 学历 from [处理 2$] where 学历 <>" "，如图 7.4.10 所示。将【学历】字段拖入行标签，对值区域进行计数，显示方式为总计的百分比，并将结果降序排列，可以看到招聘公司对学历的要求。

图 7.4.10　写入 SQL 语句后对【学历】透视

7.4.3 整体薪资情况

对【平均薪资】列筛选非空值，并将非空值复制、粘贴到新的工作表中，选择【数据】→【数据分析】→【描述性统计分析】选项，如图 7.4.11 所示，得到平均薪资为 12500.02 元/月，众数为 12500 元/月，最高薪资为 55000 元/月，最低薪资为 3500 元/月，极差较大。

同样对这列数据插入直方图（选择【数据】→【分析】→【数据分析】→【直方图】选项），按照图 7.4.12 所示的分段数据进行分组分析，并统计其频率。可以看到，薪资在 5000～8000 的最多，5000～15000 这个区间段内的薪资占比达到了 71.14%。

G	H	I	J
平均薪资		平均薪资	
12925			
37500		平均	12500.02
18603		标准误差	334.5971
8000		中位数	11000
7000		众数	12500
19500		标准差	6708.652
9000		方差	45006005
9852		峰度	5.676646
27500		偏度	1.795692
8000		区域	51500
12500		最小值	3500
30000		最大值	55000
12500		求和	5025007
7000		观测数	402

图 7.4.11 【平均薪资】的描述性统计分析

分段	显示	接收	频数
3500	<=3.5k	3500	1
5000	(3.5, 5]	5000	14
8000	(5, 8]	8000	107
12000	(8, 12]	12000	99
15000	(12, 15]	15000	80
20000	(15, 20]	20000	57
25000	(20, 25]	25000	28
其他	>25	其他	16

图 7.4.12 【平均薪资】的分组分析

1. 公司所在地和薪资的关系

插入数据透视表，选择外部数据源，选择【分析】→【数据】→【更改数据源】→【连接属性】选项，在【定义】→【命令文本】中输入 SQL 语句：select 所在地,平均薪资 from [处理 2$] where 所在地 <> "深圳"，如图 7.4.13 所示。同【所在地】字段的分析一样，只是这次 SQL 语句中要加上【平均薪资】字段。将【所在地】拖入行标签，【平均薪资】拖入值区域求平均值。可以看到，福田区和南山区的薪资最高，超过了平均值 12500 元，说明深圳的高新产业还是集中在福田区和南山区。

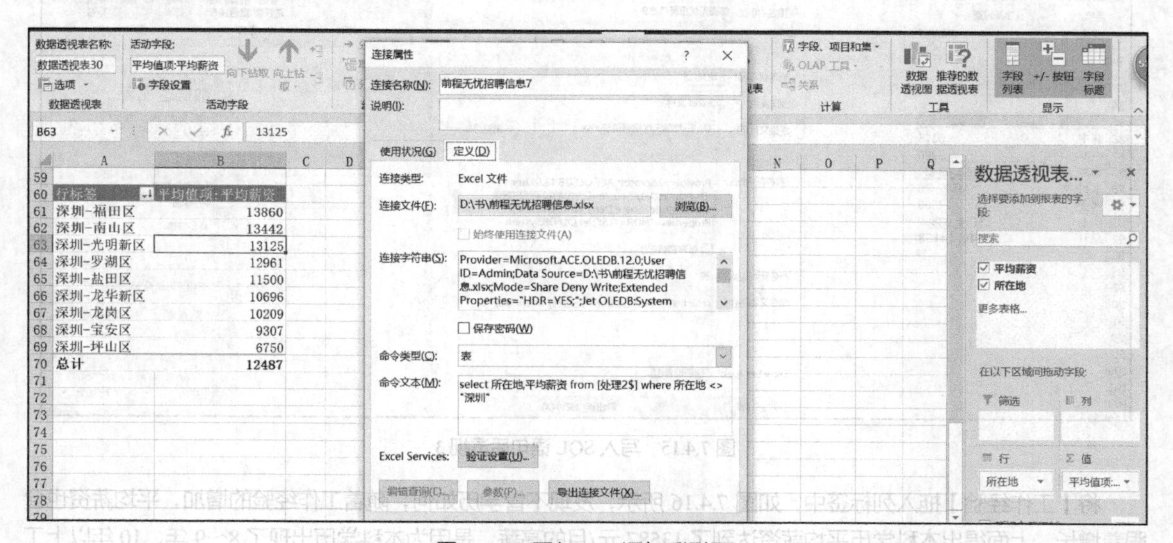

图 7.4.13 写入 SQL 语句后透视 1

2. 工作经验与薪资的关系

插入数据透视表，选择外部数据源，选择【分析】→【数据】→【更改数据源】→【连接属性】选项，在【定义】→【命令文本】中写入 SQL 语句：select 工作经验,平均薪资 from [处理 2$] where 工作经验 <> "", 如图 7.4.14 所示。将【工作经验】拖入行标签，【平均薪资】拖入值区域求平均值。可以看到，随着工作年限的增加，平均薪资也会跟着增长，有两年以上工作经验的数据分析师平均薪资就可以破万了。

图 7.4.14　写入 SQL 语句后透视 2

3. 学历与薪资的关系

插入数据透视表，选择外部数据源，选择【分析】→【数据】→【更改数据源】→【连接属性】选项，在【定义】→【命令文本】中写入 SQL 语句：select 学历,平均薪资 from [处理 2$] where 学历 <> "", 如图 7.4.15 所示。将【学历】拖入行标签，【平均薪资】拖入值区域求平均值。可以看到，学历越高，平均薪资也越高。本科学历的平均薪资达到了 13587 元/月。

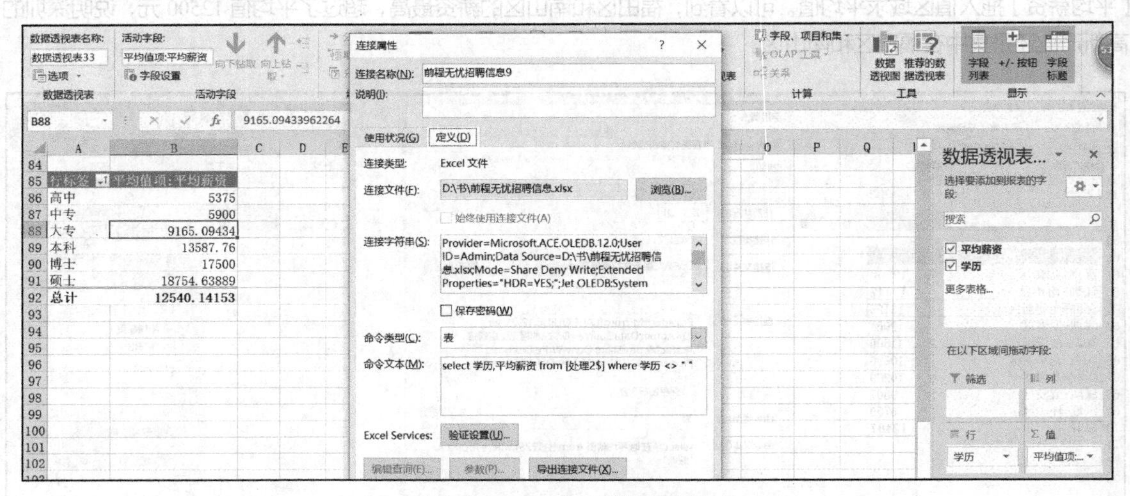

图 7.4.15　写入 SQL 语句后透视 3

将【工作经验】拖入列标签中，如图 7.4.16 所示，发现不管学历如何，随着工作经验的增加，平均薪资也会跟着增长。上面得出本科学历平均薪资达到了 13587 元/月的高薪，是因为本科学历出现了 8~9 年、10 年以上工作经验的数据，而除硕士外的其他学历是缺失这两个数据的，这两个数据拉高了本科学历的平均薪资。

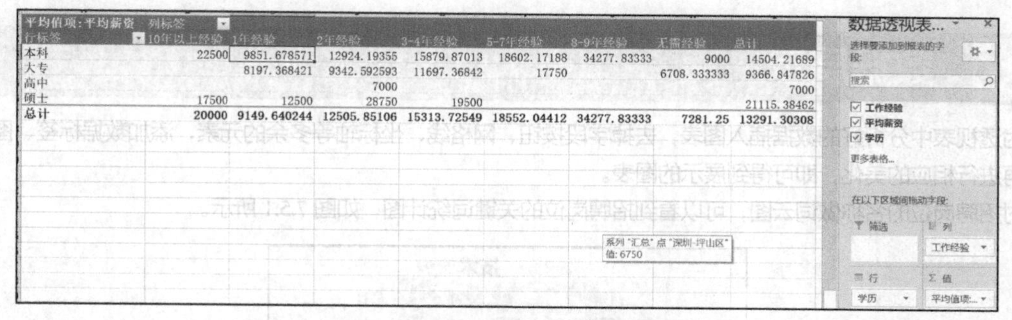

平均值项:平均薪资	列标签							
行标签	10年以上经验	1年经验	2年经验	3-4年经验	5-7年经验	8-9年经验	无需经验	总计
本科	22500	9851.678571	12924.19355	15879.87013	18602.17188	34277.83333	9000	14504.21689
大专		8197.368421	9342.592593	11697.36842	17750		6708.333333	9366.847826
高中			7000					7000
硕士	17500	12500	28750	19500				21115.38462
总计	20000	9149.640244	12505.85106	15313.72549	18552.04412	34277.83333	7281.25	13291.30308

图 7.4.16　学历、工作经验与薪资的关系

4. 公司规模与薪资的关系

插入数据透视表，选择外部数据源，选择【分析】→【数据】→【更改数据源】→【连接属性】选项，在【定义】→【命令文本】中写入 SQL 语句：select 公司规模,平均薪资 from [处理 2$] where 公司规模<>"", 如图 7.4.17 所示。将【公司规模】拖入行标签，【平均薪资】拖入值区域求平均值。可以看到，10000 人以上规模的公司平均薪资给的最高，能给到 14188 元/月，而排在第二的居然是少于 50 人规模的公司，说明除了大公司以外，小型创业公司给的薪资也是很高的。

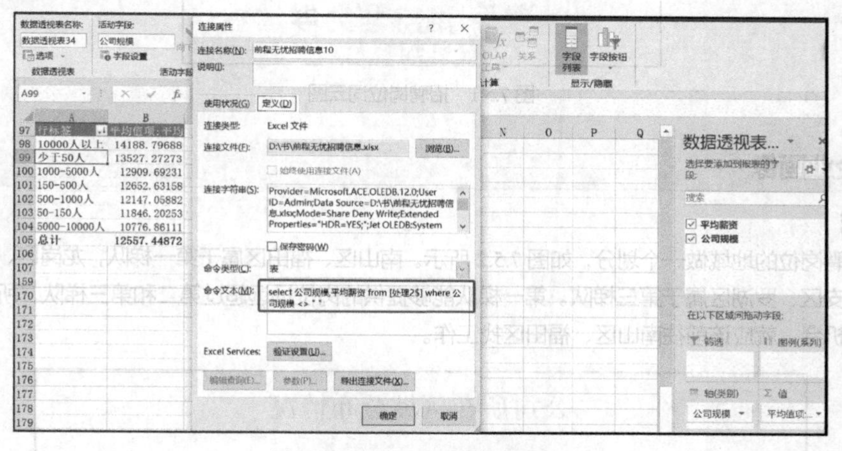

行标签	平均值项:平均
10000人以上	14188.79688
少于50人	13527.27273
1000-5000人	12909.69231
150-500人	12652.63158
500-1000人	12147.05882
50-150人	11846.20253
5000-10000人	10776.86111
总计	12557.44872

图 7.4.17　写入 SQL 语句后透视 4

5. 行业与薪资的关系

直接插入数据透视表，将【所属行业 2】拖入行标签，【平均薪资】拖入值区域求平均值，如图 7.4.18 所示。可以看到，平均薪资最高的是机械/设备/重工行业，而我们之前说的计算机和互联网行业虽然招聘人数多，但平均薪资排名并不靠前。

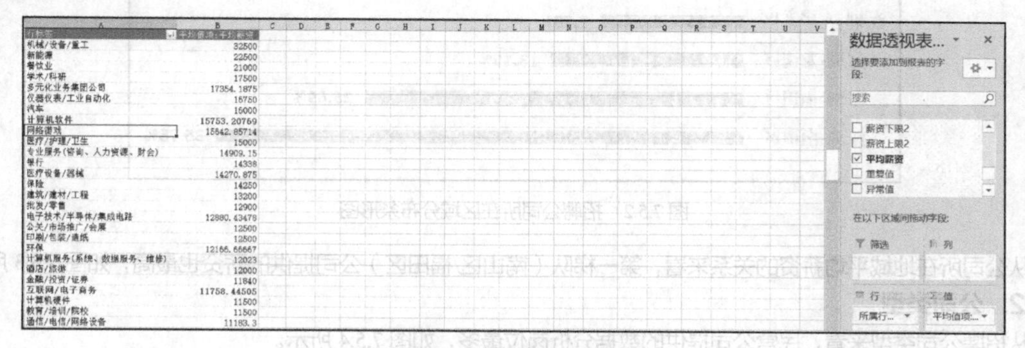

行标签	平均值项:平均薪资
机械/设备/重工	32500
新能源	22500
餐饮业	21000
学术/科研	17500
多元化业务集团公司	17354.1875
仪器仪表/工业自动化	16750
汽车	16000
计算机软件	15753.20769
网络游戏	15642.85714
医疗/护理/卫生	15000
专业服务(咨询、人力资源、财会)	14909.15
银行	14338
医疗设备/器械	14270.875
保险	14250
建筑/建材/工程	13200
批发/零售	12900
电子技术/半导体/集成电路	12880.43478
公关/市场推广/会展	12500
印刷/包装/造纸	12500
环保	12166.66667
计算机服务(系统、数据服务、维修)	12023
酒店/旅游	12000
金融/投资/证券	11840
互联网/电子商务	11758.44505
计算机硬件	11500
教育/培训/院校	11500
通信/电信/网络设备	11183.3

图 7.4.18　对【所属行业 2】透视

7.5 数据展示

为透视表中分析好的数据插入图表，去掉字段按钮、网格线、坐标轴等多余的元素，添加数据标签、图表标题，再进行相应的美化，即可得到展示的图表。

对招聘岗位的名称做词云图，可以看到招聘岗位的关键词统计图，如图 7.5.1 所示。

图 7.5.1 招聘岗位词云图

7.5.1 企业画像

1. 地域

可以对招聘岗位的地域做一个划分，如图 7.5.2 所示。南山区、福田区属于第一梯队，龙岗区、龙华新区属于第二梯队，宝安区、罗湖区属于第三梯队。第一梯队能够提供的岗位远远超过第二和第三梯队，所以如果想要得到更多的就业机会，就应该前往南山区、福田区找工作。

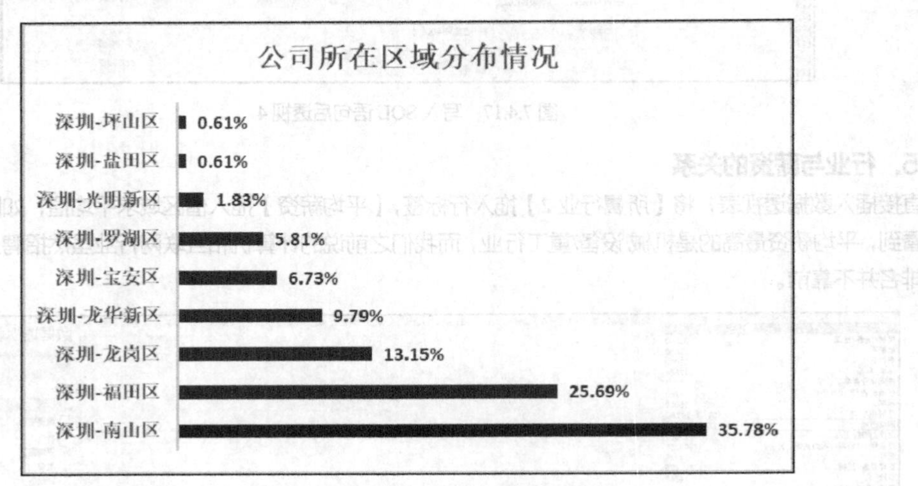

图 7.5.2 招聘公司所在区域分布条形图

从公司所在地域平均薪资的关系来看，第一梯队（南山区/福田区）公司提供的薪资也最高，如图 7.5.3 所示。

2. 公司类型

从招聘公司类型来看，民营公司提供的数据分析岗位最多，如图 7.5.4 所示。

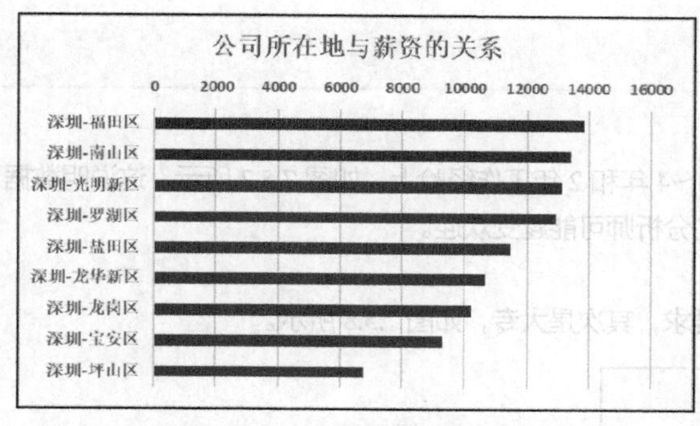

图 7.5.3　招聘公司所在地与薪资关系的条形图

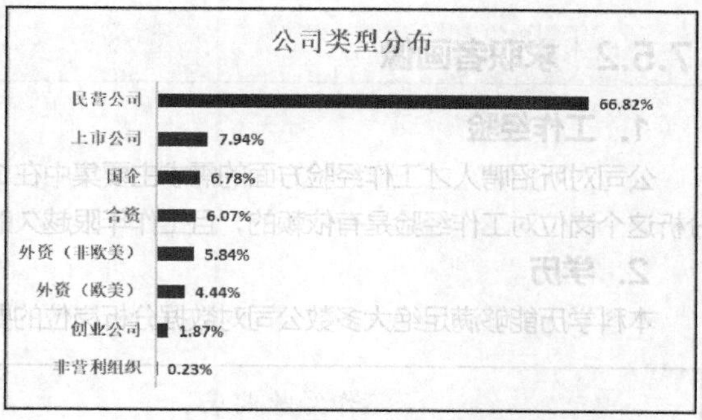

图 7.5.4　公司类型分布的条形图

3. 公司规模

从公司规模来看，人数为 150～500 人和 50～150 人的公司较多，如图 7.5.5 所示。

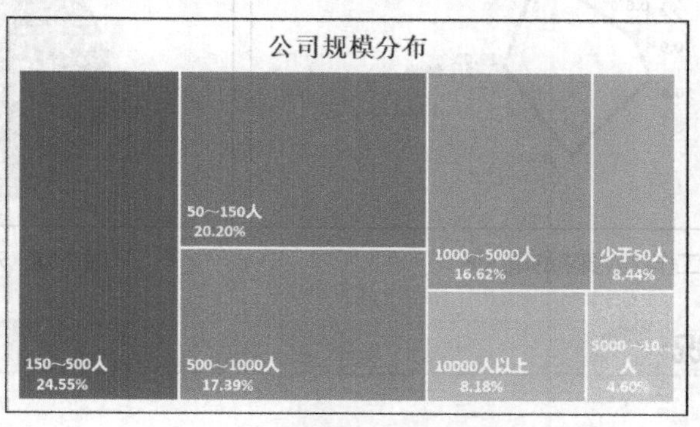

图 7.5.5　公司规模分布的树状图

4. 行业

从所属行业来看，互联网/电子商务和电子技术/半导体/集成电路行业提供的数据分析岗位最多，占比都超过了 10%，其他行业都在 10%以下，如图 7.5.6 所示。

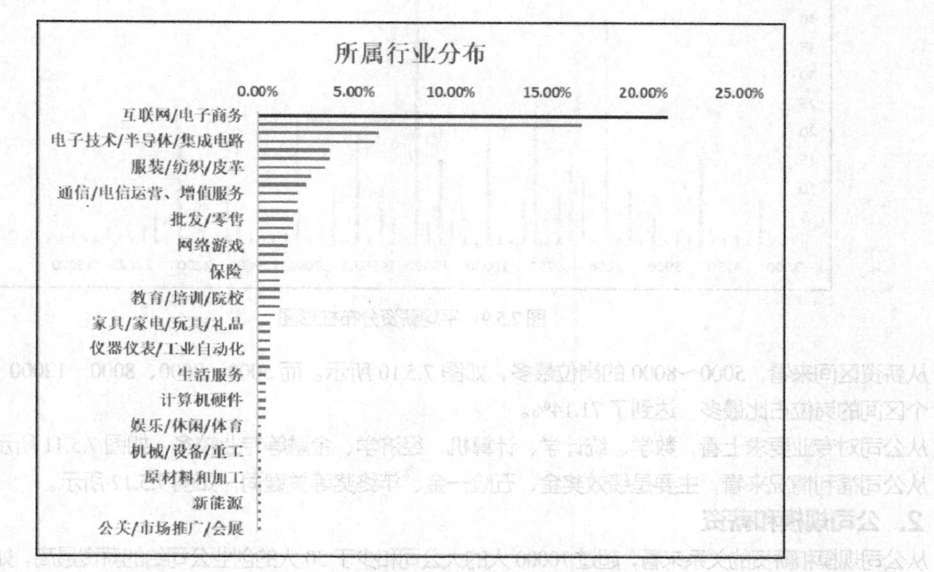

图 7.5.6　公司行业分布的条形图

7.5.2 求职者画像

1. 工作经验

公司对所招聘人才工作经验方面的需求主要集中在 3～4 年和 2 年工作经验上，如图 7.5.7 所示。这说明数据分析这个岗位对工作经验是有依赖的，且工作年限越久的分析师可能越受欢迎。

2. 学历

本科学历能够满足绝大多数公司对数据分析岗位的要求，其次是大专，如图 7.5.8 所示。

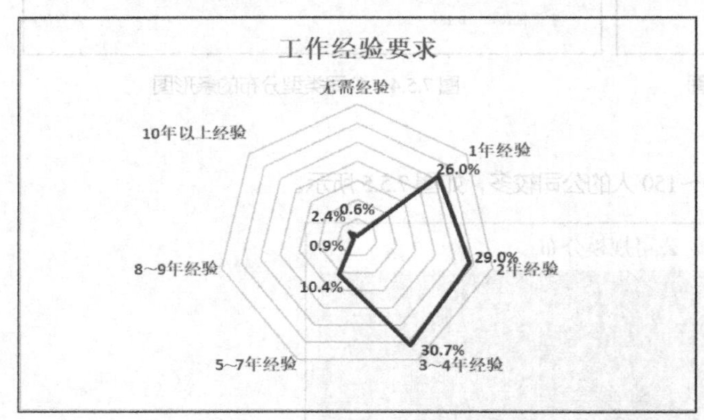

图 7.5.7 对工作经验要求的雷达图

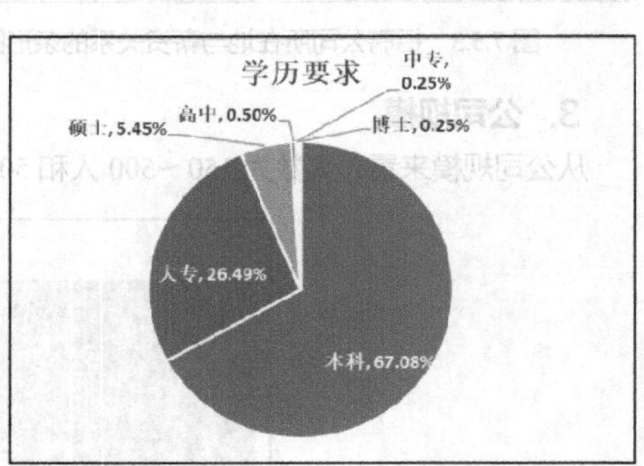

图 7.5.8 对学历要求的饼图

7.5.3 整体薪资情况

1. 整体薪资

数据分析岗位平均薪资过万，平均薪资分布较散，如图 7.5.9 所示。最低为 3500 元/月，最高达到 35000 元/月。

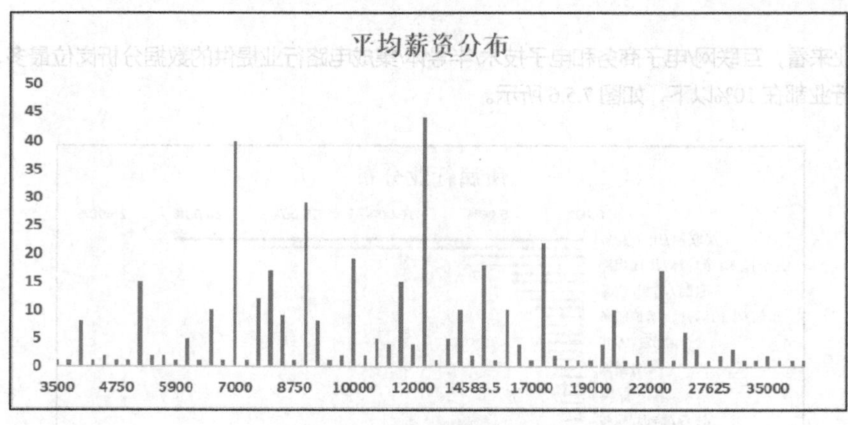

图 7.5.9 平均薪资分布柱形图

从薪资区间来看，5000～8000 的岗位最多，如图 7.5.10 所示。而 5000～8000、8000～12000、12000～15000 这 3 个区间的岗位占比最多，达到了 71.14%。

从公司对专业要求上看，数学、统计学、计算机、经济学、金融等专业较多，如图 7.5.11 所示。

从公司福利情况来看，主要是绩效奖金、五险一金、年终奖等关键词，如图 7.5.12 所示。

2. 公司规模和薪资

从公司规模和薪资的关系来看，超过 10000 人的大公司和少于 50 人的创业公司给的薪资最高，如图 7.5.13 所示。

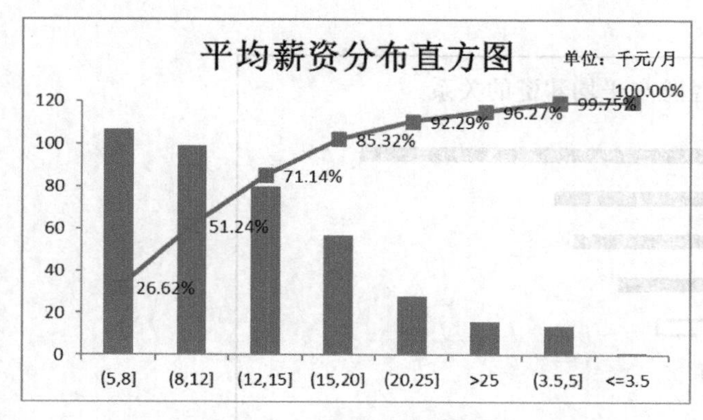

图 7.5.10　平均薪资分布直方图

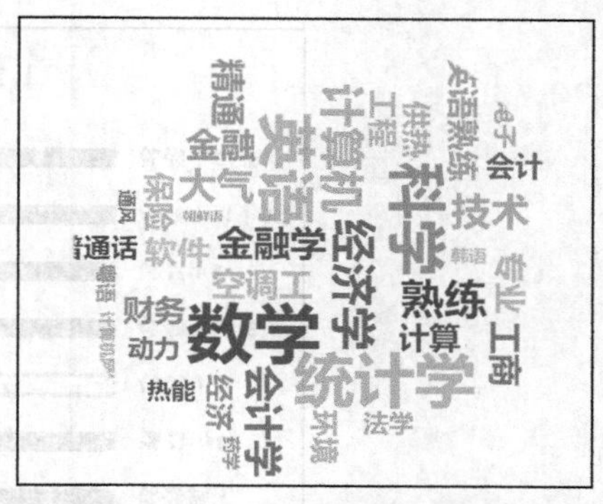

图 7.5.11　对专业要求的词云图

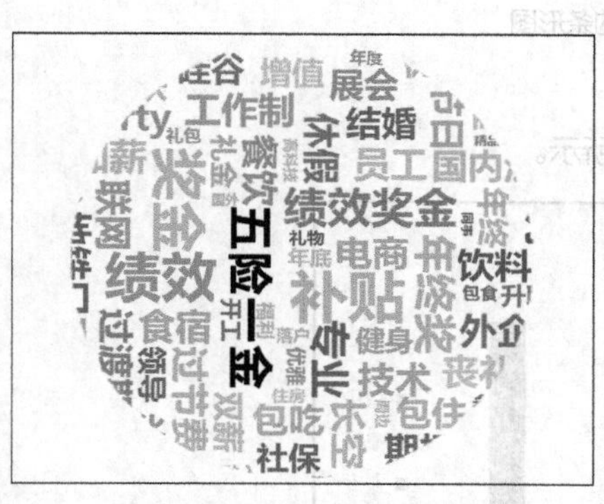

图 7.5.12　公司福利的词云图

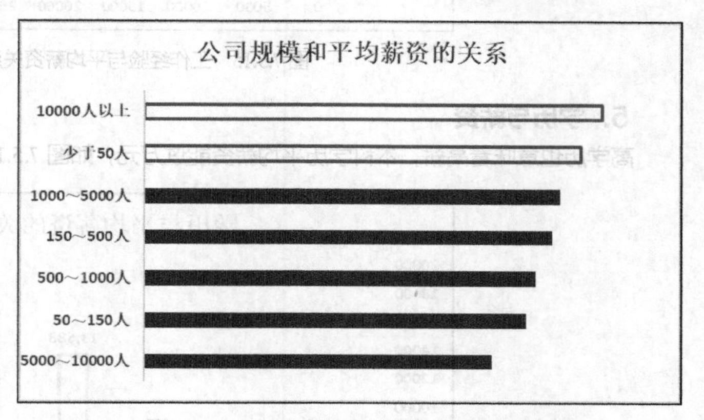

图 7.5.13　公司规模与平均薪资关系的条形图

3. 行业与薪资

从行业与薪资的关系来看，互联网/计算机行业招聘人数虽多，薪资却普遍不高，如图 7.5.14 所示。

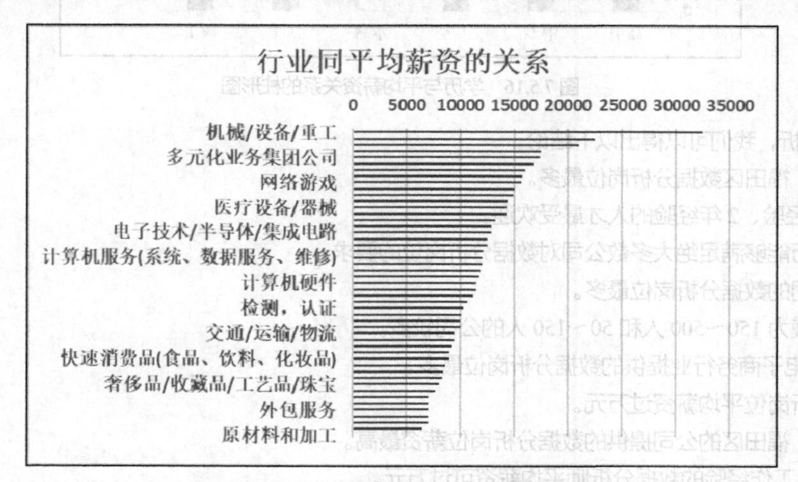

图 7.5.14　公司行业与平均薪资关系的条形图

4. 工作经验与薪资

那么不同工作经验同薪资又有什么关系呢？从图 7.5.15 中可以看出，工作经验对薪资的提升是很大的，一般工作年限越长平均薪资越高，而两年以上工作经验的数据分析师平均薪资就可破万，不得不说很能吸引人才了。

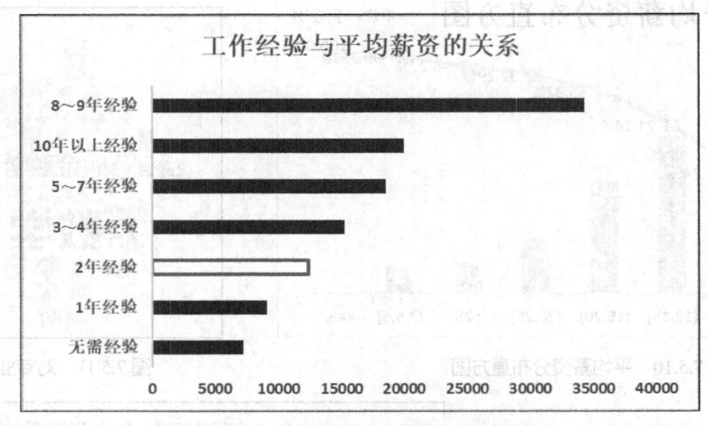

图 7.5.15　工作经验与平均薪资关系的条形图

5. 学历与薪资

高学历也意味着高薪，本科学历平均薪资能过万元，如图 7.5.16 所示。

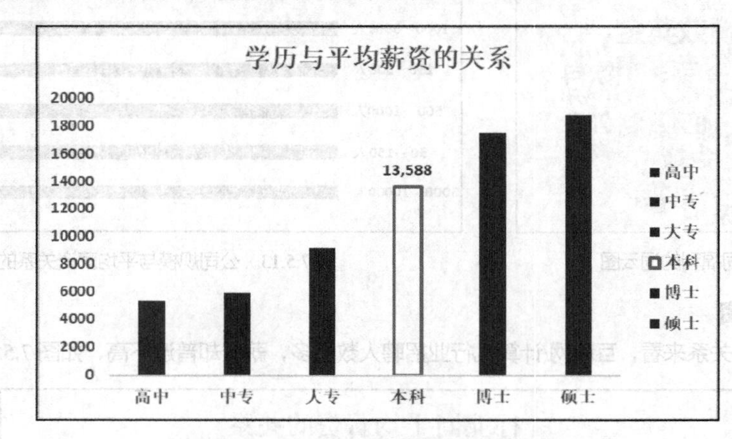

图 7.5.16　学历与平均薪资关系的柱形图

通过以上分析，我们可以得出以下结论。

① 南山区、福田区数据分析岗位最多。

② 3～4 年经验、2 年经验的人才最受欢迎。

③ 本科学历能够满足绝大多数公司对数据分析岗位的要求。

④ 民营公司的数据分析岗位最多。

⑤ 公司规模为 150～500 人和 50～150 人的公司较多。

⑥ 互联网/电子商务行业提供的数据分析岗位最多。

⑦ 数据分析岗位平均薪资过万元。

⑧ 南山区、福田区的公司提供的数据分析岗位薪资最高。

⑨ 2 年以上工作经验的数据分析师平均薪资可过万元。

⑩ 本科学历薪资也能过万元。

⑪ 大公司和创业公司给的薪资最高。

⑫ 互联网/计算机行业招聘人数虽多，薪资却不高。

同时可以画出求职者和企业的画像。

求职者画像：本科及以上学历，有着3～4年工作经验，数学、统计学、计算机专业，熟练掌握Excel、SQL、Python的求职者更易获得高薪的工作，如图7.5.17所示。

图7.5.17　求职者画像

企业画像：隶属南山区、福田区的50～150或150～500人的互联网/电子商务/计算机软件类的民营公司会有更多的数据分析类的职位，求职者若想要得到更多的机会可以考虑此类型的公司；若求职者想要更高的薪水，则需更多地考虑南山区、福田区的10000人以上的大公司或少于50人的合资/外资类的机械/新能源公司，如图7.5.18所示。

图7.5.18　企业画像

回到一开始提出问题的阶段，再来看这几个问题，相信你已经有了答案。

① 数据分析岗位的薪资分布如何？

② 薪资高的岗位对应聘者的要求是什么样的？

③ 学历越高薪资越高吗？

④ 哪个行业最吃香？

⑤ 没有相关工作经验也可以应聘数据分析岗位吗？

7.6 分析报告

最后用PPT制作专题分析报告进行数据展示，如图7.6.1所示。

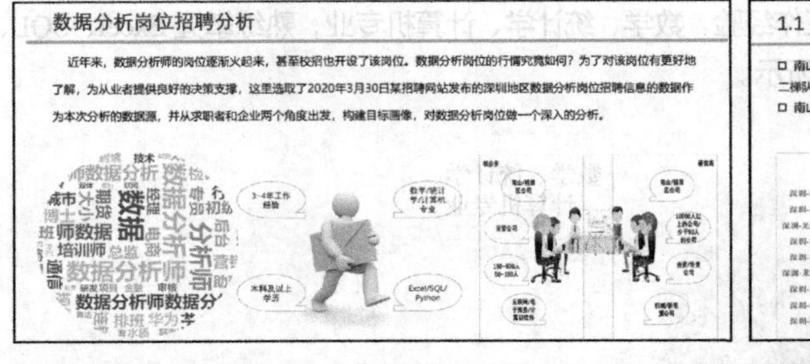

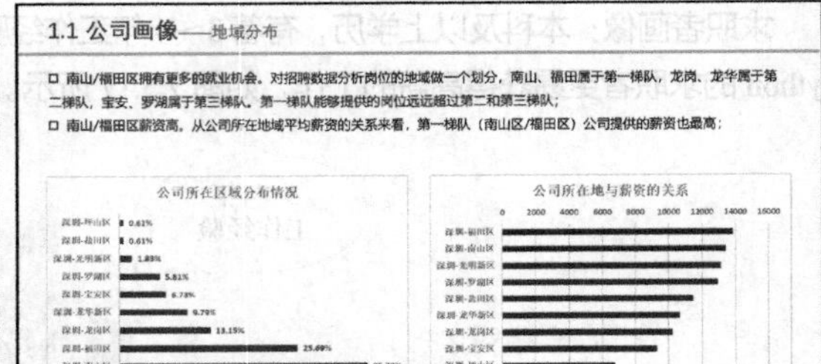

1.1 公司画像——地域分布
南山/福田区拥有更多的就业机会。对招聘数据分析岗位的地域做一个划分，南山、福田属于第一梯队，龙岗、龙华属于第二梯队，宝安、罗湖属于第三梯队，第一梯队能够提供的岗位远远超过第二和第三梯队；
南山/福田区薪资高。从公司所在地域平均薪资的关系来看，第一梯队（南山区/福田区）公司提供的薪资也最高；
公司所在区域分布情况
公司所在地与薪资的关系

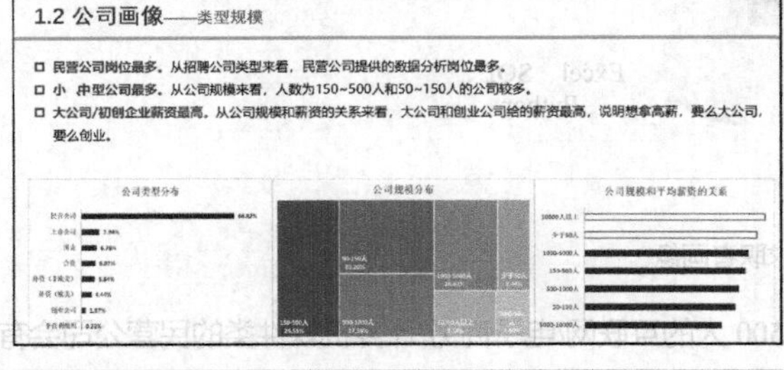

1.2 公司画像——类型规模
民营公司岗位最多。从招聘公司类型来看，民营公司提供的数据分析岗位最多。
小、中型公司最多。从公司规模来看，人数为150~500人和50~150人的公司较多。
大公司/初创企业薪资最高。从公司规模和薪资的关系来看，大公司和创业公司给的薪资最高，说明想拿高薪，要么大公司，要么创业。
公司类型分布
公司规模分布
公司规模和平均薪资的关系

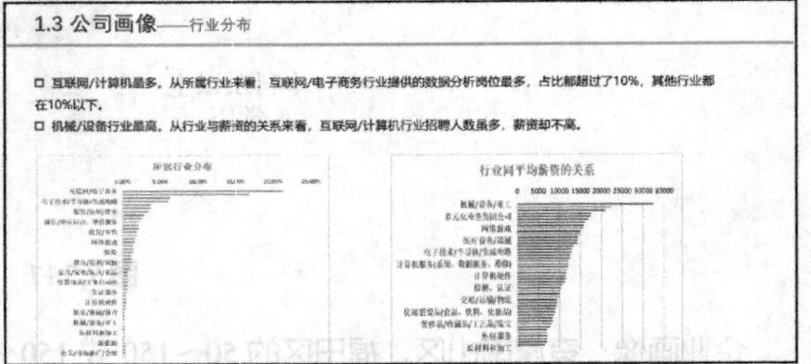

1.3 公司画像——行业分布
互联网/计算机最多。从所属行业来看，互联网/电子商务行业提供的数据分析岗位最多，占比都超过了10%，其他行业都在10%以下。
机械/设备行业最高。从行业与薪资的关系来看，互联网/计算机行业招聘人数最多，薪资却不高。
所属行业分布
行业与平均薪资的关系

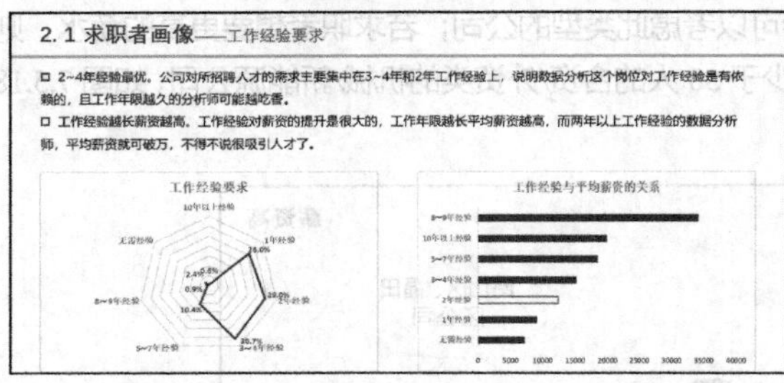

2. 1 求职者画像——工作经验要求
2~4年经验最优。公司对所招聘人才的需求主要集中在3~4年和2年工作经验上，说明数据分析这个岗位对工作经验是有依赖的，且工作年限越久的分析师可能越吃香。
工作经验越长薪资越高。工作经验对薪资的提升是很大的，工作年限越长平均薪资越高，而两年以上工作经验的数据分析师，平均薪资就可破万，不得不说很吸引人才了。
工作经验要求
工作经验与平均薪资的关系

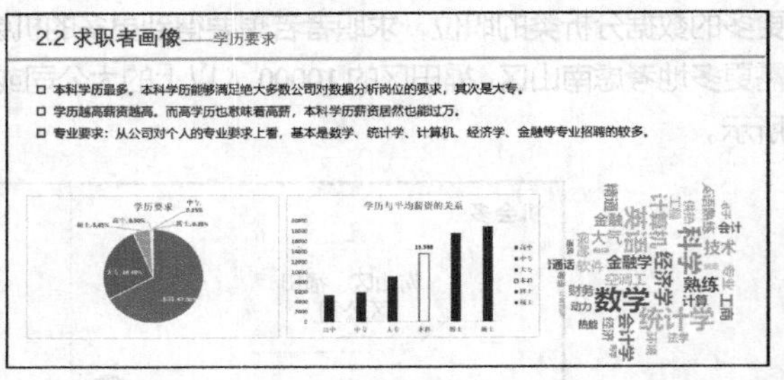

2.2 求职者画像——学历要求
本科学历最多。本科学历能够满足绝大多数公司对数据分析岗位的要求，其次是大专。
学历越高薪资越高。而高学历也意味着高薪，本科学历的薪资居然也能过万。
专业要求：从公司对个人的专业要求上看，基本是数学、统计学、计算机、经济学、金融等专业招聘的较多。
学历要求
学历与平均薪资的关系

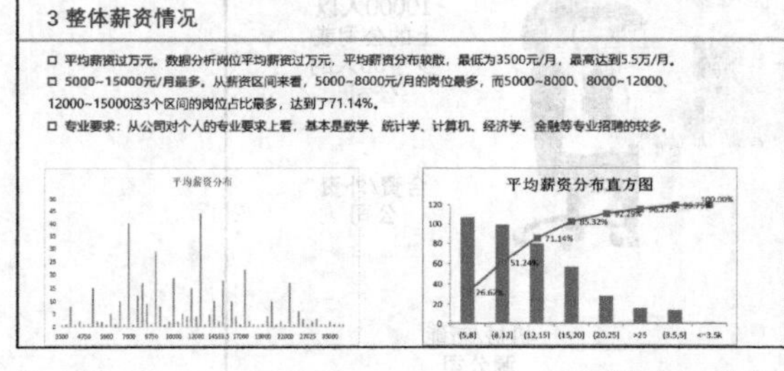

3 整体薪资情况
平均薪资过万元。数据分析岗位平均薪资过万元，平均薪资分布较散，最低为3500元/月，最高达到5.5万/月。
5000~15000元/月最多。从薪资区间来看，5000~8000元/月的岗位最多，而5000~8000、8000~12000、12000~15000这3个区间的岗位占比最多，达到了71.14%。
专业要求：从公司对个人的专业要求上看，基本是数学、统计学、计算机、经济学、金融等专业招聘的较多。
平均薪资分布
平均薪资分布直方图

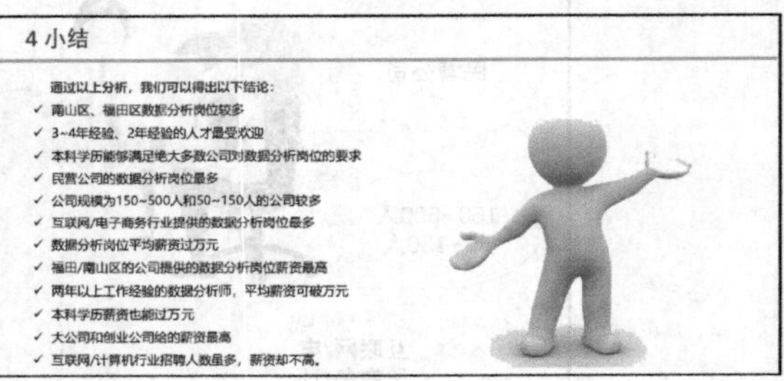

图 7.6.1　用 PPT 制作分析报告